飞行技术专业系列教材

重量平衡与飞行计划

主 编 王 可 肖艳平 刘志强

西南交通大学出版社
·成都·

图书在版编目（CIP）数据

重量平衡与飞行计划 / 王可，肖艳平，刘志强主编.
—成都：西南交通大学出版社，2017.8（2019.7 重印）
飞行技术专业系列教材
ISBN 978-7-5643-5676-7

Ⅰ. ①重… Ⅱ. ①王… ②肖… ③刘… Ⅲ. ①飞机重
量控制 – 教材②飞行计划 – 教材 Ⅳ. ①V221②V323.1

中国版本图书馆 CIP 数据核字（2017）第 202128 号

飞行技术专业系列教材
重量平衡与飞行计划

主编　王　可　肖艳平　刘志强

责 任 编 辑	李　伟	
特 邀 编 辑	张芬红	
封 面 设 计	刘海东	

出 版 发 行	西南交通大学出版社 （四川省成都市二环路北一段 111 号 西南交通大学创新大厦 21 楼）
发行部电话	028-87600564　028-87600533
邮 政 编 码	610031
网　　　址	http://www.xnjdcbs.com
印　　　刷	四川森林印务有限责任公司
成 品 尺 寸	185 mm × 260 mm
印　　　张	27.75
字　　　数	690 千
版　　　次	2017 年 8 月第 1 版
印　　　次	2019 年 7 月第 3 次
书　　　号	ISBN 978-7-5643-5676-7
定　　　价	78.00 元

审图号　GS（2017）2701 号
课件咨询电话：028-87600533
图书如有印装质量问题　本社负责退换
版权所有　盗版必究　举报电话：028-87600562

总　序

　　民航是现代综合交通运输体系的有机组成部分，以其安全、快捷、通达、舒适等独特优势确立了独立的产业地位。同时，民航在国家参与经济全球化、推动老少边穷地区发展、维护国家统一和民族团结、保障国防和经济安全、加强与世界不同文明沟通、催生相关领域科技创新等方面都发挥着难以估量的作用。因此，民航业已成为国家经济社会发展的战略性先导性产业，其发达程度直接体现了国家的综合实力和现代化水平。

　　自改革开放以来，我国民航业快速发展，行业规模不断扩大，服务能力逐步提升，安全水平显著提高，为我国改革开放和社会主义现代化建设做出了突出贡献。可以说，我国已经成为名副其实的民航大国。站在新的历史起点上，在2008年的全国民航工作会议上，民航局提出了全面推进建设民航强国的战略构想，拉开了我国由民航大国迈向民航强国的序幕。

　　要实现民航大国向民航强国的转变，人才储备是最基本的先决条件。长期以来，我国民航业发展的基本矛盾是供给能力难以满足快速增长的市场需求。而其深层次的原因之一，便是人力资源的短缺，尤其是飞行、空管和机务等专业技术人员结构不合理，缺乏高级技术、管理和安全监管人才。有鉴于此，国务院在《关于促进民航业发展的若干意见》中明确指出，要强化科教和人才支撑，要实施重大人才工程，加大飞行、机务、空管等紧缺专业人才的培养力度。

　　正是在这样的大背景下，作为世界上最大的航空训练机构，作为中国民航培养飞行员和空中交通管制员的主力院校，中国民航飞行学院以中国民航可持续发展为己任，勇挑历史重担，结合自身的办学特色，整合优势资源，组织编写了这套"飞行技术专业系列教材"，以解当下民航专业人才培养的燃眉之急。在这套教材的规划、组织和编写过程中，教材建设团队全面贯彻落实《国家中长期教育改革和发展规划纲要（2010—2020年）》，以培养适应民航业岗位需要的、具有"工匠精神"的应用型高素质人才为目标，创新人才培养模式，突出民航院校办学特色，坚持"以飞为主，协调发展"的方针，深化"产教融合、校企合作"，强化学生实践能力培养。同时，教材建设团队积极推进课程内容改革，在优化专业课程内容的基础上，加强包括职业道德、民航文化在内的人文素养教育。

由中国民航飞行学院编写的这套教材，高度契合民航局颁布的飞行员执照理论考试大纲及知识点要求，对相应的内容体系进行了完善，从而满足了民航专业人才培养的新要求。可以说，本系列教材的出版恰逢其时，是一场不折不扣的"及时雨"。

由于飞行技术专业涉及的知识点多，知识更新速度快，因此教材的编写是一项极其艰巨的任务。但令人欣喜的是，中国民航飞行学院的教师们凭借严谨的工作作风、深厚的学术造诣以及坚韧的精神品质，出色地完成了这一任务。尽管这套教材在模式创新方面尚存在瑕疵，但仍不失为当前民航人才培养领域的优秀教材，值得大力推广。我们相信，这套教材的出版必将为我国民航人才的培养做出贡献，为我国民航事业的发展做出贡献！

是为序。

中国民航飞行学院教材
编写委员会
2016 年 7 月 1 日

前　言

　　本书为飞行技术专业系列教材之一，内容涵盖了飞行员应该掌握的相关航空知识，同时兼顾了飞行员执照理论考试的最新大纲和知识点。本书注重知识的系统性和适用性，广泛吸收国内外同类教材的优点，用易学、易懂的方式进行组织和编排，力求做到内容博而不杂。本书可作为飞行技术专业人才培养的专业教材，也可作为空管专业、签派专业以及其他民航相关专业的辅助学习资料。

　　本书由中国民航飞行学院王可、肖艳平、刘志强担任主编，全书分为上下两篇，上篇为"重量平衡"内容，下篇为"飞行计划"内容。

　　在重量平衡部分，第 1 章介绍了必要的预备知识，第 2 章介绍了重心的基本概念和计算方法，第 3 章介绍了重量组成与限制，第 4～6 章着重介绍了小型通用航空飞机和大型运输飞机的重量计算方法和重心查找步骤，第 7 章介绍了货舱装载，第 8 章介绍了称重，第 9 章介绍了重量平衡业务与法规内容，第 10 章介绍了电子舱单与运务电报。

　　在飞行计划部分，第 1 章介绍了飞行计划相关的法规要求，第 2 章介绍了气象和航行情报知识在飞行计划制订中的应用，第 3 章介绍了简易飞行计划的制订，第 4 章介绍了详细飞行计划的制订，第 5 章介绍了特殊飞行计划的制订，包括目的地机场不能加油、利用燃油差价、二次放行和 ETOPS 飞行等，第 6 章介绍了计算机飞行计划。

　　在本书编写过程中，编者得到了中国国际航空公司、中国南方航空公司、中国东方航空公司、深圳航空公司、上海航空公司、成都航空公司的大力支持，并参阅了美国联邦航空管理局（Federal Aviation Administration，FAA）、欧洲航空安全局（European Aviation Safety Agency，EASA）、波音公司、空客公司、杰普逊公司的相关资料，在此对他们深表谢意。

　　由于编写时间仓促，编者水平有限，书中疏漏和不妥之处在所难免，恳请广大读者批评指正。

编　者

2017 年 4 月

目　录

上篇　重量平衡

下篇　飞行计划

上篇 重量平衡

第 1 章 预备知识

1.1 飞机基本结构

载重平衡工作围绕飞机进行，为了便于读者理解载重平衡相关专业知识，首先简要介绍一下飞机的基本组成（见图 1.1.1）。

图 1.1.1 飞机的基本组成

迄今为止，除了少数有特殊用途的飞机之外，大多数民用固定翼飞机都由 5 个主要部分组成，即机身（Fuselage）、机翼（Wing）、尾翼（Empennage）、起落装置和动力装置。

1.1.1 机 身

机身的主要功用是装载人员和货物。

通用航空飞机的机身结构较为简单，通常客舱和货舱没有明显的物理分割，往往将整个座舱内的空间划分为数排。第一排提供给飞行员，第二排提供给乘客，再靠后几排比较灵活，需要携带更多的人员时就安放座椅，需要携带其他货物时就将座椅拆卸下来以腾出更多的空间。也有一些机型具有独立的行李舱，但是空间都很狭小。

大型运输类飞机的机身机构就较为复杂，其体积庞大，具有独立的驾驶舱、客舱和货舱舱段布局（见图 1.1.2 和图 1.1.3）。用于载客运输的飞机机身的内部通常分为上下层，上层设

1

计为客舱舱段，用于载客，下层设计为货舱舱段，用于载货。而用于进行全货物运输的飞机机身内部全部用于载货。

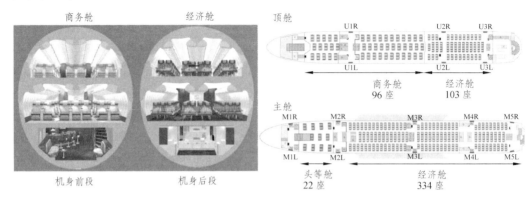

图 1.1.2　A380 飞机机身布局示意图

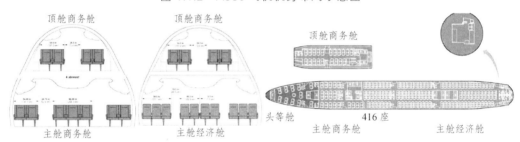

图 1.1.3　B747 飞机机身布局示意图

　　无论是客舱舱段还是货舱舱段，都可以根据需要进一步分割。譬如客舱可以按功能划分为头等舱、商务舱、经济舱、厨房和洗手间等，货舱可以按位置划分为前货舱、中货舱、后货舱、散货舱等（见图 1.1.4）。

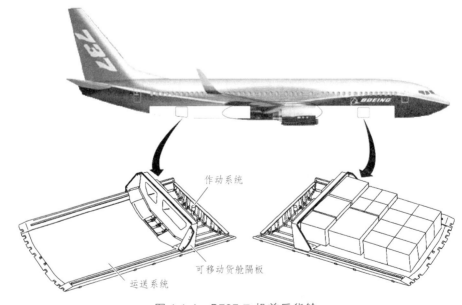

图 1.1.4　B737 飞机前后货舱

1.1.2　机　翼

机翼的主要功用之一是产生升力，使得飞机可以克服自身重力的影响在空中飞行。除此以外，机翼还可以在飞行中储存大量的燃油。

绝大多数飞机在其机翼和机身内部都设计有油箱。尤其是机翼油箱，其储油量远大于机身油箱。机身内部的油箱可以称为中央油箱，机翼内部的油箱沿着翼根到翼尖的方向可以分为内侧油箱、外侧油箱、通气油箱（见图 1.1.5）。飞机越庞大，其油箱的划分越复杂。

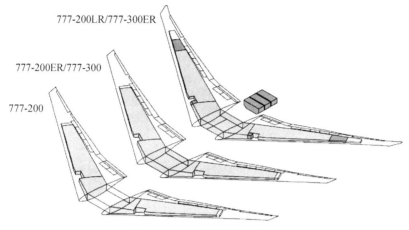

图 1.1.5　机翼油箱分布图

出于操纵的目的，机翼上通常会安装副翼（Ailerons）和襟翼（Flaps）等可操纵的翼面（见图 1.1.6）。副翼一般位于机翼的后缘外侧，两边副翼偏转方向相反，当它偏转时，引起两翼升力大小不同，可使飞机滚转，实现飞行员的操纵意图。襟翼一般位于机翼的后缘内侧，两边襟翼偏转方向相同，放下襟翼能使飞机用更低的速度飞行而不至于失速，用于缩短飞机起飞和着陆时的滑跑距离。

大型运输飞机由于其自身重量重，与小型飞机相比在同等要求下运行起来所需条件会更加苛刻，所以在大型运输飞机的机翼上普遍还会使用减速板（Spoilers），也称扰流板，用于飞机空中机动和地面滑跑减速。

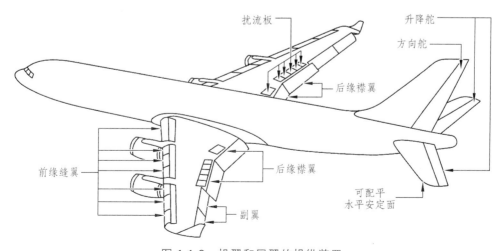

图 1.1.6　机翼和尾翼的操纵装置

1.1.3 尾翼

尾翼的主要功用有 3 个：第一是实现飞机的俯仰和偏转操纵，第二是给飞机提供足够的稳定性，第三是提高飞机的操纵效率。

尾翼包括水平尾翼和垂直尾翼两个部分，分别简称为平尾和垂尾（见图 1.1.7）。通常，平尾由固定的水平安定面（Horizontal Stabilizer）和可动的升降舵（Elevator）组成，垂尾由固定的垂直安定面（Vertical Stabilizer）和可动的方向舵（Rudder）组成。

图 1.1.7　A380 尾翼

升降舵的上下偏转可以改变平尾所产生的空气动力大小，从而实现对飞机的俯仰操纵，如上升、下降；方向舵的左右偏转可以改变垂尾所产生的空气动力大小，从而实现对飞机的方向操纵，如左偏转或右偏转。

平尾和垂尾的安定面如同弓箭尾部的羽毛（见图 1.1.8），可以使飞机像射手射出的箭矢，即便没有操控也能稳稳地飞向目标。

小型通用飞机还在其平尾的升降舵的后缘处安装有一个可操纵的活动舵面，称为配平片（Trim Tabs）（见图 1.1.9），用于飞行中减小和消除驾驶盘上的杆力，提高飞机的操纵效率。大型运输飞机同样也有提高操纵效率的迫切需要，但大型运输飞机往往不使用配平片，而是直接通过平尾前部的水平安定面（THS）来获得相同的作用效果。

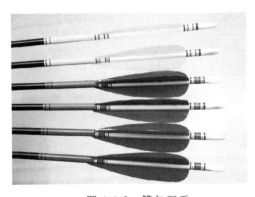

图 1.1.8　箭矢羽毛

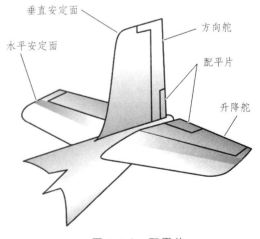

图 1.1.9　配平片

1.1.4　起落装置

起落装置用于飞机的起飞滑跑、着陆滑跑以及滑行移动。

陆上飞机的起落装置，大都由减振支柱、刹车和机轮组成，按功能可分为导向轮和主轮。主轮位于机身两侧，承载飞机大部分的重量。导向轮主要用于在地面滑行时控制运动方向。

常见机型的导向轮多位于主轮之前，这种起落架布局可以称为前三点式布局，这样的布局方式使得飞机具有良好的地面滑跑方向稳定性。也有一部分机型的导向轮被置于主轮之后，这种起落架布局被称为后三点式布局。现代飞机绝大多数为前三点式布局。图 1.1.10 为飞机起落架布局。

图 1.1.10　飞机起落架布局

尽管前三点式飞机在地面滑跑时具有更好的方向稳定性，但由于现代大型航线运输机为了能够容纳更多的人和货，往往会将机身设计得很修长，这样一来如果重心位置控制不当，在地面装载时就很容易导致飞机出现后坐，在起飞抬轮离地时就很容易造成飞机擦机尾（见图 1.1.11）。

图 1.1.11　飞机失衡后坐

1.1.5　动力装置

动力装置主要用来产生拉力或推力，从而使飞机能够相对空气运动获得升力，同时以预期的速度飞行。

动力装置按照其工作原理可以分为活塞式和涡轮喷气式。活塞式动力装置广泛应用在小型训练飞机上，它利用气体的燃烧和扩张推动气缸里的活塞往复运动最终驱动螺旋桨旋转产生拉力；而涡轮喷气式动力装置则广泛应用于大型运输飞机上，它将气体连续地压缩、燃烧并扩张，从而驱动涡轮旋转向后喷出产生推力。

动力装置按照其使用数量可以分为单发、双发和多发（见图 1.1.12）。单台动力装置通常直接安装在机头处，通过防火墙将发动机与座舱隔离，避免飞行员遭受废气和高温的危害。双发飞机的动力装置通常悬挂在左右两侧机翼的下方，既兼顾了结构安全，也可以减少动力装置所产生的巨大噪声、高温尾气对机上人员的影响。

在飞行过程中调整油门大小，会改变动力装置产生的拉力/推力的大小，打破力和力矩的平衡状态，进而使得飞行状态发生改变。即便是失效的发动机也会给飞行操纵带来不利影响。

图 1.1.12 不同类型的动力装置

1.2 飞行中的升力和阻力

当飞机在空气中运动时，空气相对于飞机流动，空气的速度、压力等参数发生变化，于是就会产生作用于飞机上的空气动力——升力和阻力。飞机只有依靠空气动力才能够升空飞行。

1. 迎角与气流

空气相对于飞机运动，从而形成相对气流（Relative Wind）（见图 1.1.13），相对气流方向（运动反方向）与翼弦（Chord）之间的夹角，称为迎角（Angle of Attack）。

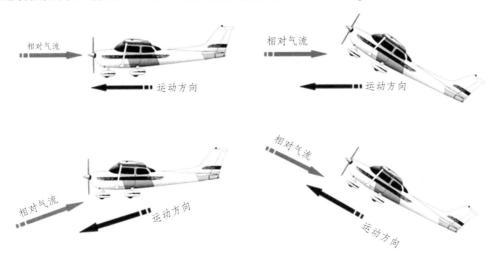

图 1.1.13 飞机的运动方向与相对气流的方向

如图 1.1.14 所示，相对气流指向翼弦下侧时为正迎角，相对气流指向翼弦上侧时为负迎角。飞行中飞行员可以通过操纵改变飞机的迎角大小或正负。大多数飞行状态下，飞机的迎角是正迎角。

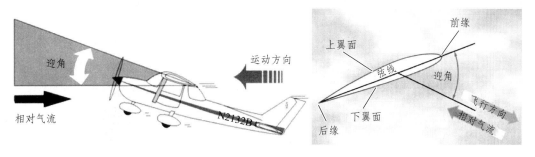

图 1.1.14 迎角

当飞机在空中飞行时，相对气流流过飞机机翼表面，产生作用于飞机的空气动力。所产生的空气动力的总和叫作飞机的总空气动力，通常用 R 表示，如图 1.1.15 所示。

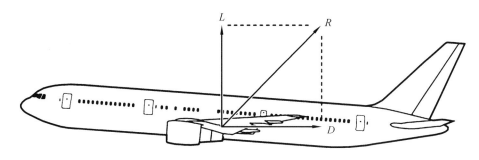

图 1.1.15 飞机受到的空气动力

一般情况下，飞机的总空气动力是向上并向后倾斜的。为了便于理解和应用，人们习惯将飞机的总空气动力（R）分解为垂直于飞行速度（相对气流）方向和平行于飞行速度（相对气流）方向的两个分力。

垂直于飞行速度或相对气流的分力叫升力（Lift），常用 L 表示。平行于飞行速度或相对气流方向的分力叫阻力（Drag），常用 D 表示。

升力是有利的，它克服飞机的自身重力，将飞机支托在空中。阻力是不利的，它阻碍飞机前进，同时阻碍飞机获得速度，进而阻碍飞机获得足够的升力。但没有阻力，飞机又无法稳定飞行。作用于飞机的力如图 1.1.16 所示。

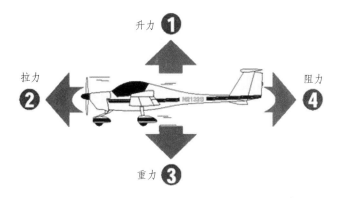

图 1.1.16 作用于飞机的力

2. 升力

升力的方向始终垂直于相对气流，与重力方向无关。升力主要依靠机翼上下表面的压力差产生。

当气流流到机翼前缘时，分成上、下两股，分别沿机翼的上、下表面流过，并在机翼的后缘汇合后向后方流走。气流在流经机翼上下表面的过程中，受到机翼上下表面外凸挤压的影响，流速开始加快。由于大多数机翼的上表面比下表面外凸更多，流经上表面的气流所受的挤压也更严重，流动增速较快，相应的流经下表面的气流增速较慢（见图 1.1.17）。

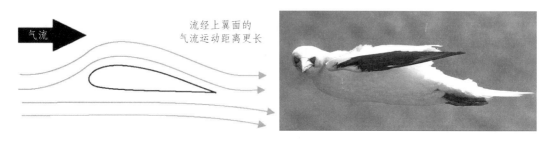

图 1.1.17　翼型与气流

由于空气自身的物理特性，流动增速快的区域压强迅速减小，流动增速慢的区域压强缓慢减小，从而在机翼上、下表面形成了两个低压区域，它们的空气压强都低于外界环境大气压强，对机翼产生吸力。

因为上表面的压强要比下表面的压强更低，所以机翼的上、下表面出现了压差，也可以理解为吸力差。在垂直于相对气流方向的总压力差，就是机翼所获得的升力。机翼升力的着力点，叫压力中心。简言之，机翼的升力是由上、下翼面的压力差所产生的，而且主要由上表面吸力产生（见图 1.1.18）。

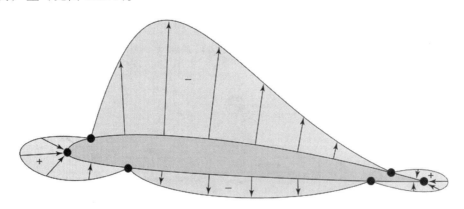

图 1.1.18　翼型上下表面的压强分布

随着迎角的增加，机翼下表面开始阻碍气流流动，甚至会迫使气流减速，此时下表面的压强不再是负压，而是正压。上下表面的压差进一步增大，升力进一步增大。在迎角不超过临界迎角时，随着迎角增加，升力增大，阻力也会随之增大（见图 1.1.19）。

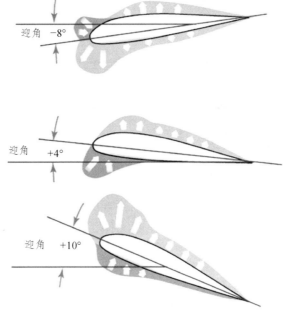

图 1.1.19　不同迎角下的翼型压强分布

　　迎角增加时，流经机翼上表面的气流不再沿着上表面平顺流动，流动逐渐紊乱脱离机翼表面并形成回流和旋涡，这种现象叫作气流分离（见图 1.1.20）。迎角增加越多，气流分离越严重，上表面的吸力减小，压强迅速回升，升力骤然减小，阻力持续增大，飞机失速。飞机一旦失速将无法维持正常飞行，飞机失速时的迎角叫作临界迎角。

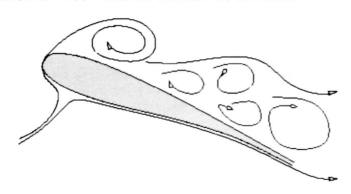

图 1.1.20　翼型上表面气流严重分离

　　实际上，飞机飞行时其各个部分都有空气动力产生，机翼占据了绝大部分。平尾也产生空气动力，由于平尾在安装时通常具有一个负安装角（见图 1.1.21），故大多数情况下平尾产生的升力方向向下，称为负升力（见图 1.1.22）。

图 1.1.21　平尾与机翼具有不同的安装角

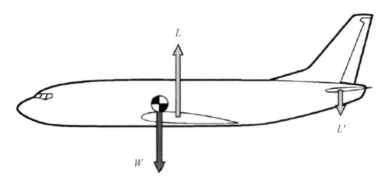

图 1.1.22　平尾产生负升力

3．阻　力

阻力是总空气动力的一部分，受到飞行速度、迎角、构型等多种因素的影响，它无法消除，只能减小。

由于阻力始终与飞行速度方向相反，阻碍飞机前进。阻力越大就必须付出更大的推力才能够让飞机前进，换言之将会耗费更多的燃油。要想使飞机飞得更加经济、环保，就必须设法减小阻力。然而事无绝对，当飞机需要空中减速或进场着陆时，往往希望获得更大的阻力。

绝大多数民用类飞机飞行时，所产生的阻力根据形成的原因可以分为废阻力和诱导阻力两大类，其中废阻力又可以进一步划分为摩擦阻力、压差阻力和干扰阻力。飞机的废阻力主要与空气的黏性有关，飞机的诱导阻力主要与飞机翼尖涡造成的气流下洗有关。

黏性是空气所具有的一种特性，具体体现为空气微团相互之间的牵扯作用。当空气流经机身和机翼表面时，越靠近物面的空气其流动速度越慢，好像黏附在机体周围。这些空气将施加给机体一个阻碍其前进的力，这就是摩擦阻力（见图 1.1.23）。

图 1.1.23　黏性导致摩擦阻力的产生

摩擦阻力的大小取决于空气的黏性、机体表面的粗糙程度以及与空气接触面积等因素的影响。空气黏性越大，机体表面越粗糙，机体表面积越大，摩擦阻力就越大。为了减小摩擦阻力，需要对飞机进行定期维护和清洁，通过清扫让机体表面更加光滑，避免维修和安装不到位造成表面粗糙。

当空气流经机翼时，通常会在机头和机翼前缘等处受到阻挡从而减速，并使得压强增大；而在流经机体和机翼后部时，由于气流分离会使得压强减小（见图 1.1.24）。这样一来，在整个飞机的前后形成了压差，方向与飞行速度相反，阻碍飞机前进，这就是压差阻力。

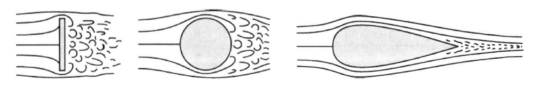

图 1.1.24　在物体后缘处发生的气流分离

压差阻力的大小与物体的形状、迎风面积和迎角密切相关。飞机在高速小迎角飞行时的压差阻力往往较小，而在离场、进场低速大迎角飞行时会遭受较大的压差阻力。飞机失速时的压差阻力也非常显著。

干扰阻力是由于飞机各个部件对流动气流的相互干扰引起的额外阻力，从产生的根本原因上看，它的性质更接近于压差阻力。飞机是由机身、机翼、尾翼等多个部分组成的（见图1.1.25），将这些部分单独放在空气中产生的阻力的总和，往往小于把它们组成一个整体后产生的阻力，这部分差值，就是干扰阻力。

只有通过在各个部件的连接处加装整流片或整流蒙皮，削弱相互之间的干扰，才能够减小干扰阻力。

图 1.1.25　飞机各部分的过渡

诱导阻力的产生与黏性无关，它伴随升力的产生而产生。由于机翼上下翼面存在压差，飞行时翼尖处会产生由下向上、由外向内卷动的空间立体旋涡，称为翼尖涡。翼尖涡使得流经机翼表面的气流在机翼后缘处下洗，导致升力向后倾斜，从而在运动的反方向产生了一个分力阻碍飞机运动（见图1.1.26）。

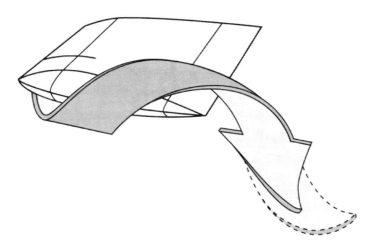

图 1.1.26　翼尖涡导致气流下洗

诱导阻力与机翼翼型、展弦比等因素有关。现代民用飞机可以通过在机翼翼尖安装翼尖小翼来削弱诱导阻力（见图1.1.27）。

图 1.1.27　翼尖小翼可以减小诱导阻力

1.3　飞机的俯仰平衡

在介绍升力和阻力等基本飞行原理知识时，是将飞机当作一个质点，单纯分析飞机飞行中所受到的升力、阻力、重力和拉力的相互影响，但飞机实质上是具有长度和体积的庞然大物。为了更好地理解飞机的受力特性，以便深入掌握载重平衡相关知识，接下来需要用分析刚体受力的方式来进一步分析飞机的受力特点。

此外，飞机在飞行时是在空间中做三维立体运动（见图 1.1.27），如俯仰（Pitch）、滚转（Roll）和偏转（Yaw），非常复杂。为了便于阅读者理解，抓住重点，本书将删繁就简，着重讨论和分析与载重平衡工作密切关联的俯仰方向的受力特征，所涉及的力也集中于影响飞机俯仰平衡的力的范畴以内。

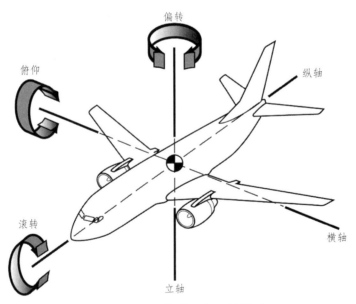

图 1.1.28　飞机的空间三维转动

飞机的俯仰平衡，是指作用于飞机的各俯仰力矩之和为零。飞机取得俯仰平衡后，不绕横轴（Lateral axis）转动，迎角保持不变。

作用于飞机的俯仰力矩有很多，其中最为重要的是机翼升力产生的俯仰力矩以及平尾负升力产生的俯仰力矩（见图 1.1.29）。

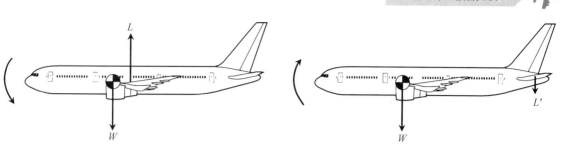

图 1.1.29 机翼升力与平尾负升力

机翼产生的升力和平尾产生的负升力并不通过飞机重心,而是会形成绕飞机重心的力矩。若二者所产生的力矩之和为零,则飞机达到俯仰平衡;一旦飞机受力情况改变造成力矩变化,使得二者所产生的力矩之和不为零,则飞机的俯仰平衡遭到破坏。飞机飞行中俯仰的变化归根到底都是力和力矩作用的结果。

飞机要实现俯仰平衡,首先要确保俯仰方向的合力为零,其次还要确保俯仰方向的合力矩为零。而这些都直接受到机翼升力和平尾负升力的相互影响。其机理与日常生活中人们所常用的杆秤(见图 1.1.30)相同。

图 1.1.30 杆秤

大多数科普类读物在介绍飞机的受力时,为了便于读者接受,都会简单叙述为飞机通过升力来克服重力。这里提到的升力应理解为全机升力,并非机翼升力,更不是平尾负升力。机翼升力除了要克服重力以外,还需要进一步克服平尾负升力。将机翼升力与平尾负升力合在一起,才能够称为全机升力。

为什么要将平尾设计为产生负升力呢?通过进一步看图 1.1.31,读者可以发现,由于机翼升力的着力点也就是压力中心位于重心后方,故机翼升力相对于重心会产生一个促使飞机低头下俯的力矩,该力矩如果不能够得到克服,则飞机将无法获得平衡。而平尾负升力的出现恰恰围绕重心形成了促使飞机抬头上仰的力矩,该上仰力矩平衡了机翼升力的下俯力矩,解决了这一问题。

也许有读者会问,既然最终目的是实现飞机的俯仰力矩平衡,那么为何不在设计时就让机翼升力着力点也就是压力中心正好位于重心处,如此一来也不需要引入平尾负升力,岂不更为简单?原因是为了满足飞行中稳定性的需要。这部分内容将在有关飞机的俯仰稳定性的章节中进一步说明。

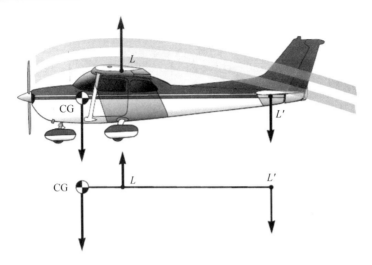

图 1.1.31　利用平尾维持俯仰平衡

　　飞机重心前移，机头沉，飞机低头下俯趋势增强，偏离正常飞行轨迹（见图 1.1.32）。为了保持飞机正常飞行，就需要相应增大平尾的负升力来抵消重心前移所导致的下俯力矩增量，方法是拉杆。通过拉杆使得平尾负升力增加，飞机低头趋势被抑制。此外，为维持重力、机翼升力、平尾负升力三者的受力平衡，机翼升力也相应增大。

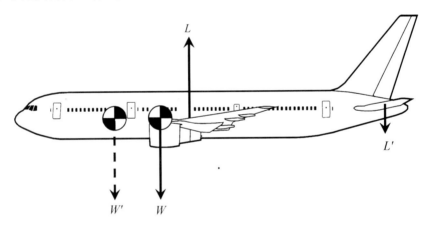

图 1.1.32　重心前移会导致飞机低头

　　联想一下杆秤，当秤盘重量不变但是悬挂点前移时，为了维持平衡需要增加秤砣重量，接下来用手拎秤的力也将增加。

　　飞机重心前移，机翼升力和平尾负升力的增大都会引起阻力增大，从而导致飞机需要更大的拉力或推力，发动机需要输出更大的功率，油耗上升，经济性下降。所以通常在配载工作中，航空公司往往希望地面人员在保证安全的前提下，让飞机重心适当靠后。这样能够减少阻力，让飞机在整个飞行过程中飞得更加轻盈，减少飞行油耗，提高运行的经济性，降低公司的燃油成本。尤其是对于做远程飞行的航线运输机来说，合理的重心位置将在节能减排中发挥举足轻重的作用。

1.4　飞机的俯仰稳定性

1.4.1　稳定性概述

在研究飞机的稳定性（Stability）之前，先看一般物体的稳定性，一个稳定的物体必须具备一定的条件。如图 1.1.33 中的单摆系统，当小球受微小扰动偏离平衡位置时，在扰动消失后，小球在平衡位置附近来回摆动，摆动的幅度越来越小，最后平衡在原来的平衡位置上，这说明单摆系统具有稳定性。

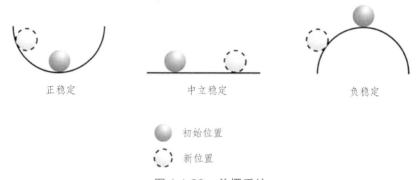

正稳定　　　　　　中立稳定　　　　　　负稳定

初始位置

新位置

图 1.1.33　单摆系统

单摆之所以具有稳定性，其原因有二：一是当小球不在平衡位置时，小球的重力分量使小球具有自动恢复原来平衡位置的趋势，这个力矩叫作稳定力矩；二是小球在来回的摆动中，作用于小球的空气阻力对其也构成一个力矩，阻止小球摆动，这个力矩叫作阻尼力矩。阻尼力矩的方向与小球摆动的方向始终相反。

如果没有稳定力矩，小球一旦偏离平衡位置后会持续偏离平衡位置；如果没有阻尼力矩，小球将在平衡位置附近来回摆动不停。在稳定力矩和阻尼力矩的共同作用下，小球摆动的幅度越来越小，最后完全消失，回到原来的平衡位置上。这就是说，要保证一个系统具有稳定性，需要同时获得稳定力矩和阻尼力矩。

在飞行中，飞机经常会受到各种各样的扰动（如阵风、发动机工作不均衡、舵面的偶然偏转等），使飞机偏离原来的平衡状态。偏离后，飞机若能自动恢复原来的平衡状态，则称飞机是稳定的，或飞机具有稳定性。

飞机的稳定性原理与单摆的稳定性原理基本上是一样的。飞机之所以有稳定性，首先是因为飞机偏离原平衡状态时出现了稳定力矩，使飞机具有自动恢复原来平衡状态的趋势；其次是飞机在摆动过程中，又出现了阻尼力矩，促使飞机摆动减弱乃至消失。

注意，飞机的稳定性并不是建立在飞行员操纵的基础上。具有稳定性的飞机在受弱扰动出现小幅度偏离以后，在恢复到平衡状态的过程中飞行员不应给予任何操纵。如果飞机受扰偏离平衡状态，只能通过飞行员的操纵进行修正，这意味着在飞行的整个过程中，飞行员必须时刻加以关注和监控，以备一旦偏离发生后及时进行应对和修复。这样的飞机不具备稳定性（见图 1.1.34）。

在实际天气环境中，飞行的飞机随时都会受到气流扰动等不确定因素的影响，仅通过飞行员发现偏离后人工进行修正是不现实的，这样将会耗费飞行员大量的注意力和精力，影响飞行员对其他更为重要的飞行情景和状态参数的把握，严重的甚至会危及飞行安全。

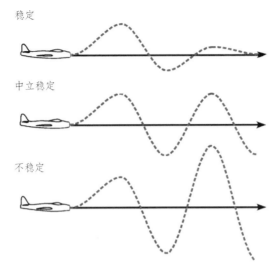

图 1.1.34　飞机的稳定性

　　飞机的稳定性可以分为俯仰稳定性、方向稳定性和横侧稳定性，同样的，为了利于读者专注于与载重平衡工作密切关联的知识，本书将只讨论俯仰稳定性。

1.4.2　俯仰稳定性

　　飞机的俯仰稳定性主要由平尾来实现。平尾既产生俯仰稳定力矩，又产生俯仰阻尼力矩（见图 1.1.35 ）。

图 1.1.35　俯仰稳定

　　首先，当飞机受扰动抬头偏离平衡状态时，机尾向下转动，平尾的负迎角减小甚至可能转变为正迎角，使得平尾负升力减弱，其产生的抬头力矩减小，促使飞机低头下俯恢复原来的状态。反之，当飞机受扰动低头偏离平衡状态时，机尾向上转动，平尾的负迎角增大，使得平尾负升力增大，其产生的抬头力矩增强，促使飞机抬头上仰恢复原来的状态。这是俯仰稳定力矩的典型特点。

　　其次，无论飞机上仰还是下俯，其机尾都在气流中上下往复摆动，此时的平尾就像儿时夏天乘凉时人们所用的扇子，它的每一次摆动都会受到空气的阻碍，产生阻尼，耗散飞机摆动的能量，让其停止下来。这是俯仰阻尼力矩的典型特点。

　　也有相关资料和书籍认为，当飞机受扰动偏离原来平衡状态时，除平尾以外，机身、机翼等部分的受力也在发生改变，产生附加升力。注意附加升力和升力的区别，附加升力是飞机遭受扰动过程中的升力的变化量。飞机各个部分升力变化量的总和就是飞机的附加升力。附加升力可以为正，也可以为负。飞机抬头上仰偏离时，附加升力为正；飞机低头下俯偏离时，附加升力为负。由于扰动所引起的飞机附加升力的着力点叫作飞机的焦点（Aerodynamic center）。焦点的位置不随飞机状态的改变而改变。

只有当焦点位于重心之后时，也可以说只有当重心位于焦点之前时，飞机才能够产生俯仰稳定力矩（见图 1.1.36）。这是因为当飞机受扰动而抬头上仰偏离时，由于附件升力为正，低头力矩增大，促使飞机低头下俯恢复原来的平衡状态。反之，飞机受扰低头下俯时，附加升力能够产生抬头上仰的稳定力矩。飞机焦点位于飞机重心之前或二者重合时，不具有稳定力矩，读者可以自行分析（见图 1.1.37）。

图 1.1.36　焦点与重心的位置关系

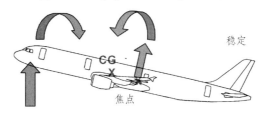

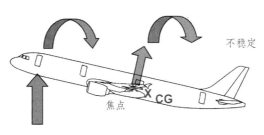

图 1.1.37　焦点位置对稳定性的影响

飞机焦点之所以能够位于飞机重心之后，从而确保飞机具备俯仰稳定性，主要是水平尾翼的贡献。所以说飞机的俯仰稳定性主要由平尾提供。

飞机重心前移，重心到飞机焦点的距离越远，飞机受扰动后所获得的俯仰稳定力矩越强，飞机的俯仰稳定性越强。故前重心的飞机具有更强的稳定性。

1.5　飞机的俯仰操纵性

飞机的操纵性，是指飞行员操纵升降舵、方向舵和副翼等改变飞机飞行状态的特性。操纵动作简单、省力，飞机响应快，操纵性好；反之，操纵动作复杂、笨重，飞机响应慢，操纵性不好。

飞机的操纵性与稳定性相呼应，二者均是飞机不可缺少的特性。缺乏稳定性，飞机无法抵抗扰动的影响；缺乏操纵性，飞行员无法实现有意识的操控。操纵性与稳定性又存在矛盾，稳定性强可能操纵性弱，操纵性强则可能稳定性弱，例如，下单翼的飞机更加灵活，上单翼的飞机更加平稳。

飞机的俯仰操纵性，是飞行员操纵驾驶盘或驾驶杆偏转升降舵后，飞机俯仰转动响应的特性。本书着重针对俯仰操作性进行说明（见图1.1.38）。

图 1.1.38　飞机需要俯仰操纵

在飞行中，驾驶盘前后的每一个位置和升降舵上下偏转的每一个幅度都对应着一个俯仰姿态与迎角。后拉驾驶盘越多，升降舵上偏角度越大，飞机的迎角也越大；前推驾驶盘越多，升降舵下偏角度越大，飞机的迎角也越小（见图1.1.39）。

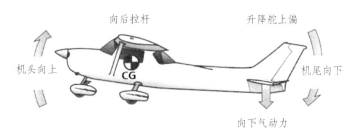

图 1.1.39　驾驶杆与升降舵

低速飞行时，为了获得足够的升力，飞机需要更大的迎角，因此飞行员不得不努力拉杆让升降舵上偏来获得足够的抬头上仰力矩；高速飞行时，飞机所需要的迎角开始逐渐减小，因此飞行员就得推杆让升降舵下偏来产生足够的低头下俯力矩（见图1.1.40）。

在飞行中，当飞行员向后拉杆使得升降舵向上偏转时，高速流经升降舵表面的气流不断冲击其表面，产生一个阻碍其偏转的力矩，该力矩会迫使升降舵和杆返回中立位置。为克服其影响，飞行员必须要施加一定的力，拉杆才能够保持动作，并获得所期望的操纵响应，这就是拉杆力。反之，飞行员向前推杆时，将遭遇推杆力的抵抗。

低速飞行时，升降舵需要向上偏转，故飞行员施加于驾驶盘上的力通常是拉杆力。随着飞行速度逐渐升高，升降舵逐渐由上偏转为下偏，杆力由拉杆力慢慢转为推杆力。低速飞行时，拉杆力大；高速飞行时，推杆力大。

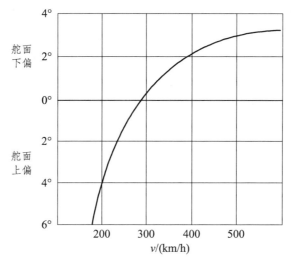

图 1.1.40　飞行速度与杆力

1.6　配平机理

为了使飞机在不同的飞行状态下均易于操纵，人们使用配平装置来确保飞机具有足够的操纵效率。配平装置利用配平机构进行操作，不受驾驶盘的直接控制。小型通用飞机的配平装置叫作配平片（Trim Tab），大型运输飞机的配平装置叫作可配平水平安定面（Trimmable Horizontal Stabilizer，THS）。

无论是配平片，还是可配平水平安定面，均通过驾驶舱中的配平手轮（见图 1.1.41）进行控制。飞行员通过拨动配平手轮即可让配平装置发挥应有的作用。

图 1.1.41　配平手轮

1.6.1　配平片

在某些恶劣的飞行条件下，升降舵在偏转时可能会遭受极大的空气动力的阻碍，此时飞机的杆力显著增大。飞行员前推或后拉驾驶盘时，需要施加足够大的力，才能够让升降舵克服空气动力的阻碍开始上下偏。杆力过大会导致操纵效率下降，操纵动作变形，影响飞机的正常操纵性。此时，如果飞机具有配平装置且飞行员能够合理使用配平装置，将可以大大改善飞机的操纵效率。接下来先以配平片为例，进行说明。

例如，当推杆困难时，可以先让配平片上偏一定角度，配平片产生向下的空气动力，相对于升降舵的转动中心形成转动力矩，克服空气动力的阻碍，促使升降舵向下转动。在这个过程中，配平片起到分担部分推杆力的作用，余下的需要飞行员直接抗衡的推杆力减小。如此一来，用更小的推杆力达到了同样的操纵目的，提高了操纵效率。

反之，当拉杆困难时，可以先让配平片下偏一定角度，配平片产生向上的空气动力，相对于升降舵的转动中心形成转动力矩，克服空气动力的阻碍，促使升降舵向上转动。在这个过程中，配平片起到分担部分拉杆力的作用，余下的需要飞行员直接抗衡的拉杆力减小（见图 1.1.42）。

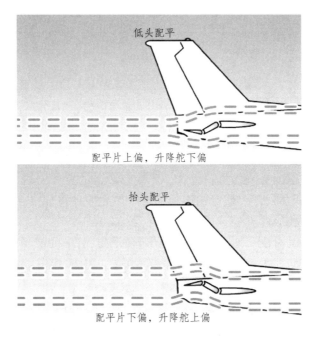

图 1.1.42 抬头配平与低头配平

也可以利用配平片分担全部杆力，此时传递给飞行员的杆力为零。相当于通过配平片实现了升降舵的偏转，达到了与飞行员推拉驾驶盘相同的目的。这一意义非常重大，因为它可以将飞行员解放出来，让飞行员不再需要长时间握盘用力，提高了操纵效率，也节约了精力。

由于机械行程有限，不能无限制地通过调整配平片来偏转升降舵，克服重心前后移动带来的影响。如果重心前后移动幅度过大，一味使用配平片可能将升降舵的有效偏转行程消耗殆尽，驾驶盘就无法合理操纵飞机。故配平片有其局限性，大型运输机往往不予采用。

1.6.2 可配平水平安定面

对于大型运输机，使用可配平水平安定面是一个有效的方式。所谓可配平水平安定面，是指通过位于平尾前半部分的水平安定面的上下偏转来获得配平效果（见图 1.1.43）。飞行中，可配平水平安定面可以在有限的行程范围以内上下偏转，改变平尾在气流中的相对角度，从而调整平尾负升力的大小。其工作机理与配平片有异曲同工之处，这里不再赘述。

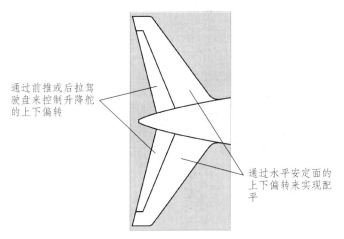

通过前推或后拉驾驶盘来控制升降舵的上下偏转

通过水平安定面的上下偏转来实现配平

图 1.1.43 可配平水平安定面示意图

在执行每一次航班飞行任务时，大型运输机面临不同的载重和重心分布，使用可配平水平安定面可以确保其在不同的载重和重心分布条件下始终获得良好的俯仰操纵效率。安定面配平不影响杆力，因为大型运输机一般都安装有液压助力或电传操纵系统。飞行员在驾驶操纵时，不会受到舵面空气动力变化带来的影响（见图 1.1.44）。

图 1.1.44 某飞机的机尾局部视图

前面提到，配平片和可配平水平安定面均通过驾驶舱中油门杆旁的配平手轮进行调节。当重心靠前时，机头沉，此时调节配平的目的是获得足够的上仰力矩，替代飞行员持续的拉杆操作，让飞机抬起头来，称为抬头配平（Nose Up Trim）；当重心靠后时，机尾沉，此时调节配平的目的是产生足够的下俯力矩，替代飞行员持续的推杆操作，让飞机低下头去，称为低头配平（Nose Down Trim）。

为了易于识别，在设计时刻意将配平手轮拨动的方向设计为与飞行员推拉杆的操作方向保持一致。例如，重心靠前时需要拉杆，那么就应当向后拨动配平手轮；重心靠后时需要推杆，就应当向前拨动配平手轮（见图 1.1.45）。

配平的多少应与重心实际情况相对应，过量的配平会产生负面效果，达不到配平的真正目的。大多数配平手轮有刻度标识，用来帮助使用者判断配平是否合理。同一架飞机在执行

图 1.1.45 航线运输飞机的配平手轮

不同的飞行任务以及面对不同的装载条件下，其重心位置并不固定，每一次飞行所需的配平也各不相同，即使在同一次飞行的不同阶段所需的配平也需要根据实际情况进行调整。所以配平刻度可以帮助使用者快速而准确地实施配平（见图 1.1.46）。

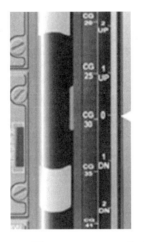

图 1.1.46 A320 和 B767 的配平刻度

通常在起飞之前，当地面配载工作结束以后，地面人员首先能够获得该架飞机的确切重心位置，然后根据舱单或者制作商所提供的手册图表进行查找，得到与该重心位置相匹配的配平数值，并将其告知飞行员。接下来，飞行员拨动配平手轮进行调整，让其对正刻度。这样一来，就完成了起飞配平的相关工作。起飞配平工作的实施对于各型飞机能够安全起飞至关重要。当重心靠前导致机头过沉时，配平不足可能导致飞机无法正常抬轮离地，冲出跑道；当重心靠后导致机尾过沉时，配平不足可能导致飞机抬轮离地时出现擦尾，损伤机体甚至起火（见图 1.1.47）。

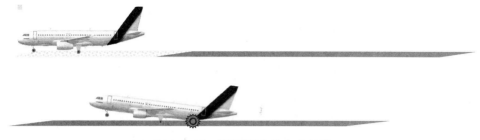

图 1.1.47 配平不当带来的危害

小型通用飞机在整个飞行阶段都需要飞行员人工实施配平，对飞行员的操作要求较高，操作负荷也较大；而现代航线飞机一旦起飞以后，可以通过自动驾驶系统接管飞行操纵，并对飞机实施自动配平，从而最大限度地解放飞行员，优化驾驶舱资源管理。

1.7 飞机重心安全范围

重心位置的前后移动，会引起平飞中升降舵偏转角和杆力发生变化。图 1.1.48 是某飞机在不同重心位置时，升降舵偏转角与杆力和平飞速度的关系曲线。

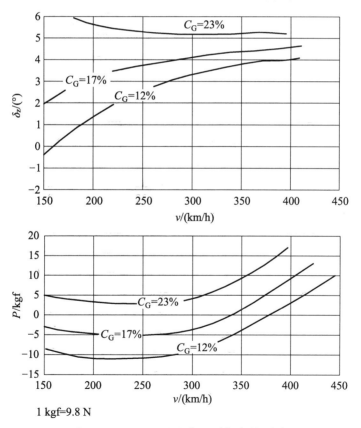

1 kgf=9.8 N

图 1.1.48 不同重心位置对杆力的影响

从图 1.1.48 中可以看出，即使在相同飞行速度下，不同重心位置所需的升降舵偏转角和杆力也各不相同。

重心前移，飞机低头下俯的趋势增强，所需升降舵上偏角增大，所需拉杆力增大。为保持飞机平衡，飞行员必须向后拉杆，上偏升降舵，产生一个上仰的操纵力矩来克服重心前移引入的下俯力矩。总之，重心前移使得升降舵上偏角和拉杆力均增大。

重心前移越多，所需的升降舵上偏角越大。但升降舵上偏角受到结构和气流分离的限制，不能无限增大。重心前移过多，就可能会出现即使把驾驶盘拉到底，也无法获得期望的飞行姿态。因此，重心位置应有一个前极限（CG Forward Limit）。

重心后移，飞机的俯仰稳定性减弱。如果重心位置过于靠后，以至接近飞机焦点时，俯仰稳定性将变得很差。在这种情况下，即使飞机受扰偏离，所产生的俯仰稳定力矩也很小。飞行员稍稍移动驾驶盘，飞机的姿态就会变化很多，使飞机显得"过于灵敏"，也降低了操纵性。

若飞机太灵敏，则飞行员不易掌握操纵分量，这是因为要时刻注意飞机操纵，造成飞行员神经过分紧张，分散照顾其他工作的精力，影响飞机的飞行。一旦重心后移到飞机焦点之后，飞机既不具备俯仰稳定性，也损失了俯仰操作性。因此，飞机重心位置应有一个后极限（CG Afterward Limit）。为保证飞机具有适当的俯仰稳定性，飞机重心位置后极限应在飞机焦点之前足够的距离处（见图 1.1.49）。

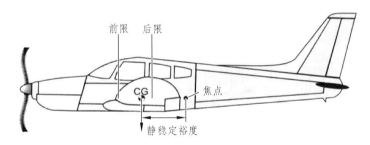

图 1.1.49　重心前极限与后极限

如果在配载时飞机重心过于靠前，逼近甚至超过重心前极限，可能会导致的状况有：起飞时难以抬轮离地，飞机可能冲出跑道；爬升困难，飞机无法越过高大的障碍物或难达到规定的梯度要求；着陆时拉平困难，飞机前轮接地或三点同时接地，容易形成重着陆；复飞时不能让飞机保持所需的俯仰姿态，受到障碍物威胁。即便重心不超过前极限，一个靠前的重心状态也会导致飞机失速速度增大，同时增大飞行时的配平阻力，使得巡航经济性下降（见图 1.1.50）。

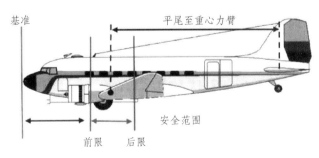

图 1.1.50　重心位置影响操纵力臂

反之，在配载时飞机重心过于靠后，逼近甚至超过重心后极限，可能出现的状况有：起飞抬轮离地时飞机容易擦机尾，破坏飞机结构；进近着陆和复飞时容易形成过大的俯仰姿态，导致飞机空中失速坠毁；飞行中操纵过于灵敏，飞行员无法正常操纵，耗费精力，并导致注意力过于集中，危及飞行安全。

此外，重心前极限和后极限的设定还应考虑导向轮和主轮的承载能力等多方面的因素。

综上所述，为保证飞机安全运行，并具有足够的稳定性和良好的操纵性，飞机重心位置应在重心前极限与后极限之间规定的范围以内。

复习思考题

1. 试叙述机身、机翼、尾翼、起落架和动力装置对飞机平衡带来的影响。
2. 试对比并叙述前重心和后重心条件下，飞机机翼和平尾升阻力的差异。
3. 试对比并叙述前重心和后重心条件下，飞机稳定性和操纵性的差异。
4. 试说明配平片和可配平水平安定面的基本工作原理。
5. 试对比配平片和可配平水平安定面的优缺点。

第 2 章　重量与平衡基础

2.1　重量和重心基本概念

2.1.1　质量和重量（见图 1.2.1）

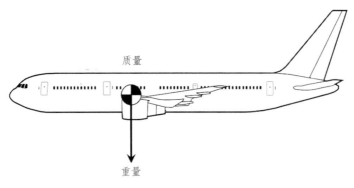

质量

重量

图 1.2.1　质量和重量

质量（Mass）是一个物体所含物质的多少，是物体的基本属性。在国际单位制中，质量的单位是千克（Kilogram）。在航空领域，有时也会沿用英美习惯使用磅（pound，1 lb = 0.453 6 kg）。

从科学角度讲，位于地球表面具有质量的物体无一例外都会受到地心引力的影响产生向下的力，这就是重量（weight）。在工程上通常认为，质量为 1 kg 的物体在北纬 45° 海平面上所受的重力约为 9.8 N。

在飞机的载重平衡工作当中，人们没有严格区分质量和重量的差异，往往将二者混用。本书中使用的"重量"一词，实质是质量，使用千克（kg）或磅（lb）为单位。在计算中使用千克还是磅，取决于使用的单位制。工作中，为了防止单位换算出现错误，这两种单位不能混用。

当从飞机上移除重量时，用符号"－"表示；反之，将重量添加到飞机上时，用符号"＋"表示。

2.1.2　重　心

重力在物体上的着力点被称为重心（Center of Gravity, CG）。在地球引力的作用下，物体的重力作用于重心，并指向地心（见图 1.2.2）。

对于形状规则、密度分布均匀的单个物体来说，其重心通常位于该物体的几何中心。但是对于某些形状特殊或密度并不均匀的物体，以及由多个物体组合而成的系统来说，其重心可能不在几何中心处。在本书的学习中，如果没有特别说明，可以认为物体和舱段的重心位于其几何中心。

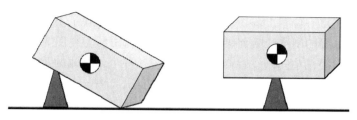

图 1.2.2　物体的重心

　　查找物体或系统重心的方法很多，其中之一就是支撑法。将支撑点放置在物体重心处，物体将达到平衡。同样，如果能够将支撑点放置在一个系统的重心处，该系统也将达到平衡。此时，物体或系统所受的重力合力正好通过重心作用于支撑点，在支撑点左、右两侧的重力分量所产生的转动力矩刚好能够在该点相互抵消并达到平衡。

　　还有一种方法是悬挂法。即将物体进行悬挂，待物体静止后，通过悬挂点做出一条垂线，随后更换新的悬挂点再次进行悬挂。两次悬挂所得垂线的交点就是该物体的重心所在。

　　飞机并非一个简单的物体，它是由许多部件、设备、物品、人员、货物和燃油所组成的一个系统。对于这种由若干部分组成的系统，无法直接观察其重心所在，使用支撑法和悬挂法查找重心也很困难和笨拙（见图 1.2.3），甚至可能对机体结构造成损坏，所以需要寻求更加合理的方法来查找飞机的重心。该方法将在合力矩定理中进行详细说明。

图 1.2.3　飞机的重心

2.1.3　基　准

　　基准（Datum）或参考基准（Reference Datum），是用于描述系统内各组成部分的重心所在位置时的一个参考，通常为一个可以沿水平方向任意设定的假想垂面。这一假想的垂直参考面非常实用，一旦设定好它的位置，就能够用它描述在水平方向上系统各组成部分的重心到基准的距离长短（见图 1.2.4）。

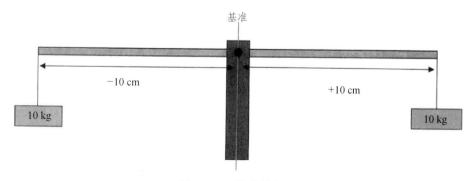

图 1.2.4　基准的概念

虽然基准是描述重心位置的参考面，但是它的位置并非固定不变，可以根据习惯进行相应的设定。设定一个好的基准位置将使得重心计算更加便利。在图 1.2.4 所示的天平装置中，基准位置被设置在天平正中间的支撑点上。此时左、右两侧物体的重心到该基准的距离刚好相等。

飞机的基准被假设为某一垂直于机身纵轴的参考面。基准的位置可以由飞机制造厂商或使用者根据需要进行设定。无论将基准设定在何处，它始终是测量重心位置的参考起点。飞机上每一个部件、物品、设施或人员到基准的水平距离都可以以基准为起点进行测量（见图 1.2.5）。

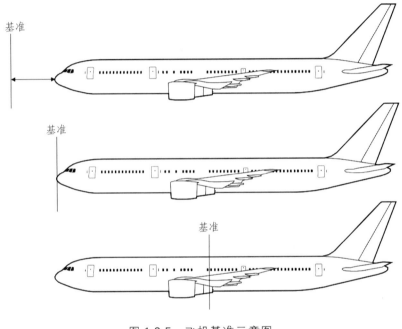

图 1.2.5　飞机基准示意图

在载重平衡计算过程中，典型的基准位置有机头、发动机防火墙和机翼前缘等。有时制造厂商基于载重平衡计算的便利性考虑，还可能将基准设置在这些典型位置前后特定距离处，如机头前方 30 in（1 in = 2.54 cm）处或防火墙前方 74 in 处等。

2.1.4　力　臂

一般来说，人们常常将作用力到转动中心的法向距离称为力臂（Arm）。但在研究飞机载重平衡时，力臂则特指所研究对象（如机上人员、物品或机上部件）的重力到参考基准的法向距离，简而言之就是各成员重心到基准的水平距离，也称为平衡力臂（Balance Arm，BA），如图 1.2.6 和图 1.2.7 所示。常见的单位有英寸（in）、英尺（ft）、厘米（cm）、米（m）等。

为了便于区分物体或部件重心相对于基准的前后位置，通常规定基准之前的力臂为"－"，基准之后的力臂为"＋"（见图 1.2.8）。当设定的基准位于飞机机头之前时，飞机上所有部件或物体的重心到基准的力臂均为正，这样可防止计算中出现错误。

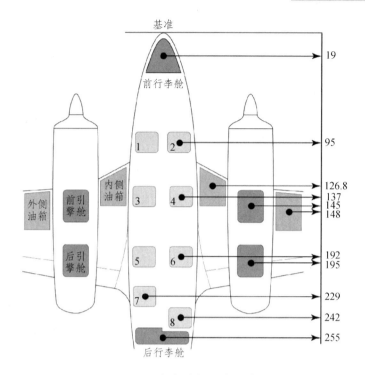

图 1.2.6　平衡力臂与基准（俯视）

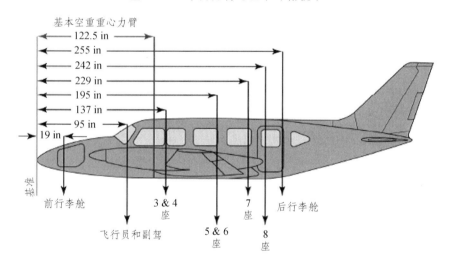

图 1.2.7　平衡力臂与基准（侧视）

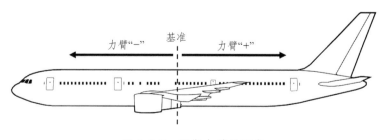

图 1.2.8　平衡力臂的正负

2.1.5 力 矩

生活中，当用手将哑铃平举起来时，会感觉到比拎起哑铃更为吃力，这是因为平举时除了要克服哑铃的重量之外，还需要克服哑铃对躯体产生的转动力矩的影响。力矩的大小就等于手中物体的重量乘以手臂的长度（见图 1.2.9）。

简单地说，力矩（Moment）是力和力臂共同作用的效果，它使得被作用物体具有转动的趋势。力矩可以表示为力和力臂的乘积：力矩 = 力 × 力臂。

因为力矩具有方向性，所以力矩可正可负。在载重平衡计算中，力矩为正代表抬头（上仰）力矩；力矩为负代表低头（下俯）力矩（见图 1.2.10）。

图 1.2.9 力和力臂产生力矩

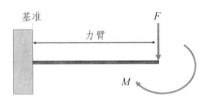

图 1.2.10 力矩的方向

通过表 1.2.1 可以进一步理解力矩转动方向与正负号的对应关系。例如，在机尾处增加货物重量，将使得飞机相对自身重心产生更大的抬头（上仰）力矩。

表 1.2.1 重量、力臂和力矩符号的相互关系

重 量	力 臂	力 矩
增加 +	靠近机尾（后移） +	抬头（上仰） +
增加 +	靠近机头（前移） −	低头（下俯） −
减少 −	靠近机尾（后移） +	低头（下俯） −
减少 −	靠近机头（前移） −	抬头（上仰） +

由于力矩的大小同时受到力的大小和力臂的长短的影响，所以力矩的单位是复合单位，由重量单位和长度单位复合而成。例如，300 kg·in，既可以表示 300 kg 的力作用于 1 in 的力臂，也可以理解为 1 kg 的力作用于 300 in 的力臂。

$$300 \text{ kg} \times 1 \text{ in} = 300 \text{ kg} \cdot \text{in}$$

$$1 \text{ kg} \times 300 \text{ in} = 300 \text{ kg} \cdot \text{in}$$

在载重平衡相关的力矩计算中，力臂常以米或英寸为单位，力常以千克或磅为单位，故常见的力矩单位是千克·米或是磅·英寸。

机型不同或制造厂商不同，载重平衡工作中所接触到的长度单位和重量单位有英制也有

公制。但在一次计算中很少混用，例如，长度单位要么统一使用公制的米或厘米，要么统一使用英制的英寸或英尺。

从练习角度出发，本书要求读者能够进行常用单位的换算，其目的首先是让读者能够正确书写单位符号，其次是为了让读者减少对单位换算的恐惧。计算中能够正确书写单位符号非常重要。从表 1.2.2 中可以看到，尽管每一组力矩数值相同，但是由于对应的单位不同，所以实际力矩大小并不相同，产生的作用效果也不同。

表 1.2.2 力矩的单位

质 量	力 臂	力 矩	质 量	力 臂	力 矩
10 kg	10 cm	100 kg · cm	10 kg	10 in	100 kg · in
10 lb	10 cm	100 lb · cm	10 lb	10 in	100 lb · in
10 kg	10 ft	100 kg · ft	10 kg	10 m	100 kg · m
10 lb	10 ft	100 lb · ft	10 lb	10 m	100 lb · m

【例 2-1】 根据以下条件，计算力矩并将其单位换算为 kg · cm。

质 量	力 臂	力 矩
10 lb	10 cm	?

解：

（1）将磅换算为千克。

待换算的重量	换算系数	换算结果
10 lb	0.453 6	4.536 kg

（2）计算力矩。

质 量	力 臂	力 矩
4.536 kg	10 cm	45.36 kg · cm

2.2 重心计算方法

2.2.1 杠杆原理

飞机载重平衡计算以物理学中的力矩计算和杠杆原理为基础。

杠杆原理是指一个由杠杆和支点组成的平衡系统，作用于支点两侧的力矩大小相等，方向相反，或者当整个杠杆系统中所有力矩的代数和为零时，该杠杆系统就达到了平衡。

【例 2-2】 现有一杠杆系统，在支点左侧 80 cm 处放置有重为 20 kg 的物体，在支点右侧 40 cm 处则放置有重为 40 kg 的物体。则该机构是否平衡？

分析：

尽管左、右两侧重物相对支点的力臂不等，它们的质量也不等，但产生的力矩大小相等，方向相反，相互抵消。若规定左侧力臂为负值，那么左侧物体对支点产生的力矩为 $20 \times (-80) = -1\,600\,\mathrm{kg \cdot cm}$，而右侧物体对支点产生的力矩为 $40 \times (+40) = +1\,600\,\mathrm{kg \cdot cm}$，二者产生的合力矩为 $(-1\,600) + (+1\,600) = 0$。因此该杠杆系统可以实现平衡（见图 1.2.11）。

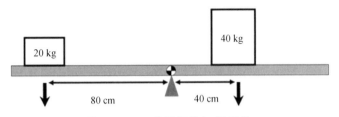

图 1.2.11　某平衡的杠杆系统

可使用表 1.2.3 让例 2-2 中的力矩关系更加明了。

表 1.2.3　利用表格进行力矩计算

项　目	重量/kg	力臂/cm	力矩/kg·cm
左侧物体	20	−80	−1 600
右侧物体	40	+40	+1 600
系　统			0

对于杠杆系统来说，设置支点的过程就是查找重心位置的过程，一旦支点与重心位置相重合，杠杆系统就达到了平衡。对于飞机来说，载重平衡计算同样是查找重心位置的过程，但不可能通过寻找支撑点的方式来查找飞机重心，需要利用合力矩定理。

2.2.2　合力矩定理

合力矩定理，是指系统重心到基准的力臂等于系统内各物体相对于基准产生的力矩之和再除以各物体的重量之和。使用合力矩定理来计算重心位置时，一般使用以下公式：

$$重心力臂 = 合力矩/总重量$$

（1）重心力臂是系统重心所在位置到基准的距离。
（2）合力矩是系统内各物体重量对指定基准的力矩代数和。
（3）总重量是系统内各物体重量之和。

接下来，利用杠杆原理和合力矩定理进行相互验证。

【例 2-3】　如图 1.2.12 所示，因杠杆系统达到平衡，系统重心位于支点处。试使用合力矩定理进行验证。

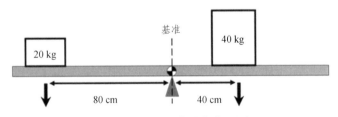

图 1.2.12　某平衡的杠杆系统

分析：

（1）将基准位置设置在支点处，任何距基准有一定距离的物体都会产生绕基准转动的力矩，故填写表格，如表 1.2.4 所示。

表 1.2.4 利用表格计算系统的重心

项　　目	重量/kg	力臂/cm	力矩/kg·cm
左侧物体	20	− 80	− 1 600
右侧物体	40	+ 40	+ 1 600
系　　统	60	?	0

（2）左、右两侧物体相对于基准产生的力矩大小相同，方向相反，合力矩为零。故

$$系统重心 = 合力矩 ÷ 总重量 = 0.0 \text{ kg·cm} ÷ 60 \text{ kg} = 0 \text{ cm}$$

（3）系统重心到基准的力臂为零，其物理含义为，系统重心位于基准处，二者重合。

例 2-3 中将基准设定在了支点处，但在实际工作中查找飞机重心时并没有支点，故需要进行适当调整。

【例 2-4】 如图 1.2.13 所示，在不改变系统重心的前提下，将基准位置重新设置到 20 kg 重物的左侧 20 cm 处。试使用合力矩定理进行验证。

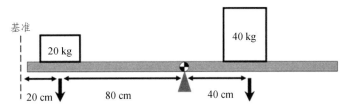

图 1.2.13 某平衡的杠杆系统

分析：

（1）观察发现，尽管基准位置比系统左侧物体还要向左偏出 20 cm，但由于系统内部的重量分布以及支点位置都没有变化，所以系统仍然平衡，可见基准的移动并不会影响重心，故填写表格，如表 1.2.5 所示。

表 1.2.5 利用表格计算系统的重心

项　　目	重量/kg	力臂/cm	力矩/kg·cm
左侧物体	20	+ 20	+ 400
右侧物体	40	+ 140	+ 5 600
系　　统	60	?	+ 6 000

（2）由于基准设置在最左侧，这就使得系统内所有物体都位于基准右侧，计算出的力矩不再有负值。系统产生的合力矩为 + 6 000 kg·cm。故

$$系统重心 = 合力矩 ÷ 总重量 = + 6 000 \text{ kg·cm} ÷ 60 \text{ kg} = + 100 \text{ cm}$$

（3）可知系统重心位于基准右侧 100 cm 处。观察发现该位置与重心实际所在位置重合。

尽管两次计算使用的基准的位置各不相同，但是通过合力矩定理计算得到的重心位置并无变化。这说明以下 3 点：

① 基准位置的改变并不会影响系统重心的实际位置。

② 合力矩定理可以在不同基准位置条件下求解系统重心位置。

③ 合力矩定理不需要已知平衡点。

以上例题中的重量分布过于理想和特殊，为了进一步掌握合力矩定理的特点，接下来针对系统两侧力矩不相等的普遍情况进行讨论。

【例 2-5】 已知某系统的基准被选定在中间位置处，左侧物体重 20 kg，距基准 80 cm，右侧物体重 40 kg，距基准 80 cm。求该系统重心位置（见图 1.2.14）。

分析：

（1）可以发现，利用杠杆原理只能判断出该系统并不平衡，重心也不在支点和基准处，想得到确切的重心位置比较棘手。不妨试一试利用合力矩定理进行求解，如表 1.2.6 所示。

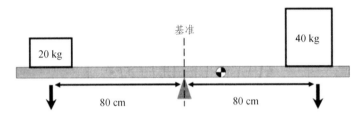

图 1.2.14　某不平衡的杠杆系统

表 1.2.6　利用表格计算系统的重心

项　目	重量/kg	力臂/cm	力矩/kg·cm
左　侧	20	-80	-1 600
右　侧	40	+80	+3 200
系　统	60	?	+1 600

（2）系统重心 = 合力矩 ÷ 总重量

= 1 600 kg·cm ÷ 60 kg

= 26.67 cm

（3）系统重心位于基准右侧 26.67 cm 处，相对基准产生的合力矩为 +1 600 kg·cm，力矩方向为顺时针方向。

2.2.3　合力矩定理运用

在载重平衡工作中，合力矩定理是用来确定飞机重心位置的高效工具，合力矩定理主要包括以下 4 个步骤。

（1）测得每个重量项到基准的力臂长短。

（2）将各重量项的重量与力臂相乘得到力矩。

（3）将各项力矩汇总相加得到合力矩，将各项重量汇总相加得到总重量。

（4）用合力矩除以总重量，得到飞机重心到基准的平衡力臂。

注意，在测量力臂的过程中，根据制造厂商的推荐或实际需要，基准位置可以被设定在沿飞机纵轴方向的任意位置，只有选定了基准才能够实施计算。

【例 2-6】　将飞机简化为如图 1.2.15 所示的一个平板系统，在该平板的不同位置分别放置有不同重量的物体 A、B 和 C。平板代表机身，物体 A 代表乘客，物体 B 代表行李，物体 C 代表货物。已知物体 A 重 100 kg，位于基准右侧 50 cm 处；物体 B 重 100 kg，位于基准右侧 90 cm 处；物体 C 重 200 kg，位于基准右侧 150 cm 处。若忽略飞机自重，试查找飞机重心。

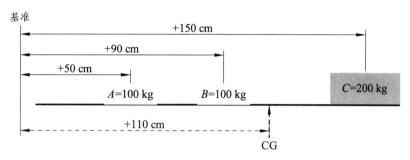

图 1.2.15　确定系统重心到基准的距离

分析：

（1）根据已知条件建立表格，如表 1.2.7 所示。

表 1.2.7　确定系统重心到位于平板之外的基准的距离

项　目	重量/kg	力臂/cm	力矩/kg·cm	重心/cm
乘客 A	100	+50	+5 000	
行李 B	100	+90	+9 000	
货物 C	200	+150	+30 000	
系　统	400		+44 000	+110

（2）系统总重为 400 kg，合力矩为 44 000 kg·cm。用合力矩除以总重量就得到系统重心位置。

$$重心 = \frac{合力矩}{总重量} = \frac{44\,000\ \text{kg·cm}}{400\ \text{kg}} = 110\ \text{cm}$$

（3）重心位于基准右侧 110 cm 处。

现在将基准向右移动 110 cm，则此时系统对新基准的合力矩应该为零，即重心刚好位于新选定的基准处。

【例 2-7】　再次将飞机简化为如图 1.2.16 所示的平板系统，已知物体 A 到新基准的距离为 −60 cm，物体 B 到新基准的距离为 −20 cm，物体 C 到新基准的距离为 +40 cm。若忽略飞机自重，试查找飞机重心。

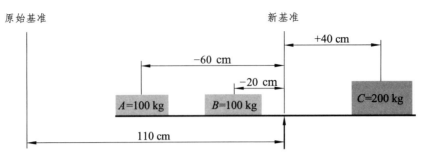

图 1.2.16　重心到基准的距离

分析：

（1）根据已知条件建立表格，如表 1.2.8 所示。

表 1.2.8　当平板相对于原基准右侧 110 cm 处的点达到平衡时，则其合力矩为零

项　目	重量/kg	力臂/cm	力矩/kg·cm
乘客 A	100	−60	−6 000
行李 B	100	−20	−2 000
货物 C	200	+40	+8 000
系　统	400	0	0

（2）因合力矩为零，故重心到新基准的距离为 0 cm。

接下来不再进行简化，直接以真实飞机为例，使用合力矩定理计算飞机重心位置。

【例 2-8】　某飞机的导向轮和主轮到基准的距离信息如图 1.2.17 所示，在导向轮和主轮位置处进行称量后发现，导向轮处重为 2 322 kg，左侧主轮处重为 3 540 kg，右侧主轮处重为 3 540 kg。试查找飞机重心。

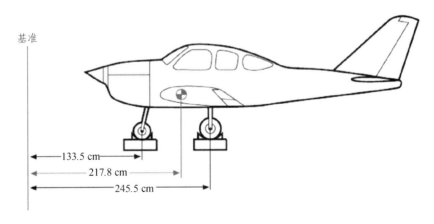

图 1.2.17　确定重心到机头前方基准处的距离

分析：

（1）根据已知条件建立表格，如表 1.2.9 所示。

表 1.2.9　确定重心到机头前方基准处的距离

项　　目	重量/kg	力臂/cm	力矩/kg·cm	重心/cm
左侧主轮	3 540	245.5	869 070	
右侧主轮	3 540	245.5	869 070	
导向轮	2 322	133.5	309 987	
求　　和	9 402		2 048 127	217.8

（2）可以看出该飞机总重量为 9 402 kg，合力矩为 2 048 127 kg·cm。故

$$重心 = \frac{合力矩}{总重量} = \frac{2\,048\,127\ kg \cdot cm}{9\,402\ kg} = 217.8\ cm$$

（3）飞机重心位于基准之后 217.8 cm 位置处。

2.3　重量变动后查找重心

2.3.1　重量移动后的重心查找

当系统内出现重量的移动时，系统的总重量不发生变化，但系统合力矩将受到影响，从而使得系统重心也发生改变。当总重量不变时，合力矩增大使得系统重心向后移动，合力矩减小使得系统重心向前移动。

【例 2-9】　对于如图 1.2.18 所示的系统，有 20 kg 重物位于支点左侧 80 cm 处，有 40 kg 重物位于支点右侧 40 cm 处。现将 10 kg 重物从支点右侧 40 cm 处移动至支点左侧 80 cm 处，试求重量移动后的系统重心位置。

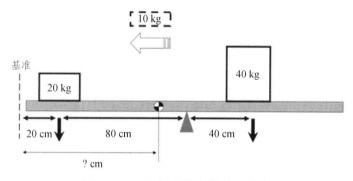

图 1.2.18　杠杆系统内的重量移动

分析：

（1）根据条件建立表格，如表 1.2.10 所示。

（2）右侧被移出重量的符号为负，计为 "–10 kg"，其力臂为正，计为 "+140 cm"，产生逆时针方向转动的负力矩。左侧被移入重量的符号为正，计为 "+10 kg"，其力臂为正，计为 "+20 cm"，产生顺时针方向转动的正力矩。可见，重量移动给系统带来的力矩变化影响应是这二者之和。

表 1.2.10　利用表格计算新系统的重心

项　目	重量/kg	力臂/cm	力矩/kg·cm
原系统	+60	+100	+6 000
移　出	-10	+140	-1 400
移　入	+10	+20	+200
新系统	+60	?	+4 800

（3）重心 = 合力矩 ÷ 总重量

　　　　 = +4 800 kg·cm ÷ 60 kg

　　　　 = +80 cm

故重物移动后的系统重心位于基准右侧 80 cm 处。换言之，原重心向左移动了 20 cm。

实际工作中，有时候为了提高计算速度和效率，还可以使用公式法进行快速计算。对于重量移动问题，可以使用如下公式：

$$\frac{被移动的重量}{总重量} = \frac{重心改变量}{被移动重量的力臂改变量}$$

【例 2-10】　根据例 2-9 中的已知条件，试用公式法确定重量移动后的系统重心位置。

分析：

（1）根据题目条件，可知总重量为 60 kg，被移动重量为 10 kg，被移动重量的力臂改变量为 -120 cm。

（2）将各项已知量代入公式：

$$重心改变量 = \frac{被移动的重量 \times 被移动重量的力臂改变量}{总重量}$$

$$= \frac{10\ kg \times (-120)\ cm}{60\ kg}$$

$$= -20\ cm$$

（3）可知重量移动后，系统重心从原重心处向左移动了 20 cm。由于原重心位于基准右侧 100 cm 处，故新重心位于基准右侧 80 cm 处。

2.3.2　重量增减后的重心查找

当系统内出现重量的增加或减少时，不仅系统的总重量会发生变化，系统合力矩也将发生变化，从而使得系统重心随之改变。总之，系统重心总是靠拢重量增大的一侧，远离重量减小的一侧。

【例 2-11】　对于如图 1.2.19 所示的系统，当在支点右侧 40 cm 处新增加 10 kg 重物后，试求重量增加后的系统重心位置。

分析：

（1）根据条件建立表格，如表 1.2.11 所示。

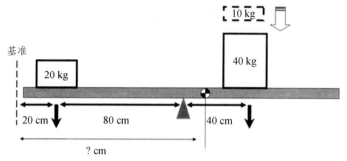

图 1.2.19　杠杆系统内的重量增加

表 1.2.11　利用表格计算新系统的重心

项　目	重量/kg	力臂/cm	力矩/kg·cm
原系统	+60	+100	+6 000
增加重量	+10	+140	+1 400
新系统	+70	?	+7 400

（2）由于系统总重量发生了改变，无法仅根据合力矩的大小来判断系统重心的移动方向。

（3）重心 = 合力矩 ÷ 总重量 = +7 400 kg·cm ÷ 70 kg = +105.7 cm

故重心移动到基准右侧 105.7 cm 处。换言之，原重心向右移动了 5.7 cm。

此处同样可以使用公式法进行快速计算。对于重量增减问题，可以使用如下公式：

$$\frac{增减的重量}{新的总重量} = \frac{重心改变量}{增减重量与原重心的距离}$$

【例 2-12】　根据例 2-11 中的已知条件，试用公式法确定重量增加后的系统重心位置。

分析：

（1）根据题目条件，可知新的总重量为 70 kg，增加重量为 10 kg，增加重量与原重心的距离为 40 cm。

（2）将各项已知量代入公式：

$$重心改变量 = \frac{增减的重量 × 增减重量与原重心的距离}{新的总重量}$$

$$= \frac{(+10)\ kg × (+40)\ cm}{+70\ kg}$$

$$= +5.7\ cm$$

（3）可知重量增加后，系统重心从原重心处向右移动了 5.7 cm。由于原重心位于基准右侧 100 cm，故新重心位于基准右侧 105.7 cm。

2.4　调整重量控制重心

在日常运行中，可能面临需要通过调整重量来控制飞机重心的问题，例如，装载结束后发现飞机重心超出许可范围，需要移动人员或物体让飞机的重心回到合理范围以内。此时为了将重心调整到所需位置，需要计算出拟移动或增减的重量大小。

【例2-13】 如图1.2.20所示，已知系统由物体A、B和C组成，物体A位于基准处，重100 kg；物体B位于基准右侧80 cm处，重200 kg；物体C位于基准右侧100 cm处，重200 kg，系统重心位于基准右侧72 cm处。若希望通过移动物体B将系统重心调整到基准右侧50 cm（中点）处，应该如何调整？

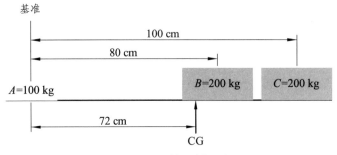

图1.2.20 某平板系统

分析：

（1）根据条件可以建立表格，此时有两种方式，一种是利用已有的结果进行计算，另一种是重新计算，两种方式如表1.2.12和表1.2.13所示。

方式一：

表1.2.12 利用已有的结果进行计算

项 目	重量/kg	力臂/cm	力矩/kg·cm
原系统	+500	+72	+36 000
移出物体B	−200	+80	−16 000
移入物体B	+200	？	？
新系统	+500	+50	+25 000

方式二：

表1.2.13 重新计算

项 目	重量/kg	力臂/cm	力矩/kg·cm
物体A	+100	0	0
物体B	+200	？	？
物体C	+200	+100	+20 000
新系统	+500	+50	+25 000

（2）两种方式均需要计算出物体B调整后产生的力矩。

$$25\ 000 - 36\ 000 + 16\ 000 = +5\ 000 \quad 或 \quad 25\ 000 - 20\ 000 = +5\ 000$$

（3）用物体B调整后产生的力矩除以重量求出调整后所在的位置。

$$重心 = 合力矩 \div 总重量 = +5\,000\ kg \cdot cm \div 200\ kg = +25\ cm$$

（4）可知，欲将系统重心移动至平板中点，需将物体 B 移动到基准右侧 25 cm 处（见图 1.2.21）。

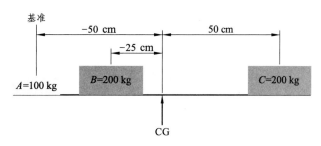

图 1.2.21　移动物体 B 让系统重心移动到平板中点处

采用公式法进行求解也可以获得相同结果。

【例 2-14】　已知系统由物体 A、B 和 C 组成，物体 A 位于基准处，重 100 kg；物体 B 位于基准右侧 80 cm 处，重 200 kg；物体 C 位于基准右侧 100 cm 处，重 200 kg，系统重心位于基准右侧 72 cm 处。试用公式法确定如何移动物体 B，才能将系统重心调整到基准右侧 50 cm（中点）处？

分析：

（1）例中未进行重量的增减，仅移动了物体 B，故应使用重量移动的公式：

$$\frac{被移动的重量}{总重量} = \frac{重心改变量}{被移动重量的力臂改变量}$$

（2）已知原重心位于基准右侧 72 cm 处，新重心位于基准右侧 50 cm 处，故重心改变量为 −22 cm。总重量为 500 kg，被移动的重量为 200 kg，代入下式：

$$被移动重量的力臂改变量 = \frac{总重量 \times 重心改变量}{被移动的重量}$$
$$= \frac{500\ kg \times (-22)\ cm}{200\ kg}$$
$$= -55\ cm$$

（3）可知需要将物体 B 向左移动 55 cm，才能满足题目要求。物体 B 原来位于 +80 cm 处，向左移动 55 cm 后，物体 B 位于 +25 cm 处。

如果已知物体移动距离，拟求移动物体的重量，同样可以采用公式法。

【例 2-15】　已知系统由物体 A、B 和 C 组成，物体 A 位于基准处，重 100 kg；物体 B 位于基准右侧 80 cm 处，重 200 kg；物体 C 位于基准右侧 100 cm 处，重 200 kg，系统重心位于基准右侧 72 cm 处。欲将重心从 72 cm 处移动到 50 cm 处，需从 80 cm 处移动多少重量到 25 cm 处？

分析：

（1）由条件可知，被移动物体的力臂改变量为 −55 cm，总重量为 500 kg，重心改变量为 −22 cm，代入下式：

$$被移动的重量 = \frac{总重量 \times 重心改变量}{被移动重量的力臂改变量}$$

$$= \frac{500\ kg \times (-22)\ cm}{(-55)\ cm}$$

$$= 200\ kg$$

（2）可知需要移动 200 kg 的重量才能够满足题目要求。

如果需要通过增减重量来控制重心，仍然可使用公式法。

【例 2-16】 如图 1.2.22 所示的系统，已知系统原重心位于基准右侧 100 cm 处，现希望将其移动至 110 cm 处，应在基准右侧 140 cm 处增加多少重量？

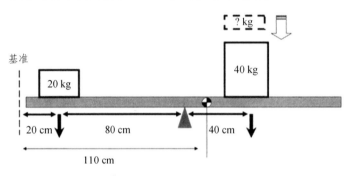

图 1.2.22　杠杆系统的重量增加

分析：

（1）需要进行重量的增减，故应使用重量移动公式：

$$\frac{增减的重量}{新的总重量} = \frac{重心改变量}{增减重量与原重心的距离}$$

（2）因为待增加的重量未知，导致新的总重量也未知，初看发现公式存在两个未知数难以求解，但可设待增加重量为 x，则新的总重量为 $60 + x$。重心改变量为 $+10$ cm，增加重量与原重心的距离为 $+40$ cm，代入下式：

$$增减的重量 = \frac{新的总重量 \times 重心改变量}{增减重量与原重心的距离}$$

$$x = \frac{(60 + x) \times (+10)}{+40}$$

$$40x = 10x + 600$$

$$30x = 600$$

$$x = 20$$

（3）可知需要在基准右侧 140 cm 处增加 20 kg 重量，才能够使得新重心移至 110 cm 处。

熟练掌握公式法可以非常快速和便捷地获知系统重心的调整情况，实际工作中如果能够加以掌握，将是有效的计算工具。但是如果对公式法记忆不够牢靠，建议仍然使用表格法，毕竟让计算结果可靠是载重平衡计算的首要目标。

2.5　飞机重心计算和调整实例

接下来，将通过飞机重心计算的实例，了解一下实际工作中如何计算飞机重心以及如何结合飞机自身特点调整乘客或行李来控制重心。

现以某通用航空飞机为例进行说明。从该飞机的手册中可获知飞机重量平衡基本信息和舱段情况，如图 1.2.23 所示。

飞机空重和空机重心 ·· 1 340 lb 和 + 37 in；

最大允许重量 ·· 2 300 lb；

飞机重心限制范围 ·· 从 + 35.6 in 到 + 43.2 in；

前排座椅（双座）位于 ·· + 35 in；

后排座椅（双座）位于 ·· + 72 in；

燃油体积和燃油重心 ··············· 40 gal（1 gal = 4.546 L）和 + 48 in；

行李舱最大重量和重心 ·· 60 lb 和 + 92 in。

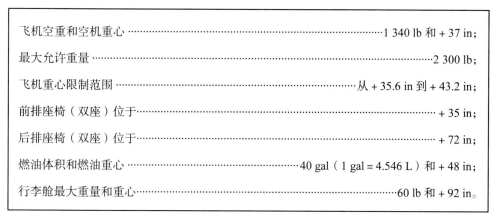

图 1.2.23　某通用航空飞机重量平衡信息图

大部分通用航空飞机和小客舱飞机在进行载重平衡计算时，会使用简易舱单进行计算和记录。简易舱单通常包含不发生变化的固定项和受当次飞行任务实际装载情况影响的变动项，具体如表 1.2.14 所示

表 1.2.14　空白舱单

项　目	重量/lb （≤2 300）	力臂/in	力矩/lb·in	重心安全范围/in （+35.6～+43.2）
空　机	1340	37	49 580	
前排座位		35		
后排座位		72		
燃　油		48		
行　李		92		

现通过一个计算实例对简易舱单的填写和计算进行说明。

【例 2-17】 在执行一次飞行任务时,该飞机的装载情况是:前排有一名重为 140 lb 的飞行员和一名重为 115 lb 的乘客,后排两名乘客分别重 212 lb 和 97 lb,乘客共携带行李 50 lb,飞机油箱加满。试计算出当前的飞机重心位置所在。

分析:

(1)根据已知条件,填写简易舱单中各重量项。

(2)计算各重量项产生的力矩大小。

(3)计算合力矩和总重量,并判断重量是否超出最大允许重量。

(4)计算飞机重心,并判断重心是否位于安全范围内(见表 1.2.15)。

表 1.2.15 已完成的舱单表明重量符合要求但是重心过于靠后

项 目	重量/lb(≤2 300)	力臂/in	力矩/lb·in	重心安全范围/in(+35.6～+43.2)
空 机	1 340	37	49 580	
前排座位	255(1)	35	8 925(2)	
后排座位	309(1)	72	22 248(2)	
燃 油	240(1)	48	11 520(2)	
行 李	50(1)	92	4 600(2)	
系统合计	2 194(3)		96 873(3)	+44.1(4)

从结果中可以看出,飞机实际重量小于最大允许重量 2 300 lb,重量未超限。但是重心 +44.1 in 过于靠后,超出重心安全范围后极限 0.9 in(后极限位于 +43.2 in),使得飞机不能够被准予起飞。由于重心超限的原因直接中止飞行任务显然是不合适的,此时就需要对飞机当前的装载情况进行适当调整,使得重心回到安全范围以内。

【例 2-18】 试在不减少例 2-17 中旅客和行李重量的前提下,将飞机重心调整到安全范围内,确保飞机安全起飞。

分析:

(1)由于燃油储备在油箱中,故可以调整的重量项只有乘客和行李。考虑到行李舱只有一个,故较为可行的解决办法是将后排 212 lb 重的乘客与前排 115 lb 重的乘客的位置进行调换。这是因为让体重较重的乘客靠前就座,可以使飞机的重心向前移动。

(2)根据已知条件,重新填写简易舱单,如表 1.2.16 所示。

表 1.2.16 座位调换后的舱单,重量与重心同时满足要求

项 目	重量/lb(≤2 300)	力臂/in	力矩/lb·in	重心/in(+35.6～+43.2)
空 机	1 340	37	49 580	
前排座位	352	35	12 320	
后排座位	212	72	15 264	
燃 油	240	46	11 520	
行 李	50	92	4 600	
系统合计	2 194		93 284	+42.5

（3）通过计算可以发现，当前后两名乘客调换座位之后，飞机重心向前移动了 1.6 in，重新回到安全范围以内。

（4）由于本例属于通过调整重量来控制重心，故也可以直接使用公式法进行计算。当前后两名旅客调换座位之后，被移动的重量为（212 – 115）lb，被移动重量的力臂改变量为（35 – 72）in，总重量不变，仍为 2 194 lb，代入以下公式：

$$重心改变量 = \frac{被移动的重量 \times 被移动重量的力臂改变量}{总重量}$$

$$= \frac{(212-115)\,\text{lb} \times (35-72)\,\text{in}}{2\,194\,\text{lb}}$$

$$= \frac{97\,\text{lb} \times (-37)\text{in}}{2\,194\,\text{lb}}$$

$$\approx -1.6\,\text{in}$$

结果为负，意味着重心向机头方向移动了 1.6 in，与表格法结果相符。

通过对表格法和公式法的使用，可以发现二者均能够解决实际问题，但优缺点各异。表格法需要按照固有格式进行填写，计算方式固定，不易出错。公式法相对简洁和快速，但需要背诵记忆，容易引入差错。从容错的角度出发，表格法有痕迹可循，可靠且易于检查。

2.6　%MAC 与 BA

通过第 1 章的学习可以发现，为确保飞行安全，重心受到重心安全范围（Safe Range）的约束。在进行载重平衡工作时，查找重心和计算重心的主要目的之一就是判断重心是否位于重心安全范围以内，因此重心和重心安全范围均需要使用易接受和易识别的方式进行描述。常用来描述重心和重心安全范围的方式有两种，一种是使用 BA 的基准参照法，一种是使用 %MAC 的空气动力弦参照法。

有关平衡力臂（BA）的内容已在前面进行了较为详细的叙述。使用基准参照法的好处是因为基准是一个相对固定、易测量、易查找的空间位置，一旦标定了基准就可以使用合力矩定理快速计算出重心所在。那么空气动力弦参照法又怎样使用呢？

由于机翼的气动特性与平均空气动力弦（Mean Aerodynamic Chord，MAC）有着密切关系，所以飞行员和设计工程师往往更加关注重心与 %MAC 的相对位置。使用 %MAC 描述重心位置的另一个原因，是因为飞机重心和焦点的位置关系与飞行中的稳定特性和操纵特性密切相关，所以工程上习惯采用 %MAC 形式来标识焦点和重心，从而使得飞机设计和使用更加便利。当然，除了采用平均空气动力弦（MAC）来表示重心位置之外，飞机制造商还可能使用标准平均弦（Standard Mean Chord，SMC），因二者较为相似，本文着重介绍前者。

现代大型飞机的机翼通常采用后掠和渐变的设计布局，使得沿翼展方向在任意位置所截得机翼剖面的弦长各不相等，靠近翼根处的弦长较长，靠近翼尖处的弦长较短，机翼前缘不同位置到机头的距离都不尽相同，不便于使用。为此，人们对机翼翼弦进行算术平均之后得到了平均空气动力弦（MAC）。平均空气动力弦（MAC）是来自某一假想矩形机翼的翼弦，这个假想矩形翼的面积、翼展宽度和俯仰力矩等特性都与原机翼相同。它的前缘被记为 LeMAC（Leading edge of MAC），它的后缘被记为 TeMAC（Trailing edge of MAC），如图 1.2.24 所示。

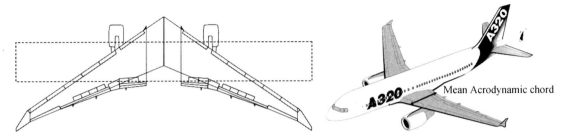

图 1.2.24 MAC 的物理含义

机型手册通常会提供 LeMAC 力臂以及 MAC 长度等信息，这就给出了 MAC 与基准的相对位置关系，因此可用重心和 MAC 的相对位置来表示重心所在，如图 1.2.25 所示。飞机重心在 MAC 上的投影到 LeMAC 的距离与 MAC 长度的百分比，可表示为 %MAC，具体公式如下：

$$\%MAC = \frac{X_{CG}}{Chord} \times 100\%$$

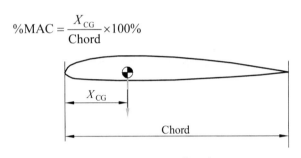

图 1.2.25 重心位置与 %MAC

图 1.2.26 为某机型 MAC 示意图，其 MAC 长 205 in，LeMAC 距基准 780 in，TeMAC 距基准 985 in。重心位于 LeMAC 时，可记为 0%MAC；重心位于 TeMAC 时，可记为 100%MAC。同样，用来界定重心安全范围的前后极限也可以用 %MAC 进行表示，例如，当重心安全范围为 15%MAC ~ 35%MAC 时，重心前极限为 15%MAC，重心后极限为 35%MAC。

空气动力弦参照法（%MAC）可以与基准参照法（BA）相互转换（见图 1.2.26）。在制造厂商提供的手册中，一般会同时给出 MAC 弦长以及 MAC 前缘到基准距离这两项信息，供换算时使用，此时只需再获得重心到基准的力臂，即可计算出对应的 %MAC。反之，若是已知 %MAC，也可以计算出力臂。图 1.2.27 可帮助读者进一步理解二者的相互关系。

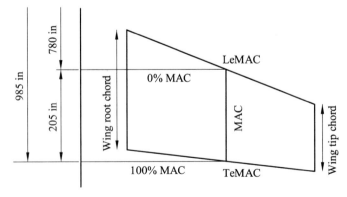

图 1.2.26 某飞机 %MAC 与 BA 的关系

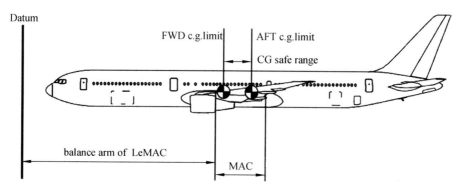

图 1.2.27 某飞机侧视图

两种参照法换算的具体公式如下：

情况一：已知 BA 求 %MAC。

$$\%MAC_{CG} = \frac{BA_{CG} - LeMAC}{TeMAC - LeMAC} \times 100\%$$

情况二：已知 %MAC 求 BA。

$$BA_{CG} = LeMAC + \%MAC_{CG} \times (TeMAC - LeMAC)$$

式中　TeMAC – LeMAC —— MAC；

　　　$\%MAC_{CG}$ —— 重心的 %MAC 形式；

　　　BA_{CG} —— 重心的力臂形式；

　　　LeMAC —— 平均空气动力弦前缘；

　　　TeMAC —— 平均空气动力弦后缘。

【例 2-19】　已知某飞机重心到基准的距离为 32.792 m，其平均空气动力弦前缘到基准的距离为 31.338 m，且已知平均空气动力弦长为 7.27 m，试将重心位置由 BA 转换为%MAC（见图 1.2.28）。

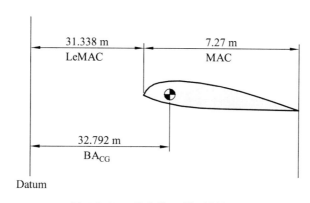

图 1.2.28 重心位置关系侧视图

分析：

（1）根据题目条件可知本例属于已知 BA 求 %MAC，故将条件代入下式：

$$\%MAC_{CG} = \frac{BA_{CG} - LeMAC}{TeMAC - LeMAC} \times 100\%$$

$$= \frac{32.792 - 31.338}{7.27} \times 100\%$$

$$= \frac{1.454}{7.27} \times 100\%$$

$$= 20\%$$

（2）故重心位于 20%MAC。

【例 2-20】 已知某机型重心位置信息如图 1.2.29 所示，试进行识读。

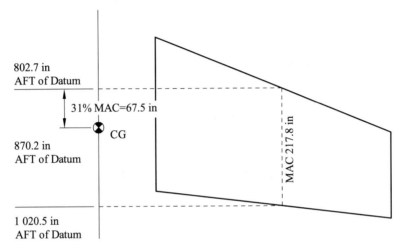

图 1.2.29　某机型重心位置信息图

分析：

（1）MAC 长为 217.8 in，LeMAC 为 802.7 in，TeMAC 为 1 020.5 in；

（2）重心位于基准之后 870.2 in，距 LeMAC 67.5 in，可表示为 31%MAC。

（3）两种重心表示形式之间的关系如下：

$$\%MAC_{CG} = \frac{BA_{CG} - LeMAC}{TeMAC - LeMAC} \times 100\%$$

$$= \frac{870.2 - 802.7}{1020.5 - 802.7} \times 100\%$$

$$= \frac{67.5}{217.8} \times 100\% = 31\%$$

同样，对于已知 %MAC 求 BA 的问题，也可以在理解位置关系后进行换算。

【例 2-21】 已知某飞机 MAC 长为 7 ft（1 ft = 0.304 8 in），LeMAC 位于基准后 29 ft 处，重心位于 26.5%MAC 处（见图 1.2.30）。试计算重心到基准的距离。

分析：

（1）计算此类问题的关键在于得到重心到 MAC 前缘的距离，故 MAC 长度是必不可少的条件之一。将已知信息代入下式：

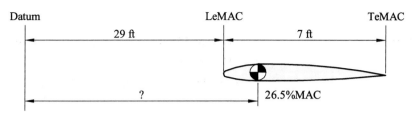

图 1.2.30　LeMAC 与 MAC 关系图

$$BA_{CG} = LeMAC + \%MAC_{CG} \times (TeMAC - LeMAC)$$

$$= 29 + 26.5\% \times 7$$

$$= 29 + 1.9 = 30.9 \text{ (ft)}$$

（2）可知重心位于基准后 30.9 ft 处。

复习思考题

1. 已知某 PA28 飞机基本空机重量为 1 500 lb，执行某次飞行任务时的装载情况为一名飞行员重 160 lb，前排一名乘客重 180 lb，后排一名乘客重 170 lb，乘客共携带行李 100 lb，飞机加装了 44.5 gal 燃油，滑行油耗按 7 lb 计。试根据以上条件填写该飞机的手工舱单。

Weight & Balance	Weight/lb	Arm/in	Moment/lb · in
Basic Empty Weight		85.9	
Pilot and Front Passenger		80.5	
Passenger (Rear Seats)*		118.1	
Fuel (48 US Gallon Maximum)		95.0	
Baggage* (200 lb Maximum)		142.8	
Ramp Weight (2 447 lb Normal, 2 027 lb Utility)			
Fuel (Engine Start, Taxi and Run-up)		95.0	
Total Loaded Airplane (2 447 lb Normal, 2 027 lb Utility)			

Totals must be within approved weight and CG limits. It is the responsibility of the airplane owner and the pilot to insure that the airplane is loaded properly. The Basic Empty Weight CG is noted on the Weight and Balance Data Form. if the airplane has been altered, refer to the Weight and Balance Record for this information.

* Utility Category Operation -- No Baggage or aft passengers allowed.

2. 试根据上题中 PA28 飞机手工舱单，说明该飞机装载时需遵循的典型限制以及星号的含义。

3. 已知装载结束后的飞机总重量为 7 800 lb，重心位于 81.5 in 处。又知重心后极限位于 80.5 in 处，行李位于后行李舱，后行李舱力臂为 150 in，前行李舱力臂为 30 in。试确定至少需将多少重量移至前行李舱，才能够确保起飞安全。

4. 已知装载结束后的飞机总重量为 6 680 lb，重心位于 80 in。现临时准备在力臂为 150 in 的行李舱中增加行李 140 lb。试确定新的重心位置。

5. 已知装载结束后的飞机总重量为 6 100 lb，重心位于 78 in 处。现临时准备在力臂为 150 in 的行李舱中减去行李 100 lb。试确定新的重心位置。

第3章 重量组成与限制

3.1 飞机重量术语

3.1.1 飞机的基本重量

> 基本空机重量 = 制造商空重 + 标准项目
>
> BEW = MEW + Standard Items

（1）制造商空重（Manufacturer's Empty Weight，MEW），是指飞机在生产线上制造完成时，飞机自身结构重量、动力装置以及必需的设备和系统的重量的总和，是真正意义上的空重量。

（2）标准空机重量（Standard Empty Weight，SEW），是在制造商空重的的基础上，计入了永久性的压舱物、不可用燃油、发动机滑油、发动机冷却液、液压用液以后的重量。

（3）基本空机重量（Basic Empty Weight，BEW），是指标准空机重量再加上任何可选用的机载设备或部件的重量；也可认为是在制造商空重基础上考虑了标准项目的变化后，经修正的航空器重量。

当飞机制造完毕，并已将相关的服务设施（乘客座椅、机上厨房、卫生间等）安放就位后，需要通过称重的方法来获得飞机的基本空机重量信息。

基本空机重量是大多数通用航空飞机装载计算的基础，其简易舱单的填写往往以基本空机重量为基础，并在其基础上考虑各重量项目的增添。

即使型号相同的飞机，选装的设备不同，其基本空机重量也可能不同。同一架飞机的基本空机重量在其使用的寿命期限内也可能发生多次改变，这主要是由于设备的安装与拆卸，机内的局部改造、大修、补片等原因造成的。

> 运行空机重量 = 基本空机重量 + 运行项目
>
> OEW = BEW + Operational Items

（4）运行空机重量（Operational Empty Weight，OEW），是由基本空机重量加上可运行项目的重量组成的。

运行空机重量是在基本空机重量的基础上，根据实际飞行任务的需求不同，对机组、餐食、餐车、航材、饮用水等可变载荷项目进行修正后的重量。

对于大型的运输类飞机，其舱单的填写以及载重平衡计算通常以运行空机重量作为计算基础，在其上进行重量加减。

由于各制造厂商在定义运行空机重量时，根据自身特点进行了取舍，所以不同机型的运行空机重量所含项目可能会有所差异，再加上实际运行过程中各航空公司业务的差异，就使得在运行空机重量的基础上又衍生出了基重（BW）或干使用重量（DOW）。

基重（干使用重量）≈运行空机重量
BW（DOW）≈OEW

基重（干使用重量）≈制造商空重 + 标准项目 + 运行项目
BW（DOW）≈MEW + Standard Items + Operational Items

（5）基重（Basic Weight，BW）或干使用重量（Dry Operating Weight，DOW），是在飞机起飞重量的基础上扣除起飞燃油和业载后的重量，是飞机处于可运行状态下的最小重量。

基重或干使用重量同样被用于大型的运输类飞机的舱单填写以及载重平衡计算中。基重（干使用重量）与运行空机重量在配载工作中没有本质的差异，只不过定义的方法有所不同，实际所使用机型的舱单及其手册用的是哪一种定义，就在其基础上进行计算。

基重（干使用重量）是计算无燃油重量、着陆重量、起飞重量的基础。各航空公司可以根据自身实际需要决定基重（干使用重量）中所含的项目。

在实际载平计算中，由于每次航班实际飞行任务需求不同，需要在航班已知的基重（干使用重量）的基础之上，对机组、配餐、航材和附加设备等项目进行临时性的修正，或增加，或减少。修正后的基重（干使用重量）才是航班载平计算的依据。

从基本空机重量到基重（干使用重量）间的这部分重量差有时可称为可变载荷（Variable Load）。

3.1.2　飞机的燃油重量

使用重量 = 干使用重量 + 可用燃油
OW = DOW + Usable Fuel

（1）使用重量（Operating Weight，OW），是指干使用重量加上可用燃油，而不包括业载。从干使用重量到使用重量，飞机只需要加装可用燃油，而不考虑乘客、行李、压舱物以及货物的重量。

航班在执行一次飞行任务时，所携带的燃油需根据其具体执行的任务情况而定，例如，航程的远近、备降机场的选择、航路天气条件以及规章要求等。

由于飞机最大重量的限制，如果携带过多的燃油，将会导致航班超载或航班载客能力下降，降低经济效益，并且会影响飞行的安全性。

起飞燃油 = 可用燃油 – 启动滑行用油
Take-off Fuel = Usable Fuel – Start-up Fuel and Taxi Fuel

（2）燃油（Usable Fuel），是指飞机实际装载用以维持飞机安全正常运行的燃油。它包含启动滑行用油、航程用油和储备用油。

（3）启动滑行用油（Start-up Fuel and Taxi Fuel），主要用于供发动机启动、发动机试车，以及飞机从停机位滑行至松刹车点。

启动滑行燃油的多少取决于机场、机型、机位和跑道的具体情况，例如，在北京首都机场，这类大型机场运行时，飞机在起飞前可能需要较长时间的地面滑行耗油。

（4）起飞燃油（Take-off Fuel），是指飞机正准备进行起飞滑跑时，飞机所携带的完成起飞、爬升、巡航、下降、等待、进近、复飞、着陆和备降等飞行任务的全部燃油。它是在可用燃油的基础上扣除启动滑行用油。

$$起飞燃油 = 航程用油 + 储备用油$$
$$Take\text{-}off\ Fuel = Trip\ Fuel + Reserved\ Fuel$$

（5）航程用油（Trip Fuel），是指从起飞滑跑开始至着陆滑跑结束的整个航行过程中所消耗的燃油。

在实际飞行中，航程燃油消耗量的多少受到顺风、逆风等天气条件的影响，故一架航班的航程用油并不固定，需要根据当次飞行的飞行计划进行确定。

（6）储备用油（Reserved Fuel），是指根据预估飞机着陆接地时飞机所携带的全部燃油，包括应急燃油、等待燃油和备降燃油。储备用油等于起飞燃油减去航程用油。

储备用油同样需要根据当次飞行的飞行计划进行确定，并同时应满足民航规章的相关规定以及航空公司的政策要求，不能够随意加装携带。储备用油是一个总的概念，由多种燃油组成，按照所携带的目的可以进一步细分为等待燃油、备降燃油、应急燃油等。

3.1.3 飞机的运行重量

$$无燃油重量 = 基重（干使用重量）+ 业载$$
$$ZFW = BW(DOW) + Traffic\ Load$$

（1）无燃油重量（Zero Fuel Weight），也称零燃油重量，是基重（干使用重量）加上业载，但不计入可用燃油的重量。从基重（干使用重量）到无燃油重量，飞机需要计入乘客、行李、邮件、货物、压舱物、航材等的装载重量，但不计入飞行所需的燃油重量。

飞机所携带的大部分燃油通常储存于机翼的油箱中。对于大型飞机，左右两侧机翼内的燃油重量不仅可以增强飞机的平衡性，而且还可以用于减小翼根的结构应力，防止飞机的结构损坏。

实际工作中，如果飞机机翼尚未加入燃油时就开始装载人员和货物，有可能引起机翼和机身结合部位的结构遭受损伤形成事故隐患。为了引起操作人员的注意，常需要单独计算无燃油重量来进行评估。当然，并非所有的机型都存在此问题，具体情况应参照该机型载重平衡手册的相关说明。

$$起飞重量 = 无燃油重量 + 起飞燃油$$
$$TOW = ZFW + Take\text{-}off\ Fuel$$

$$起飞重量 = 干使用重量 + 业载 + 起飞燃油$$
$$TOW = DOW + Traffic\ Load + Take\text{-}off\ Fuel$$

（2）起飞重量（Take-Off Weight，TOW），是指飞机开始起飞滑跑时的实际重量，由无燃油重量和起飞燃油组成。该重量并非一成不变，其随航班任务不同发生相应变化。

起飞重量是载重平衡工作中频繁涉及的重要概念之一。载重平衡计算的目的，就是能够获取一架航班准确的起飞重量信息。

起飞重量的准确与否直接影响到航班运行的安全，也影响到起飞离场、航路飞行、盘旋等待和着陆复飞等性能分析工作的实施意义。

$$着陆重量 = 无燃油重量 + 储备用油$$
$$LW = ZFW + Reserved\ Fuel$$

$$着陆重量 = 起飞重量 - 航程用油$$
$$LW = TOW - Trip\ Fuel$$

（3）着陆重量（Landing Weight，LW），是指飞机正常着陆时的实际重量，由无燃油重量和储备用油组成；也可以用起飞重量扣除航程用油后得到着陆重量。

着陆重量同样是载重平衡工作中频繁涉及的一个重要概念。实际工作中，人们通常需要通过获得准确的着陆重量数据来评估飞机是否能够在目的机场或备降机场安全着陆或复飞，又或者，需要根据目标机场的机场条件反过来评估所允许的着陆重量，进而评估业载和燃油的加装是否合理。

$$停机坪重量 = 起飞重量 + 启动滑行用油$$
$$RW = TOW + Taxi\ Fuel$$

（4）停机坪重量（Ramp Weight）或滑行重量（Taxi Weight），是指飞机在装载完所有计划装载项目后总的重量，它包含干使用重量、业载、启动和滑行用油、航程用油、储备用油。工作中，该重量也可称为全重（All Up Weight，AUW）。

3.1.4　飞机的业载重量

$$商载 = 乘客 + 行李 + 货物 + 邮件$$
$$Payload = Passenger + Baggage + Cargo + Mail$$

（1）商载（Payload），是指任何可以给航空公司带来利润的乘客、行李、邮件和货物重量的总和。能够创造经济效益是其最大的特点。

（2）业载（Traffic Load），是指飞机上乘客、行李、邮件、货物和非盈利性物品的重量总和，不考虑是否能够创造经济效益。

非盈利性物品是指由飞机携带，但在飞行中不会使用或飞机重要设备的部件以及不创造经济利益的物品。

通常，运输类飞机会携带备用轮胎和刹车配件，以备飞往不配备该类设施的机场时使用。甚至飞机在进行货运时，为控制重心位置，还需要压舱物进行压舱。

在载重平衡工作中，人们一般更习惯使用业载这一概念，因为业载包含得更为广泛，可以防止重量计算时出现遗漏。在本书中，如无特殊说明，商载可以理解为就是业载。

业载 ≈ 商载

Traffic Load ≈ Payload

（3）固定载荷（Dead Load），也称静载荷或死重，是指飞机干使用重量与不包括乘客重量在内的其他业载重量之和，它包括行李、货物、邮件、集装设备和临时性压舱物。

该重量主要用于检查前三点式起落架布局飞机的货舱装载情况。对于某些前三点式起落架布局的机型，在固定载荷状态下飞机重心可能会超出飞机重心后极限，使得飞机抬头后坐，此时应添加尾撑杆在停机坪上支撑飞机，防止飞机在装载过程中出现后坐，造成事故。

3.1.5　其他重量术语

（1）标准项目（Standard Items），是指未被视为特定航空器必不可少的组成部分，但在同一型号航空器之间没有差异的机载设备和液体。这些项目包括但不限于以下项目：

① 不可用燃油和其他不可用液体；

② 发动机滑油；

③ 盥洗室的液体和化学物品；

④ 灭火器、烟火信号装置和应急氧气设备；

⑤ 厨房、餐厅、酒吧内的结构；

⑥ 辅助电子设备。

（2）运行项目（Operational Items），是指执行特定运行所必需的，但未包含在基本空重之中的人员、设备和给养。在不同机型上这些项目可能是不同的，包括但不限于以下项目：

① 机组人员、非机组乘员及其行李；

② 手册和导航设备；

③ 用于旅客服务的物品，包括枕头、毛毯和杂志；

④ 供客舱、厨房、酒吧使用的可移动设备；

⑤ 包括酒类在内的食物和饮料；

⑥ 可用液体，但不包括可利用载荷中的液体；

⑦ 用于所有飞行的必需应急设备；

⑧ 救生筏、救生衣和应急发报机；

⑨ 航空器上的集装设备；

⑩ 饮用水；

⑪ 可放出的不可用燃油；

⑫ 通常放在航空器上又不作为货物计算的备用件；

⑬ 运营人视为标准配置的所有其他设备。

（3）可变载荷（Variable Load），包含特定设备、机组和行李。其中，特定设备是指用于提供特定功能服务的设备和设施，如提供旅客服务的座椅、卫生间、厨房，提供货运服务的传送轨道、传送滑轮、系留设备。

（4）可支配载荷（Disposable Load），是指业载加上可用燃油和其他一些未包括在运行项目中的可用液体，也可称为可利用载荷（Useful load）。

3.1.6　重量关系小结

从事飞行运行相关工作的人员需要掌握几个主要重量之间的相互关系（见图1.3.1）。飞行员、运行控制人员、载重平衡人员在工作中常常会接触到起飞重量、着陆重量、无燃油重量这几个基本的重量概念。它们均是在基重之上进一步计入了业载和燃油的重量，并根据飞机的不同运行状态形成各自的差异。值得注意的是，无论是燃油还是业载，它们重量的增加都会直接导致全机重量的增加。

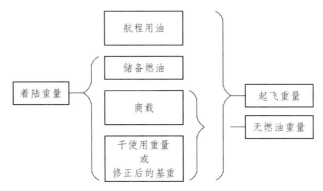

图1.3.1　常见重量相互关系图

燃油是用以支撑飞机飞行的根本，是产生飞机前进动力的源泉。航班要正常飞行，必须加装能够保证其任务需要的足够燃油。飞行的时间长短、距离远近、航路天气是否复杂，乃至飞行的高度是否合理，这些因素都会影响到所需加装燃油的多少。

燃油与业载的关系非常微妙，一方面飞机加装的业载越多，就相应需要更多的燃油才能够确保其飞行；另一方面，如果加装过多的燃油，又会使得飞机全重过大，必要时只能削减业载的重量。

3.2　飞机最大重量

3.2.1　结构限制的最大重量

设计人员在设计飞机时，通常会根据该机型的自身能力、用途和需求确定出机体结构能够承受的重量上限，并称其为结构限制的最大重量。从飞机的重量与平衡手册中查阅得到的最大重量数据，正是由该飞机制造厂商给出的结构限制的最大重量。这些重量数据需要获得局方适航审定批准，它们分别如下：

（1）结构限制的最大滑行重量，是飞机在开始地面滑行时自身结构强度所能允许的最大重量。由于飞机在停放和滑行时仍在地面，不必考虑机场环境条件变化对飞行能力的影响，可将该重量简称为最大滑行重量。从启动发动机直至滑行到起飞位置（松刹车点），飞机持续消耗燃油，所以结构限制的最大滑行重量大于结构限制的最大起飞重量。

（2）结构限制的最大起飞重量，是飞机在起飞滑跑时自身结构强度所能够承受的最大重量。该重量通常是在飞机以 360 ft/min 的下降率接地时不出现损坏的情况下测得的。当飞机的实际起飞重量超过该最大起飞重量时，飞机结构可能遭到破坏。

（3）结构限制的最大着陆重量，是飞机在正常着陆时自身结构强度所能够承受的最大重量。该重量通常是在飞机以 600 ft/min 的下降率接地时不出现损坏的情况下测得的。当飞机的实际着陆重量超过该最大着陆重量时，飞机结构可能遭到破坏。

（4）结构限制的最大无燃油重量，是飞机在未加装业载只加装燃油的情况下能够承受的最大重量。它用于确保机翼和机身结合部在装业载而未装燃油的情况下，不会因遭受过大的结构应力而出现变形和破坏。

飞机如同一根挑着重物的扁担，重物越重扁担越弯，机翼和机身结合部应力越大，变形越剧烈，此时加装燃油可以起到缓解的作用。现代航线运输机体积庞大，如果装载业载较多同时机翼油箱中又无燃油，就无法削弱机翼翼根和机身结合部的结构应力。因此，当燃油尚未加装到油箱中时，飞机能够承受的重量应该有上限，一旦无燃油重量超过最大无燃油重量，飞机可能遭到损坏进而形成安全隐患，如图 1.3.2 和图 1.3.3 所示。

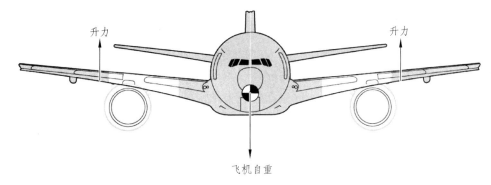

图 1.3.2　飞机横向受力示意图

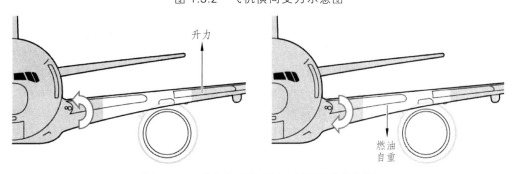

图 1.3.3　升力和燃油都会对机翼形成力矩

3.2.2　性能限制的最大重量

除了结构限制以外，飞机的重量还会受到实际运行条件的制约。人们通常把这类与实际运行条件有关的限制因素称为飞机性能限制因素。以起飞为例，常见的需要考虑的飞机性能限制因素包括机场标高、环境温度、风向风速、跑道长度、跑道坡度、地形障碍物、道面污染等。

同一架飞机在不同的大气环境条件和机场条件影响下，飞机性能限制因素会发生变化，使得飞机的能力发挥也随之变化，具体表现在飞机限重的改变。一旦飞机性能限制因素过于苛刻，人们就不得不对飞机重量进一步进行削减。

性能限制因素通常影响起飞限重和着陆限重，某些时候还会影响飞行的其他阶段。例如，当航路下方存在高大地形障碍物时，为使得飞机一发失效之后的航路飘降性能符合安全要求，也会对飞机的最大起飞重量进行限制。这里主要考虑性能限制因素对最大起飞重量和最大着陆重量的影响。

（1）性能限制的最大起飞重量，是受到起飞机场条件约束可以安全运行的最大重量。

（2）性能限制的最大着陆重量，是受到着陆机场条件和备降场条件约束可以安全运行的最大重量。

由于全球各地机场众多，地理位置差异导致各个机场的运行条件也互不相同，所以性能限制的最大重量数据无法由制造厂商通过手册直接提供，往往需要由飞机使用者根据机型和机场的实际情况进行分析才能得到。对于某些运行条件复杂的机场，性能限制因素可能比结构限制因素更加苛刻。例如，当飞机在短跑道或污染跑道上起降时，又或者在高温或高原机场起降时，受性能因素限制的最大重量就可能会比受结构限制的最大重量更小，成为影响飞机限重的主要因素。

3.2.3 运行限制的最大重量

运行限制的最大重量是指在飞机运行的各个阶段，为确保安全运行应该遵循的一系列重量限制条件，既包括结构上的限制，也包括性能上的限制。故可以理解为，运行限制的最大重量是保障安全运行飞机不得逾越的最大重量，具体如下：

（1）运行限制的最大无燃油重量（Maximum Zero Fuel Weight，MZFW），是飞机不计入可用燃油在内时结构可承受的最大重量。

（2）运行限制的最大起飞重量（Maximum Take-Off Weight，MTOW），是飞机在松刹车开始起飞滑跑时受结构和性能限制的最大重量。

（3）运行限制的最大着陆重量（Maximum Landing Weight，MLW），是飞机在正常着陆时受结构和性能限制的最大重量。

（4）最大滑行重量（Maximum Taxi Weight）或最大停机坪重量（Maximum Ramp Weight），是开始滑行时飞机结构或停机坪可承受的最大重量，包含业载和全部燃油重量。

值得注意的是，在实际的机场环境条件下，飞机运行限制的最大起飞重量和最大着陆重量既可能受到结构限制，也可能受到性能限制（见图1.3.4）。

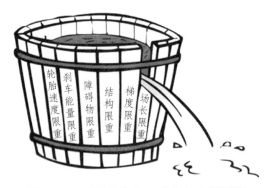

图 1.3.4　分析最大起飞重量的木桶原理

当飞机在受高原机场、高温机场、湿和污染跑道、短跑道、刹车防滞系统不工作、有高大障碍物等因素影响的条件之下起飞时，此时为保证运行安全，飞机的最大起飞重量可能会远小于结构限重，这是因为飞机受到了更多性能限制的影响。

由于起飞和着陆是飞机运行必不可少的两个阶段，因此在确定飞机运行限制的最大起飞重量和最大着陆重量限制时，需要同时考虑结构限制和性能限制带来的影响。所以在实际运行中所使用的最大起飞重量和最大着陆重量，应该是性能限制的最大重量和结构限制的最大重量这二者中较小的一个。

运行限制的最大起飞重量是性能限制的最大起飞重量与结构限制的最大起飞重量中的较小者，可以表示为

$$运行限制的最大起飞重量 = \min\{结构限制，性能限制\}$$

运行限制的最大着陆重量是性能限制的最大着陆重量与结构限制的最大着陆重量中的较小者，可以表示为

$$运行限制的最大着陆重量 = \min\{结构限制，性能限制\}$$

飞机在良好的机场环境条件下起飞或着陆时，例如，具有低海拔、长跑道、无高大障碍物的平原机场，主要受到结构限制。而当飞机在恶劣的机场环境条件下起降时，例如，高温、高原、短跑道、高大障碍物、积水积冰的特殊机场，主要受到性能限制。无论如何，一旦获得飞机的性能限制信息，就应当将其与飞机的结构限制进行比较，然后挑选其中的较小者作为飞机运行限制的最大重量用于装载计算判断。

3.2.4 实际重量与最大重量

通过前面的介绍，我们已能够区分结构限制最大重量、性能限制最大重量和运行限制最大重量这三者的相互关系。在实际运行过程中，当计算出运行限制的最大重量数据以后，就要将其与飞机当前装载的实际重量进行比较和判断，以确保运行安全。具体如下：

$$起飞重量（TOW）\leqslant 最大起飞重量（MTOW）$$
$$着陆重量（LW）\leqslant 最大着陆重量（MLW）$$
$$无燃油重量（ZFW）\leqslant 最大无燃油重量（MZFW）$$

载重平衡工作的一个重要目的就是防止飞机的实际重量逾越相应的最大重量限制。

通用航空飞机因自身重量轻、结构简单，能够携带的人员和行李不多，加装的燃油也较少，使得机体结构应力小，所以在进行载重平衡计算和舱单填写时，常常主要保证最大起飞重量限制条件是否得到满足。

大型运输飞机尤其是航线机，本就体积庞大能够容纳许多乘客和货物，并且为了做长途飞行也会携带大量的燃油，所以此时仅仅确保飞机实际重量不超过最大起飞重量还不足以保证飞行安全，需要进一步核实来自于最大着陆重量和最大无燃油重量的限制。故在实际工作中，应仔细检查并确保以上三个不等式条件同时成立。

3.2.5　放行许可的最大重量

大型航线运输飞机在实际运行中，由于其结构和运行保障都比通用航空飞机更为复杂，运行限制的最大重量（MTOW、MLW、MZFW）也相差较大，需要在载重平衡计算和舱单填写时进行更为细致的分析和比对，才能够满足运行规章对航班放行所提出的许可要求。因此，即便飞机的实际重量符合运行限制的要求（TOW≤MTOW、LW≤MLW、ZFW≤MZFW），仍然需要进一步核实其最大起飞重量是否合理。具体如下：

首先，通过结构限制和性能限制分析得到运行限制的最大起飞重量，称为 MTOW1。

$$MTOW1 = 运行限制最大起飞重量$$

其次，通过结构限制和性能限制分析得到运行限制的最大着陆重量，然后根据该最大着陆重量和航程用油得到另一个最大起飞重量，称为 MTOW2。

$$MTOW2 = 运行限制最大着陆重量航程用油$$

最后，通过结构限制分析得到运行限制的最大无燃油重量，然后根据该最大无燃油重量和起飞燃油得到又一个最大起飞重量，称为 MTOW3。

$$MTOW3 = 运行限制最大无燃油重量 + 起飞燃油$$

在实际进行业载和燃油计算时，所使用的满足放行许可的最大起飞重量，应该是这三者中最小的一个。

$$MTOW = \min\{MTOW1，MTOW2，MTOW3\}$$

3.3　飞机业载能力

3.3.1　最大业载

最大业载是指飞机在满足可运行的最大重量限制条件前提下，可以最大限度携带的乘客、行李、货物、邮件的重量。获取飞机运行限制最大重量的最终目的是要在满足安全运行的基础上，明确飞机究竟能够加装多少人和货，即最大业载。

机型不相同、飞行任务不相同，航班的最大业载也就不相同。能够计算得到确切的最大业载重量既可以确保飞行安全，也可以帮助人们充分利用飞机的装载能力来提高经济效益。最大业载的计算方法具体如下：

$$最大业载 = \min\{最大业载 a，最大业载 b，最大业载 c\}$$
$$最大业载 a = 最大起飞重量 – 干使用重量 – 起飞燃油$$
$$最大业载 b = 最大着陆重量 – 干使用重量 – 储备用油$$
$$最大业载 c = 最大无燃油重量 – 干使用重量$$

在计算最大业载的过程中，需要注意多个运行限重都与干使用重量、油量和业载相关，还需要注意多个运行限重都可以推导出对应的最大业载重量。为了防止手工计算时错误的出现，制造厂商为飞机用户提供了载重表来引导用户进行最大业载的计算。图 1.3.5 和图 1.3.6 分别给出了空客和波音两大飞机制造厂商所提供的典型机型的载重表局部图。

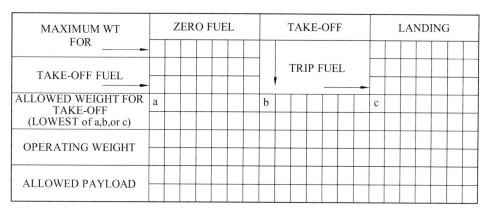

图 1.3.5　A319-112 载重表局部图

图 1.3.6　B737-800 载重表局部图

　　最大业载是对飞机进行装载操作的直观指导，无论如何都应当使飞机的实际业载不得超过对应的最大业载重量，一旦发现有超载的情况出现，必须加以调整之后才能够予以放行。

满　载	实际业载 = 最大业载
欠载或缺载	实际业载 < 最大业载
超　载	实际业载 > 最大业载

3.3.2　业载与航程

　　尽管飞机的起飞重量由干使用重量、起飞燃油、业载组成，但是由于干使用重量的变化并不频繁，故在完成不同飞行任务时，起飞重量的大小主要受到起飞燃油和业载的影响。

$$最大起飞重量 \geqslant 起飞重量 = 起飞燃油 + 业载 + 干使用重量$$

注意，不能单纯认为只要加满燃油且同时装满业载就可以达到最大起飞重量。这样的理解是错误的！航班在实际运行时，往往难以在油箱加满燃油的同时仍获得最大的业载能力，这主要是因为飞机的起飞重量、起飞燃油和业载的多少与航程的远近有着密切的关系。

根据航程对燃油和业载的影响，可以将航程按飞行距离的远近划分为3个航程范围，如图1.3.7所示。

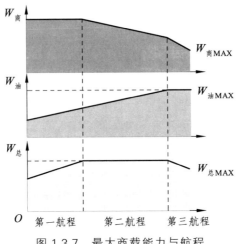

图 1.3.7　最大商载能力与航程

在第一航程范围内飞行时，飞机可保持最大业载能力起飞，此时最大业载多受最大无燃油重量制约。由于该范围内的航程较短，所携带的燃油不多，即便飞机保持满载，起飞重量也不会超过限制。随着航程的延长，为了能够完成飞行任务，飞机携带的燃油越来越多，起飞重量也逐渐逼近最大起飞重量。航空公司在进行战略规划或开航选型时，更倾向于挑选开航航段被第一航程范围所覆盖的机型，正是因为飞机可保持最大业载能力，不会牺牲收益。

最大起飞重量 > 起飞重量↑ = 起飞燃油↑ + 业载○ + 干使用重量

在第二航程范围内飞行时，飞机的起飞重量已经达到最大起飞重量的限制。在不进一步增大起飞重量的前提之下，为了继续延长飞行距离，只有通过减少业载来获得更多装载燃油的份额，这样导致收益降低。此时，随着燃油的不断加装，飞机的油箱已趋于加满。

最大起飞重量 = 起飞重量○ = 起飞燃油↑ + 业载↓ + 干使用重量

在第三航程范围内飞行时，飞机因油箱装满已无法再加装更多燃油，要想继续延长飞机的航程，只有通过进一步减少业载来使得飞机的起飞重量减小，从而导致收益显著降低。

最大起飞重量 > 起飞重量↓↓ = 起飞燃油○ + 业载↓↓ + 干使用重量

无论是为了使飞机携带尽可能多的业载以提高盈利，还是为了减小飞机重量以达到节油、增加巡航高度、便于减推力起飞和降噪程序设计的目的，都需要对飞机燃油加装量进行限制。但这种限制是以不影响飞机的正常航班任务为前提，如果携带的燃油不能保证飞机完成计划航程，那么即使能够携带再多的业载或获得更多的性能改善也没有意义。

3.3.3 实际业载

实际业载（Total Traffic Load）是飞机实际装载的乘客、行李、邮件、货物的重量之和。

$$\text{实际业载} = \underline{\text{乘客}} + \underline{\text{行李} + \text{邮件} + \text{货物}}$$

飞机的实际业载可以分为两部分，一部分是乘客，另一部分是行李、邮件、货物。其中，行李、邮件、货物因可以过磅称量，故相对容易核实重量；相比之下，乘客重量数据就存在不确定性所致的偏差。

理论上获得乘客实际重量的方式极为简便，那就是实际称重。但在实际运行中，这种方式因效率低、操作复杂、乘客体验差等原因难以在航空公司运行中普及，目前国内航空公司多使用标准平均重量的方式对乘客重量进行估算。

标准平均旅客重量是通过统计调查获得一个地区或一个时间段内的乘客平均重量，航空公司根据运行大纲予以明确是否实施旅客手提行李程序，从而纳入或不纳入乘客手提行李的重量。通常，使用标准平均重量进行乘客重量的估算就不再需要对乘客进行实际称重。

标准平均的方式必然会存在误差，统计覆盖面越广，样本基数越大，更新越及时，得到的旅客平均重量也就越准确。在不考虑机型和航线特殊性的前提下，国内航空公司通常参照《中国民航规章》中的标准平均旅客重量数据进行计算。一部分航空公司出于对效益的考虑或者对机型重量重心敏感度的需要，也可以在获得局方许可的前提之下，结合执飞航路特点以及地理、环境、气候等影响因素，自行统计标准平均旅客重量，必要时甚至对乘客进行实际称重。

表 1.3.1 是来自于《中国民航规章》建议旅客标准平均重量的相关规定，供读者参考，实际工作中应以航空公司的运行大纲为准。

表 1.3.1　旅客标准平均重量表

标准平均旅客重量	每位旅客重量
夏季重量	
成年旅客平均重量	75 kg
男性旅客的平均重量	79 kg
女性旅客的平均重量	70 kg
儿童平均重量（满 2 周岁但不满 12 周岁）	40 kg
婴儿平均重量（不满 2 周岁）	10 kg
冬季重量	
成年旅客平均重量	77 kg
男性旅客的平均重量	82 kg
女性旅客的平均重量	73 kg
儿童平均重量（满 2 周岁但不满 12 周岁）	43 kg
婴儿平均重量（不满 2 周岁）	13 kg

【**例 3-1**】 某航班于 2016 年 6 月从广州飞往上海，关舱门前实际登机旅客 113 人，其中成人旅客 110 人，儿童旅客 2 人，婴儿 1 人。试确定该航班业载中的旅客重量。

分析：

（1）根据已知条件可知儿童旅客和婴儿的重量不得按照标准成年人计，故计算如下：

$$110 \times 75 + 2 \times 40 + 1 \times 10 = 8\ 340\ （kg）$$

（2）该航班旅客重量为 8 340 kg。

标准平均旅客重量的使用场合也有所限制，对于包机或者乘客具有统一职业特点（如军队、球队等）时，就应当采取更加有效的方法来获得准确的乘客重量数据。如果实际运行中，乘客携带过多的行李或个人物品且航空公司未有效制止，也可能出现计算得到的业载重量符合装载要求，而实际业载重量已超过最大装载能力的不利情况。

3.4 配载包线

每一次飞行任务中，飞机的重量和重心都会随着装载情况的变化而发生变化。为了利于在繁忙运行过程中准确控制飞机实际的重量和重心，防止错漏，规章要求使用者采用更加有效的工具，即配载包线。无论是小型通用飞机，还是大型运输机的重量平衡计算和重量重心判断都需要使用配载包线。

3.4.1 规章对配载包线的要求

在咨询通告"航空器的重量与平衡控制"（AC-121-FS-2009-27）中，对配载包线的建立方法、注意事项和缩减进行了明确的要求。

AC-121-FS-2009-27.107 条 建立配载包线时的注意事项

遵循本咨询通告的运营人必须为其运行的每架航空器建立适用的配载包线。包线将包括所有有关的重量与平衡限制，以便确保航空器的运行总是在适当的重量与平衡限制中。建立包线时，将考虑旅客、燃油和货物的装载，飞行中旅客、航空器部件和其他装载物体的移动，燃油和其他消耗品的消耗或移动等因素。……

AC-121-FS-2009-27.108 条 使用来自航空器制造商的信息

建立配载包线应首先从重量与平衡限制开始。这些限制在航空器制造商提供的重量与平衡手册、型号合格证数据单或类似的批准性文件中。其中，至少应包括下列适用项目：

a. 最大无油重量；

b. 最大起飞重量；

c. 最大滑行重量；

d. 起飞和着陆重心限制；

e. 飞行中重心限制；

f. 最大地板承受力，包括纵向载荷限制和面积载荷限制；

g. 最大舱位载重量；

h. 机身剪力限制；

i. 由制造商提供的其他限制。

......

AC-121-FS-2009-27.109 条 缩减航空器制造商的配载包线时需要考虑的事项

a. 考虑到在正常运行中可能遇到的装载变化和飞行中载荷的移动，运营人应缩减制造商的装载限制。举例来说，考虑到旅客在飞行中会在客舱内走动，运营人应该缩减制造商的重心包线，缩减的量必须能够保证旅客的移动不会使航空器重心超出审定的包线。如果航空器是在新的、已被缩减的包线范围内进行装载，即使有些装载参数（如旅客座位布局）并不能精确地确定，该航空器仍能一直运行在制造商的包线范围内。

b. 在某些情况下，一架航空器可能有一条以上的包线用于起飞前的计划和装载。每一条包线应根据有关变量预计的情况做相应的缩减。举例来说，一架航空器可能有单独的起飞、飞行和着陆包线。如果在航空器起飞或着陆期间，旅客都坐在指定的座位上，则在这种情况下就不需要为考虑旅客走动的影响而对起飞和着陆包线进行缩减。

c. 每个包线经过缩减确定后，这些包线重叠在一起所产生的最严格限制点将形成航空器的运行包线。在运行中必须遵守这些包线。

3.4.2 配载包线组成特点

配载包线是一个封闭的安全区域，用于约束飞机的重量和重心，如图 1.3.8 中白色阴影区域，其上下边界限制重量，其左右边界限制重心，纵坐标标识重量，横坐标标识力矩。在上下边界之间，同一水平线上的重量相同；在左右边界之间，同一重心定位线上的重心相同，但力矩不同。在配载包线图中，一旦由重量和重心确定出的交点超出了边界，就表明当前的装载条件不安全。

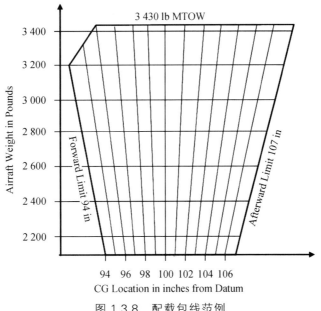

图 1.3.8　配载包线范例

配载包线与机型特点相结合，由于不同重量条件下飞机重心安全范围会出现变化，所以制造厂商会对配载包线进行适当削减。这些削减会使得配载包线轮廓发生变化，但不会影响其使用，如图 1.3.8 中包线左上角区域受到削减，即缘于对飞机导向轮承重能力的顾虑。

大多数机型的配载包线都以力矩为横坐标，当然也有使用力臂为横坐标的机型包线，故使用中需要加以注意。

接下来通过例题来进一步加强对配载包线的理解。

【例 3-2】 图 1.3.9 标记了从点 A 至点 H 共 8 个重量重心交点，试根据图 1.3.9 回答问题：（1）重心位置最靠前的是哪一点？（2）最靠近重心前极限的是哪一点？（3）重心位置相同的点有哪些？（4）力矩相同的点有哪些？（5）力矩最大和最小的各是哪一点？（6）重量相同的点有哪些？（7）重量最重和最轻的各是哪一点？（8）达到重量上限的点有哪些？

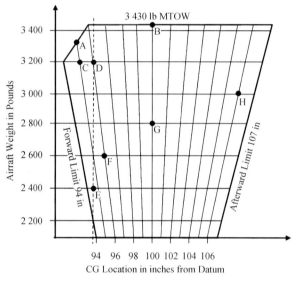

图 1.3.9　配载包线的物理含义

分析：

（1）点 E 的重心最靠前，它位于重心定位线 95 in 之前。

（2）点 A 最靠近重心前极限，它位于前极限边界上。

（3）点 A 和点 C 位置相同，均位于 95 in 处；点 D 和点 F 位置相同，均位于 96 in 处；点 B 和点 G 位置相同，均位于 100 in 处。

（4）点 D 和点 E 力矩相同，点 B 和点 G 力矩相同。

（5）点 H 力矩最大，点 A 力矩最小。

（6）点 C 和点 D 重量相同。

（7）点 B 重量最重，点 E 重量较轻。

（8）点 B 达到重量上限。

3.4.3　配载包线识读

机型不同，所使用的配载包线形式也可能不同。例如，为了免除已知合力矩后计算重心的手工步骤，便于飞行员在无计算工具的情况下直接通过作图查找重心，有的包线图会添加力矩等值线。

【例 3-3】 已知装载结束后飞机力矩为 270 000 lb·in，重量为 3 400 lb，试根据该机型配载包线查找重心（见图 1.3.10）。

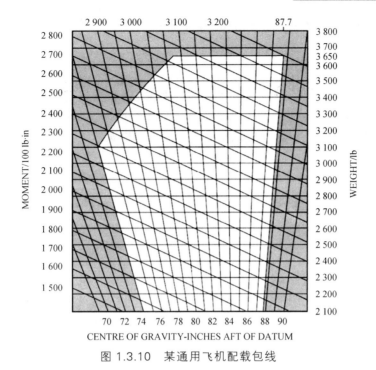

图 1.3.10　某通用飞机配载包线

分析：

（1）该包线的重量轴位于右侧，重量刻度范围为 2 100～3 800 lb。该包线的横轴物理量仍然为力矩，范围为 70～90 in 的力臂刻度与重心定位线相对应。

（2）位于左侧且范围为 1 500～2 800 lb·in 的是力矩刻度，与图 1.3.11 中一簇斜率为负的平行等值线相对应。同一等值线上的力矩值不变。

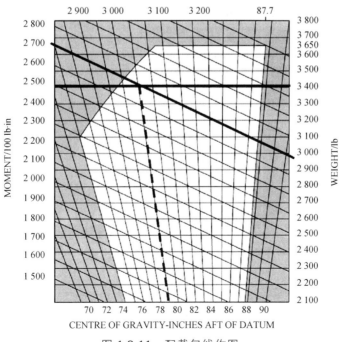

图 1.3.11　配载包线作图

（3）根据已知条件，先查找 2 700 lb·in 对应的力矩等值线，再查找 3 400 lb 对应的重量等值线，观察二者交点，发现落在 BA 为 79 in 的重心定位线附近，可知重心位于 79 in 处附近。

又如，正常类机型可以完成大多数的常规机动科目，但失速、尾旋等特殊机动科目需要依靠实用类机型才能完成。为使得同一机型在训练或使用中满足不同机动科目的需要，有的制造商会在同一配载包线图中，既提供正常类包线也提供实用类包线，实际使用时应根据飞机当前用途进行选择。

【例 3-4】 已知赛斯纳 172 飞机当前重量为 2 367 lb，力矩为 105 200 lb·in。试结合图 1.3.12 回答问题：（1）判断飞机可否按正常类使用？（2）若当次飞行要完成尾旋科目，应做何调整？

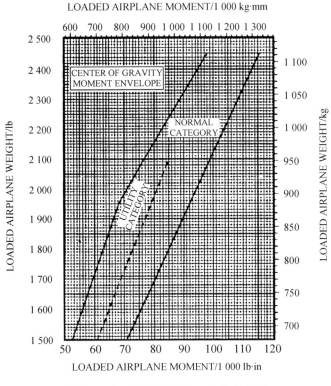

图 1.3.12　赛斯纳 172 飞机配载包线

分析：

（1）重量单位为磅，故从左侧纵坐标 2 367 lb 刻度处作水平线。力矩为 105 200 lb·in，其值缩减一千倍后为 105.2，故从下方横坐标力矩刻度处作垂直线。经观察，发现二者交点落在正常类包线范围内，说明飞机可按照正常类进行使用。

（2）飞机需要按实用类使用才能够完成尾旋科目。经观察，需要至少将重量减少至 2 100 lb 以下，将力矩减少至 85 000 lb·in 以下。由合力矩定理可知飞机原重心位于 + 44.5（105 200 ÷ 2 367）in 处，而新重心至少应向前调整至 + 40.5（85 000 ÷ 2 100）in 处（见图 1.3.13）。

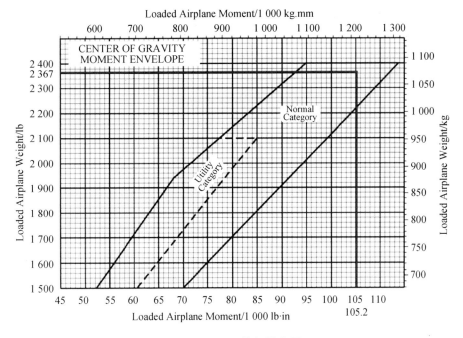

图 1.3.13　配载包线作图

航线运输类飞机的配载包线与通用飞机大同小异,主要差异如下:

第一,运输类飞机多使用力矩指数(INDEX)和 %MAC,通用飞机多使用力矩(MOMENT)和 BA。这主要是由于运输类飞机的装载量多、体积大,大重量和长力臂导致力矩数量级过大,不利于手工或查图计算。

第二,运输类飞机需要同时用到多条包线进行判断,从而兼顾不同的重量状态和飞行阶段,如起飞包线、着陆包线以及零燃油包线,这些包线具有不同的重量边界和重心边界。这主要是由于运输类飞机舱段结构复杂,业载种类多样,适航审定限制条件多等因素造成的。

第三,运输类飞机的配载包线往往包含有查找起飞配平值的相关内容。这主要是因为运输类飞机在每次作业时,面临的装载条件都会发生大幅变化,无论是装载量的多少还是装载量的分布都无法提前进行预测,为了防止重量和重心变化对起飞操纵带来负面的安全影响,必须获知正确的起飞配平值。

力矩指数(INDEX)是按照特定方式简化后的力矩,使用力矩指数可以获得便利。对于小型通用飞机,常使用科学计数法计算力矩指数,如将力矩 12 376 987 kg·m 缩小 100 000 倍后成为力矩指数 123.8。对于大型运输类飞机,常使用指数方程来得到力矩指数,指数方程形式如下:

$$\text{Index} = \frac{\text{Weight} \times (\text{Balance Arm} - C_1)}{C_2} + C_3$$

式中，C_1、C_2、C_3 分别为不同常数，C_1 用于拓展包线宽度，C_2 用于减小力矩量级，C_3 则让包线位于横坐标正值区，它们通常由制造厂商推荐。例如，某 A310-200 型飞机干使用指数方程为 DOI = (H_ARM – 26.67) × W ÷ 2 000 + 40，某 B737-300 型飞机干使用指数方程为 DOI = (H_ARM – 648.5) × W ÷ 29 483 + 45。

接下来通过两种典型运输类飞机为例，说明其配载包线的使用方法。

【例 3-5】 参见图 1.3.14，若已知某 A320 飞机起飞重量为 70 000 kg，起飞指数为 80，试查找该飞机起飞重心和起飞配平值。

分析：

（1）根据起飞重量 70 000 kg，从纵坐标对应刻度处作水平线，根据起飞指数 80 从横坐标对应刻度处作垂直线。观察二者交点落在重心定位线 35%MAC 附近，可认为起飞重心为 35.2%MAC。

（2）根据起飞重心 35.2%MAC 查包线图下方的换算尺，可知起飞配平值约为 – 1.4（见图 1.3.15）。

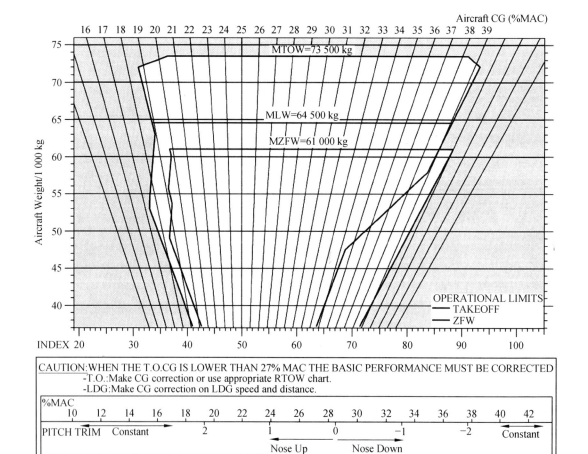

图 1.3.14 某 A320 飞机配载包线

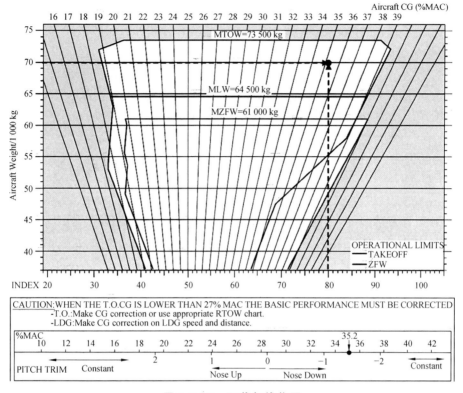

图 1.3.15　配载包线作图

【例 3-6】　参见图 1.3.16，若已知某 B737 飞机起飞重量为 70 000 kg，起飞指数为 76，采用 5° 起飞襟翼，起飞推力为 26 000 lb，试查找该飞机起飞重心和起飞配平值。

TOW/kg	STABILIZER TRIM SETTING-FLAPS 1 AND 5 AT 26 000 lb THRUST										
73 255	7 1/4	7	6 1/2	6 1/4	6	5 3/4	5 1/2	5	4 3/4	4 1/2	4 1/4	3 3/4
70 000	7 1/4	7	6 1/2	6 1/4	6	5 3/4	5 1/2	5	4 3/4	4 1/2	4 1/4	3 3/4
60 000	6 3/4	6 1/4	6	5 3/4	5 1/2	5 1/4	5	4 3/4	4 1/4	4	3 3/4	3 1/2
50 000	5 3/4	5 1/2	5 1/4	5	4 3/4	4 1/2	4 1/4	4	3 3/4	3 1/2	3 1/4	3
40 000	5 1/2	5 1/4	5	4 3/4	4 1/2	4 1/4	4	3 3/4	3 1/2	3 1/4	3	2 1/2
<36 287	5 1/2	5 1/4	5	4 3/4	4 1/2	4 1/4	4	3 3/4	3 1/2	3 1/4	3	2 1/2

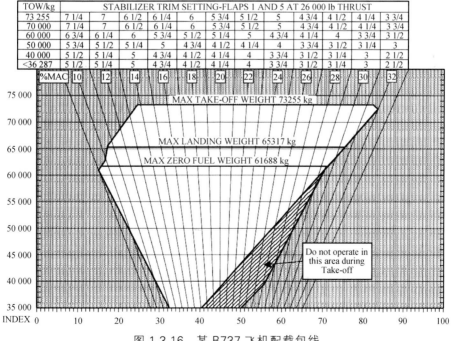

图 1.3.16　某 B737 飞机配载包线

分析：

（1）根据起飞重量 70 000 kg 从纵坐标对应刻度处作水平线，根据起飞指数 76 从横坐标对应刻度处作垂直线。观察二者交点落在重心定位线 30%MAC 上，可知起飞重心为 30%MAC。

（2）沿重心定位线 30%MAC 向上观察，结合起飞重量 70 000 kg 查包线图上方换算表，可查得起飞配平值约为 4.25（见图 1.3.17）。

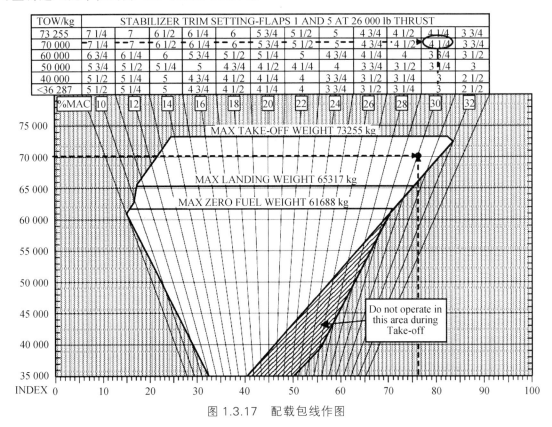

图 1.3.17　配载包线作图

3.5　备用前重心

在飞机重心位于安全范围之内的前提条件下，不同的重心前后位置会影响到飞机升阻力的大小。例如，平飞时前重心的飞机需要机翼和平尾提供更大的气动升力，从而导致气动阻力增大。正因如此，人们希望在实际使用中通过向后移动飞机重心来获得经济效益。但是，从适航审定的角度来看，考虑到飞机在起飞和着陆等典型飞行阶段的安全，在飞机手册中提供的性能数据总是会偏向保守，往往根据重心在最不利位置（靠近前极限）的条件进行审定批准。

备用前重心方法（Alternate Forward CG）则是通过向后移动飞机的重心前极限，来达到安全和效益二者的兼顾，使飞机在某些情况下能够获得更大的起降重量和更好的经济性。

3.5.1　重心位置对飞机装载量的影响

固定翼飞机在垂直方向上主要受到重力、机翼升力和平尾负升力的共同影响，其中重力和平尾负升力的方向与机翼升力方向相反。若飞机需要稳定飞行，除了垂直方向上合外力为零之外，作用于重心处的俯仰转动力矩之和也应该为零。现将飞机的受力情况简化为杠杆模型进行说明。

【例 3-7】　试根据图 1.3.18，分析飞机的受力平衡和力矩平衡。

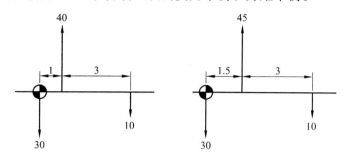

图 1.3.18　飞机受力的杠杆模型

分析：

（1）左图中，重心位于机翼升力着力点之前 1 处，重力为 30 且方向向下，平尾负升力为 10 且方向向下，机翼升力为 40 且方向向上，故合力为 $40 - 30 - 10 = 0$。机翼升力围绕重心产生低头力矩为 $40 \times 1 = -40$，平尾负升力围绕重心产生抬头力矩为 $10 \times 4 = +40$，故合力矩为 $-40 + 40 = 0$。

（2）右图中，将重心前移至距离机翼升力着力点之前 1.5 处，此时若不改变力的大小，那么原有的力矩平衡就会遭到破坏，使飞机无法稳定飞行。原机翼升力对重心产生低头力矩为 $40 \times 1.5 = -60$，原平尾负升力对重心产生抬头力矩为 $10 \times 4.5 = +45$，故合力矩为 $-60 + 45 = -15 \neq 0$，飞机具有低头趋势。

（3）故在右图中，为了保持力矩平衡就必须增大平尾负升力至 15，同时增大机翼升力至 45。如此一来，合力为 $45 - 30 - 15 = 0$，合力矩为 $-45 \times 1.5 + 15 \times 4.5 = 0$。

（4）随着飞机重心向前移动，为保持稳定飞行，需要增加平尾负升力，也需要随之增加机翼升力。在飞行速度没有显著变化的情况下，增加迎角是增大空气动力的有效方法，故机翼和平尾的升力增加均伴随有阻力增加。可见重心移动将使得力和力矩的关系发生改变。

图 1.3.19 给出了某飞机在两个不同重心位置条件下的极曲线对比。可以看出，相同升力

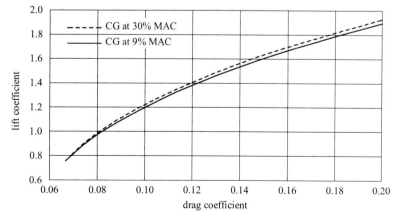

图 1.3.19　某机型极曲线

系数条件下，重心为 9%MAC 时的阻力系数比重心为 30%MAC 时的更大。稳定飞行中，重心越靠后阻力越小，需要动力装置提供的拉力会减小，燃油消耗量也会减小。

图 1.3.20 给出了某飞机在两个不同重心位置条件下的升力系数曲线对比。可以看出，相同升力系数条件下，重心为 9%MAC 时的迎角比重心为 30%MAC 时的更大。换言之，相同迎角条件下，重心越靠后，飞机的升力系数越大。

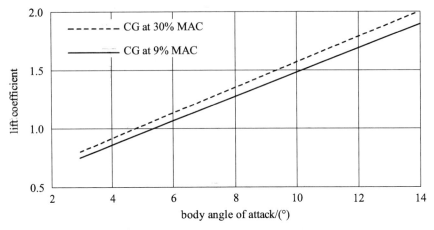

图 1.3.20　全机升力系数随迎角的变化

从以上分析结果可以看出，在相同重量条件下，重心越靠后，升力系数越大，所需的起飞速度越小。

表 1.3.2 给出了某机型在海平面机场起飞时，不同重心位置条件下的起飞速度。从表中可以看出，重心最靠前和最靠后时，起飞抬轮速度（v_R）和起飞安全速度（v_2）的差值约为 3 kt，即重心越靠后，起飞速度越小。同时可以看出，重心靠后时，起飞所需距离缩短大约 250 ft，对于给定长度的跑道来讲，受场地长度限制的起飞重量就可以增大。

表 1.3.2　不同重心位置的起飞速度

Weight/lb	CG	v_R /kt	v_2 /kt	Distance/ft
130 000	9%MAX	122.1	127.4	4 997
130 000	30%MAC	119.0	124.0	4 746

表 1.3.3 给出了某机型在海平面机场起飞时，受 5 000 ft 的跑道长度所限制的起飞重量。从表中可以看出，重心越靠后，受场地长度限制的起飞重量的增量超过 3 400 lb。

表 1.3.3　场地限制的起飞重量

CG	Field length limit weight/lb
9%MAC	130 045
30%MAC	133 488

3.5.2　备用前重心的使用

从上一小节的分析结构可以看出，后重心运行能够在一定条件下显著增大起飞重量。当然，后重心带来的益处取决于机型，并进一步取决于襟翼设定。只要条件适宜，可以使用后重心运行来获得效益。

　　按照《中国民航规章》要求，飞机在放行时的性能评估工作需要遵循手册数据，而手册数据又是适航审定的结果。由于适航审定往往根据重心在最不利位置（靠近前极限）的条件进行批准，故对于拟选用备用前重心方法（后重心）运行的运营人来说，就需要从飞机制造商处获得经批准的更加靠后的重心前极限和对应的手册数据。被选定的备用前重心及其对应的手册数据将会公布在运营人的《飞机飞行手册》（AFM）和《重量与平衡手册》（W&BM）中。只有当选定的备用前重心出现在运营人的这两本手册中时，运营人使用此方法来获得更大效益的行为才是合法的。

　　图 1.3.21 给出了某运营人的 B767《飞机飞行手册》（AFM）中的配载包线，包线图显示了正常前重心（7%MAC）和两个选定的备用前重心（14%MAC、20%MAC）。

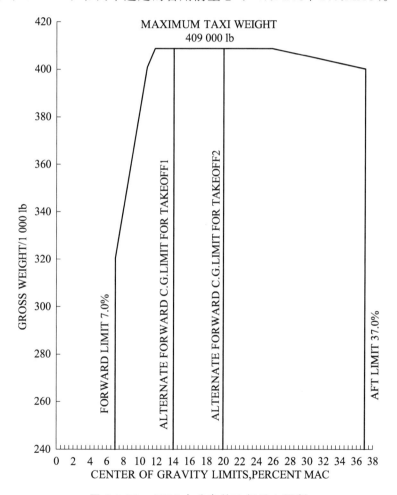

图 1.3.21 AFM 中公布的飞行重心限制

　　从配载包线图可以看出，该飞机正常运行时使用的重心前极限为 7%MAC，对应的最大起飞重量为 320 000 lb。若欲进一步增加最大起飞重量，需要向后收缩重心前极限，当收缩至 11.6%MAC 时，允许的最大起飞重量可增加到 409 000 lb。

此时，运营人可选取 14%MAC 作为第一备用前重心，选取 20%MAC 作为第二备用前重心。如果实际装载后的起飞重量为 320 000 lb，起飞重心为 12%MAC，可使用正常前重心（7%MAC）的手册数据进行放行评估。如果实际装载后的起飞重心为 17%MAC，可使用第一备用前重心（14%MAC）的手册数据进行放行评估。如果实际装载后的起飞重心位于 20%MAC 之后，可使用第二备用前重心（20%MAC）的手册数据进行放行评估。

运营人在为其机队实施备用前重心方法之前，应该认真评估备用前极重心对运行的影响。只有当运营人确保飞机当前的起飞重心位于一个更严格的前极限之后时，才能从备用前重心方法中获利。这就意味着运营人必须评估自身的运行环境是否适于使用备用前重心方法。

复习思考题

1. 试简述使用重量（OW）、无燃油重量（ZFW）、起飞重量（TOW）、着陆重量（LW）和停机坪重量（RW）的组成。

2. 试简述商载的组成以及起飞燃油的组成。

3. 从某机型手册查得结构限制最大起飞重量为 78 000 kg，结构限制最大着陆重量为 71 500 kg，结构限制最大无燃油重量为 63 000 kg，后又从运控部门了解到该机型受放行机场性能限制最大起飞重量为 85 000 kg，受目的地机场性能限制的最大着陆重量为 67 000 kg。试确定该机型受运行限制的最大起飞重量、最大着陆重量和最大无燃油重量。

4. 已知某机型运行限制最大起飞重量为 72 000 kg，运行限制最大着陆重量为 56 000 kg，运行限制最大无燃油重量为 48 000 kg，航程燃油为 18 000 kg，备降燃油为 1 900 kg，应急燃油为 1 000 kg，等待燃油为 700 kg。试确定满足放行许可的最大起飞重量。

5. 已知飞机运行限制最大起飞重量为 67 450 kg，运行限制最大着陆重量为 55 470 kg，运行限制最大无燃油重量为 52 750 kg。又知飞机干使用重量为 34 900 kg，航程用油为 6 200 kg，储备燃油为 2 400 kg。试确定满足放行许可的最大业载。

第4章 通用航空飞机重量平衡计算

4.1 通用飞机重量平衡计算介绍

通用航空（简称通航）是指使用民用航空器从事公共航空运输以外的民用航空活动，包括从事工业、农业、林业、渔业和建筑业的作业飞行以及医疗卫生、抢险救灾、气象探测、海洋监测、科学实验、教育训练、文化体育等方面的飞行活动。近年来，我国从事通用航空飞机（简称通用飞机）的数量较以往有大幅度增长，越来越多的通用飞机被投入到了训练飞行、公务飞行、商用飞行、空中游览、护林防火等领域。

大多数用于通航用途的飞机通常按照《中国民用航空规章》第23部（CCAR23部）进行适航审定，分为正常类、实用类、特技类和通勤类。通用飞机以小型单发活塞飞机和双发活塞飞机居多，可不评估飞机一发失效后的适航能力。但随着技术发展和社会发展的需要，在航空活动日益频繁的今天，越来越多使用涡扇式发动机的飞机在行政事务和商务活动中发挥着广泛的作用，如"奖状""湾流""挑战者"等，此类飞机不仅需要按照CCAR23部进行审定，还需要对其起飞和着陆阶段一发失效后的爬升性能予以评估，并参照运输类飞机适航规章CCAR25部进行额外审定。更何况，还有直接按照运输类飞机适航规章CCAR25部进行审定的飞机。这些不同也给与机型配套的重量平衡图表带来了差异。

无论如何，从事通航活动的飞行员和地勤人员不仅要能够识读相关机型的重量平衡信息，核定装载后的重量和重心在手册许可范围内，还要能够在乘客、行李和燃油的重量变动后，查找重心并在重心超限时控制重心。合理的重量和重心无论是对起飞和着陆，还是对其他飞行阶段的安全都至关重要。

不论是正常类、实用类飞机，还是通勤类飞机，其重量与平衡计算的过程大致可分为以下步骤：

（1）通过机型配套手册获取机型相关的基本重量、基本重心、重量限制、重心限制、舱位分布和油箱容量等信息。

（2）了解本次飞行任务的实际装载情况。

（3）利用简易舱单记录各重量项的重量和重心数据，包括基本空机重量、飞行员、乘客、行李、燃油和压舱物等。

（4）通过手工计算或查图表得到各重量项的力矩数据。

（5）汇总计算得到飞机的总重量和合力矩，并进而得到飞机当前的重心。

（6）使用装载包线图，检查飞机的重量和重心是否超限，可否安全飞行。

（7）若飞机的重量和重心任一超限，需要对飞机的装载进行调整，直至二者同时满足要求。如果重量超限，需要酌情减少行李、燃油或者人员。如果重心超限，可优先考虑移动重量进行调整，若移动无效，则仍然需要对飞机进行减载或安放压舱物。

通用飞机的重量平衡计算一般基于简易舱单图表，常见方法主要分为计算法、查图法和查表法等。不同制造厂商在机型配套手册中提供的重量平衡信息和图表的形式可能存在差异，但变化不大，而且均通过局方的批准。使用者需要熟悉和掌握这些信息和图表才利于实际操作。

4.2 使用计算法的重量平衡计算

在进行正式的重量平衡计算之前，应首先完成基本重量平衡信息的识读。

【例 4-1】 试识读以下某小型单发活塞飞机的基本重量平衡信息，如图 1.4.1 和图 1.4.2 所示。

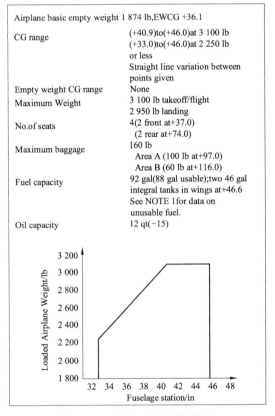

图 1.4.1 基本重量平衡信息

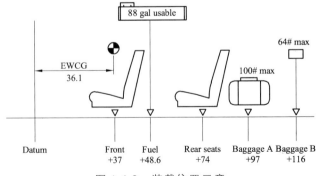

图 1.4.2 装载位置示意

分析：

（1）通过制造厂商提供的信息可以了解有关飞机的基本重量、基本重心、重量限制、重心限制和舱位分布情况。

（2）基本空机重量为 1 874 lb，基本空机重心位于 + 36.1 in 处。

（3）起飞重量为 3 100 lb 时，重心安全范围介于 + 40.9 in 和 + 46 in 之间；起飞重量为 2 250 lb 及以下时，重心安全范围介于 + 33 in 和 + 46 in 之间。

（4）起飞和巡航阶段最大重量为 3 100 lb，着陆阶段最大重量为 2 950 lb。

（5）飞机最多可安放 4 个座椅，两前两后，前排重心位于 + 37 in 处，后排重心位于 + 74 in 处。

（6）飞机最大可容纳行李 160 lb，其中行李舱 A 可容纳 100 lb，重心位于 + 97 in 处；行李舱 B 可容纳 60 lb，重心位于 + 116 in 处。

（7）飞机最多可装载燃油 92 gal，其中可用燃油为 88 gal，燃油重心位于 + 46.6 in 处。

当飞机重量平衡信息的识读准确无误之后，可以开始着手进行计算。计算法先使用固定格式的简易舱单表格，根据各装载项的重量、力臂、力矩等数据计算出飞机的重量和重心，再使用配载包线对计算出的结果进行核查和判断。

【例 4-2】　已知该飞机某次飞行前的装载条件为：飞行员重 120 lb，前排乘客重 180 lb，后排乘客重 175 lb，加装燃油 88 gal 重 528 lb，行李舱 A 放置行李 100 lb，行李舱 B 放置行李 50 lb。试计算飞机重量和重心，并判断飞机重量和重心是否位于允许的范围内。

分析：

（1）使用该飞机配套的简易舱单。简易舱单罗列出了需要考虑的重量项，相对固定的信息会直接给出，待填信息需要依照当次飞行任务实际情况填入空白栏目中，如表 1.4.1 所示。

表 1.4.1　空白简易舱单

项　　目	重量≤3 100 lb	力臂/in	力矩/lb·in	重心/in
基本空机重量	1 874	36.1	67 651.4	
前排座椅		37		
后排座椅		74		
燃　油		46.6		
行李舱 A		97		
行李舱 B		116		
合　　计				

（2）根据已知条件，填写简易舱单，如表 1.4.2 所示。

表 1.4.2　填写完毕的简易舱单

项　　目	重量≤3 100 lb	力臂/in	力矩/lb·in	重心位置/in
基本空机重量	1 874	36.1	67 651.4	
前排座椅	300	37	11 100	
后排座椅	175	74	12 950	
燃　油	528	46.6	24 604.8	
行李舱 A	100	97	9 700	
行李舱 B	50	116	5 800	
合　　计	3 027		131 800.2	+ 43.54

可知当前飞机的总重量为 3 027 lb，合力矩为 131 800.2 lb·in，重心位于基准后 43.54 in 处。

（3）使用该飞机配套的配载包线图（常出现于飞行员操作手册 POH 或飞行手册 AFM），判断飞机装载完毕后的重量和重心是否符合装载要求（见图 1.4.3）。

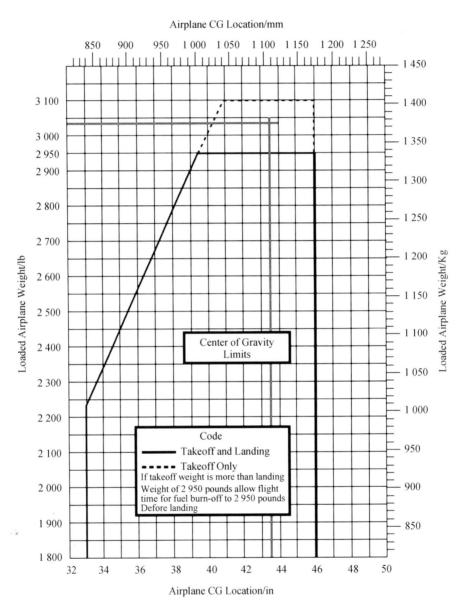

图 1.4.3　某飞机操作手册中的重心限制图

根据已求出的重心位置 43.54 in 在横坐标对应位置作一垂线，根据已求出的总重量 3 027 lb 在纵坐标对应位置作一水平线。经观察，二者交点位于实线范围之外，同时又位于虚线范围之内。说明飞机可以按照目前的装载条件安全起飞，但若是以该装载条件着陆则会超重约 75 lb。如果交点位于实线范围以内，那么飞机既可安全起飞也可安全着陆。

尽管飞机在起飞后不断消耗燃油会使得自身重量逐渐减小，在目的地机场着陆时的重量通常会小于起飞时的重量较多，但也不排除飞机在起飞后不久就立即返场着陆的可能，此时必须留空足够时间以便消耗至少约 75 lb 燃油之后，才能够安全着陆。

4.3 使用查图法的重量平衡计算

为了让载平计算更加便利，有的制造厂商会在其机型配套的飞行员操作手册和飞行手册中提供重量力矩换算图，来简化计算过程和缩短计算用时，这种方法可称为查图法。

重量力矩图可以直接根据重量查出力矩，减少乘法计算可能带来的人为错误。为了利于识读和减少力矩项过多的位数，有的重量力矩图引入了力矩指数的概念。力矩指数的实质是缩小了一定倍数的力矩。力矩指数仍然可以表示各重量项的力矩大小。大多数的重量力矩图和配载包线图的横坐标都使用力矩指数。

【例 4-3】 已知某次飞行前的装载条件为：飞行员重 120 lb，前排乘客重 180 lb，后排乘客重 175 lb，加装燃油 88 gal 重 528 lb，行李舱 A 放置行李 100 lb，行李舱 B 放置行李 50 lb。试结合重量力矩图，计算飞机重量和重心，并判断飞机重量和重心是否位于允许的范围内。

分析：

（1）手册使用重量力矩图的机型的简易舱单也更加简单，略去了力臂项。需要根据各重量项的实际重量，在重量力矩图中查找出对应的力矩（见表 1.4.3）。

表 1.4.3 空白简易舱单

项 目	重量/lb	力矩指数/1 000 lb·in
基本空机重量	1 874	67.7
前排座椅		
后排座椅		
燃油		
行李舱 A		
行李舱 B		
合 计		

（2）使用重量力矩图。首先辨识出横坐标使用了力矩指数的形式，对力矩值缩小了 1 000 倍，上下横坐标单位分别是千克·毫米和磅·英寸。其次辨识出左右纵坐标重量单位分别是磅和千克（见图 1.4.4）。

（3）查找前排人员产生的力矩：从纵坐标 300 lb 刻度处向右作水平线，与"飞行员和前排乘客"斜线相交，从交点处向下作垂线，对应的横坐标刻度值为 11.1，将其记录在简易舱单中对应的空白处。

（4）查找后排人员产生的力矩：从纵坐标 175 lb 刻度处向右作水平线，与"后排乘客或货物"斜线相交，从交点处向下作垂线，对应的横坐标刻度值为12.9，将其记录在简易舱单中对应的空白处。

接下来依次求出燃油、A区行李、B区行李的力矩指数，并将其记录在简易舱单中。

（5）88 gal 的航空汽油重约528 lb，查图可知力矩指数为24.6，这也是可加装的最大燃油量。A区100 lb 行李查图可得力矩指数为9.7，B区50 lb 行李查图可得力矩指数为5.8。

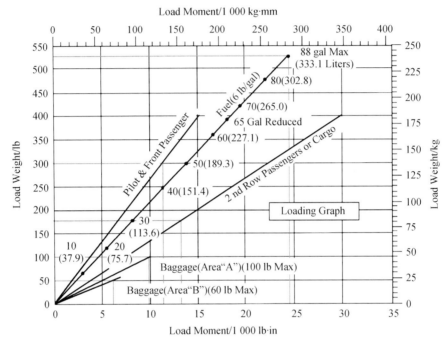

Note: Line representing adjustable seats shows pilot and front seat passenger center of gravity on adjustable seats positioned for an average occupant. Refer to the loading Arrangements diagram for forward and aft limits of occupant CG range.

图 1.4.4　各重量项力矩图

（6）汇总后可知飞机总重为 3 027 lb，力矩指数为131.8（见表1.4.4）。

表 1.4.4　装载计划表

项　　目	重量/lb	力矩指数/1 000 lb·in
基本空机重量	1 874	67.7
前排座椅	300	11.1
后排座椅	175	12.9
燃　油	528	24.6
行李舱 A	100	9.7
行李舱 B	50	5.8
合　计	3 027	131.8

（7）接下来使用配载包线图，注意此时配套的包线图横坐标已是力矩指数而不再是力臂。在横轴131.8处向上作一垂线，在纵轴3 027处向右作一水平线，获得二者交点。观察

到该交点位于虚线区域内、实线区域外，说明该飞机装载结束后可以安全起飞，但如果以该重量着陆将会超限（见图 1.4.5）。

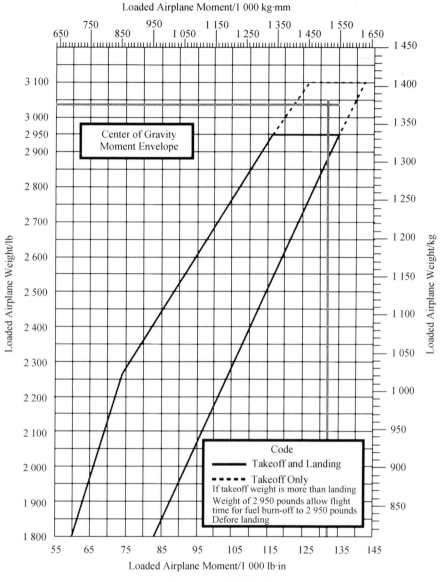

图 1.4.5 配载包线

4.4 使用查表法的重量平衡计算

查表法以双发飞机或多座位数飞机居多。查表法同样是为了减少手工计算可能引入的人为错误而预先制作的一组表格，每张表格对应一个重量项，可根据重量查出力矩。与查图法相比，查表法的结果更为准确。

接下来以某飞机为例，介绍其简易舱单（也称重量平衡装载表）的特点以及通过查表完成重量平衡计算的过程。

【**例 4-4**】 试识读某小型双发活塞飞机简易舱单（见图 1.4.6）。

分析：

（1）简易舱单作为重量平衡信息的汇总工具，还具有记录和存档的重要作用。该舱单在实际使用时，需要在 Model 项填写机型，Date 项填写记录日期，在 Serial Number 和 Reg. Number 项分别填写该飞机的序列号和注册号。

（2）该舱单中，各重量项（Item）产生的力矩大小使用力矩指数（Index）的形式进行记录，填写时需将力矩值除以 100，即缩小到 1/100。

<table>
<tr><td colspan="3" align="center">Weight and Balance Loading Form</td></tr>
<tr><td colspan="3">Model＿＿＿＿＿＿＿＿＿＿＿＿＿＿＿＿＿＿   Date＿＿＿＿＿＿＿＿＿＿＿＿＿＿＿
Serial Number＿＿＿＿＿＿＿＿＿＿＿＿＿   Reg. Number＿＿＿＿＿＿＿＿＿＿＿＿＿</td></tr>
<tr><td align="center">Item</td><td align="center">Pounds（3 900 max.）</td><td align="center">Index Moment/100</td></tr>
<tr><td>Airplane basic empty weight</td><td align="center">2 625</td><td align="center">2 878</td></tr>
<tr><td>Front seat occupants</td><td></td><td></td></tr>
<tr><td>Row 2 seats</td><td></td><td></td></tr>
<tr><td>Baggage （200# max.）</td><td></td><td></td></tr>
<tr><td>Sub Total</td><td align="center">-----------</td><td align="center">-----------</td></tr>
<tr><td>Zero fuel condition （3 500 max.）</td><td></td><td></td></tr>
<tr><td>Fuel loading-gallons ＿＿＿＿</td><td></td><td></td></tr>
<tr><td>Sub Total</td><td align="center">-----------</td><td align="center">-----------</td></tr>
<tr><td>Ramp condition</td><td></td><td></td></tr>
<tr><td>*Less fuel for start, taxi, and takeoff</td><td></td><td></td></tr>
<tr><td>Sub Total</td><td align="center">-----------</td><td align="center">-----------</td></tr>
<tr><td>Takeoff condition</td><td></td><td></td></tr>
<tr><td>Less fuel to destination-gallons ＿＿＿＿</td><td></td><td></td></tr>
<tr><td>Sub Total</td><td align="center">-----------</td><td align="center">-----------</td></tr>
<tr><td>Landing condition</td><td></td><td></td></tr>
<tr><td colspan="3">* Fuel for start, taxi, and takeoff is normally 24 pounds at a moment index of 28.</td></tr>
</table>

图 1.4.6　空白简易舱单

（3）该舱单对装载了不同重量项时的飞机重量状态进行了小计（Sub Total），包括无燃油重量、停机坪重量、起飞重量、着陆重量。

（4）飞机从停机坪滑出至起飞需要消耗一部分燃油，从放行机场起飞至目的地机场着陆也需要消耗一部分燃油，这两部分燃油的重量和力矩的影响在舱单计算时需要扣除。

【**例 4-5**】 某次飞行任务前已知装载情况为：前排飞行员和乘客各一名共重 320 lb，后排乘客两名共重 290 lb，行李重 90 lb，飞机共加装燃油 80 gal。航程预计用时为 2 h 10 min，燃油流量为 16 gal/h。试结合指数图表（见表 1.4.5 ~ 1.4.7），根据已知信息确定出几个关键状态的重量和重心，并判断飞机重量和重心是否位于允许的范围内。

表 1.4.5　人员力矩指数表

Occupants Moments/100		
Weight/lb	Front seats Arm + 105	Row 2 seats Arm + 142
100	105	142
110	116	156
120	126	170
130	137	185
140	147	199
150	158	213
160	168	227
170	179	241
180	189	256
190	200	270
200	210	284
210	221	298
220	231	312
230	242	327
240	252	341
250	263	355

表 1.4.6　行李力矩指数表

Baggage Moments/100	
Weight/lb	Arm 167
10	17
20	33
30	50
40	67
50	84
60	100
70	117
80	134
90	150
100	167
110	184
120	200
130	217
140	234
150	251
160	267
170	284
180	301
190	317
200	334

表 1.4.7　燃油力矩指数表

Usable Fuel-Arm + 117		
Gallons	Pounds	Moment/100
10	60	70
20	120	140
30	180	211
40	240	281
50	300	351
60	360	421
70	420	491
80	480	562
90	540	632
100	600	702

分析：

（1）已知前排人员总重为 320 lb，而在人员指数表中最大可查重量为 250 lb，此时可将 320 lb 进行拆分，如拆分为 100 lb 与 220 lb 之和，拆分之后分别进行查找，查得 100 lb 对应的力矩指数为 105，220 lb 对应的力矩指数为 231，故前排 320 lb 重量对应的力矩应为二者力矩指数之和 336。同理可查得后排 290 lb 磅对应的力矩指数为 412。

（2）根据行李指数表查得行李舱中的 90 lb 磅行李对应的力矩指数为 150。

（3）根据燃油指数表查得油箱中的 80 gal 燃油对应的重量为 480 lb，对应的指数为 562。

（4）根据飞机基本空重、前排人员、后排人员和行李共 4 项，得到无燃油重量为 3 325 lb 和零燃油指数为 3 776。再计入燃油项，得到停机坪重量为 3 805 lb 和停机坪指数为 4 338。

（5）根据提示，扣除飞机启动、滑行和起飞所消耗的燃油重量 24 lb 和燃油指数 – 28，得到飞机起飞重量为 3 781 lb，起飞指数为 4 310。

（6）根据预计航程时间和燃油流量，可计算出航程耗油为 35 gal。根据燃油指数表，利用插值法（比例法）得到航程耗油的重量 210 lb 和指数为 246。扣除航程耗油之后，得到飞机着陆重量为 3 571 lb，着陆指数为 4 064（见图 1.4.7）。

（7）接下来，需使用机型配套的配载包线图判断飞机的重量与重心是否位于起飞和着陆所允许的安全范围以内。观察包线图后发现，起飞和着陆具有相同的重量上限为 3 900 lb，无燃油重量上限为 3 500 lb。当重量轻于 3 250 lb 时，重心安全范围从 BA106.6 至 BA117.5；当重量达到 3 500 lb 时，重心安全范围收缩为从 BA108.2 至 BA117.5；当重量达到 3 900 lb 时，重心安全范围进一步收缩为从 BA110.6 至 BA117.5。注意，该包线图横轴为力矩，容易被误认为力臂。

（8）开始查图，首先根据实际起飞重量 3 781 lb 从纵坐标作一水平线，然后根据实际起飞指数 4 310 作斜线，可获得交点。观察交点位置，发现交点位于包线范围以内且位于 BA114 等值线上。注意，该交点仅对应起飞重心，如查找着陆重心需要使用着陆重量 3 571 lb 和着陆指数 4 064。

（9）最终可得出结论，本次装载后可以安全起飞，装载结束后的飞机起飞重心位于基准后 114 in 处（见图 1.4.8）。

Weight and Balance Loading Form		
Model _____ Date _____ Serial Number _____ Reg. Number _____		
Item	Pounds （3 900 max.）	Index Moment/100
Airplane basic empty weight	2 625	2 878
Front seat occupants	320	336
Row 2 seats	290	412
Baggage　（200# max.）	90	150
Sub Total	------------	------------
Zero fuel condition　（3 500 max.）	3 325	3 776
Fuel loading-gallons　80	480	562
Sub Total	------------	------------
Ramp condition	3 805	4 338
*Less fuel for start, taxi, and takeoff	− 24	− 28
Sub Total	------------	------------
Takeoff condition	3 781	4 310
Less fuel to destination-gallons　35	− 210	− 246
Sub Total	------------	------------
Landing condition	3 571	4 064
* Fuel for start, taxi, and takeoff is normally 24 pounds at a moment index of 28.		

图 1.4.7　填写后的简易舱单

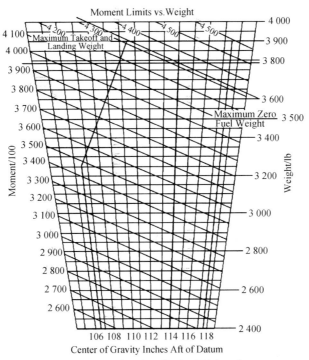

图 1.4.8　配载包线

4.5 通勤飞机重量平衡计算实例

通勤飞机携带人员和货物的能力更强，所涉及的重量项数量更多，重量平衡计算的方式存在一些特殊性。下面以 Beech 1900 和 CJ1-525 为例，介绍通勤飞机的重量与平衡工作。

4.5.1 Beech1900 计算实例

【例 4-6】 试识读 Beech 1900 在客运构型下的重量平衡信息（见图 1.4.9）。

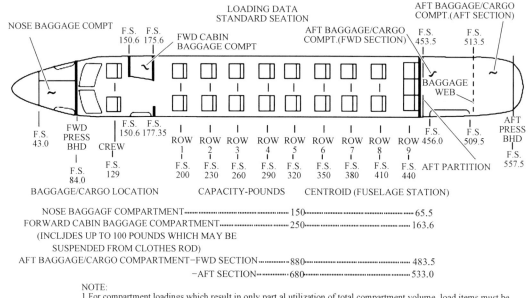

图 1.4.9 客运构型下的重量平衡资料

分析：

（1）该机型具有独立的机组驾驶舱（CREW），可容纳飞行员 2 名，客舱有九排座椅（ROW1～9），可搭载乘客 19 名。

（2）该机型拥有机头（NOSE）、客舱前部（FWD CABIN）和机身后部（AFT）3 处行李舱（BAGGAGE COMPT.）。其中机身后部行李舱还可以用于装载货物（CARGO），该行李舱进一步分为前（FWD）、后（AFT）两个区域（SECTION），用集装网（WEB）进行分隔。

（3）该机型各舱段和座位均使用机体站位（F.S.）进行定位，由于该机型不属于衍生型，所以可认为机体站位（F.S.）与平衡力臂（BA）具有相同含义，站位值就是力臂值。

（4）若行李舱、货舱放置的行李、货物无法堆满整个舱段，需要注意这些行李、货物在舱段内的分布是否合理，并且必须加以固定，防止飞行中发生移动。

【例 4-7】 试根据表 1.4.8～1.4.11、图 1.4.10 和图 1.4.11，识读 Beech 1900 在执行某次飞行任务前完成填写后的简易舱单内容。

表 1.4.8 Beech1900 客运构型下已填写的简易舱单

Item	Weight/lb	Arm/in	Moment/100	CG
Airplane basic EW	9 226		25 823	
Crew	340	129	439	
Passengers				
Row 1	300	200	600	
Row 2	250	230	575	
Row 3	190	260	494	
Row 4	170	290	493	
Row 5	190	320	608	
Row 6	340	350	1 190	
Row 7	190	380	722	
Row 8		410		
Row 9		440		
Baggage				
Nose		65.5		
FWD Cabin	100	163.6	164	
AFT (FWD Section)	200	483.5	967	
AFT (AFT Section)	600	533.0	3 198	
Fuel Jet A @ +25 °C				
Gallons 390	2 633		7 866	
	14 729		43 139	292.9

表 1.4.9 人员指数表

WEIGHT	CREW	CABIN SEATS								
	F. S. 129	F. S. 200	F. S. 230	F. S. 260	F. S. 290	F. S. 320	F. S. 350	F. S. 380	F. S. 410	F. S. 440
80	103	160	184	208	232	256	280	304	328	352
90	116	180	207	234	261	288	315	342	369	396
100	129	200	230	260	290	320	350	380	410	440
110	142	220	253	286	319	352	385	418	451	484
120	155	240	276	312	348	384	420	456	492	528
130	168	260	299	338	377	416	455	494	533	572
140	181	280	322	364	406	448	490	532	574	616
150	194	300	345	390	435	480	525	570	615	660

WEIGHT	CREW	CABIN SEATS								
	F. S. 129	F. S. 200	F. S. 230	F. S. 260	F. S. 290	F. S. 320	F. S. 350	F. S. 380	F. S. 410	F. S. 440
160	206	320	368	416	464	512	560	608	656	704
170	219	340	391	442	493	544	595	646	697	748
180	232	360	414	468	522	576	630	684	738	792
190	245	380	437	494	551	608	665	722	779	836
200	258	400	460	520	680	640	700	760	820	880
210	271	420	483	546	609	672	735	798	861	924
220	284	440	506	572	638	704	770	836	902	968
230	297	460	529	598	667	736	805	874	943	1 012
240	310	480	552	624	696	768	840	912	984	1 056
250	323	500	575	650	725	800	875	950	1 025	1 110

Note：Weights reflected in above table represent weight per seat.

表 1.4.10　行李指数表

WEIGHT	NOSE BAGGAGE COMPARTMENT F. S. 65.5	FORWARD CABIN BAGGAGE COMPARTMENT F. S. 163.6	AFT BAGGAGE/ CARGO COMPARTMENT (FORWARD SECTION) F. S. 483.5	AFT BAGGAGE/ CARGO COMPARTMENT (AFT SECTION) F,S,533.0
	MOMENT/100			
10	7	16	48	53
20	13	33	97	107
30	20	49	145	160
40	26	65	193	213
50	33	82	242	266
60	39	98	290	320
70	46	115	338	373
80	52	131	387	426
90	59	147	435	480
100	66	164	484	533
150	98	245	725	800
200		327	967	1 066
250		409	1 209	1 332

续表

WEIGHT	NOSE BAGGAGE COMPARTMENT F. S. 65.5	FORWARD CABIN BAGGAGE COMPARTMENT F. S. 163.6	AFT BAGGAGE/ CARGO COMPARTMENT (FORWARD SECTION) F. S. 483.5	AFT BAGGAGE/ CARGO COMPARTMENT (AFT SECTION) F,S,533.0
		MOMENT/100		
300			1 450	1 599
350			1 692	1 866
400			1 934	2 132
450			2 176	2 398
500			2 418	2 665
550			2 659	2 932
600			2 901	3 198
630			3 046	3 358
650			3 143	
700			3 384	
750			3 626	
800			3 868	
850			4 110	
880			4 255	

表 1.4.11　燃油指数表

GALLONS	6.5 lb/gal		6.6 lb/gal		6.7 lb/gal		6.8 lb/gal	
	WEIGHT	MOMENT 100	WEIGHT	MOMENT 100	WEIGHT	MOMENT 100	WEIGHT	MOMENT 100
10	65	197	66	200	67	203	68	206
20	130	394	132	401	134	407	136	413
30	195	592	198	601	201	610	204	619
40	260	789	264	802	268	814	272	826
50	325	987	330	1 002	335	1 018	340	1 033
60	390	1 185	396	1 203	402	1 222	408	1 240
70	455	1 383	462	1 404	469	1 426	476	1 447
80	520	1 581	528	1 605	536	1 630	544	1 654
90	585	1 779	594	1 806	603	1 834	612	1 861

GALLONS	6.5 lb/gal		6.6 lb/gal		6.7 lb/gal		6.8 lb/gal	
	WEIGHT	MOMENT 100	WEIGHT	MOMENT 100	WEIGHT	MOMENT 100	WEIGHT	MOMENT 100
100	650	1 977	660	2 007	670	2 038	680	2 068
110	715	2 175	726	2 208	737	2 242	748	2 275
120	780	2 372	792	2 409	804	2 445	816	2 482
130	845	2 569	858	2 608	871	2 648	884	2 687
140	910	2 765	924	2 808	938	2 850	952	2 893
150	975	2 962	990	3 007	1 006	3 053	1 020	3 099
160	1 040	3 157	1 066	3 205	1 072	3 254	1 088	3 303
170	1 105	3 351	1 122	3 403	1 139	3 454	1 156	3 506
180	1 170	3 545	1 188	3 600	1 206	3 654	1 224	3 709
190	1 235	3 739	1 254	3 797	1 273	3 854	1 292	3 912
200	1 300	3 932	1 320	3 992	1 340	4 053	1 360	4 113
210	1 365	4 124	1 386	4 187	1 407	4 250	1 428	4 314
220	1 430	4 315	1 452	4 382	1 474	4 448	1 496	4 514
230	1 495	4 507	1 518	4 576	1 541	4 646	1 564	4 715
240	1 560	4 698	1 584	4 770	1 608	4 843	1 632	4 915
250	1 625	4 889	1 650	4 964	1 675	5 040	1 700	5 115
260	1 690	5 080	1 716	5 158	1 742	5 236	1 768	5 315
270	1 755	5 271	1 782	5 352	1 809	5 433	1 835	5 514
280	1 820	5 462	1 848	5 546	1 876	5 630	1 904	5 714
290	1 885	5 651	1 914	5 738	1 943	5 825	1 972	5 912
300	1 950	5 842	1 980	5 932	2 010	6 022	2 040	6 112
310	2 015	6 032	2 046	6 125	2 077	6 218	2 108	6 311
320	2 080	6 225	2 112	6 321	2 144	6 416	2 176	6 512
330	2 145	6 417	2 178	6 516	2 211	6 615	2 244	6 713
340	2 210	6 610	2 244	6 711	2 278	6 813	2 312	6 915
350	2 275	6 802	2 310	6 907	2 345	7 011	2 380	7 116
360	2 340	6 995	2 376	7 103	2 412	7 210	2 448	7 318
370	2 405	7 188	2 442	7 299	2 479	7 409	2 516	7 520
380	2 470	7 381	2 508	7 495	2 546	7 609	2 584	7 722
390	2 535	7 575	2 574	7 691	2 613	7 808	2 653	7 924
400	2 600	7 768	2 640	7 888	2 680	8 007	2 720	8 127
410	2 665	7 962	2 706	8 085	2 747	8 207	2 788	8 330
420	2 730	8 156	2 772	8 282	2 814	8 407	2 856	8 532
425	2 763	8 259	2 805	8 386	2 848	8 513	2 890	8 640

DENSITY VARIATION OF AVIATION FUEL
BASED ON AVERAGE SPECIFIC GRAVITY

FUEL	AVERAGE SPECIFIC GRAVITY AT 15°C(59°F)
AVIATION KEROSENE JET A AND JET A1	.812
JET B(JP-4)	.785
AV GAS ORADE 100/130	.703

NOTE: THE FUEL Quantity-dicaler is calibrated for correct indication when using Aviation Kerosene Jet A and Jet A1, When using other fuels,multiply the indicated fuel quantity in pounds by,99 for Jet B(JP-4)or by,98 for Avistion Gasoline(100/130)to obtain actual tuelquantity pounds.

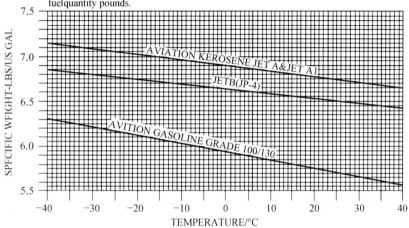

图 1.4.10   航空燃油密度图

WEIGHT AND BALANCE DIAGRAM

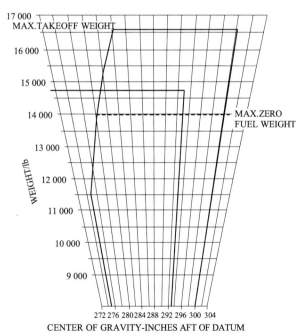

MAX TAKEOFF WEIGHT	−16 600 lb
MAX LANDING WEIGHT	−16 000 lb
MAX ZERO FUEL WEIGHT	−14 000 lb

图 1.4.11   配载包线图

分析：

（1）机组人员重 340 lb，可拆分为 200 + 140（二者之和为 340 即可），根据人员指数表，查得指数为 258 + 181，即 439。每排乘客都有其对应的指数表，如第 6 排应查看 "F.S. 350" 一列，该排乘客重 340 lb，可拆分为 100 + 240，查得指数为 350 + 840，即 1 190。

（2）机头行李舱未放置行李。客舱前部行李舱放置行李 100 lb，根据行李指数表，查得指数为 164。机身后部行李舱放置行李 800 lb，其中靠前 200 lb 对应指数为 967，靠后 600 lb 对应指数为 3 198。

（3）飞机共加装标号为 "Jet A" 的燃油 390 gal。因任务时环境温度为 25 ℃，根据燃油密度图，查得该温度条件下的密度为 6.75 lb/gal。可知燃油重量为 2 633 lb，根据燃油指数表，查得指数为 7 866。

（4）飞机总重量为 14 729 lb，合力矩指数为 43 139。用合力矩值 4 313 900 除以总重量值 14 729，可知飞机重心位于机身站位 + 292.9 in 处。

（5）检查飞机重心是否位于配载包线以内。在横轴上找到 292.9 in 处，在纵轴上找到 14 729 lb 处，作辅助线得到交点，观察交点位于配载包线范围以内，说明装载安全。注意，横坐标物理量为力矩，故辅助线并非垂线，应保持与重心定位线方向一致。

【例 4-8】 试识读 Beech 1900 在货运构型下的重量平衡信息及简易舱单内容（见图 1.4.12 和表 1.4.12）。

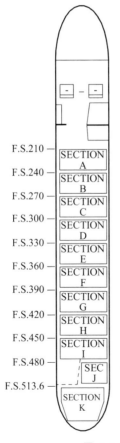

LOADING DATA
CARGO CONFIGURATION

SECTION	MAXIMUM STRUCTURAL CAPACITY	CENTIROID ARM
A	600	F.S.225
B	600	F.S.255
C	600	F.S.285
D	600	F.S.315
E	600	F.S.345
F	600	F.S.375
G	600	F.S.405
H	600	F.S.435
I	600	F.S.465
J	250	F.S.495.5
K	565	F.S.533

NOTES:
1. ALL GARGO IN SECTIONS A THROUGH J MUST BE SUPPORTED ON THE SEAT TRACKS AND SECURED TO THE SEAT TRACKS AND SIDE SEAT RALS BY AN FAA. APPROVED SYSTEM.
2. CONCENTRATED CARGO LOADS IN SECTIONS A THROUGHL MUST NOT EXCEED 100 LBS PER SOUARE FOOT.
3. CARGO IN SECTIONS K AND L MUST BE RETAINED BY BAGGAGE WEBS AND PARTITIONS PROVIDED AS PART OF STANDARD AIRPLANE.
4. ANY EXCEPTIONS TO THE ABOVE PROCEDURES WILL REQUIRE APPROVAL BY A LOCAL FAA OFFICE.

图 1.4.12 货运构型下的装载资料

表 1.4.12 Beech1900 货运构型下的载货单

Item	Weight/lb	Arm/in	Moment/100	CG
BOW	9 005		25 934	
Cargo Section A	300	225	675	
Cargo Section B	400	255	1 020	
Cargo Section C	450	285	1 283	
Cargo Section D	600	315	1 890	
Cargo Section E	600	345	2 070	
Cargo Section F	600	375	2 250	
Cargo Section G	200	405	810	
Cargo Section H		435		
Cargo Section I		465		
Cargo Section J		499.5		
Cargo Section K		533		
Fuel Jet A @ + 15 °C				
Gallons 370	2 516		7 520	
	14 671		43 452	296.2

分析：

（1）该机型在货运构型下彻底取消了客舱，除了驾驶舱和油箱，整个机身从前到后被划分为由 A 至 K 共计 11 个货物区，必要时还可使用集装网进一步将 K 区分隔为 K 和 L 两个区域。每个货物区的重心位置各不相同，其中 A~I 区的最大承重能力均为 600 lb，J 区最大承重能力为 250 lb，K 区最大承重能力为 565 lb。

（2）在 A~J 区放置货物时，必须放置并固定在座椅滑轨上。注意，K 区原本就是一个独立的货舱舱段。

（3）整个货舱区域内，货物堆放不宜过于密集，产生的面积载荷不得超过 100 lb/in^2。

（4）超出以上规定的货运构型变动，都需要经过当地局方批准。

（5）仔细观察简易舱单可以发现，在货运构型条件下的装载计算中，飞行员重量被纳入到飞机的基本运行重量（BOW）之中，且每个货舱段的重心均被视为位于舱段的几何中心。

（6）飞机携带了标号为"Jet A"的燃油 370 gal。因任务时环境温度为 15 °C，可查得燃油密度为 6.8 lb/gal，根据燃油指数表，可以确定出燃油重量为 2 516 lb，力矩指数为 7 520。

（7）当前飞机总重量为 14 671 lb，合力矩指数为 43 452。用合力矩值 4 345 200 除以总重量值 14 671，可知飞机重心位于机体站位 296.2 in 处。

4.5.2 CJ1-525 计算实例

【例 4-9】 试识读 CJ1-525 的重量平衡信息（见图 1.4.13）和简易舱单（见表 1.4.13 和图 1.4.14）。

Maximun Design Ramp Weight ·································· 10 700 Pounds
Maximum Design Takeoff Weight ·························· 10 600 Pounds
Maximum Design Landing Weight ·························· 9 800 Pounds
Maximum Design Zero Fuel Weight ······················ 8 400 Pounds

Takeoff weight is limited by the most restrictive if the following requirements:

Maximum Ceritified Takeoff Weight ···················· 10 600 Pounds

Maximum Takeoff Weight Permitted by
    Climb Requirements ···················· Refer to Takeoff Performance Charts
              in Section Ⅳ of the Approved FAA Flight Manual

Takeoff Field Length ···················· Refer to Takeoff Performance Cherts
              in Section Ⅳ of the Approved FAA Flight Manual

Landing weight is limited by the most restrictive of the following requirements:

Maximum Certified Landing Weight ···················· 9 800 Pounds

Maximum Landing Weight Permitted by limb Requirements or
Brake Energy Limit ···················· Refer to Landing Performance Charts
              in Section Ⅳ of the Approved FAA Flight Manual

Landing Distance ···················· Refer to Landing Performance Charts
              in Section Ⅳ of the Approved FAA Flight Manual

图 1.4.13　飞机基本重量与平衡信息

表 1.4.13　空白简易舱单

PAYLOAD COMPUTATONS				ITEM	WEIGHT	MONENT/100	CG	CG LIMIT
'A'	'B'	'C'	'D'	'E'	'F'	'G'	'H'	'I'
ITEM	ARM /in	WEIGHT /lb	MOMENT /100	1. BASIC EMPTY WEIGHT Airplane CG =				
OCCUAPANTS				2. PAYLOAD				
SEAT 1	131.00			3. ZERO FUEL WEIGHT (1+2) (Not to exceed maximum zero fual weight of 8 400 pounds				241.58/
SEAT 2	131.00							248.78
SEAT 3								
SEAT 4								
SEAT 5				4. FUEL LOADING (Not to exceed 3 220 pounds)				
SEAT 6								
SEAT 7								
BELTED				5. RAMP WEIGHT (3 + 4) (Not to exceed 10 700 pounds)				
TOILET								
BAGGAGE								
BALLAST	53.62			6. LESS FUEL FOR TEXING				
NOSE	74.00			7. AKEOFF WEIGHT (3 + 4) (Not to exceed maximum) of 10 600 pounds)				244.14/
AFT GABIN	270.70							248.78
TAILCONE	356.50							
CABINET				8. LESS DESTINATION FUEL				
CONTENTS				9. LANDING WEIGHT (7 − 8) (Not to exceed maximum of 9 800 pounds)				243.37/ 248.78
PAYLOAO				Airplane CG = (column 'G'/column 'F') × 100 or use CG Envelope Limits Graph				
				Weight and CG for TAKEOFF and LANDING must remain in the approved Filght envelope. It is the responsibility of the operator to ensure than All filght conditions and airplane loadings remain in the approved Filght envelope.				

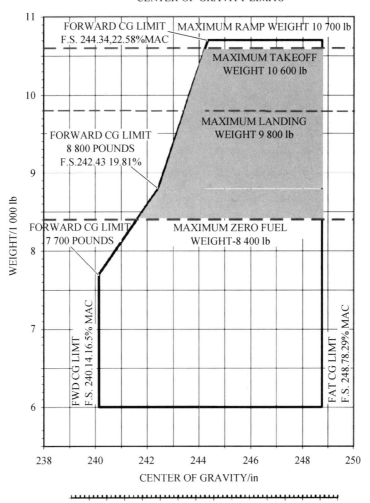

CENTER-OF-GRAVITY LIMITS

图 1.4.14　行李货物力矩表

分析：

（1）该飞机的最大停机坪重量为 10 700 lb，最大起飞重量为 10 600 lb，最大着陆重量为 9 800 lb，最大无燃油重量为 8 400 lb。

（2）该飞机简易舱单大致分为左、右两个区域，左侧区域记录各项商载的重量、力臂、力矩，右侧区域对飞机各个重量状态进行汇总计算。

（3）该飞机多个位置可放置行李或压舱物，包括压舱物放置区（BALLAST）、机头行李舱（NOSE）、客舱后部行李舱（AFT CABIN）、机尾行李舱（TAIL CONE）。

（4）该飞机在重量不超过 7 700 lb 时，重心安全范围为 240.14～248.78 in；当重量达到最大零燃油状态时，重心前极限收缩至 241.58 in；当重量达到最大着陆重量状态时，重心前极限进一步收缩至 243.37 in；当重量达到最大起飞重量状态时，重心前极限最终收缩至 244.14 in。

（5）该飞机装载包线图的横轴为机体站位，可直接对照横轴下方的换算尺将其换算为%MAC。

【例 4-10】 试识读 CJ1-525 在执行某次飞行任务前完成填写后的简易舱单内容（见表 1.4.14～1.4.17 和图 1.4.15）。

表 1.4.14 填写后的重量与平衡计算表格

PAYLOAD COMPUTATONS				ITEM	WEIGHT	MONENT/100	CG	CG LIMIT
'A'	'B'	'C'	'D'	'E'	'F'	'G'	'H'	'I'
ITEM	ARM /in	WEIGHT /lb	MOMENT /100	1. BASIC EMPTY WEIGHT Airplane CG =	6 422	16 203.0		
OCCUAPANTS				2. PAYLOAD	1 978	4 160.4		
SEAT 1	131.00	170	222.7	3. ZERO FUEL WEIGHT (1+2) (Not to exceed maximum zero fual weight of 8 400 pounds)				240.97/ 248.78
SEAT 2	131.00	170	222.7					
SEAT 3	193.60	170	329.1					
SEAT 4	193.60	170	329.1		8 400	20 363.4	242.42	
SEAT 5	242.56	170	412.3	4. FUEL LOADING (Not to exceed 3 220 pounds)	2 300	5 847.3		
SEAT 6	242.56	170	412.3					
SEAT 7	162.28	170	275.8					
BELTED				5. RAMP WEIGHT (3 + 4) (Not to exceed 10 700 pounds)				
TOILET	267.45	170	454.6					
BAGGAGE					10 700	26 211.1		
BALLAST	53.62	0	0.0	6. LESS FUEL FOR TEXING	100	251.6		
NOSE	74.00	216	161.3	7. AKEOFF WEIGHT (3 + 4) (Not to exceed maximum) of 10 600 pounds)				244.14/ 248.78
AFT GABIN	270.70	100	270.7					
TAILCONE	356.50	300	1 069.5		10 600	25 959.5	244.90	
CABINET				8. LESS DESTINATION FUEL	800	2 015.4		
CONTENTS				9. LANDING WEIGHT (7 − 8) (Not to exceed maximum of 9 800 pounds)				243.37/ 248.78
PAYLOAO		1 978	4 160.4		9 800	23 944.1	244.33	
				Airplane CG = (column 'G'/column 'F')×100 or use CG Envelope Limits Graph				
				Weight and CG for TAKEOFF and LANDING must ramain in the approved Filght envelope. It is the responsibility of the operator to ensure than All filght conditions and airplane loadings remain in the approved Filght envelope.				

表 1.4.15 机组乘客力矩表

	GREW AMD PASSEMGER				
WEIGHT /lb	MOMENT/100				
	SEAT 1 AND SEAT 2 ARM = F. S. 131.00	SEAT 3 AND SEAT 4 ARM = F. S. 193.62	SEAT 5 AND SEAT 6 ARM = F. S. 242.56	SIDE FACE SEAT ARM = F. S. 162.28	LH BEL TED TOILET = F. S. 267.45
50	65.50	96.61	121.28	81.14	133.73
60	78.60	116.17	145.54	97.37	160.47
70	91.70	135.53	169.79	113.60	187.22
80	104.90	154.90	194.05	129.82	213.96

续表

WEIGHT /lb	GREW AMD PASSEMGER				
	MOMENT/100				
	SEAT 1 AND SEAT 2 ARM = F. S. 131.00	SEAT 3 AND SEAT 4 ARM = F. S. 193.62	SEAT 5 AND SEAT 6 ARM = F. S. 242.56	SIDE FACE SEAT ARM = F. S. 162.28	LH BEL TED TOILET = F. S. 267.45
90	117.90	174.26	218.30	146.05	240.71
100	131.00	193.62	242.56	162.28	267.45
110	144.10	212.98	266.82	178.51	294.20
120	157.20	232.98	291.07	194.74	320.94
130	170.30	251.71	315.33	210.96	347.69
140	183.40	271.07	339.58	227.19	374.43
150	196.50	290.43	363.84	243.42	401.18
160	209.60	309.79	388.10	259.65	427.92
170	222.70	329.15	412.35	275.88	454.67
180	235.80	348.52	436.61	292.10	481.41
190	248.90	367.88	460.88	308.33	508.16
200	262.00	387.24	485.12	324.56	534.90
210	275.10	406.60	509.38	340.79	561.65
220	288.20	425.96	533.63	357.02	588.39
230	301.30	445.33	567.89	373.24	615.14
240	314.40	464.89	582.14	389.47	641.88
250	327.50	484.05	606.40	405.70	668.63
260	340.60	503.41	630.66	421.93	695.37
270	353.70	522.77	654.91	438.18	722.12
280	366.80	542.14	679.17	454.38	748.86
290	379.90	561.50	703.42	470.61	775.61
300	393.00	580.86	727.68	486.84	802.35
310	406.10	600.22	751.94	503.07	829.10
320	419.20	619.58	776.19	519.30	855.84
330	432.30	638.95	800.45	535.52	882.59
340	445.40	658.31	824.70	551.75	909.33

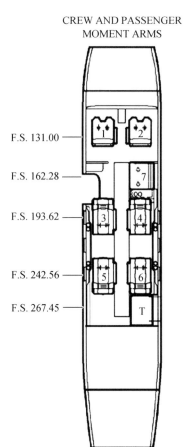

图 1.4.15 机组乘客力矩

表 1.4.16 行李力矩表

BAGGAGE AND STORAGE COMPARTMENT(S) CONTENTS			
	MOMENT/100		
WEIGHT/lb	NOSE COMPARTMENT ARM = F. S. 74.00	CABIN COMPARTMENT ARM = F. S. 270.70	TAILCONE CONPARTMENT ARM = F. S. 356.50
10	7.40	27.07	35.65
20	14.80	54.14	71.30
30	22.20	81.21	106.95
40	29.60	108.28	142.60
50	37.00	135.35	178.25
60	44.40	162.42	213.90
70	51.80	189.49	249.55
80	59.20	216.56	285.20
90	66.60	243.63	320.85

续表

BAGGAGE AND STORAGE COMPARTMENT(S) CONTENTS			
WEIGHT/lb	MOMENT/100		
	NOSE COMPARTMENT ARM = F. S. 74.00	CABIN COMPARTMENT ARM = F. S. 270.70	TAILCONE CONPARTMENT ARM = F. S. 356.50
100	74.00	270.70	356.50
110	71.40		392.15
120	88.80		427.80
130	96.20		463.45
140	103.60		499.10
150	111.00		534.75
160	118.40		570.40
170	125.80		606.05
180	133.20		641.70
190	140.60		677.35
200	148.00		713.00
210	155.40		748.30
220	162.80		784.30
230	170.20		819.95
240	177.60		855.60
250	185.00		891.25
260	192.40		926.90
270	199.80		962.55
280	207.20		998.20
290	214.60		1 033.85
300	222.00		1 069.50
310	229.40		1 105.15
320	236.80		1 140.80
325	240.50		1 158.63
330	244.20		
340	251.60		
350	259.00		
360	266.40		
370	273.80		
380	281.20		
390	288.60		
400	296.00		

表 1.4.17 燃油力矩表

WING TANK FUEL	
WEIGHT/lb	MOMENT/100 lb · in
100	257.92
200	515.90
300	772.92
400	1 029.28
500	1 286.65
600	1 544.64
700	1 802.71
800	2 059.68
900	2 315.43
1 000	2 570.30
1 100	2 824.14
1 200	3 076.80
1 300	3 328.65
1 400	3 580.64
1 500	3 832.80
1 600	4 085.12
1 610	4 110.17
1 700	4 337.38
1 723	4 395.20
1 800	4 589.28
1 900	4 840.82
2 000	5 092.20
2 100	5 343.87
2 200	5 595.48
2 300	5 847.75
2 400	6 100.56
2 500	6 354.00
2 600	6 607.90
2 700	6 861.78
2 800	7 115.64
2 900	7 369.48
3 000	7 623.00
3 100	7 876.48
3 200	8 129.92
3 300	8 382.99
3 400	8 636.00
3 446	8 752.50

CAUTION

CERTIFIED MAXIMUM USABLE FUEL QUANTITY IS 3 220 POUNDS WITH EACH WING FILLED TO THE BOTTON OF THE FILLER STANDPIPE. DO NOT FILL ABOVE THE STANDPIPE. AS ADEQUATE FUEL EXPANSION VOLUME MAY NOT BE AVAILABLE. FUELING ABOVE THE STANDPIPE MAY RESULT IN AS MUCH AS 3 446 POUNDS OF FUEL. CHECK WEIGHT AND BALANCE.

分析：

（1）该飞机基本空机重量为 6 422 lb，基本空机力矩指数为 16 203。

（2）该飞机 1 号和 2 号座位有机组成员两名，各重 170 lb，3 号至 7 号座位均有乘客 1 名，各重 170 lb，卫生间一名乘客重 170 lb。

（3）该飞机未放置压舱物，在机头行李舱中放置了行李 218 lb，指数为 161.3；在客舱后部行李舱中放置了行李 100 lb，指数为 270.7；另有 300 lb 行李放于机尾行李舱内，指数为 1 069.5。

（4）该飞机共有商载 1 978 lb，产生力矩 4 160.4。

（5）该飞机携带的总油量为 2 300 lb，其中滑行用油 100 lb，航程用油 1 700 lb。

（6）该飞机无燃油重量为 8 400 lb，零燃油指数为 20 363.4，零燃油重心位于 242.42 in 处，没有超出重心安全范围。

（7）该飞机起飞重量为 10 600 lb，起飞指数为 25 959.5，起飞重心为 244.90 in，没有超出重心安全范围，但比较接近重心前极限。

（8）该飞机着陆重量为 9 800 lb，着陆指数为 23 944.1，着陆重心位于 244.33 in 处，仍然位于重心安全范围以内。

复习思考题

1. 试识读图 1.4.16 和图 1.4.17 所示的某双发活塞飞机的基本重量平衡信息。

Datum—Forward face of fuselage bulkhead ahead of rudder pedals Seats

  2 at 37.0

  2 at 75.0

  1 at 113.0—Weight limit 200 lb

Fuel

  213.4 gal (2 wing tanks, 105.0 gal each 103.0 gal usable at ＋61.0)

  Undrainable fuel—1.6 lb at ＋62

Oil

  24 quarts (12 quarts in each engine）——3.3

Baggage

  Forward 100# limit ——15

  Aft 200# limit ——＋113

CG Range

  (＋38) to (＋43.1) at 5 200 lb

  (＋43.6) to 48 000 lbs

  (＋32) to (＋43.6) at 4 300 lb or less

  Straight line variation between points given

Engines (2) 240 horsepower horizontally opposed engines

  Fuel burn—24 gph for 65% cruise at 175 kt

              29 gph for 75% cruise at 180 kt

图 1.4.16　某双发活塞飞机重量平衡信息

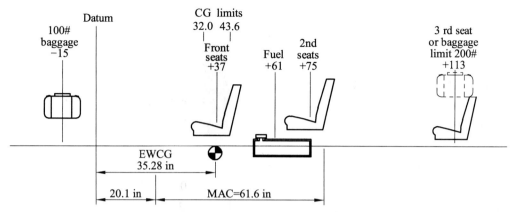

图 1.4.17　某双发活塞飞机舱段布局示意图

2. 已知上题给出的飞机在某次飞行任务前装载情况如下：

燃油（140 gal）··840 lb

前排人员··320 lb

后排人员··310 lb

前行李舱··100 lb

后行李舱···90 lb

试填写舱单（见表 1.4.18）确定飞机的重量和重心。

表 1.4.18　某双发活塞飞机空白舱单

项　　目	重量≤5 200 lb	力臂/in	力矩/lb·in	重心位置/in
基本空重	3 404	35.28	120 093	
燃　油		61		
前排座椅		37		
后排座椅		75		
前行李舱		−15		
后行李舱		113		
合　计				

3. 若已知 MAC 长为 61.6 in，LEMAC 位于 +20.1 in 处。试将上题计算得出的 BA 形式的重心位置换算为 %MAC 形式。

4. 根据本章 Beech1900 客运形态的计算实例，假设在飞机舱单填写完毕后，临时需要将位于第一、第二排的乘客调整到机尾处第八、第九排就座，试查找调整后的飞机重心位置。

第5章 大型运输机载重表

载重平衡图表（Load and Trim Chart）可以分为载重表（Load Sheet）和平衡图（Trim Chart），它们既是飞机配载工作的重要控制文档，也是重要的随机业务文件和存档文件。

早期的载重平衡图表均由手工填制，尽管随着计算机技术的飞速发展，电子舱单为越来越多的航空公司所使用，但是手工填制载重平衡图表仍然是配载工作人员的基本功。对于飞行员和运行控制人员，能够识读载重平衡图表也是工作中的一项基本要求。

载重表和平衡图均须按照规定的格式和要求填制，二者既可以组合使用，也可以独立使用。本章将介绍载重表的识别和填制方法。

5.1 载重表识读

载重表（见图1.5.1）主要用于确保在配载过程之中飞机重量不超过其最大重量限制，并

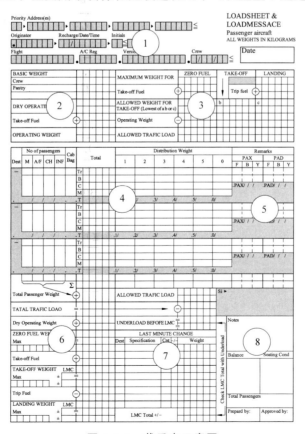

图 1.5.1 载重表示意图

对飞机装载情况进行记录和跟踪。载重表逐一给出了从干使用重量到起飞重量再到着陆重量这一过程中相关各项的重量信息。按实际情况填写该表的过程，就是进行飞机重量计算的过程。

每个航班都应该填制载重表，它可以反映航班装载数据的实际情况。载重表应按照规定格式进行填写。同一公司的不同机型，不同公司的同一机型，所使用的载重表可能会有细节上的差异，但主要的格式和内容基本相同。故本书将以航空公司所使用的典型机型的载重表为例进行说明。

5.1.1 区域①——表头

表头的形式可参见图 1.5.2。

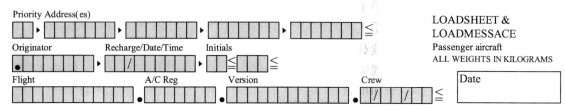

图 1.5.2　载重表局部图-区域①

表头包含表 1.5.1 所示的信息。

表 1.5.1　区域①各项目内容说明

序号	项　目	说　明
1	Prefix/Priority	电报等级代号，如急报 QU、平报 QD
2	Addresses	收电地址（收电部门七字代码），如 CTUTZCA，格式为 AAABBCC。 AAA 表示收电单位所在城市或机场的三字代码； BB 表示收电部门的两字代码； CC 表示收电部门所属航空公司的两字代码
3	Originator	发电地址（发电部门七字代码），如 CANTZCZ
4	Recharge	执行本次航班任务的航空公司两字代码，如 CZ
5	Date/Time	日时分（24 小时制），如 120830，格式为 DDHHMM
6	Initials	发电人代号
7	LDM	电报识别代号，LDM 代表载重电报
8	Flight	航班号，如 CZ3403
9	A/C Registration	飞机注册号，如 B2923
10	Version	客舱舱位布局，如 F4B8Y140。 F4 表示头等舱 4 座； B8 表示商务舱 8 座； Y140 表示经济舱 140 座
11	Crew	机组人数。 格式为驾驶舱机组/客舱机组/附加机组，如 3/5/1
12	Date	制表时间，如 08JAN99，格式为 DDMMYY

注意，以上是电报填写的固定格式，具体的电报填写细节请参考有关业务电报的介绍。

5.1.2　区域②——干使用和使用重量计算

区域②主要用于获得飞机修正后的基重或干使用重量（见图 1.5.3 和表 1.5.2）。基重通常是填制载重表的基础，它是"未修正的干使用重量"。实际工作中，每架航班都可能在基重的基础上出现计划外的机组调整或配餐调整等。计入这部分重量变化后的飞机重量，被称为修正后的基重或修正后的干使用重量。

BASIC WEIGHT					
Crew					
Pantry					
DRY OPERATING WEIGHT					
Take-off Fuel	⊕				
OPERATING WEIGHT					

图 1.5.3　载重表局部图–区域②

表 1.5.2　区域②各项目内容说明

序号	项　目	说　明
1	BASIC WEIGHT	基本重量（基重），未修正的干使用重量
2	Crew	临时增减的机组成员重量
3	Pantry	临时增减的厨房餐食重量
4	DRY OPERATING WEIGHT	修正后的干使用重量，为 1、2、3 之和
5	Take-off Fuel	起飞燃油，总加油量扣除启动滑行耗油
6	OPERATING WEIGHT	使用重量，为 4、5 之和

忽略这部分重量变化对基重的影响可能会留下隐患，这是由于机组和配餐所在的位置所决定的。机组通常位于飞机机头的驾驶舱，配餐通常位于靠近机头或机尾的厨房，这两处位置距重心的力臂长，即使出现微小的重量调整，也会导致巨大的力矩变化，进而影响飞机的平衡状态。

表格中可能出现"＋""－""＝"等数学运算符号（见图 1.5.4），填制时需要根据相应的运算符号进行计算；还可能出现箭头符号，代表将相应的数据移动到所指向的位置。

注意，机型不同，该区域的格式也有所不同，在干使用重量计算使用重量时，为了得到起飞燃油，可能会引入停机坪燃油（Ramp Fuel）和滑行耗油（Taxi Fuel）的概念。因为停机坪燃油是指飞机在停机坪尚未推出前所注入燃油的总量，一旦扣除滑行所消耗的燃油后就得到起飞燃油，故 Take-off Fuel ＝ Ramp Fuel － Taxi Fuel。

ORY OPERATING WEIGHT					
ADDITIONS	+				
DELETIONS	−				
ADJUSTED DRY OPERATING WEIGHT	=				
RAMP FUEL	+				
RAMP WEIGHT	=				
TAXI FUEL	−				
OPERATING WEIGHT	=				−

图 1.5.4　载重表局部图–区域② （另一种形式）

5.1.3　区域③——最大允许业载的计算

该区域主要通过允许的最大起飞重量和使用重量之差来计算航班的最大业载能力。因为使用重量在区域②中已经得到，故可以直接填写。而允许的最大起飞重量需要根据 3 个最大重量限制条件进行推导，在推导出的 a、b、c 3 个最大起飞重量中挑选最小的一个作为允许的最大起飞重量来进行最大业载能力的计算。故该区域实现了公式 MTOW = min{MTOW a，MTOW b，MTOW c}的计算（见图 1.5.5 和表 1.5.3）。

MAXIMUM WEIGHT FOR		ZERO FUEL		TAKE-OFF		LANDING	
Take-off Fuel	⊕			↓ Trip fuel	⊕		
ALLOWED WEIGHT FOR TAKE-OFF (Lowest of a b or c)		a		b		c	
Operating Weight	⊖						
ALLOWED TRAFIC LOAD							

图 1.5.5　载重表局部图–区域③

表 1.5.3　区域③各项目内容说明

序号	项　目	说　明
1	MAXIMUM WEIGHT FOR ZERO FUEL	该机型技术性能规定的最大无燃油重量
2	MAXIMUM WEIGHT FOR TAKE-OFF	该机型技术性能规定的最大起飞重量

序号	项　目	说　明
3	MAXIMUM WEIGHT FOR LANDING	该机型技术性能规定的最大着陆重量
4	Take-off Fuel	起飞燃油，飞机在起飞时为完成本次航班任务必须携带的燃油
5	Trip Fuel	航程耗油，飞机从本站飞往下一站的航行消耗燃油量
6	ALLOWED WEIGHT FOR TAKE-OFF a	最大起飞重量 a，为 1、4 之和
7	ALLOWED WEIGHT FOR TAKE-OFF b	最大起飞重量 b，等于 2
8	ALLOWED WEIGHT FOR TAKE-OFF c	最大起飞重量 c，为 3、5 之和
9	Operating Weight	使用重量
10	ALLOWED TRAFFIC LOAD	最大允许业载，为 6、7、8 的最小值与 9 之差

注意，最大允许业载可能受到最大起飞重量 b 的限制，也可能受到最大起飞重量 a 或 c 的限制（a 反映了最大无燃油重量的影响，c 反映了最大着陆重量的影响）。实际计算时，应挑选 a、b、c 中的最小值所在列来计算最大许可业载。

5.1.4　区域④——各站的载重情况

区域④反映本次航班乘客、行李、邮件、货物的具体装载情况。

乘客数量可以按性别和长幼一一填写，也可以不进行区分，统一按照标准成年人进行填写。

区域④可统计各个舱段同一类业载的总量，也可统计各个舱段全部业载的总量。统计方式简单明了，横纵交叉检验，降低了填写时出错的概率（见图 1.5.6 和表 1.5.4）。

Dest	No.of passengers				Cab Bag		Total			Distribution Weight					
	M	A/F	CH	INF					1	2	3	4	5	0
—					Tr									
					B									
					C									
					M									
.	/	/	/	/	.T			.1/	.2/	.3/	.4/	.5/	.0/	
—					Tr									
					B									
					C									
					M									
.	/	/	/	/	.T			.1/	.2/	.3/	.4/	.5/	.0/	
—					Tr									
					B									
					C									
					M									
.	/	/	/	.	.T			.1/	.2/	.3/	.4/	.5/	.0/	

图 1.5.6　载重表局部图–区域④

表 1.5.4　区域④各项目内容说明

序号	项　目	说　明
1	Dest.	目的地机场三字代码，过站经停的航班根据经停顺序填写，无过站经停的航班填写其最终目的地
2	No. of Passengers （M、A/F、CH、INF）	过站经停乘客数量，可按3种格式划分： 格式一按 M 男性、F 女性、CH 儿童、INF 婴儿； 格式二按 A 成年人、CH 儿童、INF 婴儿； 格式三按总人数，不区分性别和长幼
3	No. of Passengers （M、A/F、CH、INF）	始发乘客数量，划分方法同上
4	Cab Bag	因特殊原因不能放置于货舱只能放置于客舱的行李重量
5	Tr （Total）	过站经停的行李、邮件、货物的总重
6	B （Total）	始发行李总重
7	C （Total）	始发货物总重
8	M （Total）	始发邮件总重
9	T （Total）	行李、邮件、货物总重，为5、6、7、8之和
10	Tr （1、2、3、4、5、0）	各舱段过站经停的行李、邮件、货物的重量，1～5为货舱，0为客舱
11	B （1、2、3、4、5、0）	各舱段始发行李重量，1～5为货舱，0为客舱
12	C （1、2、3、4、5、0）	各舱段始发货物重量，1～5为货舱，0为客舱
13	M （1、2、3、4、5、0）	各舱段始发邮件重量，1～5为货舱，0为客舱
14	T （.1/、.2/、.3/、.4/、.5/、.0/）	各舱段行李、邮件、货物总重，为10、11、12、13的同一舱段重量小计，1～5为货舱，0为客舱

5.1.5　区域⑤——旅客分布与占座情况（见图 1.5.7 和表 1.5.5）

表 1.5.5　区域⑤各项目内容说明

序号	项　目	说　明
1	Remarks	备注标题
2	PAX （F、B、Y）	不同舱位等级的过站经停和始发旅客人数，第一行填过站经停旅客人数，第二行填始发旅客人数。 F 为头等舱，B 为商务舱，Y 为经济舱
3	.PAX/	旅客占座情况
4	PAD（F、B、Y）	可拉下的不同舱位等级的过站经停和始发旅客人数
5	.PAD/	可拉下旅客占座情况

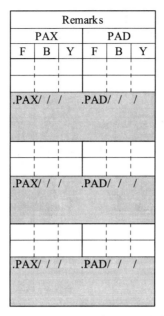

图 1.5.7 载重表局部图–区域⑤

注意，成人旅客按照一人一座予以考虑，儿童旅客单独购票时按照一人一座予以考虑，儿童旅客若未购票时不单独占座，婴儿旅客不单独占座。

5.1.6 区域⑥——各实际运行重量计算

该区域主要用于计算本次航班的实际无油重量、实际起飞重量、实际落地重量，并帮助填表人员检查这 3 个重量是否超出了各自所对应的该机型技术性能规定的最大重量。确保 3 个不等式成立，即 ZFW≤MZFW，TOW≤MTOW，LW≤MLW（见图 1.5.8 和表 1.5.6）。

表 1.5.6 区域⑥各项目内容说明

序号	项 目	说 明
1	Σ	行李、邮件、货物总重量合计
2	Total Passenger Weight	乘客总重量
3	TOTAL TRAFFIC LOAD	业载总重量，为 1、2 之和
4	Dry Operating Weight	干使用重量
5	ZERO FUEL WEIGHT	无燃油重量，为 3、4 之和
6	Max.（ZERO FUEL WEIGHT）	该机型技术性能规定的最大无燃油重量
7	Take-off Fuel	起飞燃油
8	TAKE-OFF WEIGHT	起飞重量，为 5、7 之和
9	Max.（TAKE-OFF WEIGHT）	该机型技术性能规定的最大起飞重量
10	Trip Fuel	航程用油
11	LANDING WEIGHT	着陆重量，为 8、10 之差
12	Max.（LANDING WEIGHT）	该机型技术性能规定的最大着陆重量
13	LMC	5、8、11 临时出现的重量变化

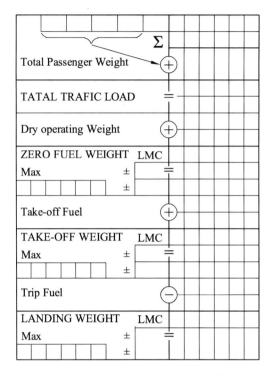

图 1.5.8 载重表局部图–区域⑥

注意，在填制该区域时，应检查实际重量与最大重量的关系，如果满足限制条件，才继续后续填写；如果不满足限制条件，则应该对配载进行调整，并重新进行载重表的填写。

此外，旅客的重量通常需要根据旅客人数和旅客平均重量进行换算。除了《中国民航规章》公布的旅客平均重量外，公司可以自行统计乘客平均重量或对乘客进行实际称重，当然这需要获得局方许可。

5.1.7 区域⑦——最后一分钟变动

最后一分钟变动（LMC，Last Minute Change）是指乘客、行李、邮件、货物出现临时性、突发性的增减或调整，这些更改需要予以记录，以防止飞机出现超载或不平衡的现象。

引入最后一分钟变动，主要是考虑到工作中常常会出现诸如乘客迟到或临时取消旅行计划等意外情况，这些情况可能在载重表填写完毕后才出现。为了能够准确跟踪飞机重量信息，同时又不会因频繁重新填写载重表给工作带来额外负担，人们需要获知最后一分钟变动的载重信息来对突发的变化进行记录和判断（见图 1.5.9 和表 1.5.7）。

允许发生最后一分钟变动的载量存在限制，一旦限制被突破，当前的载重表即告作废，需重新填写。只有当最后一分钟变动在限制范围以内时，才能够忽略其给起飞配平带来的影响，当前的载重表仍然有效。飞行员和配载人员应对最后一分钟变动给予重视，遵循公司规定，对已出现的变动进行核实和确认，确保其合理性，防止造成飞机重心大幅度移动，影响起飞配平准确性。例如，某航空公司针对最后一分钟变动的规定为：当 MTOW < 30 t 时，LMC < 100 kg；当 30 t ≤ MTOW < 100 t 时，LMC < 500 kg 或 < 5 人；当 100 t ≤ MTOW < 200 t 时，LMC < 1 000 kg 或 < 5 人；当 MTOW > 200 t 时，LMC < 1 500 kg 或 < 5 人。

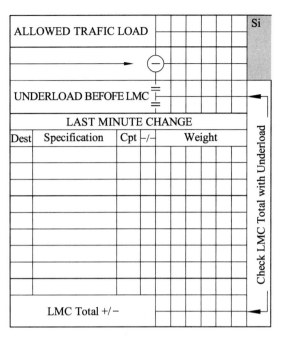

图 1.5.9　载重表局部图–区域⑦

表 1.5.7　区域⑦各项目内容说明

序号	项　目	说　明
1	ALLOWED TRAFIC LOAD	允许的最大业载
2	→	实际业载
3	UNDERLOAD BEFORE LMC	最后一分钟变动前的缺载
4	Dest	该列填入变动项的目的地
5	Specification	该列填入变动项的描述说明
6	Cl/Cpt	该列填入变动的客舱等级或货舱舱位
7	+ / −	该列填入符号以表示重量的增减
8	Weight	该列填入重量数值
9	LMC total　+ / −	LMC 重量的总和
10	Check LMC Total with Underload	提示检查 LMC 改变量是否超出缺载重量

5.1.8　区域⑧——表尾

表尾包含补充信息、注意事项、飞机平衡状态、旅客占座、签字等多个内容。

其中，补充信息和注意事项没有固定填写格式，主要用于填写需要特别说明或特别注意的事项和内容。例如，特殊旅客的座位及其行李数量和放置位置，特殊货物的装载重量、数量和装机位置，飞机重心是否特别靠前或靠后，是否添加尾撑杆以防止飞机在装载时后坐等（见图 1.5.10 和表 1.5.8）。

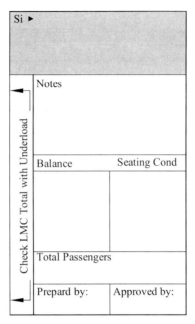

图 1.5.10　载重表局部图–区域⑧

表 1.5.8　区域⑧各项目内容说明

序号	项　目	说　明
1	Si	填写需补充说明的信息
2	Notes	填写需注意的事项
3	Balance	填写飞机平衡信息，如无燃油重心、起飞重心、着陆重心、可配平水平安定面的起飞配平值
4	Seating Cond	填写占座情况
5	Total Passengers	填写实际登机的旅客总人数，计入 LMC 的变化
6	Prepared by	填表人签名
7	Approved by	审核人签名

5.2　载重表填写实例

要完成载重表的填写，需要仔细阅读载重表中的内容，理解各项从属关系，并注意"＋""－""＝""→"等辅助符号。接下来，根据某公司航班实例对载重表的填写进行详细说明。

【例 5-1】　已知某航班具体情况如表 1.5.9 所示，试完成载重表的填写。

表 1.5.9　某航班具体情况

项　目	内　容
航班基本信息	南方航空公司，航班号 CZ3101，飞机注册号 B-6203，舱位布局商务舱 8 座、经济舱 120 座，计划于 2009 年 5 月 12 日 15 点 00 分起飞，从 CAN 飞往 PEK，驾驶舱机组 2 人，客舱机组 6 人，附加机组 0 人

续表

项　目	内　容
干使用重量及修正信息	未修正干使用重量（基重）41 896 kg；机组临时增加 1 人重 80 kg；配餐无调整
重量限制信息	最大起飞重量 70 000 kg；最大着陆重量 62 500 kg；最大无燃油重量 58 500 kg
燃油信息	起飞燃油 10 000 kg，航程用油 6 250 kg
乘客信息	乘客共计 63 人：成人 60 人，按人均 75 kg 计；儿童 2 人，按人均 38 kg 计；婴儿 1 人，按 8 kg 计
行李、邮电、货物信息	行李共计 500 kg，全部位于 4 号货舱；货物共计 500 kg，全部位于 4 号货舱；邮件共计 500 kg，全部位于 1 号货舱
最后一分钟变动	关舱门前发生最后一分钟变动：Y 舱增加 1 名成年旅客重 75 kg，4H 箱板处拉下一件货物重 20 kg

填写步骤与分析：

（1）填写"区域①——表头"，具体如下：

① 填入拍发电报优先级急报 QU；

② 填入收电人地址七字代码为 PEKTZCZ；

③ 填入发电人地址七字代码为 CANTZCZ；

④ 填入执行航班任务的公司代码为 CZ；

⑤ 填入发电日时分为 121500；

⑥ 填入航班号为 CZ3101；

⑦ 填入飞机注册号为 B-6203；

⑧ 填入飞机座位布局为 CB8Y120；

⑨ 填入机组配置为 2/6/0（见图 1.5.11）。

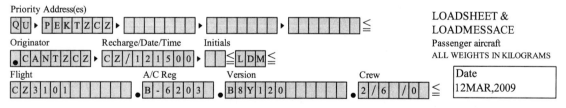

图 1.5.11　载重表表头填写示例

（2）填写"区域②——干使用和使用重量计算"，具体如下：

① 在 BASIC WEIGHT 填入未修正干使用重量 41 896；

② 在 Crew 填入临时增加的机组人员重量 80；

③ 在 DRY OPERATING MASS 计算出的修正干使用重量 41 976；

④ 在 Take-off Fuel 填入起飞燃油重量 10 000；

⑤ 在 OPERATING WEIGHT 计算出使用重量 51 976（见图 1.5.12）。

BASIC WEIGHT		4	1	8	9	6
Crew					8	0
Pantry						0
DRY OPERATING WEIGHT		4	1	9	7	6
Take-off Fuel	⊕	1	0	0	0	0
OPERATING WEIGHT		5	1	9	7	6

图 1.5.12　载重表使用重量计算示意图

（3）填写"区域③——最大允许业载计算"，具体如下：

① 在 ZERO FUEL 填入该机型技术性能规定的最大无燃油重量 58 500；

② 根据区域②的结果，在 Take-off Fuel 填入起飞燃油重量 10 000；

③ 在 a 计算出最大起飞重量为 68 500；

④ 在 b 填入该机型技术性能规定的最大起飞重量 70 000；

⑤ 在 LANDING 填入该机型技术性能规定的最大着陆重量 62 500；

⑥ 在 Trip fuel 填入航程耗油 6 250；

⑦ 在 c 计算出最大起飞重量为 68 750；

⑧ 在 a、b、c 中判断出 a 为最小值，则后续计算在 a 列进行；

⑨ 根据区域②的结果，在 Operating Weight 的 a 列填入使用重量 51 976；

⑩ 在 ALLOWED TRAFIC LOAD 计算出最大允许业载为 16 524（见图 1.5.13）。

BASIC WEIGHT		4	1	8	9	6	MAXIMUM WEIGHT FOR		ZERO FUEL					TAKE-OFF		LANDING				
Crew					8	0			5	8	5	0	0			6	2	5	0	0
Pantry						0	Take-off Fuel	⊕	1	0	0	0	0	↓	Trip fuel ⊕	6	2	5	0	
DRY OPERATING WEIGHT		4	1	9	7	6	ALLOWED WEIGHT FOR TAKE-OFF (Lowest of a b or c)	a 6	8	5	0	0	b	7	0 0 0 0 c	6	8	7	5	0
Take-off Fuel	⊕	1	0	0	0	0	Operating Weight	⊖	5	1	9	7	6							
OPERATING WEIGHT		5	1	9	7	6	ALLOWED TRAFIC LOAD		1	6	5	2	4							

图 1.5.13　载重表最大允许业载计算示意图

（4）填写"区域④——各站的载重情况"，具体如下：

① 由于是直飞航班，中途无经停，在 Dest 填入目的地机场三字代码 PEK；

② 由于不区分男性和女性，在 A/F 填入 60，在 CH 填入 2，在 INF 填入 1；

③ 在 Distribution Weight 的 4 号货舱填入行李 500；

④ 在 Distribution Weight 的 4 号货舱填入货物 500；

⑤ 在 Distribution Weight 的 1 号货舱填入邮件 500；

⑥ 在 B（Total）汇总 1 号、4 号、5 号、0 号舱段的行李重量为 500；

⑦ 在 C（Total）汇总 1 号、4 号、5 号、0 号舱段的货物重量为 500；

⑧ 在 M（Total）汇总 1 号、4 号、5 号、0 号舱段的货物重量为 500；

⑨ 在.1/汇总 1 号货舱的过站、行李、货物、邮件重量为 500；

⑩ 在.4/汇总 4 号货舱的过站、行李、货物、邮件重量为 1 000；

⑪ 在 T（Total）先汇总 Tr（Total）、B（Total）、C（Total）、M（Total）的重量为 1 500，后汇总.1/、.4/、.5/、.0/的重量为 1 500，二者相等，交叉检查完成，最终填入 1 500（见图 1.5.14）。

Dest	No.of passengers				Cab Bag	Total				Distribution Weight			
	M	A/F	CH	INF						1	4	5	0
—						Tr							
						B							
						C							
						M							
.	/	/	/		.T					.1/	.4/	.5/	.0/
—						Tr							
						B							
						C							
						M							
.	/	/	/		.T					.1/	.4/	.5/	.0/
—						Tr							
PEK	60	2	1			B	5	0	0				
						C	5	0	0				
						M	5	0	0				
.	/	/	/		.T	1	5	0	0	.1/500	.4/1000	.5/	.0/
	60	2	1			1	5	0	0				
Total Passenger Weight → ⊕	Σ					4	5	8	4	ALLOWED TRAFIC LOAD		1 6 5 2 4	Si ▶

图 1.5.14　载重表装载重量填写示意图

（5）填写"区域⑤——旅客分布与占座情况"，具体如下：

① 在 PAX B 填入商务舱占座旅客 2 人，在 PAX Y 填入经济舱占座旅客 60 人；

② 在.PAX/ 填入 2/60（见图 1.5.15）。

（6）填写"区域⑥——各实际运行重量计算"，具体如下：

① 在 Σ 项填入行、邮、货总重量 1 500；

② 在 Total Passenger Weight 填入旅客总重，$60 \times 75 + 2 \times 38 + 1 \times 8 = 4 584$，本例中的航空承运人将成年旅客标准平均重量按 75 kg 计，将儿童标准平均重量按 38 kg 计，将婴儿标准平均重量按 8 kg 计；

③ 在 TOTAL TRAFFIC LOAD 计算出实际业载总重 6 084；

④ 根据区域②的内容，在 Dry operating Weight 填入修正干使用重量 41 976；

⑤ 在 ZERO FUEL WEIGHT 计算出无燃油重量 48 060；

⑥ 在 Max.填入该机型技术性能规定的最大无燃油重量 58 500，检查实际无燃油重量 48 060≤58 500，符合装载要求；

⑦ 根据区域②的结果，在 Take-off Fuel 填入 10 000；

⑧ 在 TAKE-OFF 计算出起飞重量 58 060；

⑨ 在 Max.填入该机型技术性能规定的最大起飞重量 70 000，检查实际起飞重量 58 060 ≤70 000，符合装载要求；

⑩ 在 Trip Fuel 填入 6 250；

⑪ 在 LANDING 计算出着陆重量 51 810；

⑫ 在 Max.填入该机型技术性能规定的最大着陆重量 62 500，检查实际着陆重量 51 810 ≤62 500，符合装载要求（见图 1.5.16）。

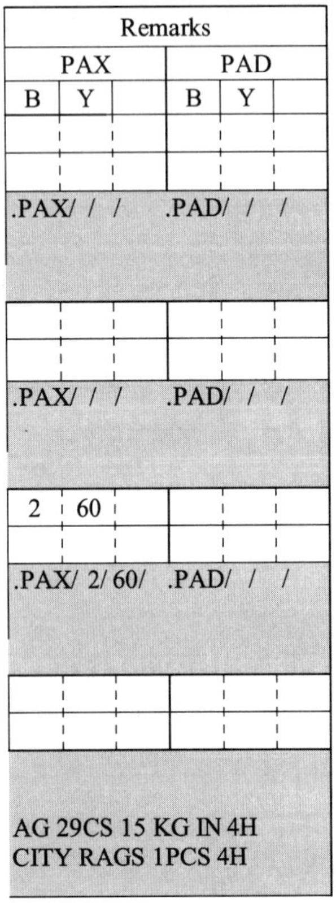

图 1.5.15　载重表旅客分布占座示意图 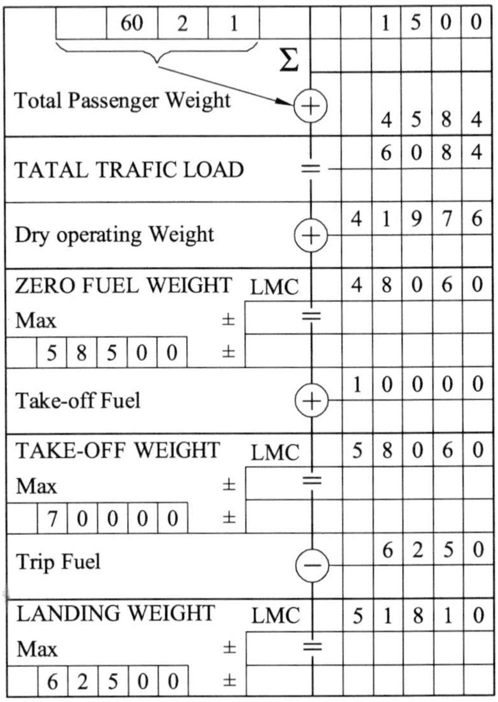　　　　图 1.5.16　载重表实际重量计算示意图

（7）填写"区域⑦——最后一分钟变动"，具体如下：

① 根据区域③的结果，在 ALLOWED TRAFIC LOAD 填入最大允许业载 16 524；

② 根据区域⑥的内容，在"→"填入实际业载重量 6 084；

③ 在 UNDERLOAD BEFORE LMC 计算出缺载重量 10 440；

④ 在 LMC 第一行填入经济舱增加一名旅客，重量 75；

⑤ 在 LMC 第二行填入 4H 箱板拉下一件货物，重量 20；

⑥ 在 LMC Total "＋/－"处计算出总的变动重量合计为 ＋55，并与 UNDERLOAD BEFORE LMC 进行比较，核对变动重量是否超出了缺载额度（见图 1.5.17）。值得注意的是，即便 LMC 比缺载额度少，也并不意味着一切正常。各航空公司对于可接受的 LMC 有相应规

定，实际工作中应当参照。例如，某公司要求其 B737-300 机型的 LMC 旅客不超过 3 人，行李、邮电、货物不超过 250 kg，一旦超出该额度就需要重新填制载重表和平衡图。

（8）填写"区域⑧——表尾"，具体如下：

① Si 中填写内容：某 VIP 旅客的行李有 2 件，重 15 kg，放置在 4H 箱板处；某特别优先的行李 1 件，放置在 4H 箱板处；航班共装有 15 件行李、13 件货物、16 件邮件。

② Notes 中填写内容：俯仰配平设置为抬头配平 0.75。

③ Balance 中填写内容：起飞重心 27.6%MAC，无燃油重心 29.7%MAC。

④ Seating Cond.中填写内容：0a 舱占座 2，0b 舱占座 30，0c 舱占座 30。

⑤ Total Passengers 中填写内容：旅客总人数 63。

⑥ Prepared by 中填写内容：填表人 MICHAEL.J（见图 1.5.18）。

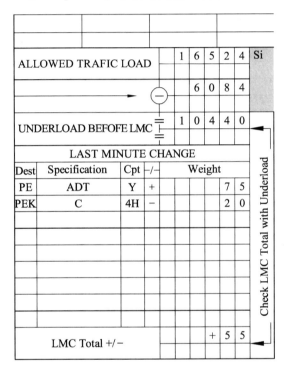

图 1.5.17　载重表最后一分钟变动填写示意图

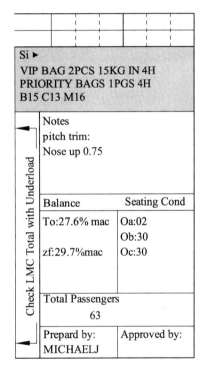

图 1.5.18　载重表附加信息填写示意图

复习思考题

1. 请结合附录中各机型的载重表，定位以下重量的位置并扼要叙述它们的关系：基本重量、干使用重量、修正后干使用重量、使用重量。

2. 请结合附录中各机型的载重表，定位以下重量的位置并扼要叙述它们的关系：最大允许业载量、实际业载量、缺载量和最后一分钟变动。

3. 请结合附录中各机型的载重表，定位以下重量的位置并扼要叙述它们的关系：起飞燃油、航程燃油、储备燃油。

4. 请结合附录中各机型的载重表，定位以下信息：不同性别旅客人数、旅客总重量、占座旅客人数、过站货物重量。

5. 请结合附录中各机型的载重表，定位以下信息：航班号、飞机注册号、客舱分级、机组成员配置。

6. 试结合图 1.5.19 回答：（1）两图中出现的最大重量的含义是否相同，为什么？（2）图（a）最终是为了获得什么信息？（3）若发生最后一分钟变动，图（b）中三处 LMC 项应该累加三次还是只加一次？

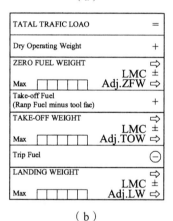

（a）

（b）

图 1.5.19　复习思考题图

第 6 章　大型运输机平衡图

平衡图（Trim Chart）主要用于帮助使用者获取飞机的重心位置和配平信息，同时确保飞机在无燃油、起飞、着陆 3 种条件下重心不超出安全范围。

由于每架飞机每次航班飞行所执行的任务不同，乘客、行李、邮件、货物的装载条件不同，加装的燃油量也不相同，所以都必须重新查找计算飞机的重心位置和配平信息。

不同的机型、不同的舱位布局对应不同的平衡图，不可以混用。

6.1　平衡图识读

根据前面章节的学习，可知重心位置的查找主要依赖于合力矩，飞机在不同的重量状态和装载条件下的合力矩各不相同，查找平衡图的过程就是计算合力矩的过程。为了便于查图，还引入了指数来替代力矩。接下来，本书以某航空公司的 A320 机型平衡图（见图 1.6.1）为例进行说明，间或对部分差异机型的平衡图进行对比。

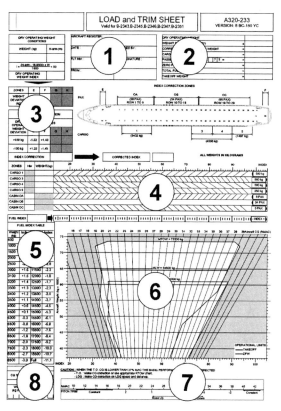

图 1.6.1　A320-233 平衡图示意图

6.1.1 区域①——表头（见图 1.6.2 和表 1.6.1）

AIRCRAFT REGISTER：	
DATE：	PREPARED BY：
FLT Nbr：	CAPT. SIGNATURE：
FROM：	TO：

图 1.6.2 平衡图区域①示意图

表 1.6.1 区域①各项目内容说明

序号	项　目	说　明
1	AIRCRAFT REGISTER	飞机注册号
2	DATE	日　期
3	PREPARED BY	查图人签名
4	FLT Nbr	航班号
5	CAPT. SIGNATURE	机长签名
6	FROM	出发地
7	TO	目的地

表头用于记录航班基本信息，填制完成的平衡图需要查图人和机长对内容进行确认后签名交接。

6.1.2 区域②——主要重量计算（见图 1.6.3 和表 1.6.2）

DRY OPERAYING WEIGHT		
WEIGHT DEVIATION(PANTRY)	±	
CORRECTED DRY OPERATING WEIGHT	=	
CARGO	+	
PASSENGERS 　　　 × 7 5 =	+	
ZERO FUEL WEIGHT	=	
TOTAL FUEL ONBOARD	+	
TAKEOFF WEIGHT	=	

图 1.6.3 平衡图区域二示意图

表 1.6.2 区域②各项目内容说明

序号	项　　目	说　　明
1	DRY OPERATING WEIGHT	未修正干使用重量（未修正基重）
2	WEIGHT DEVIATION（PANTRY）	厨房重量调整
3	CORRECTED DRY OPERATING WEIGHT	修正后干使用重量（修正后基重），为 1、2 之和
4	CARGO	行李、邮件、货物总重，此处 CARGO 是指货舱中装载的全部业载
5	PASSENGERS	旅客总重，根据旅客人数和平均重量得到
6	ZERO FUEL WEIGHT	无燃油重量，为 3、4、5 之和
7	TOTAL FUEL ONBOARD	机载燃油，即起飞燃油
8	TAKEOFF WEIGHT	起飞重量

当平衡图与载重表结合使用时，不能因为载重表中已有相关重量的信息而略过该处的填写。填写该处有两个目的：其一是进一步检查各重量关系防止差错，其二是便于后续在配载包线图中查找重心时使用。

6.1.3 区域③——干使用指数修正

根据飞机的干使用重量和干使用重心，代入图 1.6.4 中提供的指数公式，可以计算得到未修正的干使用指数（DOI）。不同机型的干使用指数公式不同，不得混用。只有在未修正的干使用指数基础上修正配餐等调整带来的影响，得到修正后的干使用指数，才能够进行后续的查图工作。

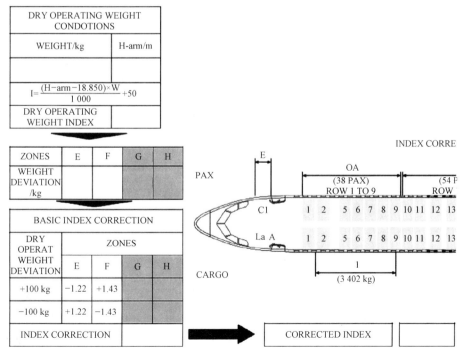

图 1.6.4 平衡图区域三示意图

E舱和F舱分布于机头处和机尾处，距离飞机重心的力臂长，与客货舱相比即使微小的重量变化也会对干使用指数带来较大的影响，故需要专门进行修正。E舱位于机头，在该舱增加重量将使得重心前移，干使用指数减小，减少重量将使得重心后移，干使用指数增大。F舱则与之相反（见表1.6.3）。

表1.6.3　区域③各项目内容说明

序号	项　　目	说　　明
1	DRY OPERATING WEIGHT CONDITIONS WEIGHT	未修正的干使用重量（未修正的基重）
2	DRY OPERATING WEIGHT CONDITIONS H-arm	未修正的干使用重心力臂，即重心到基准距离
3	DRY OPERATING WEIGHT INDEX	未修正的干使用指数（未修正基重指数）
4	ZONES WEIGHT DEVIATION（E、F）	厨房配餐重量调整，是指在标准重量基础上增加或减少的重量。 E舱位于机头，F舱位于机尾
5	INDEX CORRECTION	厨房配餐重量调整引起的指数变化量
6	CORRECTED INDES	修正后的干使用指数（修正后的基重指数）

　　在进行E舱和F舱因配餐等调整造成的指数修正时，1.22是100 kg重量调整所造成的指数变化量，如果E舱总共进行了300 kg重量调整，则指数修正量为 −1.22×3 = −3.66。

6.1.4　区域④——业载指数修正

　　一旦在干使用重量基础上增加商载，飞机的重量就成为了无燃油重量，对应的指数是无燃油指数。故可以认为无燃油指数是在干使用指数基础上修正了客舱和货舱的载量影响后得到的。在修正客舱和货舱载量的影响时，需要使用折线法通过画线得到各舱段的指数修正量。各舱段所在栏的箭头代表画线方向，箭头中的数字代表画线移动的基本单位。

　　如CARGO1，所对应的箭头指向机头且数字为500 kg（见图1.6.5），是因为该舱段位于

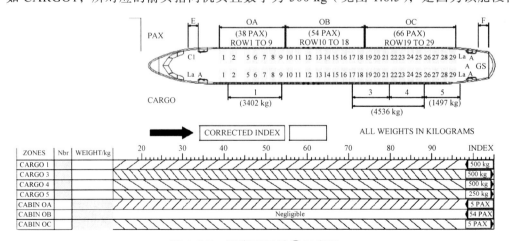

图1.6.5　平衡图区域④示意图

机身前部，增加重量会导致重心前移，合力矩指数会减小，所以应沿折线栏向左进行画线修正，每 500 kg 业载应沿折线栏向左画线修正一格。

各舱段的画线修正反映了该舱段载量增加后对飞机合力矩指数的影响。各舱段的修正默认自上而下进行，需要累计。必要时也可以调整修正的先后顺序，因为各舱段对飞机合力矩指数的影响是独立的。

填写货舱业载重量和客舱旅客人数时，需要检查是否超过飞机布局图中提示的限制信息，例如，0A 舱最大能容纳 38 人，CARGO1 最多能装载 3 402 kg。

区域④各项目内容说明如表 1.6.4 所示。

表 1.6.4　区域④各项目内容说明

序号	项　目	说　明
1	ZONES	舱段
2	Nbr	人数
3	WEIGHT	重量
4	INDEX（20～90）	指数刻度尺，在平衡图中多次出现，具有相同的刻度比例，便于查图人定位。
5	CARGO（1、3、4、5）	货舱舱段，填写时不能超出飞机舱段示意图中相应舱段允许装载的最大重量
6	CABIN（0A、0B、0C）	客舱舱段，填写时不能超出飞机舱段示意图中相应舱段允许装载的最大人数
7	Negligible	该舱段不进行指数修正

6.1.5　区域⑤——燃油指数修正（见图 1.6.6 和表 1.6.5）

FUEL INDEX		|||||||||||||||||||||||||||||||INDEX→

FUEL INDEX TABLE			
weight /kg	Index	weight /kg	Index
500	−0.5	9 000	−3.2
1 000	−1.1	9 500	−3.3
1 500	−1.7	10 000	−3.2
2 000	−2.2	10 500	−3.0
2 500	−2.7	11 000	−2.8
3 000	+1.6	11 500	−2.3
3 100	+1.5	12 000	−1.8
3 200	+1.4	12 500	−1.7
3 300	+1.3	13 000	−2.3
3 400	+1.2	13 500	−3.0
3 500	+1.1	14 000	−3.7
4 000	+0.6	14 500	−4.5
4 500	+0.1	15 000	−5.3
5 000	−0.3	15 500	−6.1
5 500	−0.8	16 000	−6.8
6 000	−1.2	16 500	−7.6
6 500	−1.6	17 000	−8.4
7 000	−2.0	17 500	−9.2
7 500	−2.3	18 000	−10.0
8 000	−2.7	18 500	−10.7
8 500	−3.0	Full	−11.1

图 1.6.6　平衡图区域⑤示意图

表 1.6.5　区域⑤各项目内容说明

序号	项　目	说　明
1	FUEL INDEX	燃油指数，是指所加装燃油对全机合力矩指数带来的影响，从下方的燃油指数表中查得
2	INDEX	指数刻度尺
3	FUEL INDEX TABLE	燃油指数修正表
4	Weight	机载燃油重量
5	Index	燃油指数修正量

若是在无燃油重量的基础上添加起飞燃油，飞机的重量就成为了起飞重量，对应的指数为起飞指数。故可以认为起飞指数是在无燃油指数的基础上修正了起飞燃油带来的影响后得到的。燃油指数修正量是通过燃油指数修正表查得的，为了获得起飞燃油对无燃油指数带来的影响，需要使用起飞燃油的重量进行查找。

除了燃油指数修正表，部分机型还会使用燃油指数修正曲线供使用者进行燃油修正指数的画线查找。执飞中远程航线的机型由于携带油量较多，其燃油指数修正表还可能会考虑燃油密度受环境温度影响的变化，减少由此造成的燃油重量差异。

6.1.6　区域⑥——配载包线（见图 1.6.7）

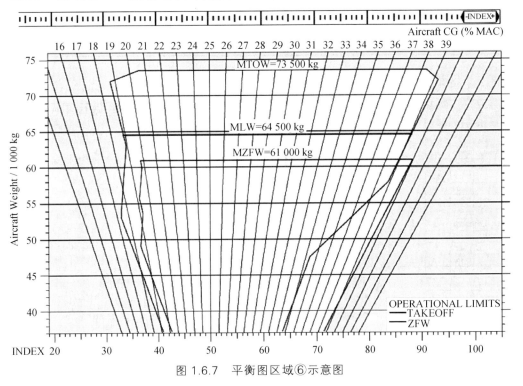

图 1.6.7　平衡图区域⑥示意图

在陆续修正了商载和燃油对飞机合力矩指数的影响后，已得到了确切的无燃油指数和起飞指数，此时就可以通过配载包线来定位飞机的无燃油重心和起飞重心。

在前面的章节已对配载包线的使用方法进行了介绍，它是由重量（纵轴）、指数（横轴）、%MAC（自下向上发散的参考线）以及最大重量和重心边界所构成的封闭区域。已知重量和指数可以查出对应的%MAC；反之，已知重量和%MAC，也可以查出对应的指数。

6.1.7 区域⑦——配平刻度（见图1.6.8和表1.6.6）

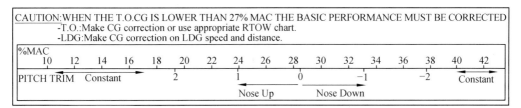

图 1.6.8 平衡图区域⑦示意图

表 1.6.6 区域⑦各项目内容说明

序号	项 目	说 明
1	CAUTION	"注意"，指在查表前需要特别注意的信息。 当起飞重心位于27%MAC之前时，需要对放行飞机的基础性能参数进行修正。进行起飞分析时，需要使用正确的起飞分析表；进行着陆分析时，需修正着陆速度和着陆距离
2	%MAC	起飞重心的%MAC值
3	PITCH TIRM	起飞俯仰配平值
4	Constant	配平值不再变化的常数区域
5	Nose Up	抬头配平（重心靠前）
6	Nose Down	低头配平（重心靠后）

当在配载包线中确定出起飞重心%MAC后，可在配载包线图下方的配平刻度尺上根据%MAC查出对应的起飞配平值。机组在使用中容易出现的差错是遗漏低头配平值的符号"－"，错将低头配平信息当成抬头配平信息进行使用，催生隐患。此外，CAUTION符号提示机组应当特别注意，当飞机的起飞重心位于27%MAC之前时，需要对放行飞机的基础性能参数进行修正。若进行起飞分析时，需要使用正确的起飞分析表；若进行着陆分析时，需修正着陆速度和着陆距离。

6.1.8 区域⑧——表尾（见图1.6.9和表1.6.7）

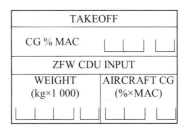

图 1.6.9 平衡图区域⑧示意图

表 1.6.7 区域⑧各项目内容说明

序号	项　目	说　明
1	TAKEOFF CG %MAC	起飞重心的%MAC值
2	ZFW CDU INPUT	需要在驾驶舱控制显示组件上输入 ZFW 信息
3	ZFW WEIGHT	无燃油重量
4	ZFW AIRCRAFT CG	无燃油重量的%MAC值

表尾是对查图结果的汇总和记录，便于备案。表尾处主要填写飞机的无燃油重量、无燃油重心和起飞重心，这部分信息需要由机组录入该飞机驾驶舱内的控制显示组件（CDU）之中，供自动驾驶仪使用。

6.1.9　小　结

通过以上介绍和说明，可以看到平衡图的查找和使用并不困难。将求解重心的过程图表化的目的一方面是为了直观易懂，另一方面也为了固化查找重心的方式和方法，最终达到减少人为差错的目的。过去计算机技术还并不发达，平衡图的使用给相关操作人员带来了极大的便利，意义深远。尽管现在工作中越来越多地使用值机配载软件生成的电子舱单，但手工填制平衡图的技能仍然是必要的，不能够因此而荒废。这是因为从保证安全的角度出发，需要时刻做好无法使用电子舱单的准备。

平衡图按照其使用顺序，大致可划分为上、下两个主要功能区。

功能区一，由以力矩指数为单位的多个舱段的指数刻度栏构成，主要根据客、货舱加装业载重量以及油箱加装燃油给全机合力矩指数所带来的影响对重心位置进行修正。在该区域左右画线移动的过程，就是进行合力矩计算的过程。该区各个舱段独立，使用折线、表格等形式进行重心位置即合力矩指数的计算。

功能区二，以重量和合力矩指数构成的配载包线为基础，获取无燃油重心、起飞重心、着陆重心的位置和%MAC，确保飞机重心位于重心安全范围以内，并进一步获取对起飞至关重要的起飞配平信息。

6.2　平衡图填写实例

接下来分别以 A320-200 和 B737-800 两种典型双发中短程客机为例介绍平衡图的填写。

6.2.1　A320-200 实例

A320-200 由空中客车公司设计制造。根据中国民航局于 2016 年 3 月所做的统计，国内航空公司所使用的 A320-200 系列机型数量达到了 646 架之多。

【例 6-1】　已知某 A320-200 飞机基本信息和装载情况如表 1.6.8，试填写其平衡图。

表 1.6.8　某 A320-200 飞机基本信息和装载信息

项　目	内　容
未修正干使用重量	43 100 kg
未修正干使用重心	基准后 18.883 4 m
重量调整	E 舱临时增加配餐 200 kg
起飞燃油	13 500 kg
旅客	132 人，其中 0A 舱 32 人，0B 舱 50 人，0C 舱 50 人
行李、邮件、货物	7 300 kg，其中 1 舱 3 000 kg，3 舱 2 000 kg，4 舱 1 800 kg，5 舱 500 kg

填写步骤与分析：

（1）填写"区域①——表头"，略。

（2）填写"区域②——主要重量计算"，该部分填写主要的重量数据，具体如下：

① 获得修正后干使用重量 43 300 kg；

② 获得乘客重量 9 900 kg；

③ 获得无燃油重量 60 500 kg，起飞重量 74 000 kg（见图 1.6.10）。

DRY OPERATING WEIGHT		43 100
WEIGHT DEVIATION(PANTRY)	±	+200
CORRECTED DRY OPERATING WEIGHT	=	43 300
CARGO	+	7 300
PASSENGERS　1 3 2 × 7 5 =	+	9 900
ZERO FUEL WEIGHT	=	60 500
TOTAL FUEL ONBOARD	+	13 500
TAKEOFF WEIGHT	=	74 000

图 1.6.10　某 A320-200 飞机平衡图主要重量参数填写

（3）填写"区域③——干使用指数修正"，该部分主要完成干使用指数修正，具体如下：

① 根据干使用重量和干使用重心，依据图表提供的指数公式计算出未修正干使用指数 51.44；

② 查找 E 舱 200 kg 配餐调整带来的影响 – 2.44，得到修正后干使用指数 49（见图 1.6.11）。

（4）填写"区域④——业载指数修正"。该区域的填写分为两步：首先，填写各舱段实际载量，同时对照该区域上方的机型布局图检查各舱段的实际载量是否超出舱段限制；其次，根据折线进行作图。作图步骤如下：

① 在指数刻度尺上标定出干使用指数所在位置 49，然后向下作垂线与 CARGO1 栏折线相交；

② 对于 1 号货舱，因 3 000 ÷ 500 = 6，故参照箭头方向向左移动 6 格，然后向下作垂线与 CARGO3 栏折线相交；

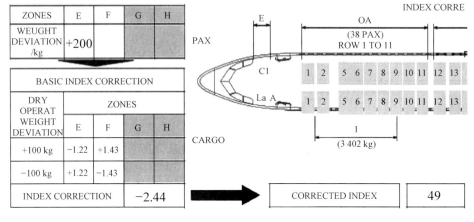

图 1.6.11　某 A320-200 飞机平衡图基重指数修正示意图

③ 对于 3 号货舱，因 2 000 ÷ 500 = 4，故参照箭头方向向右移动 4 格，然后向下作垂线与 CARGO4 栏折线相交；

④ 对于 4 号货舱，因 1 800 ÷ 500 = 3.6，故参照箭头方向向右移动 3.6 格，然后向下作垂线与 CARGO5 栏折线相交；

⑤ 对于 5 号货舱，因 500 ÷ 250 = 2，故参照箭头方向向右移动 2 格，然后向下作垂线与 0A 栏折线相交；

⑥ 对于 0A 舱，因 32 ÷ 5 = 6.4，故参照箭头方向向左移动 6.4 格，然后向下作垂线与 0B 栏折线相交；

⑦ 对于 0B 舱，因 50 ÷ 20 = 2.5，故参照箭头方向向右移动 2.5 格，然后向下作垂线与 0C 栏折线相交；

⑧ 对于 0C 舱，因 50 ÷ 5 = 10，故参照箭头方向向右移动 10 格，然后向下作垂线进入指数刻度尺，识读出指数 79.5。

⑨ 因为指数是对应重量和重心条件下的力矩，干使用重量添加业载后应为无燃油重量，故指数 79.5 实为无燃油指数值（见图 1.6.12）。

（5）填写"区域⑤——燃油指数修正"。燃油指数修正值是修正量形式，是在无燃油指数值的基础上进行修正，故首先使用燃油指数表查找修正量，然后回到指数刻度尺上修正无燃油指数值，具体如下：

① 在燃油指数表中查出 13 500 kg 燃油对应的指数修正量为 – 3；

② 回到指数刻度尺，从无燃油指数 79.5 处向左移动 3 格，识读出结果为 76.5；

③ 无燃油重量添加起飞燃油后得到起飞重量，故 76.5 实为起飞指数（见图 1.6.13）。

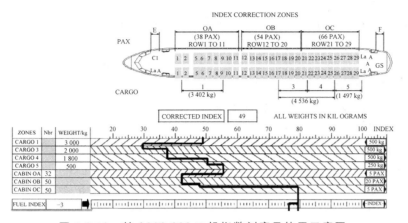

图 1.6.12　某 A320-200 飞机指数刻度尺使用示意图

WEIGHT/kg	DENSITY/（kg/L）	
	0.780	0.785
3 000	+ 2	+ 2
3 500	+ 1	+ 1
4 000	+ 1	+ 1
4 500	+ 0	+ 0
5 000	+ 0	+ 0
5 500	− 1	− 1
6 000	− 1	− 1
6 500	− 2	− 2
7 000	− 2	− 2
7 500	− 2	− 2
8 000	− 3	− 3
8 500	− 3	− 3
9 000	− 3	− 3
9 500	− 3	− 3
10 000	− 3	− 3
10 500	− 3	− 3
11 000	− 3	− 3
11 500	− 2	− 2
12 000	− 2	− 2
12 500	− 2	− 2
13 000	− 2	− 2
13 500	− 3	− 3
14 000	− 4	− 4
14 500	− 6	− 4
15 000	− 6	− 5
15 500	− 6	− 6
16 000	− 7	− 7
16 500	− 8	− 8
17 000	− 8	− 8
17 500	− 9	− 9
18 000	− 10	− 10
18 500	− 11	− 11
FULL	− 11	− 11

图 1.6.13　某 A320-200 飞机燃油指数查找示意图

（6）填写"区域⑥——配载包线"。已知重量和指数查找 %MAC 的方法在前面章节讲述配载包线时已有说明，具体如下：

① 从指数刻度尺无燃油指数 79.5 处向下作垂线进入配载包线；

② 从配载包线纵轴无燃油重量 60 500 处向右作水平线与垂线相交；

③ 观察交点，发现位于无燃油包线范围以内，说明该装载状态是合理的；

④ 读出交点对应的 %MAC 值，可知无燃油重心为 36.5%MAC；

⑤ 从指数刻度尺起飞指数 76.5 处向下作垂线进入配载包线；

⑥ 从配载包线纵轴起飞重量 74 000 处向右作水平线与垂线相交；

⑦ 观察交点，发现位于起飞包线范围以内，说明该装载状态是合理的；

⑧ 读出交点对应的 %MAC 值，可知起飞重心为 33.5%MAC（见图 1.6.14）。

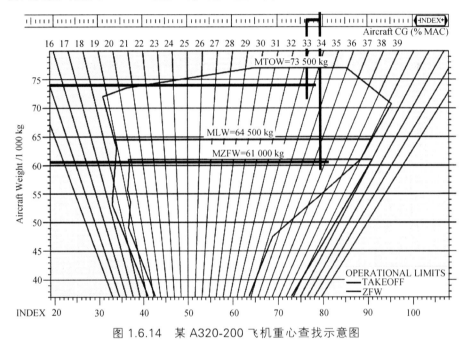

图 1.6.14　某 A320-200 飞机重心查找示意图

（7）填写"区域⑦——配平刻度"，因已查得起飞重心%MAC 值，具体如下：

① 在起飞配平刻度尺上标定出起飞重心 33.5%MAC；

② 识读出起飞配平值约为 – 1，属于低头配平；

③ 将起飞重心 33.5%MAC，无燃油重量 60.5 t，无燃油重心 36.5%MAC 依顺序填入左下方表尾结果栏（见图 1.6.15）。

（8）以上是完整的查图步骤，为便于理解，在下方给出全图（见图 1.6.16）。

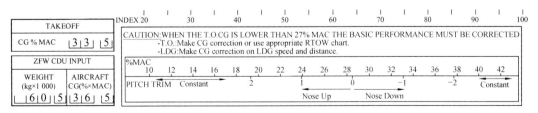

图 1.6.15　某 A320-200 飞机配平值查找示意图

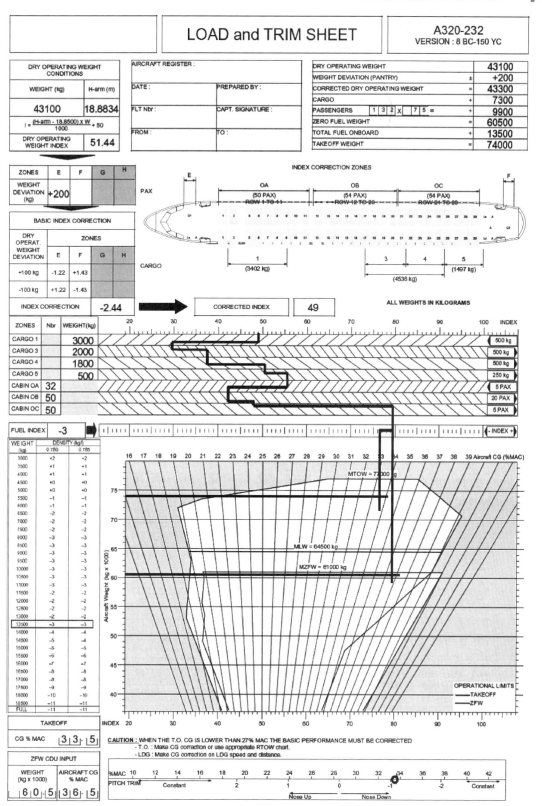

图 1.6.16　某 A320-200 飞机填写后的平衡图示意图

6.2.2 B737-800 实例

B737-800 属于 B737 NG 系列，首架飞机于 1998 年交付，是在第一代 B737 基础上结合了竞争对手的优点设计而成的。它基于 B737-700 型机身进行了加长，全经济舱布局可载运乘客 189 人。据统计，至 2016 年 3 月底，国内航空公司共拥有 B737-800 系列机型达 873 架，是国内航空运行中数量最多的一种机型。

【例 6-2】 已知某 B737-800 飞机基本信息和装载情况（见表 1.6.9），试填写其平衡图。

表 1.6.9 某 B737-800 飞机基本信息和装载情况

项 目	内 容
未修正干使用重量	42 600 kg
未修正干使用重心	657.906 in
指数调整	0
起飞燃油	10 000 kg
旅 客	156 人，其中 0A 舱 6 人，0B 舱 70 人，0C 舱 80 人
行李、邮件、货物	4 700 kg，其中 1 舱 500 kg，2 舱 1 500 kg，3 舱 2 000 kg，4 舱 700 kg
起飞推力	推力设置 24K
起飞构型	起飞襟翼 5°

填写步骤与分析：

（1）计算干使用指数。这里需要注意，波音机型的干使用指数方程通常可在载重表表尾处获得。

① 根据干使用重量 42 600 kg 和干使用重心 657.906 in，代入该机型的载重表表尾处的干使用指数公式，得到未修正干使用指数 44.52（见图 1.6.17）；

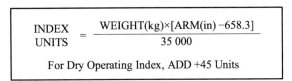

$$\frac{\text{INDEX}}{\text{UNITS}} = \frac{\text{WEIGHT(kg)} \times [\text{ARM(in)} - 658.3]}{35\ 000}$$

For Dry Operating Index, ADD +45 Units

图 1.6.17 某 B737-800 飞机载重表干使用指数公式示意图

② 将计算得到的未修正干使用指数 44.52 填入平衡图表头处，具体如图 1.6.18 所示。

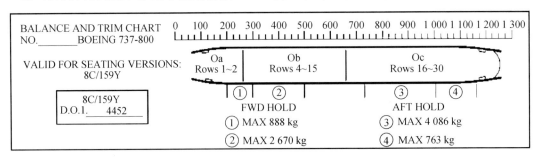

图 1.6.18 某 B737-800 飞机平衡图表头示意图

（2）获得主要重量数据。这里需要注意，波音机型主要重量数据需要从载重表得到，如没有载重表可供参考，也可根据各重量关系自行计算得到，具体如下：

① 根据乘客人数 156 人，按成年旅客人均 75 kg 计，可知乘客重量 11 700 kg；

② 根据行李、邮件、货物重量为 4 700 kg，可知商载重量为 16 400 kg；

③ 根据干使用重量为 42 600 kg 和商载重量为 16 400 kg，可知无燃油重量为 59 000 kg；

④ 根据起飞燃油 10 000 kg，可知起飞重量为 69 000 kg。

（3）进行干使用指数修正。

因本例没有修正项，考虑配餐等调整影响得到修正后干使用指数仍为 44.52。

（4）进行业载指数修正。注意到各舱段修正并无特定的先后顺序要求，在自上而下修正时，相邻舱段持续向同一方向移动可能会导致线条超出折线边界，此时可根据实际情况调整修正顺序，但不得出现遗漏，具体如下：

① 填写各客舱和货舱舱段的实际载量，同时对照平衡图表头的机型布局图检查各舱段的实际载量是否超出舱段限制；

② 在指数刻度尺上标定出修正后干使用指数 44.52，然后向下作垂线进入 0a 舱所在栏并与折线相交；

③ 对于 0a 舱，因 6÷2＝3，故参照箭头方向向左移动 3 格，然后向下作垂线与 0c 舱栏折线相交，为防止在 0b 舱栏因持续左移可能导致超出折线边界，故先填写 0c 舱栏；

④ 对于 0c 舱，因 80÷10＝8，故参照箭头方向向右移动 8 格，然后向上作垂线与 0b 舱栏折线相交，因为先修正 0c 舱已使得线条距左侧边界足够远；

⑤ 对于 0b 舱，因 70÷10＝7，故参照箭头方向向左移动 7 格，然后向下作垂线与货舱 1 栏折线相交；

⑥ 对于 1 号货舱，因 500÷250＝2，故参照箭头方向向左移动 2 格，然后向下作垂线与货舱 2 栏折线相交；

⑦ 对于 2 号货舱，因 1 500÷250＝6，故参照箭头方向向左移动 6 格，然后向下作垂线与货舱 3 栏折线相交；

⑧ 对于 3 号货舱，因 2000÷250＝8，故参照箭头方向向右移动 8 格，然后向下作垂线与货舱 4 栏折线相交；

⑨ 对于 4 号货舱，因 700÷250＝2.8，故参照箭头方向向右移动 2.8 格，然后向下作垂线进入指数刻度尺，识读得到无燃油指数为 50（见图 1.6.19）。

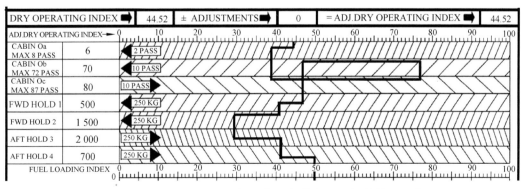

图 1.6.19　某 B737-800 飞机平衡图各舱段重量指数修正示意图

（5）进行燃油指数修正。注意到该机型平衡图没有使用燃油指数修正表，而是使用了燃油指数修正图，具体如下：

① 沿着燃油指数修正图中油量影响线的偏移方向，从无燃油指数 50 处开始持续移动；

② 当燃油重量达到 10 000 kg 时停止移动，观察指数刻度尺上的投影，识读得到起飞指数为 56（见图 1.6.20）。

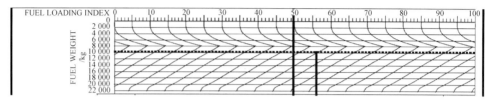

图 1.6.20　某 B737-800 飞机平衡图燃油指数修正示意图

（6）利用配载包线查找无燃油重心和起飞重心。

① 从指数刻度尺无燃油指数 50 处向下作垂线进入配载包线；

② 从配载包线纵轴无燃油重量值 59 000 处向右作水平线与前者相交；

③ 观察交点，发现位于无燃油包线范围以内，说明该装载状态是合理的；

④ 读出交点对应的 %MAC 值，可知无燃油重心为 22%MAC；

⑤ 从指数刻度尺起飞指数 56 处向下作垂线进入配载包线；

⑥ 从配载包线纵轴起飞重量值 69 000 处向右作水平线与前者相交；

⑦ 观察交点，发现位于起飞包线范围以内，说明该装载状态是合理的；

⑧ 读出交点对应的 %MAC 值，可知起飞重心为 23.5%MAC。

（7）查找起飞配平值。

① 根据起飞重心 23.5% 和起飞重量值 69 000，在起飞配平表中查得起飞配平值约为 5（见图 1.6.21）。

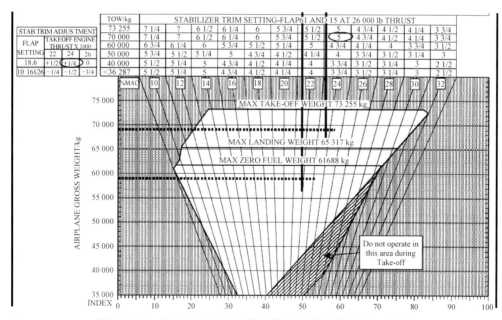

图 1.6.21　某 B737-800 飞机平衡图配载包线查找示意图

② 在构型推力修正表中查得 5° 襟翼和 24K 推力对应的配平修正值为 + 1/4。因起飞配平表默认起飞襟翼为 1° 或 5° 且推力为 26K，与实际推力不符，故加以修正。

③ 最终得到起飞配平值为 $5\frac{1}{4}$，将其填入表尾（见图 1.6.22）。

PREPARED BY:	TAKE-OFF FLAP SETTING 5°	TRIM UNITS FOR TAKE-OFF 5 1/4	APPROVED BY:(CAPTAIN)

图 1.6.22　某 B737-800 飞机平衡图表尾示意图

（8）以上是完整的查图步骤，为便于理解，在下方给出全图（见图 1.6.23）。

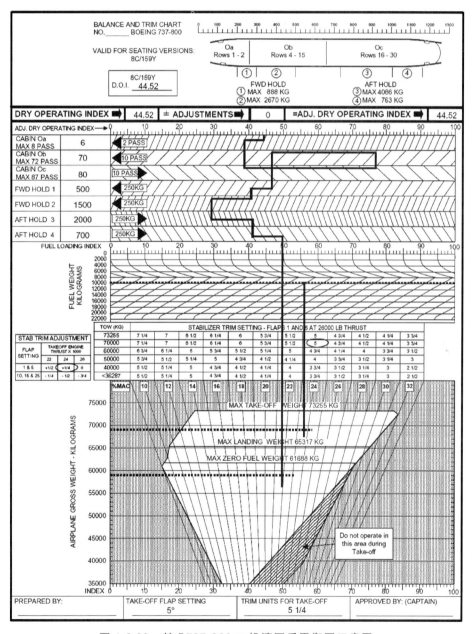

图 1.6.23　某 B737-800 飞机填写后平衡图示意图

6.3 平衡图差异介绍

随着我国民航事业飞速发展，国内各航空公司所使用的航线运输机型也日益增多，人们在实际工作中都会有所接触。由于制造厂商会根据各自机型的特点设计适宜的平衡图内容，因此本书对不同机型平衡图之间的差异进行必要介绍，供读者参考。

6.3.1 舱段布局的差异

不同的机型可能具有不同的舱段布局形式，如 A319、A321、A330、A380。

与 A320 同属 A320 家族的机型还有 A319 和 A321。截至 2016 年 3 月，国内航空公司拥有 A319 系列机型共 188 架，拥有 A321 系列机型共 225 架。A319 机身较短，标准座位数为 145 座；而 A321 机身更长，标准座位数为 220 座。这两种机型在舱段布局上与 A320 有所差异。A319 仅具有 1 号、4 号和 5 号共 3 个货舱舱段（见图 1.6.24），而 A321 则具有 1 号至 5 号共 5 个货舱舱段。此外，A321 在机身中前部增设了一个厨房舱段，在进行干使用修正时需要考虑 E、F、G 共 3 个区域配餐临时调整所带来的影响（见图 1.6.25）。

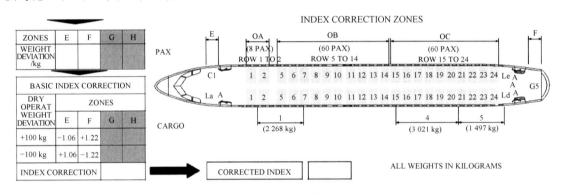

图 1.6.24　A319-132 飞机舱段布局示意图

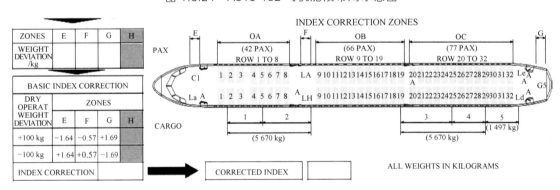

图 1.6.25　A321-231 飞机舱段布局示意图

A330 机型是双通道宽体中远程客机，截至 2016 年 3 月，国内航空公司拥有 A330-200 系列和-300 系列机型共 172 架，其机身远比 A320 家族庞大，标准座位数为 293 座，最大起飞重量可达 230 t。该机型同样也包含 E、F、G 3 个厨房舱段，进行干使用修正时需要考虑这 3 个区域修正项调整带来的影响（见图 1.6.26）。

A380 机型为双层四引擎客机，截至 2016 年 3 月，南方航空公司共拥有该机型 5 架。该机型在典型三舱配置下可承载 555 名乘客，采用最高密度座位安排时可承载 850 名乘客，最大起飞重量可达 560 t。其货舱仍划分为 1 号至 5 号共 5 个舱段，但客舱变化较大，分主客舱和上层客舱两层。主客舱从 MA 至 MD 共 4 个舱段，上层客舱从 UE 至 UG 共 3 个舱段，干使用修正区域从 I 至 M 共五个（见图 1.6.27）。

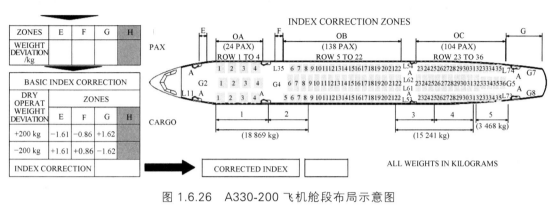

图 1.6.26　A330-200 飞机舱段布局示意图

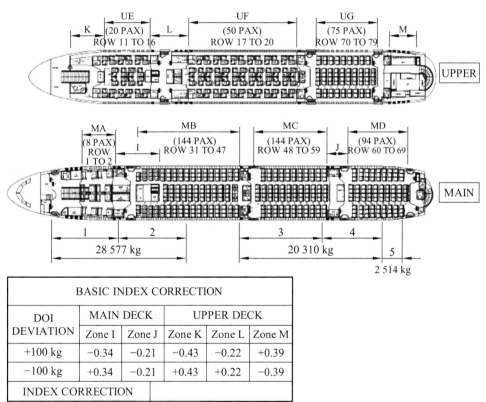

图 1.6.27　A380-800 飞机舱段布局示意图

ARJ21 翔凤飞机是中国商用飞机公司研制的 70～90 座双发中、短程支线客机，也是中国第一次完全自主设计并制造的支线客机，截至 2016 年 3 月，成都航空公司拥有该机型 1 架。该飞机客舱被划分为 0A 至 0C 共 3 个舱段，货舱被划分为 F1 至 F3 以及 A1 至 A2 共 5 个舱段（见图 1.6.28）。同样需要考虑和修正 E 区和 F 区餐食等项目调整对干使用指数的影响。

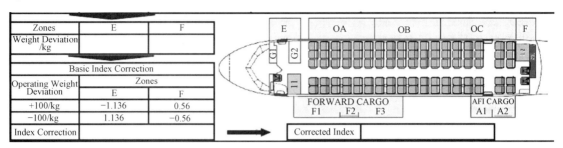

图 1.6.28　ARJ21-700 飞机舱段布局示意图

6.3.2　舱段指数修正方法的差异

有的机型在进行舱段指数修正时，不使用折线法而是使用表格法，这种机型多以远程客运或货运飞机为主，如 B747-400、B777-200。

B747-400 是一种大型远程宽体运输飞机，也是 20 世纪最为成功的大型远程运输飞机，其最大商载可达 65 t，两舱布局可容纳 524 人，既有全客运构型，也有全货运构型，机身舱段个数较多。截至 2016 年 3 月，国内航空公司共拥有该系列机型 15 架。图 1.6.29 为 B747-400 货运形态下的舱段布局，可以发现该飞机设置了从 A1 至 T 共 17 个货舱舱段。

图 1.6.29　B747-400 飞机舱段指数修正量汇总计算表

正是由于 B747-400 舱段数量多，为了减少折线法可能引入的作图累积误差，使用者需要将各舱段对应的指数修正量填图 1.6.29 右边的舱段指数汇总计算表格之中。在该汇总计算表中，DEADLOAD 项应填入各舱段实际货物重量，INDEX 项应按指数修正量的正负填入对应栏，SUB-TOTAL 项是按正负进行分项汇总，TOTAL 项进行最后的正负叠加得到最终结果，也就是货舱实施装载后的指数影响量。

图 1.6.30 是 B747-400 各舱段对应的指数修正表。先根据舱段编号进行定位，再根据舱段货物重量查找 DEADLOAD 列，最终读出对应的 I.U.指数修正值，并填入图 1.6.29 右边的汇总计算表之中。

F	E		D		C		B1	A2	A1
FL	EL		DL		CL				
8278	8278		6161		6161		3356 [a]3674	3356 [a]3674	3356 [a]3674

nsymmetrical limitations below.

FR	ER		DR		CR				
9714	9714		9714		9714				
25L	24L	23L	22L	21L	13L	12L	11L		
25R	24R	23R	22R	21R	13R	12R	11R		
23P	22P		21P		12P		11P		
MAX=12611	MAX=11428		MAX=11428		MAX=11428		MAX=6248	MAX=3674	MAX=3674
◀ 52634	◀ 42436		◀ 32822		◀ 23209		◀ 13595	◀ 7692	◀ 3674

Maximum Weights for ULD's in Lower Hold

Type	Wts (kg)
PLT 88" x 125"	4626
PLT 96" x 125"	5034
DIM 60.04" X 125"	3175
(PLB/AWS/ALF)	
LD1/LD3	1587

D AFT CUMULATIVE LOADS REQUIRES USE OF FORWARD LIMIT C

F DEADLOAD	I.U.	E DEADLOAD	I.U.	D DEADLOAD	I.U.	C DEADLOAD	I.U.	B1 DEADLOAD	I.U.	A2 DEADLOAD	I.U.	A1 DEADLOAD	I.U.
1- 419	0	1- 310	0	1- 246	0	1- 203	0	1- 176	0	1- 159	0	1- 143	0
420 - 1258	-1	311 - 930	-1	247 - 738	-1	204 - 611	-1	177 - 528	-1	160 - 478	-1	144 - 430	-1
1259 - 2097	-2	931 - 1550	-2	739 - 1230	-2	612 - 1019	-2	529 - 880	-2	479 - 797	-2	431 - 717	-2
2098 - 2936	-3	1551 - 2171	-3	1231 - 1722	-3	1020 - 1427	-3	881 - 1232	-3	798 - 1116	-3	718 - 1004	-3
2937 - 3775	-4	2172 - 2791	-4	1723 - 2214	-4	1428 - 1835	-4	1233 - 1585	-4	1117 - 1435	-4	1005 - 1291	-4
3776 - 4614	-5	2792 - 3411	-5	2215 - 2706	-5	1836 - 2243	-5	1586 - 1937	-5	1436 - 1754	-5	1292 - 1578	-5
4615 - 5453	-6	3412 - 4032	-6	2707 - 3198	-6	2244 - 2650	-6	1938 - 2289	-6	1755 - 2073	-6	1579 - 1864	-6
5454 - 6291	-7	4033 - 4652	-7	3199 - 3690	-7	2651 - 3058	-7	2290 - 2642	-7	2074 - 2392	-7	1865 - 2151	-7
6292 - 7130	-8	4653 - 5272	-8	3691 - 4183	-8	3059 - 3466	-8	2643 - 2994	-8	2393 - 2711	-8	2152 - 2438	-8
7131 - 7969	-9	5273 - 5893	-9	4184 - 4675	-9	3467 - 3874	-9	2995 - 3346	-9	2712 - 3029	-9	2439 - 2725	-9
7970 - 8808	-10	5894 - 6513	-10	4676 - 5167	-10	3875 - 4282	-10	3347 - 3698	-10	3030 - 3348	-10	2726 - 3012	-10
8809 - 9647	-11	6514 - 7133	-11	5168 - 5659	-11	4283 - 4690	-11	3699 - 4051	-11	3349 - 3667	-11	3013 - 3299	-11
9648 - 10486	-12	7134 - 7754	-12	5660 - 6151	-12	4691 - 5097	-12	4052 - 4403	-12	3668 - 3674	-12	3300 - 3586	-12
10487 - 11325	-13	7755 - 8374	-13	6152 - 6643	-13	5098 - 5505	-13	4404 - 4755	-13			3587 - 3674	-13
11326 - 12164	-14	8375 - 8995	-14	6644 - 7135	-14	5506 - 5913	-14	4756 - 5108	-14				
12165 - 12611	-15	8996 - 9615	-15	7136 - 7627	-15	5914 - 6321	-15	5109 - 5460	-15				
		9616 - 10235	-16	7628 - 8120	-16	6322 - 6729	-16	5461 - 5812	-16				
		10236 - 10856	-17	8121 - 8612	-17	6730 - 7137	-17	5813 - 6164	-17				
		10857 - 11428	-18	8613 - 9104	-18	7138 - 7544	-18	6165 - 6248	-18				
				9105 - 9596	-19	7545 - 7952	-19						
						7953 - 8360	-20						

图 1.6.30 B747-400 飞机舱段指数修正表

　　B777-200 是 B777 家族中的首个机型，于 1995 年首次交付，标准座位数为 305 座，最大座位数为 440 座，最大起飞重量可达 247 吨。截至 2016 年 3 月，国内航空公司共拥有该系列机型 14 架。B777-200 同样使用表格法进行舱段指数修正查找，其客舱和货舱舱段都有对应的指数修正表。使用者根据客舱的实际人数和货舱的实际重量，在舱段指数修正表中查找出对应的指数修正量，并填写至指数修正汇总计算表之中（见图 1.6.31）。

LOAD IN FWD CPT 1	INDEX CORR	LOAD IN FWD CPT 2	INDEX CORR	LOAD IN AFT CPT 3	INDEX CORR	LOAD IN AFT CPT 4	INDEX CORR	PAX IN Oa	INDEX CORR	PAX IN Oc	INDEX CORR
0- 129	0	0- 222	0	0- 330	0	0- 185	0	0- 5	0	0- 15	0
130 - 388	-1	223 - 667	-1	331 - 989	1	186 - 556	1	6 - 8	-2	16 - 45	1
389 - 647	-2	668 - 1112	-2	990 - 1649	2	557 - 927	2	9 - 12	-3	46 - 75	2
648 - 906	-3	1113 - 1557	-3	1650 - 2308	3	928 - 1298	3	13 - 15	-4	77 - 85	3
907 - 1165	-4	1558 - 2002	-4	2309 - 2968	4	1299 - 1668	4	16 - 19	-5		
1166 - 1424	-5	2003 - 2447	-5	2969 - 3627	5	1669 - 2039	5	20 - 22	-6		
1425 - 1683	-6	2448 - 2892	-6	3628 - 4287	6	2040 - 2410	6	23 - 24	-7		
1684 - 1941	-7	2893 - 3337	-7	4288 - 4946	7	2411 - 2781	7				
1942 - 2200	-8	3338 - 3782	-8	4947 - 5606	8	2782 - 3151	8				
2201 - 2459	-9	3783 - 4227	-9	5607 - 6266	9	3152 - 3522	9				
2460 - 2718	-10	4228 - 4672	-10	6267 - 6925	10	3523 - 3893	10				
2719 - 2977	-11	4673 - 5117	-11	6926 - 7585	11	3894 - 4263	11				
2978 - 3236	-12	5118 - 5561	-12	7586 - 8244	12	4264 - 4634	12				
3237 - 3495	-13	5562 - 6006	-13	8245 - 8904	13	4635 - 5005	13				
3496 - 3754	-14	6007 - 6451	-14	8905 - 9563	14	5006 - 5376	14				
3755 - 4012	-15	6452 - 6896	-15	9564 - 10223	15	5377 - 5746	15				
4013 - 4271	-16	6897 - 7341	-16	10224 - 10882	16	5747 - 6117	16				
4272 - 4530	-17	7342 - 7786	-17	10883 - 11113	17	6118 - 6488	17				

PAX IN Ob	INDEX CORR	PAX IN Od	INDEX CORR
0- 5	0	0- 2	0
6 - 16	-1	3 - 7	1
16 - 27	-2	8 - 11	2
38 - 48	-4	12 - 16	3
48 - 53	-5	17 - 21	4
		22 - 26	5
		31 - 35	7
		36 - 40	8

图 1.6.31 B777-200 飞机舱段指数修正表

　　B777-200 的指数修正汇总计算表对死重指数（DLI）、无燃油指数（LIZFW）和起飞指数（LITOW）进行了分步汇总。首先在干使用指数（DOI）基础上进行货舱指数修正后得到 DLI，其次在 DLI 基础上进行客舱指数修正后得到 LIZFW，最后在 LIZFW 基础上进行起飞燃油指数（LITOF）修正后得到 LITOW。该汇总计算表还额外给出了备份列（见图 1.6.32）。

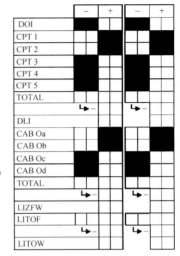

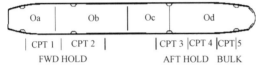

图 1.6.32　B777-200 飞机指数修正汇总计算表

6.3.3　燃油指数修正方法的差异

有的机型在进行燃油指数修正时，可能会使用如同前面 A320-200 实例中的表格形式，也可能会采用如同前面 B737-800 实例中的画线形式。但对于中远程机型，所加装的燃油量特别多，在修正燃油指数影响时需要进一步考虑燃油密度变化对燃油重量的影响，此时就只能使用表格形式的燃油指数修正表，区分不同燃油密度的影响从而防止引入过多的误差。

从 A330-200 飞机燃油指数表（见表 1.6.10）可以看到，为了能够应对机场地面环境温度对燃油密度带来的影响，按照燃油密度常见变化范围从 0.76 kg/L 至 0.83 kg/L 共划分了 15 组燃油指数修正值，每一组修正值对应的重量范围从 3 000 kg 持续到加满（FULL）。实际运行中，需要使用和真实情况相符的燃油密度进行查找。同时还应注意到，燃油重量增长给指数修正量带来的影响是非线性的，重量插值时选用两个相邻点即可。

表 1.6.10　A330-200 飞机燃油指数表

WEIGHT /kg	DENSITY/(kg/L)														
	0.760	0.765	0.770	0.775	0.780	0.785	0.790	0.795	0.800	0.805	0.810	0.815	0.820	0.825	0.830
3 000	− 3	− 3	− 3	− 3	− 3	− 3	− 3	− 3	− 3	− 3	− 3	− 3	− 3	− 3	− 3
5 000	− 5	− 5	− 5	− 5	− 5	− 5	− 5	− 5	− 5	− 5	− 5	− 5	− 5	− 5	− 5
7 000	− 7	− 7	− 7	− 7	− 7	− 7	− 7	− 7	− 7	− 7	− 7	− 7	− 7	− 7	− 7
9 000	− 9	− 9	− 9	− 9	− 9	− 9	− 9	− 9	− 9	− 9	− 9	− 9	− 9	− 9	− 9
11 000	− 6	− 6	− 6	− 6	− 6	− 6	− 6	− 6	− 6	− 6	− 6	− 6	− 6	− 6	− 6
13 000	− 1	− 1	− 1	− 1	− 1	− 1	− 2	− 2	− 2	− 2	− 2	− 2	− 2	− 2	− 2
15 000	+ 2	+ 2	+ 2	+ 3	+ 3	+ 3	+ 3	+ 3	+ 3	+ 3	+ 3	+ 3	+ 4	+ 4	+ 4
17 000	+ 0	+ 0	+ 0	+ 1	+ 1	+ 1	+ 1	+ 1	+ 1	+ 1	+ 1	+ 1	+ 2	+ 2	+ 2
19 000	− 2	− 2	− 2	− 1	− 1	− 1	− 1	− 1	− 1	− 1	− 1	+ 0	+ 0	+ 0	+ 0
21 000	− 4	− 4	− 3	− 3	− 3	− 3	− 3	− 3	− 3	− 3	− 3	− 2	− 2	− 2	− 2
23 000	− 6	− 5	− 5	− 5	− 5	− 5	− 5	− 5	− 5	− 4	− 4	− 4	− 4	− 4	− 4
25 000	− 7	− 7	− 7	− 7	− 7	− 7	− 7	− 7	− 6	− 6	− 6	− 6	− 6	− 6	− 6

WEIGHT /kg	DENSITY/(kg/L)														
	0.760	0.765	0.770	0.775	0.780	0.785	0.790	0.795	0.800	0.805	0.810	0.815	0.820	0.825	0.830
97 000	− 2	− 2	− 2	− 2	− 2	− 2	− 2	− 2	− 2	− 2	− 2	− 2	− 1	− 1	− 1
99 000	− 3	− 3	− 3	− 3	− 3	− 3	− 3	− 3	− 3	− 3	− 3	− 2	− 2	− 2	− 2
101 000	− 4	− 4	− 4	− 4	− 4	− 4	− 4	− 4	− 4	− 4	− 3	− 3	− 3	− 3	− 3
103 000	− 6	− 6	− 5	− 5	− 5	− 5	− 5	− 5	− 5	− 4	− 4	− 4	− 4	− 4	− 4
105 000	− 8	− 7	− 7	− 6	− 6	− 6	− 6	− 6	− 6	− 5	− 5	− 5	− 5	− 5	− 5
107 000			− 9	− 8	− 8	− 7	− 7	− 7	− 7	− 6	− 6	− 6	− 6	− 6	− 6
109 000						− 9	− 9	− 8	− 8	− 8	− 8	− 7	− 7	− 7	− 7
111 000									− 10	− 9	− 9	− 9	− 8	− 8	− 8
113 000												− 10	− 10	− 10	− 9
115 000															− 11
FULL	− 9	− 9	− 9	− 9	− 9	− 9	− 9	− 9	− 9	− 10	− 10	− 10	− 10	− 10	− 10

从 B747-400 飞机燃油指数表可以看到，该机型同样考虑了燃油密度变化带来的影响，按照燃油密度常见变化范围从 0.76 kg/L 至 0.85 kg/L 共划分了 5 组燃油指数修正值，每一组修正值对应的重量范围从 2 000 kg 持续到 173 313 kg（见图 1.6.34）。

Total Fuel /kg	Fuel Density/(kg/L)					Total Fuel /kg	Fuel Density/(kg/L)				
	0.76	0.78	0.80	0.82	0.85		0.76	0.78	0.80	0.82	0.85
2 000	− 0.4	− 0.4	− 0.4	− 0.4	− 0.4	94 000	0.3	1.1	1.9	2.7	3.6
4 000	− 0.7	− 0.7	− 0.7	− 0.7	− 0.7	96 000	− 0.2	0.6	1.4	2.2	3.0
6 000	− 1.0	− 1.0	− 1.0	− 1.0	− 1.0	98 000	− 0.7	1.1	0.9	1.7	2.5
8 000	− 1.2	− 1.2	− 1.3	− 1.3	− 1.3	100 000	− 1.3	− 0.5	0.3	1.1	2.0
10 000	− 1.4	− 1.4	− 1.4	− 1.5	− 1.5	102 000	− 1.7	− 1.0	− 0.2	0.6	1.4
12 000	− 1.6	− 1.6	− 1.6	− 1.6	− 1.6	104 000	− 2.0	− 1.5	− 0.7	0.1	0.9
14 000	− 1.7	− 1.7	− 1.7	− 1.8	− 1.8	106 000	− 3.1	− 1.9	− 1.2	− 0.4	0.3
16 000	− 1.7	− 1.8	− 1.8	− 1.9	− 1.9	108 000	− 4.6	− 2.2	− 1.7	− 1.0	− 0.2
18 000	− 1.8	− 1.8	− 1.9	− 1.9	− 2.0	110 000	− 6.0	− 3.7	− 2.0	− 1.5	− 0.7
20 000	− 1.8	− 1.9	− 1.9	− 2.0	− 2.0	112 000	− 7.4	− 5.2	− 2.7	− 1.9	− 1.2
70 000	6.5	3.7	0.8	− 2.0	− 3.4	159 040		− 38.9	− 36.0	− 33.4	− 31.1
72 000	6.5	6.5	3.6	0.7	− 2.1	160 000			− 36.8	− 34.1	− 31.8
74 000	5.8	6.7	6.3	3.4	0.6	162 000			− 38.5	− 35.6	− 33.2
76 000	5.2	6.1	7.0	6.2	3.3	163 118			− 39.5	− 36.5	− 34.0
78 000	4.7	5.5	6.4	7.4	6.4	164 000				− 37.2	− 34.6
80 000	4.1	4.9	5.8	6.7	7.7	166 000				− 38.9	− 36.1
82 000	3.6	4.4	5.2	6.1	7.0	167 196				− 39.9	− 37.0
84 000	3.0	3.8	4.7	5.5	6.4	168 000					− 38.2
86 000	2.4	3.3	4.1	4.9	5.8	170 000					− 39.3
88 000	1.9	2.7	3.6	4.4	5.2	172 000					− 41.1
90 000	1.4	2.2	3.0	3.8	4.7	173 313					− 42.3
92 000	0.8	1.7	2.5	3.3	4.1						

图 1.6.33　B747-400 飞机燃油指数表示意图

6.3.4 配载包线的差异

配载包线综合反映了飞机所受到的重量和重心限制，不同机型的配载包线各有特点。对于航线运输飞机，尤其要着重区分无燃油、起飞和着陆这 3 条包线的界限。无论如何，包线被削减的区域总是基于适航审定的结果和运行安全的考虑。

图 1.6.34 给出了 A319、A320 和 A321 三种机型的包线对比。可以看到，3 种机型的起飞包线在小重量和后重心条件下都存在削减，这主要是考虑到该条件下地面滑跑时飞机导向轮与地面的附着性是否满足需要的问题。还可以看到，A319 和 A321 的起飞包线在大重量和前重心条件下也存在显著的削减，这主要是考虑到该条件下地面滑跑时飞机导线轮的承重能力是否超标的问题。

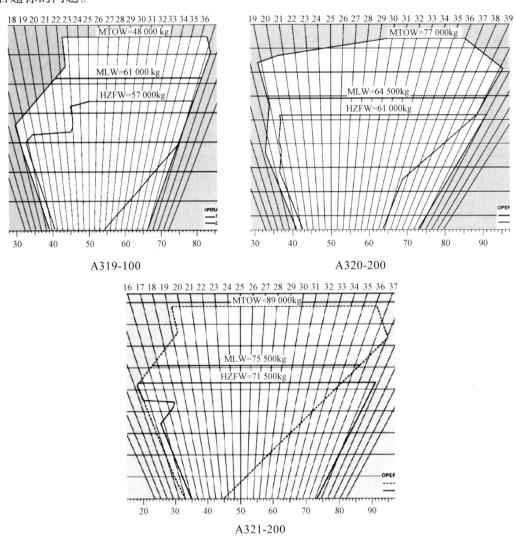

图 1.6.34 A319、A320、A321 飞机配载包线对比

图 1.6.35 是 B737-800 飞机的配载包线，可以看到制图方通过标签进行了适当注释。其中，着重声明了边界"C"为起飞包线后极限，边界"D"为无燃油包线后极限，二者之间的

阴影区域不适用于起飞。此外，尤其注意该机型无燃油包线前极限需要依据着陆重量大小而定，当着陆重量不超过 65 317 kg 时，应使用边界 "A" 作为无燃油包线前极限；当着陆重量超出 65 317 kg 时，应使用边界 "B" 作为无燃油包线前极限。

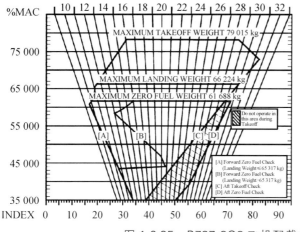

图 1.6.35　B737-8Q8 飞机配载包线及注释

B777-200 飞机的配载包线（见图 1.6.36）并非如同看上去那么难以识读。包线形状非常饱满，无燃油、着陆和起飞 3 条包线重合度高，起飞后极限处有明显的阴影提示，从而防止小重量和后重心条件下的识读错误。值得关注的是，该机型并未将起飞配平值以表格或刻度尺的形式单独列出，而是用虚线形式的等值线呈现在包线图中，其识读方式与重心定位线相似，在利用起飞重量和起飞指数确定出交点的同时，皆可判断出安定面的起飞配平设定值（STAB SET）。当然，这些起飞配平值仅适用于当飞机以 15° 或 20° 襟翼形态起飞的条件。

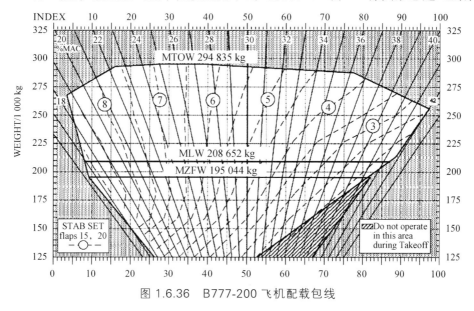

图 1.6.36　B777-200 飞机配载包线

图 1.6.37 是 A380-800 飞机的配载包线，可以发现该机型最大起飞重量为 569 000 kg，最大着陆重量为 391 000 kg，二者之间存在着极大的重量差异，这一差异主要来自于航程燃油的影响。此外，还可以观察到起飞重量越大，重心前极限向后收缩越显著，这显然也是导向

145

轮承重问题带来的影响。该机型在着陆时，若机载燃油超过 25 t 且无燃油重心位于 32.5%MAC 之前时，需要单独对飞机着陆重心进行检查。

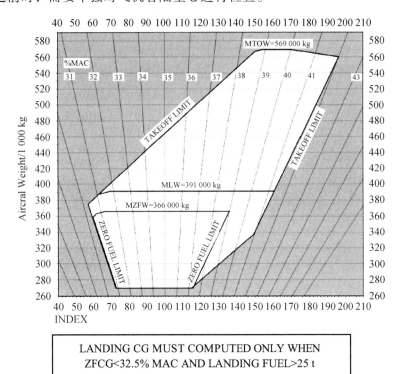

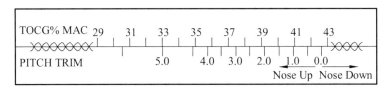

图 1.6.37　A380-800 飞机配载包线及配平刻度

　　同样是具有大载客量的 B747-400 飞机的配载包线（见图 1.6.38）也有其不同之处，即使同一条起飞包线也具有不同的前极限和后极限。为了帮助使用者合理正确地使用包线，制造商提供了较多的注释和说明。边界 A 和边界 F 分别为正常起飞包线的前极限和后极限，边界 B 和边界 G 分别为无燃油包线的前极限和后极限。边界 C 是备用起飞前极限，适用于机身后段载量较多的装载状态。当飞机以小重量和后重心条件使得交点位于边界 E 之后时，需要参照飞机飞行手册（AFM）施行特殊的起飞程序。当飞机实施了发动机"SCC/RCC"改装，需要在边界 D 之前运行。此外，该机型的起飞配平值同样在包线图中直接查找，而且仅适用于起飞推力为满功率至 15% 减功率（DERATE）的推力状态。

　　被称为梦想客机的 B787-8 飞机属于宽体中型客机，截至 2016 年 3 月，国内航空公司共拥有该机型 26 架。它可载客 210～330 人，其主要特点是节油高效，这在其配载包线图（见图 1.6.39）中有所体现。边界 A、B 是无燃油包线前极限，依据着陆重量是否超过 165 561 kg 予以选用。边界 D 为无燃油包线后极限，边界 E 为起飞包线后极限。当重量和指数的交点位于边界 C 之后时，需要参照飞行机组训练手册（FCTM）施行特殊的滑跑起飞程序。该机型正常条件下的起飞性能数据是基于前极限Ⅰ进行适航审定获得，若不得不在前极限Ⅰ前的区域实施运行，需要由制造商额外提供配套的起飞性能数据。若在前极限Ⅰ之后运行，使用电子化飞机飞行手册（AFM-DPI）时应在备用前重心栏输入 14%MAC。若在前极限Ⅱ之后运行，在电子化飞机飞行手册的备用前重心栏应输入 18%MAC。

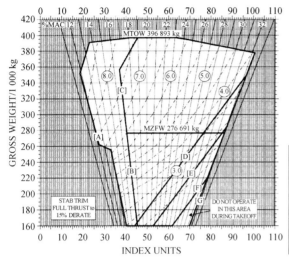

[A]FWD TAKEOFF CHECK LIMIT
[B]FWD ZERO FUEL CHECK LIMIT
[C]FORWARD TAKEOFF LIMIT WITH INCREASED AFT LOADS
[D]OPERATE FORWARD OF THIS LIMIT SCG/ROC ONWING INTERMIX
[E]WHEN OPERATING AFT OF THIS LIMIT USE THE LOW GROSS WEIGHT AFT C.G.TAKEOFF PROCEDURE FOIND IN SECTION 3 OF THE AIRPLANE FLIGHT MANUAL
[F]AFT TAKEOFF CHECK LIMIT
[G]AFT ZERO FUEL CHECK LIMIT

图 1.6.38　B747-400 飞机配载包线及注释

[A] Forward Zero Fuel Check
[B]Forward Zero Fuel Check (Landing Weight>165.561 kg)
[C]When operating aft of this limit use the Rolling Takeoff Procedure found in Section 3 of the FCTM
[D]Aft Zero Fuel Chenk
[E]Aft Takeoff Check

take off
Performance date is normally based on limit[I],If takeoff CG is forward of this limit[I]line,do not take off until receiving the corresponding takeoff performance data.

[I] For takeoffs aft of this limit AFM-DPI Aft Fwd CG limit may be used with'ALTFWD CG' input of 14% MAC

[II]For takeoffs aft of this limit AFM-DPI Aft Fwd CG limit may be used with'ALTFWD CG' input of 18% MAC

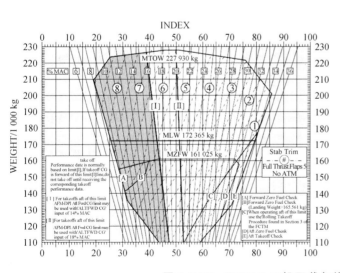

图 1.6.39　B787-8 飞机配载包线及注释

　　ERJ-190 是由巴西航空工业公司研发的涡轮风扇式支线客机，主要面向 70-110 座级机型市场，于 2008 年开始在我国服役。截至 2016 年 3 月，国内航空公司共拥有该系列机型 78

架。它最多可提供 106 个座位，最大商载能力约为 13 t。其配载包线总体上较为规整，但起飞包线的下边界较无燃油包线和着陆包线高（见图 1.6.40 和表 1.6.11）。

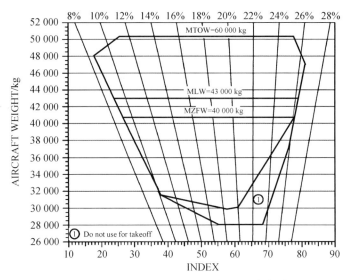

图 1.6.40　ERJ-190 飞机平衡图配载包线

表 1.6.11　ERJ-190 飞机平衡图配平表

FLAPS1														FLAPS 2													
TOW /kg	CG POSITION (%MAC)													TOW /kg	CG POSITION (%MAC)												
	5	7	9	11	13	15	17	19	21	23	25	27	29		5	7	9	11	13	15	17	19	21	23	25	27	29
520 00	4.0 UP	4.0 UP	4.0 UP	3.8 UP	3.5 UP	3.1 UP	2.8 UP	2.4 UP	2.2 UP	1.8 UP	1.5 UP	1.2 UP	0.8 UP	520 00	3.5 UP	3.5 UP	3.5 UP	3.4 UP	3.0 UP	2.7 UP	2.4 UP	2.1 UP	1.7 UP	1.4 UP	1.0 UP	0.6 UP	0.2 UP
50 000	4.0 UP	4.0 UP	3.9 UP	3.6 UP	3.3 UP	2.9 UP	2.6 UP	2.2 UP	2.0 UP	1.6 UP	1.3 UP	1.0 UP	0.6 UP	50 000	3.5 UP	3.5 UP	3.5 UP	3.2 UP	2.8 UP	2.5 UP	2.2 UP	1.9 UP	1.5 UP	1.2 UP	0.8 UP	0.4 UP	0
48 000	4.0 UP	4.0 UP	3.8 UP	3.4 UP	3.1 UP	2.8 UP	2.5 UP	2.1 UP	1.8 UP	1.5 UP	1.2 UP	0.8 UP	0.5 UP	48 000	3.5 UP	3.5 UP	3.5 UP	3.1 UP	2.7 UP	2.4 UP	2.1 UP	1.7 UP	1.4 UP	1.0 UP	0.7 UP	0.3 UP	0.1 DN
46 000	4.0 UP	3.9 UP	3.6 UP	3.3 UP	3.0 UP	2.7 UP	2.3 UP	2.0 UP	1.7 UP	1.4 UP	1.0 UP	0.7 UP	0.4 UP	46 000	3.5 UP	3.5 UP	3.3 UP	3.0 UP	2.6 UP	2.3 UP	1.9 UP	1.6 UP	1.3 UP	0.9 UP	0.6 UP	0.2 UP	0.2 DN
44 000	3.9 UP	3.8 UP	3.4 UP	3.1 UP	2.8 UP	2.5 UP	2.1 UP	1.8 UP	1.5 UP	1.2 UP	0.8 UP	0.6 UP	0.3 UP	44 000	3.5 UP	3.4 UP	3.1 UP	2.8 UP	2.4 UP	2.1 UP	1.7 UP	1.4 UP	1.1 UP	0.7 UP	0.4 UP	0	0.4 DN
42 000	3.9 UP	3.6 UP	3.3 UP	2.9 UP	2.6 UP	2.3 UP	2.0 UP	1.7 UP	1.4 UP	1.1 UP	0.7 UP	0.4 UP	0.2 UP	42 000	3.4 UP	3.3 UP	2.9 UP	2.6 UP	2.2 UP	1.9 UP	1.6 UP	1.3 UP	1.0 UP	0.6 UP	0.2 UP	0.2 DN	0.4 DN
40 000	3.7 UP	3.4 UP	3.1 UP	2.7 UP	2.4 UP	2.1 UP	1.8 UP	1.5 UP	1.2 UP	0.9 UP	0.6 UP	0.2 UP	0.1 UP	40 000	3.3 UP	3.0 UP	2.7 UP	2.4 UP	2.0 UP	1.7 UP	1.4 UP	1.1 UP	0.8 UP	0.4 UP	0	0.3 DN	0.5 DN
38 000	3.5 UP	3.1 UP	2.8 UP	2.4 UP	2.2 UP	1.9 UP	1.5 UP	1.3 UP	1.0 UP	0.7 UP	0.4 UP	0.1 UP	0	38 000	3.1 UP	2.8 UP	2.4 UP	2.1 UP	1.7 UP	1.5 UP	1.2 UP	0.9 UP	0.5 UP	0.2 UP	0.2 DN	0.4 DN	0.5 DN
36 000	3.3 UP	2.9 UP	2.5 UP	2.2 UP	2.0 UP	1.7 UP	1.3 UP	1.1 UP	0.8 UP	0.5 UP	0.2 UP	0	0	36 000	2.9 UP	2.6 UP	2.2 UP	1.9 UP	1.5 UP	1.3 UP	1.0 UP	0.7 UP	0.3 UP	0	0.4 DN	0.5 DN	0.5 DN
34 000	3.0 UP	2.7 UP	2.3 UP	2.0 UP	1.8 UP	1.5 UP	1.1 UP	0.9 UP	0.6 UP	0.3 UP	0.1 UP	0	0	34 000	2.7 UP	2.3 UP	2.0 UP	1.6 UP	1.3 UP	1.1 UP	0.8 UP	0.5 UP	0.1 UP	0.2 DN	0.4 DN	0.5 DN	0.5 DN
32 000	2.7 UP	2.4 UP	2.1 UP	1.8 UP	1.5 UP	1.2 UP	0.8 UP	0.6 UP	0.3 UP	0.1 UP	0	0	0	32 000	2.5 UP	2.0 UP	1.7 UP	1.3 UP	1.1 UP	0.8 UP	0.5 UP	0.2 UP	0.1 DN	0.5 DN	0.5 DN	0.5 DN	0.5 DN
30 000	2.5 UP	2.2 UP	1.9 UP	1.6 UP	1.3 UP	1.0 UP	0.7 UP	0.4 UP	0.1 UP	0	0	0	0	30 000	2.2 UP	1.8 UP	1.5 UP	1.1 UP	0.8 UP	0.6 UP	0.3 UP	0	0.3 DN	0.5 DN	0.5 DN	0.5 DN	0.5 DN

复习思考题

1. 请结合附录中各机型的载重表和平衡图，定位其干使用指数方程出现的位置。

2. 试结合附录中 737-700、777-200、321-213、330-243 四种飞机的平衡图，比较起飞配平值查找方法的不同之处。

3. 试叙述附录中 737-300 飞机平衡图中燃油指数修正的方法。

4. 试叙述附录中 737-8Q8 和 787-8 飞机平衡图中的襟翼位置和推力等级对配平带来影响的原因及其规律。

5. 试叙述附录中 747-400 和 787-8 飞机平衡图中的重量重心包线图的前后边界有何不同。

6. 试根据附录中 340-313 飞机平衡图，（1）分析 DOI、DLI、LIZFW 和 LITOW 有何差异；（2）定位该机型关于最后一分钟变动的要求。

7. 试根据附录中 380-841 飞机平衡图，（1）说明其干使用指数方程、干使用指数修正项各有何特点；（2）定位客舱舱段指数修正表、货舱舱段指数修正表、燃油指数修正表的位置；（3）找到在何处查找配平信息。

8. 试根据附录中 EMB-190 飞机平衡图，（1）说明其起飞时有何注意事项；（2）观察其配平值的查找方式有何不同。

第 7 章　大型运输机货舱装载

货舱装载是指对于旅客托运的行李、付费运输的货物、邮件和航材等需要放置于货舱舱位舱段中的业载所进行的分配和安排，在此过程中对于宽体飞机，可能需要并使用集装设备进行装卸的过程。

尽管通过航空器载重表和平衡图可以获知飞机的重量和重心信息，然而仅仅确保飞机重量和重心不超过限制仍然不够。这是因为大型运输飞机的体积庞大，业载分布复杂，还需进一步确保飞机在进行货物装载时不会导致飞机局部遭到破坏。

7.1　货　舱

货舱是指飞机用于装载货物的隔舱。客机的货舱一般位于客舱的下部，而全货机机身的大部分空间被用于容纳货物。图 1.7.1 和图 1.7.2 为波音 B747 全货机的货舱布局示意图和货舱装载限制图。

图 1.7.1　B747 全货机货舱布局示意图

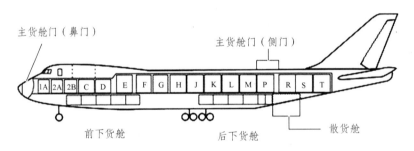

图 1.7.2　B747 全货机货舱装载限制图

有的货运机型为了增大可装载的货物尺寸，将机头或机尾设计为可转折式，以便货物进出（见图 1.7.3）。

图 1.7.3　使用转折式机头或机尾的货运机型

　　大中型客机通常采用上"客"下"货"的布局形式（见图 1.7.4），将客舱地板以下设计为独立的隔舱，用于装运大件行李和货物。也有客货两用机型把机身后半段设计为货舱，内部结构与全货机相仿。通常情况下，货舱不需要进行增压，但出于运送鲜活物品等特种货物的考虑，现代民用运输飞机的货舱也常常被设计为可增压舱段，其内部的压力和温度都可以予以调节。

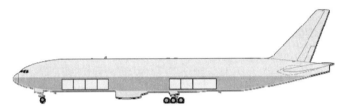

图 1.7.4　大中型客机货舱布局示意图

　　从结构上讲，现代民用运输飞机的内部空间大多被划分为主舱和下舱，但波音 B747 和空客 A380 除外，它们拥有上舱。主舱常被用作客舱，下舱常被用作货舱，下舱还可进一步被划分为前货舱、后货舱（见图 1.7.5）及散货舱（见图 1.7.6）。货舱内部安装有绞盘、滑车、滑轨等装卸设备，可以容纳、移动集装设备。散货舱在设计时没有考虑容纳集装设备的功能，内部一般安装有垂直或水平方向的网罩，根据功能和设计的不同，网罩可以防止货物在货舱内发生纵向或横向移动，从而避免在飞行或起降时因货物移动而造成飞机系统或结构的损坏。

图 1.7.5　前、后货舱内部一览　　　　　　　图 1.7.6　散货舱内部一览

7.2 集装设备

集装设备可被视为飞机构造中可拆装的一部分。在货舱装载过程中常常会使用集装设备，这是为了满足更好地实施大体积、大批量的货物运输的需要。集装设备可将货物按一定的方式装入集装设备内进行整装整卸，提高飞机的载运能力，减轻装卸劳动强度，同时更好地保护货物。被设计用于容纳集装设备的货舱一般都安装有货物操作系统，用以固定集装设备，还可以用于集装设备的传送，便于将其装入和卸下飞机。

能够放置集装设备的飞机货舱的底部一般设置有滚轴和固定系统。将集装设备放置于滚轴和固定系统之上时，可使集装设备平稳地进入货舱并牢固地固定在货舱内。在实际工作中进行业载量的计算时，业务载重应包含集装设备本身的重量，所有集装设备都应作为业务载重在载重表中显示出来，即使空置的集装设备也不能例外。空置的集装设备可使用标准重量进行估算。

集装设备按照结构的不同，可分为组合结构集装设备和全结构集装设备。

（1）组合结构集装设备包括集装板与网罩、集装板及网罩与非结构集装棚。

（2）全结构集装设备包括下货舱集装箱、主货舱集装箱和结构集装棚。

集装设备按照形状的不同，可分为集装板、集装棚和集装箱。

（1）集装板是根据机型要求配备的一块平面台板，将货物集中放置在板上，用网罩或拱形盖板固定，锁定后再装入机舱，以达到快速装卸的目的。集装板的厚度一般不超过 1 in，在板的边缘留有固定网罩的装置，网罩可用绳子或皮带结成网格（见图 1.7.7 和图 1.7.8）。

图 1.7.7 运送中的集装板　　　　　图 1.7.8 装载中的集装板

（2）集装棚分为非结构集装棚和结构集装棚两种，其拱形形状是为了与货舱的轮廓相适应，并保护飞机舱段内壁。在非结构集装棚的前部，敞开且没有底部的结构，一般由硬质玻璃纤维、金属或其他材料制成，形状与机舱的轮廓一致，可放置在与客舱交接的部位并且可以与集装板通用，其外面还可以用网罩进行固定。当无结构集装棚具备前部和底部并且取消网罩固定，形成一个可单独使用的完整箱体时，就变成了结构集装棚。

（3）集装箱可以分为 3 种。① 内结构集装箱（见图 1.7.9）：长 20 ft、宽 40 ft、高 8 ft，可装在宽体货机主货舱内，此类集装箱主要用于空运及转入地面运输（公路、铁路、海运）时使用；② 主舱集装箱（见图 1.7.10）：高度不小于 163 cm，只能装载在货机的主舱内；③ 下舱集装箱（见图 1.7.11）：高度不超过 163 cm，只能装在宽体飞机下部的集装箱舱内，有全型和半型两种类型，在机舱内可放入一个全型或两个半型的下舱集装箱。

图 1.7.9 待装载的集装箱

图 1.7.10 装载中的集装箱

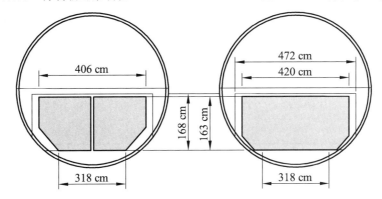

图 1.7.11 下舱集装箱

集装设备按照适航性，分为适航审定的集装设备和非适航审定的集装设备。

（1）适航审定的集装设备经由有关部门授权的集装设备制造商生产，适宜于飞机安全载运。此类集装设备被认为是飞机可装卸的货舱，在使用过程中不会对飞机设备和内部结构造成损伤。

（2）非适航审定的集装设备没有经过授权设备制造商生产，未取得适航证书。此类集装设备不能作为飞机可装卸的货舱，它们的形状不能完全符合飞机机舱轮廓，一般不允许装入飞机的主货舱，但可用于地面操作环境。此类集装设备只能用于指定机型及指定的货舱内部，当被放入货舱时，其顶部和四壁必须牢固地固定住。

集装设备的编号由 10 位数字或拉丁字母组成，用来表示集装设备的类型、尺寸、外形以及所有人的信息。编号由三部分组成，第一部分由 3 个拉丁字母（第 3 位有的采用数字）组成，第二部分由 5 位数字组成，第三部分由空运企业二字代码组成，如 AKE24170CA。集装设备编号的具体组成如表 1.7.1 所示。

表 1.7.1 集装设备编号组成

编号位置	编号内容	编号含义
1	拉丁字母	类型代号
2	拉丁字母	底板尺寸
3	拉丁字母（或数字）	顶部外形适配机型代号
4、5、6、7、8	数 字	编 号
9、20	拉丁字母	所有人或注册人

集装设备编号的第一位为拉丁字母，表示集装设备的类型代号，具体含义如表 1.7.2 所示。

表 1.7.2　集装设备编号第一位含义

拉丁字母	代号含义
A	CERTIFIED AIRCRAFT CONTAINER　适航审定的集装箱
D	NON-CERTIFIED AIRCRAFT CONTAINER　非适航审定的集装箱
F	NON-CERTIFIED AIRCRAFT PALLET　非适航审定的集装板
G	NON-CERTIFIED AIRCRAFT PALLET NET　非适航审定的集装板网套
J	THEMAL NON-STRUCTURED CONTAINER　非适航审定的结构保温集装箱
M	THERMAL NON-CERTIFIED AIRCRAFT CONTAINER　非适航审定的保温集装箱
N	CERTIFIED AIRCRAFT PALLET NET　适航审定的集装板网套
P	CERTIFIED AIRCRAFT PALLET　适航审定的集装板
R	THERMAL CERTIFIED AIRCRAFT CONTAINER　适航审定的保温箱
U	NON-STRUCTURAL IGLOO　非结构集装棚

集装设备编号的第二位为拉丁字母，表示集装设备的底板尺寸，具体含义如表 1.7.3 所示。

表 1.7.3　集装设备编号第二位含义

拉丁字母	底板尺寸/in 或 mm
A	88×125/2 235×3 175
B	88×108/2 235×2 743
E	88×53/2 235×1 346
F	96×117.75/2 438×2 991
G	96×238.5/2 438×6 058
H	96×359.25/2 438×9 125
J	96×480/2 438×1 2192
K	60.4×61.5/1 534×1 562
L	60.4×125/1 534×3 175
M	96×125/2 438×3 175
N	61.5×96/1 562×2 438
P	47×60.4/1 194×1 534
Q	60.4×96/1 534×2 438
X	96＜最大长度＜125/2 438＜最大长度＜3 175
Y	最大长度＜96/最大长度＜2 438
Z	最大长度＞125/最大长度＞3 175

集装设备编号的第三位为拉丁字母或数字,表示集装设备的顶部外形可适配的机型代号,具体含义如表 1.7.4 所示。

表 1.7.4　集装设备编号第三位含义

拉丁字母（或数字）	代号含义
E	适用于装 B747、A310、DC10、L1011 等机型下货舱无叉眼装置的 HALF SIDE 集装箱（LD3）
N	适用于装 B747、A310、DC10、L1011、A310 等机型下货舱有叉眼装置的 HALF SIDE 集装箱（LD3）
4	适用于装 B747、A310、DC10、L1011、A310 等机型下货舱有叉眼装置的 HALF SIDE 集装棚（IGLOO）
P	适用于装 B747COMBIC 上舱及 B747、DC10、L1011、A310 下舱的集装板
A	适用于装 B747F 上舱的集装箱
G	表示符合 NAS3610 RESTRAINT 2A4 代号和 IATA FITTING CODE 10/10 代号标准的集装箱

7.3　地板的承重限制

飞机在空中翱翔,需要通过主梁（也称大梁或承重梁）来负担其庞大的自身重量。绝大多数的大型运输飞机都采用两根主梁"背靠背"式的设计,利用物理学中悬臂梁的原理,分别承载机体前半部分和后半部分的重量（见图 1.7.12）。前、后主梁分担的重量越重,其承受的弯曲应力也就越大。一旦产生的应力超过主梁能够承受的最大弯曲应力,飞机将遭到损坏。

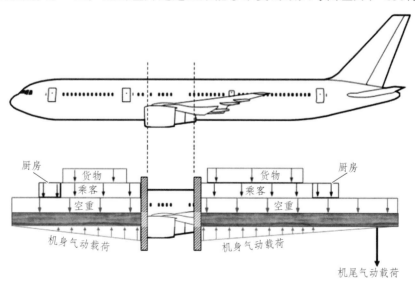

图 1.7.12　飞机机身的悬臂梁结构示意图

即使飞机重心位于重心安全范围以内，或者重量不超过允许的最大重量，也不一定能够确保飞机内部结构不会遭到破坏，这是飞机结构的特殊性所造成的。无论是客舱还是货舱，其所承载物体的重量通过地板传递给飞机结构框架，在地板下有桁条和横梁结构进行支撑（见图 1.7.13），横梁再与主梁相连。由于机体形状所限，不同舱段位置的桁条和横梁的分布各不相同。在客舱舱段，乘客的重量通过座椅传递给桁条，桁条又将其传递给横梁；在货舱舱段，货物与地板相接触，货物的重量也会通过地板传递给桁条和横梁。所以，除了考虑主梁承载能力外，采用桁条和横梁结构的地板承载能力也应当引起注意。

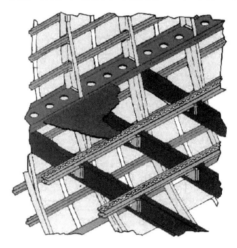

图 1.7.13　飞机地板下的桁条与横梁

　　飞机越庞大，需要予以考虑的限制因素就越多。常见的限制条件有以下几类：

（1）舱段承载重量限制；

（2）纵向载荷限制；

（3）面积载荷限制；

（4）联合承载重量限制；

（5）集装设备承载重量限制。

　　不论是小型飞机还是大型飞机，为了确保飞机结构上的安全，实施装载的人员都必须考虑所装载的业载重量是否会超过以上各类飞机结构的承重极限。但是在实际操作中，如果每一次飞行前都需要逐一进行以上限制条件的检查，将在很大程度上降低配载工作的可实施性，影响航班运行效率。为此，制造厂商常常会结合以上限制条件，提供给飞机使用者一个最为保守的重量限制条件，供用户使用。

　　1. 纵向载荷与面积载荷限制

　　纵向载荷（running load）的提出是基于飞机结构的特殊性，是指沿机身纵向单位长度地板能够承载的最大重量，单位为磅/英尺或千克/米。纵向载荷与接触面积无关，即使具有相同重量的物体的长宽不同，其产生的纵向载荷也会不同，所以纵向载荷与物体摆放的朝向有着密切关系。

　　面积载荷（static load）是指单位面积地板能够承受的最大重量，单位为磅/平方英尺或千克/平方米。面积载荷与接触面积有关，相同重量的物体，接触面积越大，所产生的面积载荷越小。面积载荷与物体摆放的朝向无关,但是与接触面面积的大小有着密切关系。

无论如何,在进行装载时都需要确保所装载的载量同时满足地板对于纵向载荷和面积载荷的限制。

【例 7-1】 如图 1.7.14 所示,物体 A 和 B 具有相同的形状和重量,现分别按照横向和纵向两个方向进行摆放,试确定 A 和 B 各自所产生的纵向载荷与面积载荷。

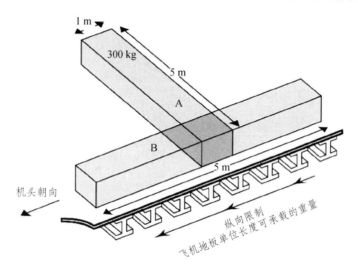

图 1.7.14 物体放置方式对地板的影响

分析:

(1)首先确定面积载荷。因为 A 和 B 尺寸相同,所以它们与地板接触面积相同,再加上它们重量相同,因此 A 和 B 施加给地板的面积载荷相等,均为 300 kg ÷ 5 m² = 60 kg/m²。

(2)其次确定纵向载荷。物体 A 在纵向所占的长度仅为 1 m,其重量由地板下的两根横梁共同分担,平均每根横梁需要承担 150 kg 的重量,故物体 A 施加给地板的纵向载荷为 300 kg ÷ 1 m = 300 kg/m;物体 B 在纵向所占的长度长达 5 m,其重量由地板下的 8 根横梁共同分担,平均每根横梁仅需承担 37.5 kg 的重量,故物体 B 施加给地板的纵向载荷为 300 kg ÷ 5 m = 60 kg/m。可见物体 B 产生的纵向载荷远小于物体 A。

可以看出,面积载荷与接触面积有关,当物体重量不变时,只要接触面积不变,则面积载荷不变。纵向载荷与摆放的方向密切相关,当物体重量和接触面积不变时,一旦摆放方向改变,则纵向载荷就发生改变。接下来通过一个例题,进一步理解纵向载荷与面积载荷的差异。

【例 7-2】 已知某飞机地板最大纵向载荷为 200 kg/m,最大面积载荷为 100 kg/m²,现有一箱状物,重 600 kg,长 3 m,宽 2 m,高 1 m,现分别用如图 1.7.15 所示的 5 种不同的方式将其放置在地板上。试确定 5 种放置方式产生的纵向载荷和面积载荷是否会超出限制?

分析:

情况一:纵向载荷 600 kg/m,面积载荷 300 kg/m²,皆超标。

情况二:纵向载荷 600 kg/m,面积载荷 200 kg/m²,皆超标。

情况三:纵向载荷 300 kg/m,面积载荷 100 kg/m²,纵向载荷超标。

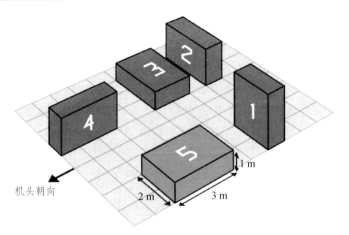

图 1.7.15 五种不同的货物放置方式

情况四：纵向载荷 200 kg/m，面积载荷 200 kg/m^2，面积载荷超标。

情况五：纵向载荷 200 kg/m，面积载荷 100 kg/m^2，符合要求。

在民用运输飞机的实际装载过程中，需要依据制造厂商配套提供的图表，确保装载过程遵循了纵向载荷和面积载荷的限制要求。

【例 7-3】 图 1.7.16 给出了某 B777-200 型飞机的货舱装载限制信息，试识读各舱段的纵向载荷信息、面积载荷限制信息以及最大承载重量。

分析：

（1）客舱舱段的最大纵向载荷为 36.7 kg/in，最大面积载荷为 38.5 kg/ft^2。

（2）前货舱：1 号子舱段（BA409.0 至 BA899.7）可承载的最大纵向载荷为 53.1 kg/in；2 号子舱段（BA899.7 至 BA998.0）可承载的最大纵向载荷为 78.9 kg/in；1 号和 2 号子舱段最大面积载荷为 90.7 kg/ft^2。

MAXIMUM ALLOWABLE WEIGHT						
COMPARTMENT	TOTAL WEIGHT		FLOOR LOADING			
	lb	kg	lb/in	kg/in	lb/ft^2	kg/ft^2
Main Cabin			81.0	36.7	85.0	38.5
Forward Cargo Hold	67 500	30 617				
B.A.409.0 to B.A.899.7	57 510	26 086	117.2	53.1	200.0	90.7
B.A.899.7 to B.A.998.0	17 104	7 758	174.0	78.9	200.0	90.7
Aft Cargo Hold[c]	49 000	22 226				
B.A.1 437 to B.A.1 538.3	17 636	7 995	174.0	78.9	200.0	90.7
B.A.1 538.3 to B.A.1 886.0	40 750	18 483	117.2	53.1	200.0	90.7
Bulk Hold	9 000	4 082				
B.A.1 886 to B.A.1 942	3 752	1 701	67.0	30.3	150.0	68.0
B.A.1 942 to B.A.2 062	6 120	2 776	Varies	Varies	150.0	68.0

图 1.7.16 货舱装载限制

（3）后货舱：3 号子舱段（BA1437.0 至 BA1538.3）可承载的最大纵向载荷为 78.9 kg/in；4 号子舱段（BA1538.3 至 BA1886.0）可承载的最大纵向载荷为 53.1 kg/in；3 号和 4 号子舱段最大面积载荷为 90.7 kg/ft^2。

（4）散货舱：5 号子舱段（BA1886.0 至 BA1942.0）可承载的最大纵向载荷为 30.3 kg/in；6 号子舱段（BA1942.0 至 BA2062.0）可承载的最大纵向载荷持续递减并非常数；5 号和 6 号子舱段最大面积载荷为 68.0 kg/ft^2。

（5）1 号子舱段可承载的最大重量为 26 086 kg；2 号子舱段可承载的最大重量为 7 758 kg；3 号子舱段可承载的最大重量为 7 995 kg；4 号子舱段可承载的最大重量为 18 483 kg；5 号子舱段可承载的最大重量为 1 701 kg；6 号子舱段可承载的最大重量为 2 776 kg。

正是由于飞机采用桁条和横梁支撑地板的结构，横梁的疏密使得各个舱段允许的最大纵向载荷各不相同，最终造成各个舱位舱段可以承载的最大重量也各不相同。从图 1.7.17 可以看出，正是由于客舱和货舱沿纵轴方向重叠的区域需同时承担旅客和货物带来的双重影响，故需要设计更强的纵向载荷能力。

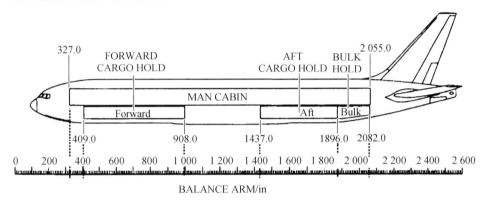

图 1.7.17　货舱装载限制

2. 舱段承载重量限制与联合承载重量限制

除了纵向载荷与面积载荷的限制以外，还需要遵循各货舱的舱段承载重量限制。即便已满足舱段承载重量限制的要求，一旦实际装载重量超过了货舱舱段的联合承载重量限制，也不符合装载要求。故在进行实际装载时，需要注意这些限制特点，从而防止人为错误的出现。

【例 7-4】　如图 1.7.18 所示为某 B777-200 型飞机的装载通知单局部。（1）试识读 1 号、2 号货舱的最大承载能力以及联合承载能力。（2）若 1 号货舱已装有货物 14 000 kg，则 2 号货舱最多还可装多少货物？（3）若 1 号货舱已装有货物 10 000 kg，则 2 号货舱最多还可装多少货物？

图 1.7.18　装载通知单

分析：

（1）1号货舱最多能够单独装载 15 308 kg 的载重量；2号货舱最多能够单独装载 17 780 kg 的载重量。如果同时对1号、2号货舱进行装载，装载总量不得超过 30 617 kg，小于1号、2号货舱各自承载重量限制之和 33 088 kg。

（2）当1号货舱已装有货物 14 000 kg，注意到1号、2号货舱的联合承载能力为 30 617 kg，则2号货舱还可装载的货物为 30 617 − 14 000 = 16 617（kg）。

（3）若1号货舱已装有货物 10 000 kg，首先可根据1号、2号货舱的联合承载能力得到 30 617 − 10 000 = 20 617（kg），随后观察2号货舱发现其单独装载总量不得超过 17 780 kg，故2号货舱还可装载的货物为 17 780 kg。

此外，部分宽体机型还可能对装载时沿横轴方向的对称性有所要求。

【例 7-5】 如图 1.7.19 所示为某货运飞机主舱的对称装载限制，试确定当 E 舱左侧装载有货物 5 000 kg 时，该舱段右侧货物装载量不得超过多少？若左侧装载有货物 6 000 kg 时，情况又如何？

MAID DECK UNSYMMETRICAL LOAD LIMITS									
POS.C, D, P & R		POS. E, K, L, M & S				POS. G, H & J			
Left or right side	Allowable opposite side	Left or right side	Allowable opposite side	Left or right side	Allowable opposite side	Left or right side	Allowable opposite side	Left or right side	Allowable opposite side
4 851	4 851	4 851	4 851	6 600	2 375	8 284	8 284	12 000	4 569
4 900	4 669	4 900	4 781	6 700	2 233	8 400	8 169	12 200	4 369
5 000	4 299	5 000	4 640	6 800	2 092	8 600	7 969	12 400	4 169
5 100	3 929	5 100	4 498	6 900	1 950	8 800	7 769	12 600	3 969
5 200	3 559	5 200	4 357	7 000	1 809	9 000	7 569	12 800	3 769
5 300	3 188	5 300	4 215	7 100	1 667	9 200	7 369	13 000	3 569
5 400	2 818	5 400	4 073	7 200	1 526	9 400	7 169	13 200	3 369
5 500	2 448	5 500	3 932	7 300	1 384	9 600	6 969	13 400	3 169
5 600	2 078	5 600	3 790	7 400	1 243	9 800	6 769	13 600	2 969
5 700	1 708	5 700	3 649	7 500	1 101	10 000	6 569	13 800	2 769
5 800	1 337	5 800	3 507	7 600	959	10 200	6 369	13 856	2 713
5 900	967	5 900	3 366	7 700	818	10 400	6 169	14 000	2 569
6 000	597	6 000	3 224	7 800	676	10 600	5 969	14 200	2 369
6 100	227	6 100	3 083	7 900	535	10 800	5 769	14 400	2 169
6 161	0	6 200	2 941	8 000	393	11 000	5 569	14 600	1 969
		6 300	2 800	8 100	252	11 200	5 369	14 800	1 769
		6 400	2 658	8 200	110	11 400	5 169	15 000	1 569
		6 500	2 516	8 278	0	11 600	4 969	15 116	1 453
						11 800	4 769		

图 1.7.19 货舱装载对称性限制

分析：

（1）经查找，可以发现当 E 舱左侧装有货物 5 000 kg 时，右侧货物不得超过 4 640 kg，总装载量不得超过 9 640 kg。

（2）当 E 舱左侧装有货物 6 000 kg 时，右侧货物不得超过 3 224 kg，总装载量不得超过 9 224 kg。

3．集装设备承载重量限制

集装设备通常也有承载限制，不同型号的集装设备，同一型号但是放置在不同位置的集装设备，都具有不同的承载限制。这也是影响货舱装载重量的因素之一。制造厂商通常会提供相关集装设备的承载限制说明（见图 1.7.20），以帮助使用者合理装载。

Size Codes K, P, Q and N

Certified weights for unit load device size codes K, P, Q and N are provided in the following table:

DESIGNATION		CERTIFIED WEIGHT					
		FORWARD HOLD				AFT HOLD	
SIZE CODE	COMMON	WITHOUT TIEDOWNS		WITH TIEDOWNS		ALL POSITIONS	
		lb	kg	lb	kg	lb	kg
K	LD-1	3 500	1 587	5 155	2 338	3 500	1 587
	LD-3	3 500	1 587	5 155	2 338	3 500	1 587
P	LD-2	2 700	1 224	3 940	1 787	2 700	1 224
Q	LD-4	5 400	2 449	8 050	3 651	5 400	2 449
	LD-8	5 400	2 449	8 050	3 651	5 400	2 449
N	Half Pallet	5 535	2 511	8 200	3 719	5 535	2 511

图 1.7.20 集装设备的承载重量限制

4．垫 板

当飞机上需要装载重量重、接触面积小的物体时，如车辆、贵重金属等，为了保证地板不遭受破坏，就需要使用垫板来减小物体产生的面积载荷和纵向载荷。垫板，也称为货盘或货板，其特点是重量轻，面积大，通常由质地坚硬的木质或金属材料制作而成。在使用时，只需将其垫放在重物和地板之间即可，这样一来，在几乎不增加物体重量的前提下增大了物体和地板的接触面积，从而达到减小面积载荷或纵向载荷的目的。

如果被装载物体有底座，必须检查底座的面积大小，一旦面积过小就应当添加垫板。对于自带滚轮用于拖动的货箱，还可将其放倒，以避免滚轮与地板过小的接触面积产生过大的面积载荷和纵向载荷（见图 1.7.21）。

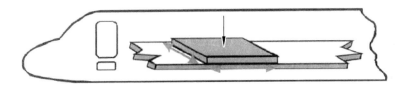

图 1.7.21　垫板使用示意

【例 7-6 】 一件货物总重 700 kg，宽 12 in、高 10 in、长 30 in。飞机货舱的纵向载荷限制为 10 kg/in，面积载荷限制为 50 kg/ft^2，现欲将该货物放入货舱且不得超过货舱承重限制，需要使用什么样的垫板？

分析：

（1）欲将货物放入货舱而又不超过货舱面积承重限制，则所需垫板的最小面积应为 700 kg ÷ 50 kg/ft^2 = 14 ft^2；

（2）为了找出所需垫板的长度，需要根据货舱的最大纵向载荷限制来得到沿纵向的最小距离，即 700 kg ÷ 10 kg/in^2 = 70 in；

（3）由此可以看出，为了让飞机货舱运输这件货物而不出现结构损坏，就需要使用面积至少为 14 ft^2 且长度至少为 70 in 的垫板；

（4）垫板的宽度为 14 ft^2 × 144 in^2 ÷ 70 in = 28.8 in。

在上述例题的计算中，忽略了垫板自身的重量，但是在实际装载计算中，垫板的自重不能被忽略，有的垫板自重就有 40 kg。故在实际操作中，所采用的垫板尺寸通常会比例题中的更大。任何为了确保飞机地板装载安全而引入的设备均须计入其自重。

7.4　装机通知单

装机通知单一般简称为装机单，是装载部门进行飞机装载作业的依据，如有更改，必须得到载重平衡部门的认可。

装机通知单能反映出飞机货舱的布局、舱门大小与位置、各个舱位的承载重量限制和联合承载重量限制。配载人员应认真填写装机通知单，装卸人员必须严格按照装机通知单指示进行装卸，做到装机通知单各舱位重量与实际装载相符。

装机通知单上应填写航班号、日期、飞机注册号及出发航站，部分机型还要求填写到达站。装机通知单上应有填表人、载重平衡人员以及装机负责人的签字认可。装载信息填写应包含到达站、装载重量、类别等。装载不得超过舱段承载限制和联合承载限制。宽体飞机还应填写集装设备编号。B777-200 装机单样式如图 1.7.22 所示，B777-200 装机单内容说明和代码说明如表 1.7.5 和表 1.7.6 所示。

LOADING INSTRUCTION/REPORT		FLIFHT DATE	A/C REC	STATION	***BOEING 777-200*** INCREASED GROSS WEIGHT
CPT 5 MAX 4 082 kg	CPT 1 & 2(COMBINED 30 617 kg)		CPT 1 & 2(COMBINED 30 617 kg)		
	CPT 2 MAX 12 700 kg	CPT 1 MAX 11 113 kg	CPT 2 MAX 17 780 kg		CPT 1 MAX 15 808 kg

CODE FOR CPM	
	AT ARRIVAL ... **FWD** ➤
	LOADING INSTRUCTIONS ... **FWD** ➤
	REPORT ... **FWD** ➤

AT ARRIVAL: 44R 43R 42R 41R 33R | criew Rest (UAR) | 25R 24R 23R 22R 21R 14R 13R 12R 11R | 23P 22P 21P 13P 12P 11P | 5 | 44L 43L 42L 41L 33L | 25L 24L 23L 22L 21L 14L 13L 12L 11L

LOADING INSTRUCTIONS: 44R 43R 42R 41R 33R | criew Rest (UAR) | 25R 24R 23R 22R 21R 14R 13R 12R 11R | 23P 22P 21P 13P 12P 11P | 5 | 44L 43L 42L 41L 33L | 25L 24L 23L 22L 21L 14L 13L 12L 11L

REPORT: 44R 43R 42R 41R 33R | criew Rest (UAR) | 25R 24R 23R 22R 21R 14R 13R 12R 11R | 23P 22P 21P 13P 12P 11P | 5 | 44L 43L 42L 41L 33L | 25L 24L 23L 22L 21L 14L 13L 12L 11L

SPECIAL INSTRUCTION PREPARED BY	LOADING SUPERVISIOR

图 1.7.22　B777-200 装机单样式

表 1.7.5　B777-200 装机单内容说明

序号	条　目	说　明	填写格式	备　注
1	FLIGHT DATE	航班号及日期	CZ3503/12MAR	
2	A/C REG	飞机注册号	B2052	
3	STATION	始发站	CAN	
4	CPT * MAX **** kg	舱位最大装载能力		CPT 5 MAX 4 082 kg
5	■■■■■■	粗实线		舱门位置
6	13P	1 号货舱 3 号集装板位	SHE/P1P70355CZ/2010/C.AVI	不装载填写 NIL
7	31L/31R	3 号货舱 1 号左或 1 号右集装箱位	SHE/AKE70333CZ/675/BY	不装载填写 NIL
8	5/BULK	散装舱	SHA/400/C.AVI	不装载填写 NIL
9	SPECIAL INSTRUCTION	特别注意事项		
10	PREPARED BY	填表人签名		
11	LOADING SUPERVISIOR	监装人签名		
12	CODE FOR CPM	集装箱板代码说明		

表 1.7.6 B777-200 装机单代码说明

代码缩写	英 文	中 文
B	BAGGAGE	行李
BT	BAGGAGE TRANSFER	转港行李
C	CARGO	货物
D	CREW BAGGAGE	机组行李
E	EQUIPMENT	器材设备
F	FIRST CLASS BAGGAGE	头等舱、优先行李
L	CONTAINER IN LEFT HAND POSITION	左手位置集装箱
M	MAIL	邮件
N	NO CONTAINER OR PALLET IN POSITION	此位置无集装箱或集装板
P	PALLET	集装板
PP	IGLOO	集装箱
R	CONTAINER IN RIGHT HAND POSITION	右手位置集装箱
S	SERVICE，SORT ON ARRIVAL	服务，到达后分类
U	UNSERVICEABLE CONTAINER/PALLET	不能使用的集装箱、集装板
V	VIP BAGGAGE	要客行李
W	CARGO IN SECURITY CONTROLLED CONTAINER	货物在安检过的集装箱内
X	EMPTY CONTAINER OR EMPTY PALLET	空集装箱或集装板
Z	MIXED DESTINATION LOAD	混装
0	FULLY LOADED	满载
1	1/4	1/4 空间可用
2	1/2	1/2 空间可用
3	3/4	3/4 空间可用

【例 7-7】 根据图 1.7.23，试识读已填写完毕的装机通知单。

分析：

（1）从图 1.7.23 中可以看出，航班号为 CZ3503，航班日期为 12MAR，飞机号为 B2052，始发站为 CAN；

（2）1 号舱位的承载限制为 15 808 kg，2 号舱位的承载限制为 17 780 kg，1 号舱位和 2 号舱位的联合承载限制为 30 617 kg；

（3）3 号舱位的承载限制为 11 113 kg，4 号舱位的承载限制为 12 700 kg，3 号舱位和 4 号舱位的联合承载限制为 22 226 kg；

（4）5 号舱位的承载限制为 4 082 kg；

（5）前舱门位于 1 号舱的 2 号箱板位右侧，后舱门位于 4 号舱的 2 号箱板位右侧；

（6）集装板 13P 有货物 1 830 kg，集装板 23P 有货物 2 500 kg，集装箱 42L 有货物

890 kg，集装箱 44L 和 44R 有货物 1 400 kg，散货舱有货物 400 kg，这些货物均运往 SHA。其他箱板位均未装载货物。

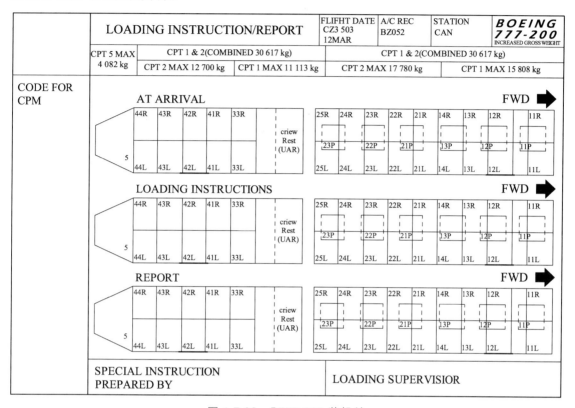

图 1.7.23　B777-200 装机单

复习思考题

1. 简述现代飞机货舱的特点。

2. 简述集装设备的分类及特点。

3. 简述集装设备的编号规则。

4. 已知某飞机地板最大纵向载荷为 200 kg/m，最大面积载荷为 180 kg/m^2，现有一箱状物，重 600 kg，长 4 m，宽 2 m，高 1.5 m。试确定如何放置该箱状物，才能够使得其产生的纵向载荷和面积载荷不超出限制？

5. 一贵重物品，总重 850 kg，长 3 ft，宽 1.5 ft，高 1 ft，货舱纵向载荷为 10 kg/in，面积载荷为 50 kg/ft^2，现要将该物品放入货舱而又不超过货舱承重限制，应如何放置？需要使用什么样的垫板？

第8章 飞机称重

在投入运营前，每架航空器都应该称重，并确定其空机重量和重心位置。新航空器通常是在制造厂商的专用场地里称重。为了确保飞机重量与平衡信息的准确性，任何影响重量、重心的设备和设施改造或增减信息都应使用重量与平衡报告进行记录。重量与平衡报告包含对应机型配备设备的清单，在清单中记录有审定空重中所有的必备或可选设备的重量和位置信息。一旦飞机进行了大规模的维修或重要的改造，都需要重新获取飞机空机重量和空机重心，并对其变动信息进行记载。而获取飞机空机重量和空机重心最为直接的方法就是称重。

8.1 称重前准备

可以用于飞机称重的装置有两类：一类是地秤，当将机轮移动到地秤上后，可直接对机轮处的重量进行测量；另一类是电子测力传感器，这些传感器被安放在千斤顶和被支撑点之间，当千斤顶将飞机撑至机轮水平离地时，与传感器关联的控制面板将显示每个传感器处的受力大小。

轻型飞机称重所使用的地秤主要以机械地秤为主，如图 1.8.1 所示；而大型飞机乃至航线运输机则往往使用更加先进的电子秤用于精确称量。

大多数的小型飞机通常使用地秤称重，或是使用结合了测压传感器的千斤顶进行称重。而大型飞机在称重时考虑到其重量庞大，通常将飞机移动到内嵌有测压传感器的称重台上进行称重，如图 1.8.2 所示，这样的好处是不必再用千斤顶来进行支撑。使用千斤顶需要额外小心，如果操作不当容易倾斜翻倒或滑落。某些机型在使用千斤顶支撑时，需要添加载荷分散装置来减小支撑处的应力。

图 1.8.1　地秤

图 1.8.2　有测压传感器的称重台

称重不能随意进行，而应该在特定的场所（如机库）中进行，其目的是为了避免环境空气流动导致飞机晃动和读数误差。称重只有在完成了相应的准备工作后才能实施，从而确保称重结果的准确性和可靠性。

　　称重前，飞机首先应该经过清洁和打扫，确保称重的准确度，尤其需要注意的是机舱底部不能有水或其他残渣，以及机身上不能有泥土和灰尘。其次应确保设备清单中所涉及的设备都安放在位，无关的设备应移除。如果飞机上确已安放了不在清单之列的设备，而又无法移除，那么应该在重量与平衡记录中予以修正和说明。除了设备以外，称重前还应该确保所有永久性压舱物都各就各位，并移除临时性的压舱物。

　　称重前，飞机应按照制造厂商的操作指南排空机上所有可用燃油。如果制造厂商没有提供相应的操作指南，那么只要在保持飞机水平的状态下将燃油排放到油量表指针归零即可。余下的无法排出的燃油被称作残余燃油或不可用燃油，可计入空机重量。如果实际情况不允许排放可用燃油，称量完毕后再从结果中扣除可用燃油重量和对应的力矩即可。

　　某些机型空机重量不包括发动机滑油，所以要么在称重之前将滑油放空，要么在称重之后从称重读数中扣除滑油重量。如将滑油放空，应先将飞机水平安置，然后打开阀门，直至滑油自动排空。对于无法排出的残留滑油，其重量计入空机重量。如果实际操作环境不适宜于滑油排放，则可将储油槽中的滑油加至规定刻度后进行称重。在称重结束后，从称重数据中扣除滑油给飞机重量和力矩带来的影响。

　　称重时，还应将飞机正常运行时所需的液压系统液体和其他封闭系统内部的液体装满。饮用水、厕所预装水和引擎注入用水均不计入空机重量。

　　另一个值得注意的事项是，飞机手册中对起落架和襟翼位置的说明，称重时应将起落架和襟翼调整到规定位置。同时，确保飞机的水平，只有这样才能够确保所有项目到基准的距离准确无误。

　　如果飞机在称重时不使用刹车，需要在机轮处安放轮挡以免飞机意外滑动，再从称重读数中减去轮挡重量（也叫作皮重），从而得到净重。

8.2　称重计算

　　当飞机姿态水平时，首先在地面标记出机身纵轴的投影线。其次在基准处悬挂一铅垂，并将该垂面标记在地面上，作为定位飞机重心的重要参考。再在投影线上陆续标记出导向轮和主轮的所在位置。最后依据这些记号来精确测量各称重点到基准的距离，从而获得各重量的力矩大小。在本例中该前 3 点布局飞机的基准位于飞机防火墙处，如图 1.8.3 所示。

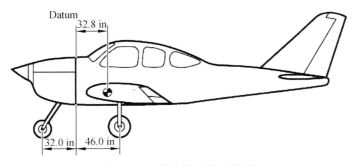

图 1.8.3　基准位于防火墙处

称重结束后将结果填到表 1.8.1 中，根据重心的公式，分别求出各称重点处的重量之和、力矩之和，再用合力矩除以总重量，即可得到飞机重心到基准的距离。

$$重心 = \frac{总力矩}{总重量} = \frac{65\ 756}{2\ 006} = 32.8\ \text{in}$$

表 1.8.1　某基准位于防火墙处飞机的重心所在位置

称重点	读数/lb	皮重/lb	净重/lb	力臂/in	力矩/lb·in	重心/in
右侧主轮	846	16	830	46.0	38 180	
左侧主轮	852	16	836	46.0	38 455	
导向轮	348	8	340	−32.0	−10 880	
总 计			2 006		65 756	32.8

【例 8-1】　已知某飞机称重结果（见图 1.8.4 和表 1.8.2），试求出重心位置。

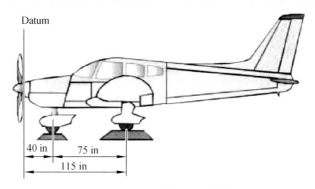

图 1.8.4　基准位于机头处

表 1.8.2　某基准位于机头处飞机的称重数据

称重点	净重/lb	力臂/in	力矩/lb·in	重心
右侧主轮	850	115.0		
左侧主轮	850	115.0		
导向轮	350	40.0		
总 计				

分析：

（1）根据重心公式，可得飞机重心相对于当前基准的位置为

$$重心 = \frac{总力矩}{总重量} = \frac{350 \times 40 + 850 \times 115 + 850 \times 115}{350 + 850 + 850} = \frac{209\ 500}{2\ 050} = 102.20\ (\text{in})$$

（2）故称重飞机重心位置位于基准之后 102.20 in 处。

称重时，如果飞机使用了压舱物，需要去除压舱物对重心位置的影响。

【例 8-2】　沿用例 8-1，若在力臂为 50 in 的位置使用了重量为 100 lb 的压舱物，求空机重心的位置。

分析:

(1) 根据已知条件可建立表格,如表 1.8.3 所示。

表 1.8.3　某基准位于机头处飞机的称重数据

称重点	净重/lb	力臂/in	力矩/lb·in	重心
右侧主轮	850	115.0		
左侧主轮	850	115.0		
导向轮	350	40.0		
压舱物	−100	50		
总　计				

(2) 根据重心位置公式:

$$重心 = \frac{总力矩}{总重量} = \frac{350 \times 40 + 850 \times 115 + 850 \times 115 + (-100) \times 50}{350 + 850 + 850 - 100}$$

$$= \frac{204\,500}{1\,950} = 104.87 \ (in)$$

(3) 故称重飞机的重心位于基准之后 104.87 in 处。

称重计算时,选取适宜的基准既能够简化计算,也不会影响飞机重心计算结果。

【例 8-3】　沿用例 8-1,调整基准位置到主轮位置,求重心的位置。

分析:

(1) 根据已知条件可得到如表 1.8.4 所示的内容。

表 1.8.4　某基准位于主轮处飞机的称重数据

称重点	净重/lb	力臂/in	力矩/lb·in	重心
右侧主轮	850	0		
左侧主轮	850	0		
导向轮	350	−75		
总　计				

(2) 根据重心位置公式,可得

$$重心 = \frac{总力矩}{总重量} = \frac{350 \times (-75)}{350 + 850 + 850} = \frac{-26\,250}{2\,050} = -12.80 \ in$$

(3) 故飞机重心位于基准(即主轮)之前 12.80 in 处。根据相对位置关系,可以发现飞机实际的重心位置并没有发生变化,仅仅是参考位置有所不同,但是将基准选定在主轮处使得计算过程大大简化。

8.3 维修改造后重量、重心的改变和记录

称重工作并非只在出厂时才需要进行。在飞机的使用过程中，随着维修和改造，其重量和重心也会发生改变。因此地面维护人员有责任和义务对这些重量的改变情况加以准确地记录，并将变动记录体现在维修记录、机组操作手册以及飞行手册中，从而使得运行在真实的重量和重心条件下进行。

设备清单记录了各种设备的重量和力臂信息，清单中设备的增加或移除是否属于小改造范畴，应遵循局方的相关规定。只有经过具有认证资格的地面维护人员的许可，才可以在实施这些小改动之后让飞机继续投入运行。但必须在维修记录上进行登记，在飞行员操作手册、飞行手册的重量与平衡记录（见图1.8.5）中进行更新。

Weight and Balance Record
(Continuous history of changes in structure or equipment affecting weight and balance)

Date	Item No. In	Item No. Out	Description of Article or Modification	Added (+) Wt. (lb)	Added (+) Arm (in)	Added (+) Moment /1,000	Removed (-) Wt. (lb)	Removed (-) Arm (in)	Removed (-) Moment /1,000	Running Basic Empty Weight Wt. (lb)	Running Basic Empty Weight Moment /1,000
			AS DELIVERED							1,876	67.8
4-22-05			Alteration Per FAA Form 337 Dated 4-22-95	7.38		.346				1,883.4	68.1
			34-xx Turn Coordinator				-2.5	15.0	-.037		
			34-xx Directional Gyro				-3.12	13.5	-.042		
	22-xx		Auto Pilot System	13.0	32.7	.425					

Airplane Model: Cessna 182 L Serial Number: 18259080 Page Number: 1

图 1.8.5　某机型重量与平衡记录

任何改动或维修所导致的重量、重心变化需要填写在维修记录或由局方统一的大修和改造登记表上。其目的就是为了将改动后的重量与平衡信息保存在维修记录中，相关的空机重量、力臂、力矩指数等信息也将记入机组操作手册和飞行手册中。

机型所有的重量与平衡记录都应该和该机型的其他记录一并存放，并且应可通过日期、飞机制造厂商、型号和序列号予以区分每一次修改内容。记录修改信息的页面应由实施修改的人员签字确认。签字内容除了姓名以外，还应当包括授权类型和授权编号（见图1.8.6）。

重量与平衡修改记录中应含有重量与平衡修改的相关计算，并注明日期。一旦旧的记录被废除，在新的重量与平衡修改记录中应特别注明所替代的旧记录的日期编号。

在重量与平衡修改记录中，应用显眼方式标出修改后的空机重量、力臂、力矩、指数、可利用载荷等内容。

改造除了会使飞机重量发生变化之外，还会使得全机力矩发生变化，从而使得飞机重心也相应改变。因此计算维修或改造对重量和重心带来影响的过程，其实就是对飞机重量和力矩进行增减的过程。

在重量与平衡计算时，可使用如表1.8.5所示的表格，在其中列出所有相关的项目。注意，被移除项目为负，新增添项目为正。计算出变动之后的总力矩和总重量，用新的总力矩除以新的总重量，即可得到新重心相对于基准的位置。

Weight & Balance
Cessna 182L
N42565
S/N 18259080

Date: 04/22/95

Supersedes Computations of FAA Form 337, dated 10/02/90.

Removed the following equipment:

		Weight	Arm	Moment
1.	Turn Coordinator P/N C661003-0201	2.5 lbs	15	37.5
2.	Directional Gyro P/N 0706000	3.12 lbs	13.5	42.12
	TOTAL	5.62		79.62

	Weight	Arm	Moment
	1876.00	36.14	67798.64
	-5.62		-79.62
Aircraft after removal:	1870.38	36.20	67719.02

Installed the following equipment:

1. S-Tec 40 Autopilot system, includes Turn Coordinator and Directional Gyro.

	Weight	Arm	Moment
	13 lbs	32.7	425.13
	1870.38	36.20	67719.02
	+13.00		+425.13
	1883.38	36.18	68144.15

*REVISED LICENSED EMPTY WEIGHT
NEW USEFUL LOAD 1216.62

Forward Check (Limit +33.0)

	Wt.	Arm	Moment
A/C Empty	1883.38	36.18	68144.15
Fwd. Seats	170.00	37.00	6290.00
Aft. Seats			
Fuel (min.)	115.00	48.00	5520.00
Baggage A			
Baggage B	——	——	——
	2168.38	+36.87	79954.15

Rearward Check (Limit +46.0)

	Wt.	Arm	Moment
A/C Empty	1883.38	36.18	68144.15
Fwd. Seats	170.00	37.00	6290.00
Aft. Seats	340.00	74.00	25160.00
Fuel (max.)	528.00	48.20	25449.60
Baggage A	100.00	97.00	9700.00
Baggage B	60.00	116.00	6960.00
	3081.38	45.98	141703.75

Joseph P. Kline
A& P 123456789

图 1.8.6　某机型重量与平衡修改记录

表 1.8.5　机型改造后飞机的重量、力臂和力矩都发生了改变

Item	Weight/lb	Arm/in	Moment/lb · in	New CG
Airplane	1 876.0	36.1	67 723.6	
Radio removed	− 12.2	15.8	− 192.8	
Power supply removed	− 9.2	95.0	− 874.0	
ELT removed	− 3.2	135.0	− 432.0	
Radio installed	+ 8.4	14.6	+ 122.6	
ELT installed	+ 1.7	135.0	+ 229.5	
Passenger seat installed	+ 21.0	97.0	+ 2 037.0	
Total	1 882.5		68 613.9	+ 36.4

8.4　空机重心范围

某些机型的油箱、座椅以及行李舱位置比较特殊，燃油或人员的重量改变给飞机重心造

成的影响极其有限。具有这类特点的飞机，通常可以在机型审定项目清单中专门给出对应的空机重心范围。只要飞机的空机重心位于该范围以内，那么无论如何装载都不会使得装载后的飞机重心偏出允许的安全范围。

一旦机型审定项目清单中列出了空机重心范围，而且在改造结束后空机重心位于该范围以内，那就不需要再对重心前极限和后极限进行最不利装载条件下的重心检查。但如果机型审定项目清单中没有给出空机重心范围，则必须慎重检查是否可能在某些极端装载条件下出现导致飞机重心超出前极限或后极限的情况。

因为绝大多数现代飞机都有多排座椅和不止一个行李舱，装载条件比较复杂，所以在任何可能引起重量与平衡数据发生改变的维修或改造工作之后，地面维护人员都应该仔细核实不会出现重心超出安全范围的情况。为了避免出现纰漏，建议参考手册图表进行最不利装载条件下的重心检查，并将检查结果注明在重量与平衡修改记录中（见图 1.8.7 和图 1.8.8）。

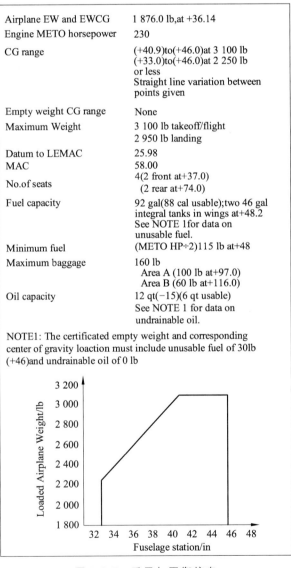

Airplane EW and EWCG	1 876.0 lb,at +36.14
Engine METO horsepower	230
CG range	(+40.9)to(+46.0)at 3 100 lb (+33.0)to(+46.0)at 2 250 lb or less Straight line variation between points given
Empty weight CG range	None
Maximum Weight	3 100 lb takeoff/flight 2 950 lb landing
Datum to LEMAC	25.98
MAC	58.00
No.of seats	4(2 front at+37.0) (2 rear at+74.0)
Fuel capacity	92 gal(88 cal usable);two 46 gal integral tanks in wings at+48.2 See NOTE 1for data on unusable fuel.
Minimum fuel	(METO HP÷2)115 lb at+48
Maximum baggage	160 lb Area A (100 lb at+97.0) Area B (60 lb at+116.0)
Oil capacity	12 qt(−15)(6 qt usable) See NOTE 1 for data on undrainable oil.

NOTE1: The certificated empty weight and corresponding center of gravity loaction must include unusable fuel of 30lb (+46)and undrainable oil of 0 lb

图 1.8.7　重量与平衡信息

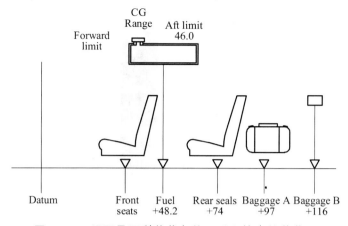

图 1.8.8　用于最不利装载条件下重心检查的装载图

8.4.1　靠前最不利装载条件下的重心检查

进行前重心检查时，应先列出改造后的空机重量和空机重心，以及位于飞机重心前极限 + 33 in 之前的所有项目或人员。至于位于重心前极限之后的项目，则只需要列出飞机运行的项目即可，如飞行员和最小燃油量等，其他不涉及运行的项目可不予考虑。

表 1.8.6 用于确定飞机前重心。该飞机飞行员重 170 lb，位于重心前极限之后；燃油同样位于重心前极限之后。飞行员的重量通常不会有超乎寻常的变化，而燃油则会随着飞行任务和飞行距离而发生改变，故使用最小燃油量才能够反映飞机重心靠前的最不利情况。

表 1.8.6　靠前最不利装载条件下的重心检查

Item	Weight/lb	Arm/in	Moment/lb·in	Most Forward CG + 33.0
Airplane-empty	1 876.0	36.14	67 798.6	
Pilot	170.0	34.0	5 780.0	
Fuel (minimum)	115.0	48.0	5 520.0	
Total	2 161.0		79 098.6	+ 36.6

最小燃油量是指飞机使用额定功率持续飞行 30 min 所消耗的燃油。考虑该飞机以最大额定功率工作时，每一起飞马力消耗燃油 1/12 gal，航空汽油密度为 6 lb/gal，则最小燃油量为 115 lb，根据表格中数据可知，当燃油为最小燃油量时，力臂为 48.0 in。

飞机前后座椅和行李舱均位于重心前极限之后，因此为了检验飞机重心靠前的最不利位置，也不需要将乘客和行李重量列入表格。

通过计算可以发现，当飞机只携带飞行员和最小燃油量时，重心位于 + 36.6 in 处，在重心前极限 + 33.0 in 之后。换言之，即使在最极端的前重心装载条件下，飞机重心也没有超出重心前极限。

8.4.2　靠后最不利装载条件下的重心检查

进行后重心检查时，同样应先列出改造后的空机重量和空机重心，然后列出位于飞机重

心后极限 + 46 in 之后的所有项目或人员。飞行员虽然位于重心后极限之前，但却是保证飞机正常运行必不可少的条件，所以同样应列出。

表 1.8.7 用于确定飞机后重心。前排座椅处只需要考虑飞行员的重量。由于燃油重心位于重心后极限之后，所以需按照满油量进行填写，才能够反映飞机重心靠后的最不利情况。同理，由于后排座椅处和行李舱也位于重心后极限之后，应按满载考虑才能够反映重心靠后的最不利情况。

表 1.8.7　靠后最不利装载条件下的重心检查

Item	Weight/lb	Arm/in	Moment/lb · in	Most Forward CG + 46.0
Airplane-empty	1 876.0	36.14	67 798.6	
Pilot	170.0	34.0	5 780.0	
Fuel (full tanks-88 gal)	528.0	48.2	25 449.6	
Rear seat occupants (2)	340.0	74.0	25 160.0	
Baggage A	100.0	97.0	9 700.0	
Baggage B	60.0	116.0	6 960.0	
Total	3 074.0		140 848.2	+ 45.8

通过计算可以发现，在重心后极限之前只有飞行员，同时重心后极限之后项目均满载的极限装载条件下，飞机重心位于 + 45.8 in 处，在重心后极限 + 46.0 in 之前，没有超出重心后极限。

8.5　压舱物

在无任何规则的装载条件下，或是在某些特殊的装载分布条件下，大多数现代机型是有可能出现重心移出重心限制范围的状况。在重量与平衡相关资料中，如装载指南或其他警示标签上，通常都会提示使用者采取适当的措施，以便规避可能产生的风险。以下是某机型行李舱中的警示标签：

> 当后排座安排了人员之后，必须在前货舱中安放 120 lb 的行李或压舱物。额外的装载说明，请参见相关的重量与平衡材料

可以看出，当某飞机的重心超出重心安全范围以后，通过合理的调整业载分布或是增加压舱物是可以将重心修正回来的。当然，不要忘记增加压舱物会导致飞机总重的增加，所以只有在飞机重量不会超限的情况下，才可以使用压舱物来调整重心位置的方法。

（1）临时性压舱物。

如铅块、沙袋、砂包等临时性压舱物，通常可于飞行时放置在行李舱中用以调整飞机的重心位置和平衡状态。在这些临时性压舱物上还可以见到类似于"压舱物 XX 磅，移动时需要进行重量与平衡检查！"等提示信息。基于安全考虑，在使用临时性压舱物时，应将其合理

固定，从而防止其在飞行中滑动并影响平衡。同样的，即使临时性的压舱物也要注意不能超过所放置舱段的承重限制。在飞机称重时，必须移除所有的临时性压舱物。

（2）永久性压舱物。

如果维修或改造导致飞机空机重心偏移到重心安全范围之外时，就需要考虑安放永久性压舱物。通常来说，永久性压舱物是被漆为红色的铅块，在铅块上标注有类似于"永久性压舱物，请勿移动!"之类的字样。这些铅块将被牢牢嵌入到机体结构内，以避免其在飞行中松动从而破坏飞机的平衡，进而影响对飞机的有效操控。

在使用压舱物来调整飞机重心之前，需要先掌握两方面的信息，重心偏移距离和压舱物与重心前后极限的距离。

【例 8-4】 已知某飞机维修后空机重量为 1 876 lb，空机重心位于 + 32.2 in 处，重心安全范围都是从 + 33.0 in 到 + 46.0 in，现需要通过永久性压舱物将空机重心从 + 32.2 in 调到 + 33.0 in。现有一站位为 + 228 in 的隔舱,其强度允许放置压舱物,请问需要多重的压舱物?

分析：

（1）可用重量增减或重量移动公式来确定需要使用的压舱物重量；

（2）具体公式如下：

$$压舱物重量 = \frac{新的空机重量 \times 重心改量}{压舱物到原重心距离} = \frac{1\,876 \times 0.8}{228 - 32.2} = \frac{1\,500.8}{195.8} = 7.66\,(lb)$$

复习思考题

1. 简述称重的流程。

2. 已知某型号飞机某次称重结果如表 1.8.8 所示，试求飞机称重后重心位置。

表 1.8.8 某型飞机称重结果

称重点	净重/lb	力臂/in	力矩/lb·in	重心
右侧主轮	550	125.0		
左侧主轮	600	125.0		
导向轮	300	35.0		
总 计				

3. 简述空机重心最不利装载条件下的检查方法。

4. 已知某飞机维修后空机重量为 985 kg，空机重心位于 + 48.5 in 处，重心安全范围都是从 + 35.0 in 到 + 45.0 in，现需要通过永久性压舱物将空机重心从 + 48.5 in 后调到 + 44.0 in。现有一站位为 + 12 in 的隔舱，其强度允许放置压舱物，试计算需要多重的压舱物?

第9章　配载业务与法规要求

9.1　航班载重平衡业务

9.1.1　载重平衡工作简介

载重平衡工作是根据飞机从本站出发的最大允许业载能力,合理分配运至前方站的乘客、行李、邮件、货物的载量,并获取飞机在该装载条件下准确的重量和重心信息,以保证飞机的安全运行。

载重平衡工作需要遵循飞机在实际条件下的装载限制,结合当次飞行航路条件以及客货销售和待运情况,准确计算飞机的载运能力,并按照飞机舱段布局,合理装卸货物、行李、邮件以及合理安排旅客座位,以便满足飞机重心在起飞、着陆及无燃油等情况下的运行要求,保持良好的平衡状态,保证飞行安全。

作为航空运输生产的重要环节之一,载重平衡业务在航空公司的飞行、航务、配载、客运、货运、装卸、生产调度、地面服务等部门之间有着广泛的联系。认真做好载重平衡工作,不仅可以保证航班正点率,而且可以确保每一个航班的安全飞行,对航空公司经济效益起到积极作用。

载重平衡工作通常有 4 个主要环节,依次是预配、结算、与机组交接、拍发电报,其中预配和结算两个环节最为关键。

图 1.9.1 是国内某航空公司制定的配载工作流程图,用以明确在配载工作的 4 个环节中需要完成的关键步骤,用以指导配载工作更好地开展。

从图 1.9.1 中可以看到,配载工作不是一个部门的独立行为,整个实施过程是以配载部门为主,同时协调机组、航务、机务、值机、货运、装卸、销售等多个部门,获取并反馈相关的必要信息,从而达成目标。各相关部门工作交接的内容如表 1.9.1 所示。

表 1.9.1　各相关部门工作交接内容

部　门	工作交接内容
机　组	检查载重表和平衡图,确认重量和重心在当次飞行重量重心包线范围内,签字认可
航　务	提供航班运行相关重量数据,如起飞限重、着陆限重、机组安排以及航班油量信息等
机　务	提供航班基础重量数据或重量修正数据,如最大无燃油、最大起飞、最大着陆等结构限重、基重和基重指数,以及机体改造和布局等信息
值　机	提供实际到达的旅客人数、座位分配、行李重量等数据
货　运	提供集装设备信息,并根据配载计划配置出港货物
装　卸	根据配载计划实施各舱位的准确装载,履行配载意图
销　售	提供航班机票预售情况

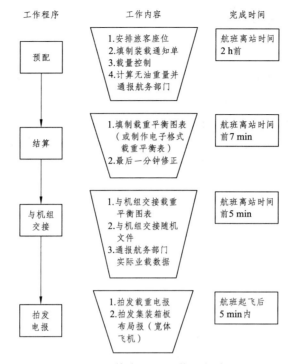

图 1.9.1　某航空公司配载工作流程图

这些交接内容遵循航班运行的时间轴在各部门之间依序传递，协同保障航班的正常运行。配载信息传递方式如图 1.9.2 所示。

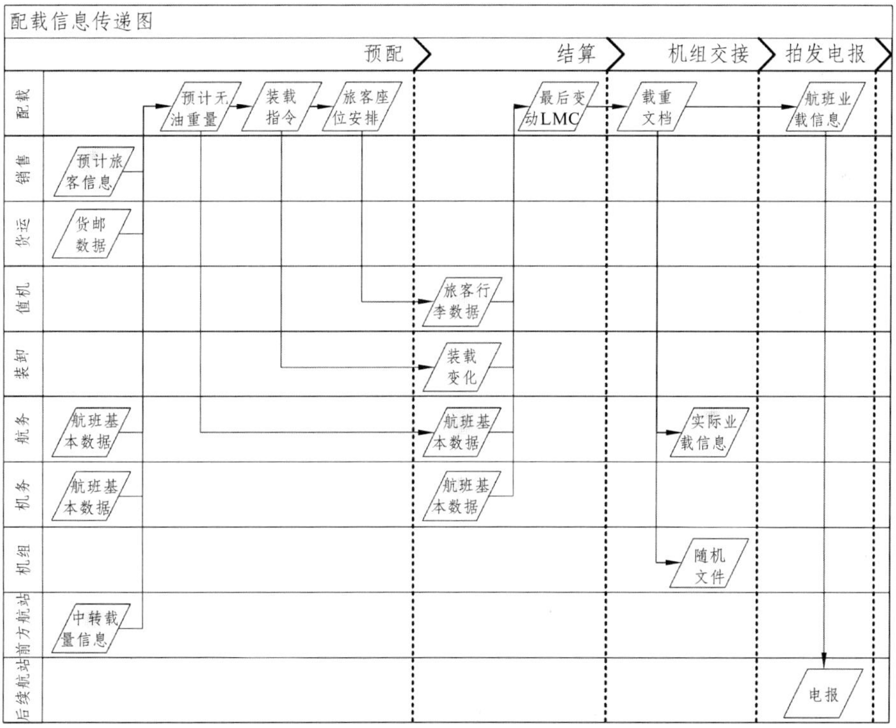

图 1.9.2　配载工作信息传递示意图

9.1.2 载重平衡关键步骤

1. 预 配

每架航班运载旅客、货物、邮件、行李都应事先进行载量的预算，座位、舱位的安排，即预配。预配是在飞机最大可用业载重量的基础上，根据预计的旅客人数，行李、邮件重量，预留出可利用的货物吨位，再通过货运部门预配的货物情况分配货物舱位，随后对旅客座位进行计划，最后预算重心的过程。预配时，应遵循长航线优先的原则来分配业载，并计算本次航班的最大业载能力，同时考虑始发站可以一直利用到终点站的最大业载重量，防止出现超载。预配工作通常需要在航班离站之前提前 2 h 完成。

之所以进行预配，是由旅客与货物这两种类型业载的特殊性所决定的。旅客业载的最大特点是"不来则已，来之即走"。根据实际航班运行情况来看，尽管航空公司的市场销售部门可以根据客票销售情况对当次航班乘机旅客的数量进行预判，但仍存在极大的不确定性。只有在航班出发前 30 min 停止办理旅客登机手续之后，才能获得较为确切的旅客人数及其所携带的行李重量等信息。如果航班在此时才开始进行货物业载的分配，将没有足够的时间供货运部门和装卸部门进行调配。配载工作将变得匆忙而混乱，一方面不能按时完成导致航班延误；另一方面易催生配载错误，不仅可能浪费载量，甚至会造成安全隐患。因此，每架航班所运载的旅客、货物、邮件、行李都应事先进行预配。

对于航班的始发站而言，预配需要在本站最大可用业载的基础上，合理分配各航段的允许载量。始发站的预配通常在航班起飞前预留足够的时间进行。以始发站至前方各站的最大可用业载为依据，根据座位销售情况，分别从始发站至各前方站的业载中扣除旅客重量，再根据航线特点预留出行李、邮件的重量，最终确定出可配货物的重量。

对于航班的经停站而言，预配是在本站最大可用业载的基础上，保证所有需通过本站运至前方站的业载之后，对剩余吨位的利用。经停站预配时，需要根据本站配额和本站预期旅客、行李、邮件的重量，估算出可配的货物重量并选配货物。

预配的工作流程如图 1.9.3 所示。

2. 结算与调整

结算的目的是在航班的实际业载组成基本稳定之后，判断是否会出现重量超载、重心超限的情况，再决定是否进行加货或拉货的调整。结算通常在旅客乘机手续截止办理，且行李、邮件、货物的装载也已结束之后才开始进行，结算对象是航班实际载运的旅客、行李、邮件和货物。结算的工作流程如图 1.9.4 所示。

结算时，航空公司的配载部门将实际收运的行李、邮件重量与预留吨位进行比较，看是否需要增减货物吨位。若需要，则通知货运、装卸部门迅速实施并修改货邮舱单。待完成了调整之后，再根据实际载量的分布填制出载重表和平衡图，查找出飞机的实际重心位置。如果重心位置不符合要求，还应实施货舱载量的调配，必要时进一步调整旅客座位，并在调配完成后修改飞机的载重表与平衡图。

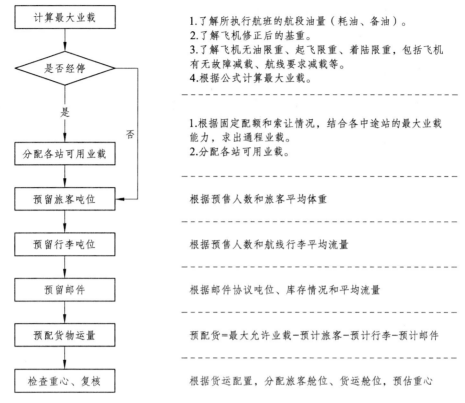

图 1.9.3 预配工作流程示意图

计算最大业载	1.了解所执行航班的航段油量（耗油、备油）。 2.了解飞机修正后的基重。 3.了解飞机无油限重、起飞限重、着陆限重，包括飞机有无故障减载、航线要求减载等。 4.根据公式计算最大业载。
分配各站可用业载	1.根据固定配额和索让情况，结合各中途站的最大业载能力，求出通程业载。 2.分配各可用业载。
预留旅客吨位	根据预售人数和旅客平均体重
预留行李吨位	根据预售人数和航线行李平均流量
预留邮件	根据邮件协议吨位、库存情况和平均流量
预配货物运量	预配货=最大允许业载-预计旅客-预计行李-预计邮件
检查重心、复核	根据货运配置，分配旅客舱位、货运舱位，预估重心

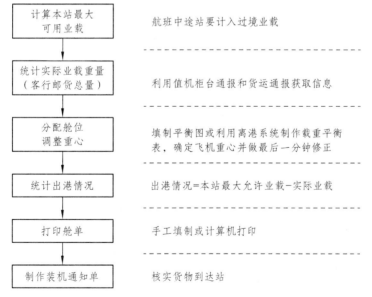

图 1.9.4 结算工作流程示意图

结算时，复核是必不可少的一项工作，主要核对舱单上的信息（包括航班号、飞机注册号、机组人数、加油量、耗油量、货邮重量、旅客人数）是否与实际相符合，对不相符的情况及时追踪和调整，以确保飞机实际装载情况与装载计划保持一致。在延误、故障航班等非正常航班情况下一旦更换飞机，还需要重新制作载重表和平衡图。对于备降航班，若旅客、行李、货物、邮件发生变化，也需要重新制订配载计划并制表。

9.1.3 随机业务文件

在航班离站时间之前，地面部门会与机组办理随机业务文件的交接手续。随机文件是地面保障部门与机组交接的重要文件，也是运行规章所要求的必备项。它的内容包括载重平衡图表、货邮舱单、旅客舱单、总申报单、装机通知单。

9.2 航路可用业载的调配

9.2.1 直达航班与多航段航班

由始发站直接飞往终点站的航班被称为直达航班。由始发站经过一个及其以上的中途经停并最终飞往终点站的航班被称为多航段航班，如由成都飞往赤峰的航班中途会经停呼和浩特。对于中途经停站来讲，由其后方站飞至本站经过短暂停留并加拉商载之后，继续飞往前方站点的航班被称为过站经停航班。

并非只有直达航班才会受到航空公司和客户的青睐。航空公司通过市场调查和分析开辟多航段航班同样能够巩固加强自身的战略利益。多航段航班的运行也给前往无直达航班的城市的旅客以及经停站的旅客提供了便利。

对于单航段的直达航班,计算出始发站的最大业载重量之后就可以进行实际业载的配算。对于多航段航班，由于存在中途经停，各个子航段距离的远近不同使得所携带的燃油量也不同，加之各经停站需要登离机的旅客、需要加拉的货物也各不相同，所以多段航班的配载工作要比直达航班更加烦琐，涉及的问题也更多。例如，经停站登机旅客或货物是否会导致超载；经停站离机旅客或货物的安置位置是否合适；如何保证多航段航班载量的利用能力等。

9.2.2 航路可用业载的组成

对于多航段航班，为了能够正确合理地安排各个航段可用业载的载量，人们根据不同航段的业载的属性进行了定义和区分，具体如下：

（1）最大通程业载，是指非直达航班可以从始发站一直利用到终点站的最大业务载重量。

对于直达航班，最大通程业载就是实际业载。对于多航段航班，最大通程业载是包括始发站和中途经停站在内的各个站点可用业载能力的最小值。如果最大通程业载达到始发站或经停站的最大业载能力，就意味着中途无法再上客或上货，那么投放经停航班也就失去了意义。

（2）固定配额，是指配额站被保证的，且可以一直利用到终点站的载量。

在多航段航班通航前，航空公司会根据市场需求，对各个子航段的座位、吨位、舱位数量与各经停站达成协议，经停站可以拥有固定的可利用载量进行销售和支配。无特殊情况，经停站的这部分载量不能被包括始发站在内的其余站点所侵占，这一种市场运作方式就是固定配额制。

（3）索让索进，是指在一条航线上的各个航站除了已有的固定配额之外，还可能面临临时性的额外载量需求，此时各个航站之间采用索让索进的办法，相互借用配额。向其他站申请更多的临时配额称为索进，将本站的配额支援给其他站称为索让。

除始发站外，索让的航站须从自己配额中让出，不能慷他人之慨。对于经停站而言，配载的载量应由固定配额和索进配额得到。究竟是否索让与索进，需要以市场需求为导向。

（4）过境业载，是指所有需通过本站运至前方站的业载。如果只是到达本站或从本站始发的载量则不是过境业载。

对于始发站和终点站而言，没有过境业载。对于经停站而言，所有通过本站运至前方站的业载称为过境业载或过站业载。经停站通过载重电报可获知过境业载重量。经停站的最大业载中扣除过境业载，才是本站可以利用的可用业载。

（5）剩余业载，是指从各站最大可用业载重量中减去保障航线固定配额和最大通程业载顺利通过后所剩余的业载量。

无论是对于直达航班还是对于经停航班，剩余业载就是最大业载和实际业载的差值。它是指实际业载与最大业载的差值，也就是可以进一步添加利用，从而提高航班运行经济效益的载量。

9.2.3 航路可用业载的分配

无论是直达航班还是多航段航班，航空公司的关注点是能否在保证安全的同时充分利用航班的最大业载能力。对于直达航班，飞机在始发站起飞时的最大业载能力，即为飞机全程可利用的业载能力。对于多航段航班，飞机在各站点起飞时的最大业载能力通常并不相等，具体业载分配方式如下：

（1）计算出各站的最大可用业载重量；

（2）从各站最大允许业载重量中预留出该站的固定配额和临时索让索进的配额，以保证中途经停站固定配额和临时索让索进配额不被占用，同时预留出过境业载；

（3）选取每站剩余的最小业载重量作为最大通程业载；

（4）分配剩余业载，剩余业载应优先由后方站使用。

接下来，以一个实例进行说明。

【例 9-1】 某航班由成都经南阳至郑州，已知航班在成都双流机场的最大业载能力为 18 000 kg，在南阳姜营机场的最大业载能力为 16 000 kg，南阳姜营机场拥有固定配额 4 000 kg，同时向成都双流机场另索进 1 000 kg 配额。试进行航段业载分配。

分析：

（1）根据已知条件，将各航站情况列表（见表 1.9.2）；

（2）由于给南阳姜营机场预留了 4 000 kg 的固定配额，同时其向成都双流机场索进 1 000 kg 配额，使得各航段分配结果为：成都至南阳 7 000 kg，成都至郑州 11 000 kg，南阳至郑州 5 000 kg。

（3）可以看出，南阳站通过向成都站索进，在原有 4 000 kg 配额的基础上获得了更多的配额，从而拥有 5 000 kg 的配额，用于提供给从南阳去往郑州的业载重量。

（4）由于南阳站要保证 5 000 kg 的业载能力，故成都经停南阳飞往郑州的最大通程业载能力减少为 11 000 kg。

表 1.9.2　各航站情况

项　目	成都	南阳	郑州
最大业载能力/kg	18 000	16 000	
固定配额/kg		− 4 000	
索让索进/kg		− 1 000	
剩余最大业载能力/kg	18 000	11 000	
最大通程业载/kg	− 11 000	− 11 000	
剩余业载/kg	7 000	0	
	− 7 000		
	0		

（5）对于始发站成都而言，尽管索让使得航班最大通程业载能力下降，但是从成都出发以南阳为终点站的客货装载能力却有所提高。

（6）最大通程业载计算时，首先应保证经停站的固定配额，其次应保证最大通程业载不超过各航站剩余业载的最小者，才能够使得整个航段的运输正常进行。

9.3　旅客和行李重量的确定

使用旅客和行李的平均重量来计算航班承运业载中的旅客、行李重量，是运输类航空器运营人经常采用的一种方法。这种方法能够消除很多潜在的与计算大量相对较轻物体重量有关的误差源。但是在使用平均重量方法计算时，旅客及行李的实际重量与平均重量之间会存在一定差异。样本规模越小（如客舱尺寸），样本的平均值与更大规模的样本平均值的偏差会越大。因此，在中、小客舱航空器的重量与平衡程序中，使用标准平均旅客重量进行重量的估算时应经过严格检验。

对于旅客和行李，大客舱航空器运营人可使用标准平均重量，小客舱航空器运营人可以使用经申请获准的方法来进行航空器的重量与平衡计算，对于中型客舱航空器运营人应首先进行评估，确定这种航空器是否应被视作大客舱或者小客舱航空器来处理。当中型客舱航空器满足大客舱航空器的一定载运能力标准或装载计划标准时，可将中型客舱航空器视为大客舱航空器处理。如果该航空器不能满足这些标准，运营人就不能够使用适用于大客舱航空器的方法，只能选择使用适用于小客舱航空器的方法。

9.3.1　手提行李大纲中的标准平均旅客重量

为了便于进行重量与平衡计算，标准平均旅客重量包含了旅客携带进客舱的个人物品与手提行李的重量。因此，在确定标准平均旅客重量时，除了考虑旅客自身的重量外，还应考虑旅客的夏、冬两季服装重量及其携带进客舱的个人物品与手提行李重量。中国民航规章《中国民用航空旅客、行李国内运输规则》（CCAR-271TR-R2）第三十七条规定，"自理行李的重量不能超过 10 kg，体积每件不超过 20 cm × 40 cm × 55 cm。随身携带物品的重量，每位旅客以 5 kg 为限。"标准平均旅客重量包含了每个旅客可能携带的、符合运营人限制规定的手提行李和个人物品的重量。

确定标准平均旅客重量时，手提行李和个人物品基于以下假设：

（1）有三分之一的旅客携带一件个人物品和一件手提行李；

（2）有三分之一的旅客携带一件个人物品或一件手提行李，其中有一半的旅客携带一件个人物品，另一半携带一件手提行李；

（3）有三分之一的旅客既不携带个人物品也不携带手提行李；

（4）个人物品重量限额为 5 kg，手提行李重量限额为 10 kg。

根据以上假设，可以确定手提行李和个人物品的标准平均重量为 7.5 kg。

如果运营人认为 7.5 kg 的个人物品和手提行李限额对其运行来说并不合适，那么运营人应当进行调查，来确定携带个人物品或手提行李登机的旅客所占的比例。除非运营人进行了调查或者使用无手提行李大纲，否则运营人不应使用低于 7.5 kg 的个人物品或手提行李重量限额。

表 1.9.3 给出了中华人民共和国境内运行的标准平均旅客重量，该重量根据对航空运营人的调查以及第二次国民体质监测公报的有关数据确定。

表 1.9.3 手提行李大纲中的标准平均旅客重量（境内运行）

标准平均旅客重量	每位旅客重量
夏季重量	
成年旅客平均重量	75 kg
男性旅客的平均重量	79 kg
女性旅客的平均重量	70 kg
儿童平均重量（满 2 周岁但不满 12 周岁）	40 kg
婴儿平均重量（不满 2 周岁）	10 kg
冬季重量	
成年旅客平均重量	77 kg
男性旅客的平均重量	82 kg
女性旅客的平均重量	73 kg
儿童平均重量（满 2 周岁但不满 12 周岁）	43 kg
婴儿平均重量（不满 2 周岁）	13 kg

通常，运营人可以在 5 月 1 日至 10 月 31 日之间使用夏季重量，从 11 月 1 日至来年 4 月 30 日使用冬季重量。不过，这些时间规定并不一定适合所有航线和所有运营人。对于没有季节变化的航线，运营人可使用与实际气候相适应的平均重量。对于有季节变化的航线，使用年平均重量的运营人应使用冬季平均重量作为其年平均重量，而不是使用介于夏季重量和冬季重量之间的某一平均重量。

9.3.2 无手提行李大纲中的标准平均旅客重量

无手提行李大纲仅限于中、小客舱航空器（包括按照大客舱航空器处理的中客舱航空器）。采用无手提行李大纲的运营人可以只允许旅客携带个人物品乘坐航空器。由于这些旅客没有手提行李，运营人可以使用标准平均旅客重量，该重量比采用经批准手提行李大纲的运营人所使用的标准平均旅客重量少 5 kg（基于有一半旅客携带个人物品且达到重量限额的假设）。具体数据如表 1.9.4 所示：

表 1.9.4　无手提行李大纲中的标准平均旅客重量（境内运行）

标准平均旅客重量	每位旅客重量
夏季重量	
成年旅客平均重量	70 kg
男性旅客的平均重量	74 kg
女性旅客的平均重量	65 kg
儿童平均重量（满 2 周岁但不满 12 周岁）	35 kg
婴儿平均重量（不满 2 周岁）	10 kg
冬季重量	
成年旅客平均重量	72 kg
男性旅客的平均重量	77 kg
女性旅客的平均重量	68 kg
儿童平均重量（满 2 周岁但不满 12 周岁）	38 kg
婴儿平均重量（不满 2 周岁）	13 kg

9.3.3 实际重量大纲中的旅客实际重量

对于非标准重量群体（如运动员团队等）应该使用实际旅客重量，除非已经制定相应的程序，通过调查建立了针对这类群体的平均重量。当此类群体仅占全部旅客载荷一部分时，可以使用实际重量，也可以使用非标准群体建立的平均重量来计算这些特殊群体的重量。在这种情况下，装载舱单上应做出标注，指明特殊群体的人数和类型（如足球队等）。特殊旅客群体花名册上标明的重量可用于确定实际旅客重量。

运营人可以通过以下任一方式确定旅客的实际重量：

（1）登机前对每位旅客称重（重量衡器的类型和公差将在运营人经批准的重量与平衡控制大纲中规定）。

（2）询问每名旅客的体重，运营人在询问（根据自愿原则）到的重量基础上至少增加 5 kg（11 lb）的衣服重量。如适用，运营人还可以在某些航线上或在某些季节中增加衣服重量的限额。

为了确定个人物品、手提行李、交运行李等的实际重量，运营人应该对其进行称量。采用实际重量的运营人应记录在载量累加过程中所涉及的所有重量。

9.4　《中国民航运行规章》对配载工作的有关规定

《中国民航运行规章》对承运人的运行规范、手册、控制系统，参与配载工作的部门和人员等做出了相应的规定，接下来一一说明。

1.　对运行规范、手册和控制系统的规定

CCAR 第 121.25 条　运行合格证和运行规范的内容

（b）大型飞机公共航空运输承运人的运行规范包含下列内容：

（9）批准的控制飞机重量与平衡的方法。

CCAR 第 121.133 条　手册内容总体要求

手册应当包含下列所有内容，但可以分为两个或者两个以上的单独分册，每一分册应当包括所有适用于该类人员的内容：

（b）飞机运行信息：

（6）重量与平衡计算方面的操作指示和数据。

CCAR 第 121.151 条　飞机的基本要求

（b）合格证持有人可以使用经批准的重量与平衡控制系统来符合适用的适航要求和运行限制，该重量与平衡控制系统可以以平均的、假定的或者估算的重量为基础。

2.　对飞行和签派人员的规定

CCAR 第 121.423 条　驾驶员、飞行机械员的初始、转机型地面训练和驾驶员的升级地面训练

（a）驾驶员、飞行机械员的初始、转机型地面训练和驾驶员的升级地面训练，至少应当讲授适用于其指定职位的下列内容：

（1）一般科目，包括下列内容：

（ii）确定重量与平衡、起飞与着陆跑道限制的基本原则与方法。

CCAR 第 121.431 条　飞行签派员的初始和转机型地面训练

（a）飞行签派员的初始和转机型地面训练应当至少讲授下列内容：

（2）对于每一架飞机，讲授的内容应当包括下列项目：

（iii）重量与平衡的计算。

3.　对手提行李的规定

CCAR 第 121.607 条　手提行李

（a）合格证持有人允许旅客携带手提行李登机时，应当按照其运行规范内规定的手提行李程序，对每个旅客的手提行李进行检查，以控制其尺寸、重量和数量。如果旅客的手提行李超过合格证持有人运行规范内手提行李程序规定的允许量，则该旅客不得登机。

（b）合格证持有人在关闭全部旅客登机门，准备滑行或者推飞机前，应当至少有一名机组必需成员，核实了每件行李都已按照本条规定存放好。

（c）合格证持有人在允许飞机起飞或者着陆前，每件行李应当按照下列要求之一存放：

（1）存放在合适的隔间、行李舱、货舱，这些舱室标有最大重量标牌并提供了固定所有行李或者货物的装置，该装置不影响任何应急设备的使用；

......

（d）除散放的衣服类物品之外，其他行李应当放在经批准的装有限动装置或者门的行李架上。

（e）每位旅客应当遵守机组成员为符合本条（a）、（b）、（c）、（d）款的规定而给予的指示。

（f）允许在下方放置行李的每个旅客座椅，应当装有防止置于其下的行李物品向前滑动的装置。此外，每个靠过道的座椅应当装有防侧滑装置，防止置于其下的行李物品在该飞机型号合格审定的应急着陆条件规定的极限惯性力撞击下滑到过道上。

4. 对装载舱单的规定

CCAR 第 121.679 条 装载舱单的制定

在每架飞机起飞之前，合格证持有人应当制定装载舱单，并对其准确性负责。该舱单应当由合格证持有人负责管理飞机舱单和装载的人员，或者由合格证持有人授权的其他合格人员制定并签字。机长在收到并核实装载舱单后方可以起飞飞机。

CCAR 第 121.697 条 装载舱单

装载舱单应当包含飞机在起飞时有关装载情况的下列信息：

（a）飞机、燃油和滑油、货物和行李、乘客和机组成员的重量。

（b）该次飞行的最大允许重量，该最大允许重量不得超过下述重量中最小的重量：

（1）对于拟使用跑道，考虑对跑道气压高度和坡度以及起飞时的风和温度条件的修正值之后的最大允许起飞重量；

（2）考虑到预期的燃油和滑油消耗，能够符合适用的航路性能限制的最大起飞重量；

（3）考虑到预期的燃油和滑油消耗，能够在到达目的地机场时符合批准的最大设计着陆重量限制的最大起飞重量；

（4）考虑到预期的燃油和滑油消耗，能够在到达目的地机场和备降机场时符合着陆限制的最大起飞重量。

（c）按照批准的程序计算的总重量。

（d）按照批准的能够保证重心处于批准范围之内的计划，对该飞机实施装载的证据。

（e）旅客的姓名，除非该项内容由合格证持有人以其他方式保存。

CCAR 第 121.699 条 国内、国际定期载客运行装载舱单，签派单和飞行计划的处置

（a）机长应当将下列文件的副本随机携带到目的地：

（1）填写好的装载舱单；

......

（b）合格证持有人应当保存前款规定的文件的副本至少 3 个月。

CCAR 第 121.700 条 补充运行的装载舱单、飞行放行单和飞行计划的处置

（a）实施补充运行的飞机机长应当携带下列文件的原件或者经签署的文件副本飞行到目的地机场：

（1）装载舱单；

……

（b）如果飞行在合格证持有人主运行基地始发时，应当在其主运行基地保存本条（a）款规定的文件的原件或者副本。

（c）除本条（d）款规定外，如果飞行在合格证持有人主运行基地以外的机场始发时，机长（或者合格证持有人授权的其他运行控制人员）应当在起飞前或者起飞后立即将本条（a）款列出的文件副本发送或者带回到主运行基地保存。

（d）如果飞行始发在合格证持有人的主运行基地以外机场时，合格证持有人在那个机场委托他人负责管理飞行运行，按照本条（a）款规定签署过的文件副本在送回合格证持有人的主运行基地前在该机场的保存不得超过 30 天。如果这些文件的原件或者副本已经送回合格证持有人的主运行基地，则这些文件不需要继续保存在该机场。

（e）实施补充运行的合格证持有人应当：

（1）根据本条（d）款规定，在其运行手册中制定专门人员负责这些文件副本；

（2）按照本条规定原始文件和副本应当在主运行基地保存 3 个月。

复习思考题

1. 试述业载分配的步骤。

2. 某航班，由 A 机场经 B 机场至 C 机场，已知航班在 A 机场的最大业载能力为 15 372 kg，在 B 机场的最大业载能力为 13 870 kg，B 机场拥有固定配额 3 000 kg，同时向 A 机场临时索进 800 kg 配额。试确定业载分配方案。

3. 试述配载工作随机业务文件有哪些。

4. 试述确定标准平均旅客重量时，手提行李和个人物品基于哪些假设。

第10章 电子舱单与运务电报

10.1 电子舱单

随着民用航空业务和计算机技术的飞速发展，越来越多的航空公司开始采用计算机离港系统作为运务工作的支持平台。飞机载重平衡属于离港系统（Departure Control System，DCS）支持的业务功能之一。

离港系统主要提供旅客办理登机、登机控制、载重平衡三大部分功能，其中载重平衡功能由计算机配载与重量平衡（Load Planning and Weight Balance，LDP）子系统实施。离港系统将传统填制纸质手工舱单的模式进行了电子化，减轻了载重平衡人员的工作强度，提高了重量、重心控制工作的效率，也使得这一过程更加规范，便于管理。

以电子格式输出的载重平衡表就是电子舱单，电子舱单的格式遵循国际航空运输协会IATA所制定的AHM517和AHM518标准。接下来，本书将以某航班实际电子舱单为范例，具体介绍电子舱单的主要格式，便于阅读者进行识读。

行 1	QD PEKXXCA					
	电报代号 QD　收电地址 PEK　XX　CA					
行 2	.CTURRSZ 251123					
	发电人地址 CTU　RR　SZ　发电日时组 251123					
行 3	CAAC-CZ　　LOADSHEET　　CHECKED　　APPROVED　　EDNO					
行 4	ALL WEIGHTS IN KG				01	
	航空公司　　　　舱单　　　　检查人　　　同意人　　　发布编号					
	所有重量均使用千克为单位			打印份数		
行 5	FROM/TO　　FLIGHT　　A/C REG　VERSION　CREW　　DATE　　　TIME					
行 6	KMG CTU CZ3472/25MAY　B2941　　Y148　　4/4/0　　25MAY01　　1923					
	航段　　　　航班号　　飞机注册号　座位布局　机组　执行日期　执行时间					
行 7	WEIGHT　　DISTRIBUTION					
	重量　　装舱分布					
行 8	LOAD IN COMPARTMENTS　　531　　1/0 2/0 3/37 4/494 0/0					
	货舱装载　　　　　　总和　　每个分舱装载信息					
行 9	PASSENGER/CABIN BAG　10463　139/1/0　　　　TTL 140　　CAB 0					
	旅客/客舱行李　　　　总和　　成人/儿童/婴儿　总人数　　行李数					
行 10	MAX TRAFFIC PAYLOAD　13923　PAX　　0/140					
	最大业载　　　　　　　　　旅客　　分舱					
行 11	TOTAL TRAFFIC LOAD　10994　BLKD　0/3					

	实际业载	各级舱位被锁座位数量			
行 12	DRY OPERATING WEIGHT　　33090				
	干使用重量				
行 13	ZERO FUEL WEIGHT ACTUAL　　44084		MAX	48307	ADJ
	实际无燃油重量		最大无燃油重量		调整
行 14	TAKE OFF FUEL		7319		
	起飞燃油				
行 15	TAKE OFF WEIGHT ACTUAL　　51403		MAX	61235	ADJ
	实际起飞重量		最大起飞重量		调整
行 16	TRIP FUEL　　　　2623				
	航程用油				
行 17	LANDING WEIGHT ACTUAL　　48780		MAX	51709	L　ADJ
	实际着陆重量		最大着陆重量		调整
行 18	BALANCE AND SEATING CONDITIONS		LAST MINUTE CHANGES		
	平衡和占座情况		最后一分钟修正		
行 19	DOI　　38.29　　　DLI　43.79		DEST　SPEC　CL/CPT　+　−　WEIGHT		
	修正后的基重指数 固定负载重心指数		到达站 变更项目 等级/加减 变更重量		
行 20	LIZFW 44.61　　　MACZFW 19.36				
	无燃油重量指数　无燃油重心%MAC				
行 21	LITOW 41.39　　　MACTOW 17.63				
	起飞重量指数　起飞重心%MAC				
行 22	LILAW 41.12　　　MACLAW 17.54				
	着陆重量指数　着陆重心%MAC				
行 23	DLMAC 19.54				
	固定负载%MAC				
行 24	STAB TO 4.7　　　MID				
	配平格　　　　居中				
行 25	SEATING				
行 26	0A/45 0B/52 0C/43				
	旅客座位分布				
行 27	UNDERLOAD BEFORE LMC　　2929		LMC TOTAL　+　−		
	最后一分钟修正前剩余业载		最后一分钟修正总重量		
行 28	LOADMESSAGE AND CAPTAINS INFORMATION BEFORE LMC				
	最后一分钟修正前的装载信息和机长信息				
行 29	BW　　　　33090　　KGS　　BI　　38.29				
	基重　　　　　　　　　　基重指数				
行 30	TZFW/CTU　　33727　　KGS				
	下一站的无燃油重量				

　　以上对电子舱单的大致格式和内容进行了介绍，接下来通过实例予以说明。

【**例 10-1**】 已知某航班电子舱单内容（见图 1.10.1），试识读与重量平衡相关的信息。

```
QD CGOLSYA
.CGORRIE CZ/310918
L O A D S H E E T          CHECKED      APPROVED      EDNO
ALL WEIGHTS IN KG                                     02
FROM/TOFLIGHT       A/C REG VERSION    CREW    DATE    TIME
CGO CKG     CZ6275/31OCT12 B6275   F8W24Y120  4/6/0  31OCT12 1718
                            WEIGHT      DISTRIBUTION
LOAD IN COMPARTMENTS        2035    1/1133  3/601  4/168  5/133  0/0
PASSENGER/CABIN BAG         10208   136/0/1      TTL 137    CAB 0
MAX TRAFFIC PAYLOAD         15905   PAX 2/23/111
TOTAL TRAFFIC LOAD          12243   BLKD 0/1/0
DRY OPERATING WEIGHT        43635
ZERO FUEL WEIGHT    ACTUAL  55878    MAX  61000    ADJ
----------------------------------------------------------------
TAKE OFF FUEL               8698
TAKE OFF WEIGHT ACTUAL      64576    MAX  77000    ADJ
----------------------------------------------------------------
TRIP FUEL                   3738
LANDING WEIGHT  ACTUAL      60838    MAX  64500  L  ADJ
----------------------------------------------------------------
BALANCE AND SEATING CONDITIONS     LAST MINUTE CHANGES
DOI    54.30      DLI    52.07   DEST   SPEC   CL/CPT + − WEIGHT
LIZFW  71.46      MACZFW  34.14
LITOW  68.40      MACTOW  31.78
LILAW  71.11      MACLAW  33.26
                  DLMAC   26.07
                      STAB TO        .7 MID
SEATING
0A/25  0B/60  0C/51
UNDERLOAD BEFORE LMC        3662            LMC TOTAL + −
LOADMESSAGE AND CAPTAINS INFORMATION BEFORE LMC
BW         43475  KGS        BI  54.30
TZFW/CKG       43635  KGS
```

图 1.10.1 电子舱单范例

分析：

（1）该舱单生成于 2012 年 10 月 31 日，属于第 2 次打印。

（2）航班 CZ6275 计划于 2012 年 10 月 31 日，从 CGO 飞往 CKG，飞机注册号为 B6275，头等舱 8 座，高端经济舱 24 座，经济舱 120 座，驾驶舱机组 4 人，客舱机组 6 人。

（3）共装载货物 2 035 kg，1 号舱 1 133 kg，3 号舱 601 kg，4 号舱 168 kg，5 号舱 133 kg。未在客舱内装载货物。

（4）共装载旅客 10 208 kg，成年旅客 136 人，婴儿 1 人，共计 137 人。客舱行李件数为 0。

（5）最大商载能力为 15 905 kg。头等舱占座旅客 2 人，高端经济舱占座旅客 23 人，经济舱占座旅客 111 人。

（6）实际商载 12 243 kg。商务舱锁定了 1 个座位。

（7）干使用重量 43 635 kg，无燃油重量 55 878 kg，计划起飞燃油 8 698 kg，起飞重量 64 576 kg，计划航程用油 3 738 kg，着陆重量 60 838 kg。

（8）最大无燃油重量 61 000 kg，最大起飞重量 77 000 kg，最大着陆重量 64 500 kg。

（9）干使用指数 54.30，死重指数 52.07，无燃油指数 71.46，起飞指数 68.40，着陆指数 71.11。无燃油重心 34.14%MAC，起飞重心 31.78%MAC，着陆重心 33.26%MAC，死重重心 26.07%MAC。起飞配平设定为 0.7。

（10）0A 舱 25 人占座，0B 舱 60 人占座，0C 舱 51 人占座。出现 LMC 前的缺载为 3 662 kg。

（11）基重 43 475 kg，基重指数 54.30。在 CKG 站的无燃油重量 43 635 kg。

10.2　运务电报

如果在飞机起飞以后，发现计算错误或装卸错误，要以最快捷的通信方式（电报或电话）通知前方有关站对相关信息进行更正。这就需要从业人员掌握业务电报的相关特点，并熟练运用。

10.2.1　运务电报介绍

配载工作涉及运务电报的拍发，其主要目的是将航班的基本信息通报到达站或经停站，以便后续站点的相关部门预先了解航班装载信息，提前做好工作准备，确保运输工作效率。运务电报包括载重电报和集装箱板布局报。

根据我国民航实际情况，航空公司运务部门主要使用 SITA 格式的电报。来往于航空公司间的各类运务电报均使用 SITA 格式进行拍发。运务电报应如实反映航班信息，尤其不能遗漏最后一分钟变动信息，并应在航班起飞后 5 min 内按规定格式编发。

编写运务电报需要注意以下内容：

（1）运务管理电报的种类标志为电报报文的第一行，载重电报和集装箱板布局报的等级均为 QU。

（2）电报中所包含的信息数据由多行构成，每一行中又包含多个项目，每个项目间应使用空格符号分隔。

（3）每一项中包含两组字符时，应使用一左斜线"/"分隔，以免混淆。

（4）如需补充说明其他内容时，应在补充信息代码"SI"之后编写。

（5）航空器注册号：在中国民航总局注册的航空器，在其注册号前应加注我国航空器无线电识别标志大写字母"B"，并在注册号中取消其中的短划"-"，如 B-2448 号飞机应编为 B2448，若没有航空器注册号的飞机，可使用"ZZZZ"表示；其具体说明可编写在补充信息资料中。

（6）电报等级常见分类如表 1.10.1 所示。

表 1.10.1　电报等级分类说明

等级	种类	代号	使用范围
一	遇险报	QS	用于遇险业务和紧急业务（安全受到威胁而发出的报告）方面的电报
四	急报	QU	用于飞行动态、飞行计划、指挥调度方面急要的指示和报告、各类供航行气象电报、一级航行通告、涉及航空运输的十分紧急的指示和报告
五	快报	Q*	用于与保证飞行、生产运输、紧急旅客订座等有关的电报
六	平报	QD	用于业务部门交发的符合电报拍发规定的业务电报

注：*为除了 S、U、D 外的其他任何英文字母。

（7）收发电地址格式。

发电地址和收电地址是电报报头部分必不可少的内容，标准格式的地址均由 SITA 报

（运务部门使用）标准 7 位代码组成，形式为 AAABBCC。

AAA 为发电或收电部门所在城市或机场的 IATA 三字代码，如 HAK、DAT、PEK（见表 1.10.2）。

BB 为发电或收电部门的二字代码（见表 1.10.3）。

CC 为航空公司的二字代码，如 CA、CZ、3U。

表 1.10.2　国内部分机场的 IATA 三字代码

机　场	三字代码	机　场	三字代码	机　场	三字代码
广州白云国际机场	CAN	南昌昌北机场	KHN	三亚凤凰国际机场	SYX
郑州新郑国际机场	CGO	昆明长水国际机场	KMG	深圳宝安国际机场	SZX
长春龙嘉国际机场	CGQ	贵阳龙洞堡机场	KWE	济南遥墙国际机场	TNA
重庆江北国际机场	CKG	兰州中川机场	LHW	天津滨海国际机场	TSN
长沙黄花国际机场	CSX	云南丽江机场	LJG	太原武宿机场	TYN
成都双流国际机场	CTU	拉萨贡嘎机场	LXA	乌鲁木齐地窝堡国际机场	URC
福州长乐国际机场	FOC	南京禄口国际机场	NKG	武汉天河国际机场	WUH
海口美兰国际机场	HAK	南宁吴圩机场	NNG	西安咸阳国际机场	SIA
呼和浩特白塔机场	HET	北京首都国际机场	PEK	厦门高崎国际机场	XMN
合肥骆岗机场	HFE	上海浦东国际机场	PVG	西宁曹家堡机场	XNN
杭州萧山国际机场	HGH	上海虹桥机场	SHA	珠海三灶机场	ZUH
哈尔滨阎家岗国际机场	HRB	沈阳桃仙机场	SHE	台北桃园国际机场	TPE
银川河东机场	INC	石家庄正定机场	SJW	香港国际机场	HKG
九寨黄龙机场	JZH	汕头外砂机场	SWA	澳门国际机场	MFM

表 1.10.3　常用的部门二字代码

部门名称	二字代码	部门名称	二字代码
国际值机驻外办事处机场办公室	AP	机场国内配载	KN
公司驻外办事处	DD	机场国际配载	KL
机场国内货运部门	FD	机场国内行李查询	LN
机场国际货运部门	FI	机场国际行李查询	LL
配餐部门	HH	国内值机	TZ
机场国内旅客服务部门	KD	客舱服务部门	US
机场国际旅客服务部门	KE	要客服务部门	VP

10.2.2　载重电报

载重电报（Load Message，LDM）主要传递载重表所包含的关键载重信息，让前方站点预先获知航班的实际装载情况。

报头部分				
行 1	报文等级 收报单位 1 收报单位 2 收报单位 3 收报单位 4			
	QU SHATZMU SHAVTMU CANUFCZ BJSTDCA			
行 2	发报单位 日时组			
	·CANTZCZ CZ/121606			
正文部分				
行 3	报文代号			
	LDM			
行 4	航班号 飞机号 座位布局 机组人数			
	CZ3503 · B2811 · C8Y192 · 4/7			
行 5	目的地 旅客人数 货舱总重 各货舱重量 舱位等级人数 可以拉下的旅客人数			
	SHA·193/2/1·T4380·1/380·2/1500·3/2000·4/500·PAX/8/187·PAD/0/0			
附加信息				
行 6	补充说明的信息			
	SI			
行 7	飞机基重 飞机基本指数			
	BW 48561 BI 46.5			
行 8	目的地 货物重量 邮件重量 行李重量 过站重量 行李件数			
	SHA FRE 3500 POS 500 BAG 380 TRA 0 BAGP 35			
行 9	自由填写，无固定格式，以简语和英文表达			
	VIP BAG 2PCS 15KG IN AKE70031/43R			
行 10	PRIORITY BAG 15PCS 200KG IN AKE70031/43R			

各飞机载重表的表头也采用电报的报头格式，用以记录与之相关的收电人和发电人地址、航班号、飞机注册号、舱位布局和机组成员配备等信息。

【例 10-2】 试识读某航班载重表表头信息（见图 1.10.2）。

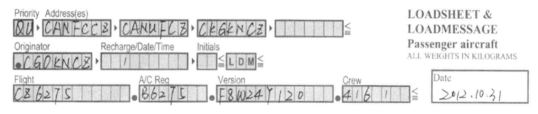

图 1.10.2 载重表表头实例

分析：

（1）电报优先级为急报。收电人地址为 CANFCCZ、CANUFCZ、CKGKNCZ。发电人地址为 CGOKNCZ。

（2）航班号为 CZ6275，飞机注册号为 B6275，使用三舱布局为 F8W24Y120，机组成员配备为 4/6。

【例 10-3】　试识读某航班载重电报正文和附加信息内容（见图 1.10.3）。

```
LDM
CZ6275/31OCT12.B6275.F8W24Y120.04/06
-CKG.136/0/1.0.T2035.1/1133.3/601.4/168.5/133
.PAX/2/23/111.PAD/0/0/0
SI

BW 43475  BI 54.30
CKG  FRE  472  POS  0  BGA  168  TRA  1395/974/0/421/0  BAGP  15

PRIORITY  BAG  NIL
TRANSIT  BAG  NIL
=
NNNN
```

图 1.10.3　载重电报实例

分析：

（1）航班号为 CZ6275，时间为 2012 年 10 月 31 日，飞机注册号为 B6275，舱位布局为 F8W24Y120，机组配备 4/6。

（2）目的地 CKG，共有成年旅客 136 人和婴儿旅客 1 人，货舱载量 2 035 kg，1 号舱 1 133 kg，3 号舱 601 kg，4 号舱 168 kg，散货舱 133 kg。

（3）头等舱占座旅客 2 人，高端经济舱占座旅客 23 人，经济舱占座旅客 111 人。各舱位均无可拉下旅客。

（4）基重 43 475 kg，基重指数 54.30。

（5）运至目的地 CKG 的货物为 472 kg，行李 168 kg。过站重量 1 395 kg，其中 1 号舱 974 kg，4 号舱 421 kg。行李件数 15。

（6）无优先行李。无转运行李。

10.2.3　集装箱板布局报

集装箱板布局报（Container Pallet Distribution Message，CPM）为前方站点提供航班上的集装箱板分布信息和箱板利用情况，包括货舱各集装箱板位置、到达站、箱板编号、箱板装载重量、箱板空间利用率等信息。

报头部分					
行 1	报文等级	收报单位 1	收报单位 2	收报单位 3	收报单位 4	收报单位 5
	QU	PEKKLCA	PEKKNCA	PEKFICA	PEKFDCA	PEKFFCA
行 2	发报单位　　日时组					
	·HAKKNCR　211345					
正文部分					
行 3	报文代号					
	CPM					

行 4	航班号　　　　　　飞机号　　　座位布局　　　机组人数	
	CA1356/21JUL　·　B2469　　·　F18C40Y249　　　4/10	
行 5	位置/箱板外形代号及编号　　箱板所属/到达站/重量/品名/利用状况	
	- 23L/AVE0350	CA/PVG/433/C2
行 6	- 23R/AVE2284	CA/PVG/550/C1
行 7	- 23P/PMC67768	CA/PVG/3000/C0
行 8	- 33/AKE24069	CA/SFO/683/M1
行 9	- 51L/AKE23889	CA/SFO/685/C1
	附加信息	
行 10	特殊注意事项及须补充说明的信息。此部分内容无固定格式，可自由填写，一般以简语和英文表达	
	SI	

【例 10-4】　试识读某航班集装箱板布局报内容（见图 1.10.4）。

```
QU SHATZMU SHAVTMU CANUFCZ BJSTDCA
·CANTZCZ CZ/121606
CPM
CZ3503·B2052·C24Y356·4/15
-11P/N
-12P/N
-13P/SHA/PIP0116CZ/1830/C
-21P/N
-22P/N
-23P/SHA/P6P0221CZ/2300/C
-31L/N  32L/N
-41L/N  41R/N
-42L/SHA/AKE70023CZ/890/BY     42R/N
-43L/N  43R/N
-44/SHA/ALF70035CZ/1400/C
-5/SHA/400/C.AVI
SI
```

图 1.10.4　箱板布局报实例

分析：

（1）电报等级为急报。收电地址为 SHATZMU、SHAVTMU、CANUFCZ、BJSTDCA。

（2）发电地址为 CANTZCZ，发电单位为 CZ，发电时间为 2006 年 12 月 16 日。

（3）航班号为 CZ3503，飞机注册号为 B2052，舱位布局为 C24Y356，机组配备为 4/15。

（4）1 号舱 1 号板位和 2 号板位为空。3 号板位有 1 830 kg 货物且目的地为 SHA，集装设备型号 PIP0116CZ。

（5）2 号舱 1 号板位和 2 号板位为空。3 号板位有 2 300 kg 货物且目的地为 SHA，集装设备型号 P6P0221CZ。

（6）3 号舱 1 号和 2 号左箱位为空。

（7）4 号舱 1 号左和右箱位为空。2 号左箱位有 890 kg 且目的地为 SHA，集装设备型号

AKE70023CZ。2 号右箱位为空。3 号左和右箱位为空。4 号箱位有 1 400 kg 货物且目的地为 SHA，集装设备型号 ALF70035CZ。

（8）5 号舱有 400 kg 活动物且目的地为 SHA。

（9）无附加信息。

复习思考题

1. 识读以下电子舱单，并予以说明。

```
QD CGOLSYA
.CGORRIE CZ/141044
LOADSHEET              CHECKED           APPROVED        EDNO
ALL WEIGHTS IN KG                                        01
FROM/TO      FLIGHT        A/C REG      VERSION    CREW    DATE    TIME
CGO KMG      CZ6395/14MAY12 B2583       C8Y130     2/6/0   14MAY12 1845
                          WEIGHT             DISTRIBUTION
LOAD IN COMPARTMENTS        1324       1/321  2/1003  3/0  4/0   0/0
PASSENGER/CABIN BAG         8598       112/5/1      TTL    118  CAB 0
MAX TRAFFIC PAYLOAD        14301       PAX 0/117
TOTAL TRAFFIC LOAD          9922       BLKD 0/1
DRY OPERATING WEIGHT       32547
ZERO FUEL WEIGHT ACTUAL    42469       MAX   48307      ADJ
------------------------------
TAKE OFF FUEL              11175
TAKE OFF WEIGHT  ACTUAL    53644       MAX   61235      ADJ
------------------------------
TRIP FUEL                  6314
LANDING WEIGHT   ACTUAL    47330       MAX   51709   L  ADJ
------------------------------
BALANCE AND SEATING CONDITIONS            LAST MINUTE CHANGES
DOI     37.67    DLI       28.08    DEST   SPEC  CL/CPT + - WEIGHT
LIZFW   42.38    MACZFW    18.28
LITOW   39.81    MACTOW    16.95
LILAW   38.84    MACLAW    16.48
                 DLMAC      9.18
FLAP 1 AND 5              STAB TO 4.9   MID
FLAP 15                  STAB TO 3.9   MID
SEATING
0A/0  0B/55  0C/62
UNDERLOAD BEFORE LMC        4379         LMC TOTAL + -
LOADMESSAGE AND CAPTAINS INFORMATION BEFORE LMC
BW  32547   KGS      BI   37.67
TZFW/CTU          32547    KGS
```

2. 试识读以下载重电报，并予以说明。

```
LDM
CZ6395/14MAY12.B2583.C8Y130.02/06
-KMG.112/5/1.0.T1324.1/321.2/1003
.PAX/0/117.PAD/0/0
SI
BW  32547    BI   37.67
KMG FRE 1003 POS 0    BAG 321  TRA 0    BAGP        40
PRIORITY      BAG NIL
```

附录 1

附录 1.1

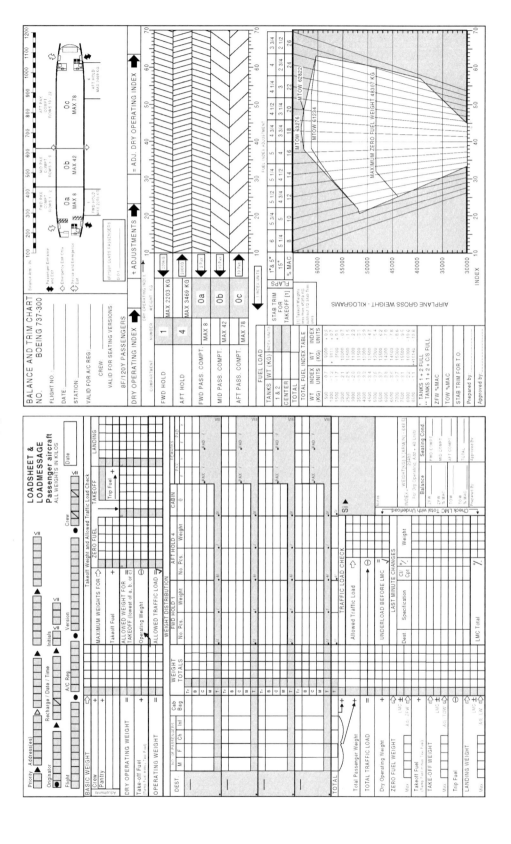

附录 1.2

BALANCE AND TRIM CHART
NO. _____ BOEING 737-700

VALID FOR SEATING VERSION
8C/118Y

8C/118Y
D.O.I. _____

DRY OPERATING INDEX ± ADJUSTMENTS = ADJ. DRY OPERATING INDEX

FWD HOLDS: ① MAX 888 KG ② MAX 1 118 KG
AFT HOLDS: ③ MAX 2 409 KG ④ MAX 763 KG

	Cabin Oa Rows 1-2	Cabin Ob Rows 4-12	Cabin Oc Rows 13-23

ADJ. DRY OPERATING INDEX

CABIN Oa MAX 8 PASS	2 PASS
CABIN Ob MAX 52 PASS	10 PASS
CABIN Oc MAX 66 PASS	10 PASS
FWD HOLD 1 MAX 888 KG	200KG
FWD HOLD 2 MAX 1 118 KG	200KG
AFT HOLD 3 MAX 2 409 KG	200KG
AFT HOLD 4 MAX 763 KG	200KG

FUEL LOADING INDEX

FUEL WEIGHT KILOGRAMS

	0
	2500
	5000
	7500
	10000
	12500
	15000
	17500
	20000
	22500

STAB TRIM for Take-off - 22000 LB Engine Thrust

%MAC

TAKE-OFF WEIGHT KG	4	6	8	10	12	14	16	18	20	22	24	26	28	30	32
70080	8 1/4	7 3/4	7 1/4	6 3/4	6 1/4	6	5 1/2	5 1/4	5	5 3/4	6	5 3/4	5	4 1/2	4
60000	8 1/2	8	7 1/2	7	6 3/4	6 1/4	6	5 1/2	5 1/4	5 1/4	5 1/4	4 3/4	4 3/4	4 1/2	4
50000	8 1/2	8	7 1/2	7 1/4	6 3/4	6	5 3/4	5 1/4	5	4 1/2	4 1/2	4 1/4	4 1/4	3 3/4	3 1/2
45000	8 1/2	8 1/4	7 1/2	7 1/4	6 3/4	6 1/4	5 1/2	5 1/4	4 1/2	4 1/2	4 1/4	4 1/4	4	3 1/2	3 1/4
36287	8 1/2	8 1/2	7	6 1/2	6 1/4	5 1/2	5 1/4	4 1/2	4	4 1/2	4	3 1/2	3	3 1/4	3 1/4

STAB TRIM ADJUSTMENT

FLAP SETTING	12	18	20	22
1 & 5		+1/2	+1/2	-1/2
10, 15 & 25	-1/4	-1/2	-1/2

FLAPS 1 & 5

MAX TAKE-OFF WEIGHT 70080 KG
MAX LANDING WEIGHT 58059 KG
MAX ZERO FUEL WEIGHT 54657 KG

AIRPLANE GROSS WEIGHT - KILOGRAMS

INDEX	65000
	60000
	55000
	50000
	45000
	40000
	35000

TAKE-OFF FLAP SETTING   TRIM UNITS FOR TAKE-OFF

PREPARED BY: APPROVED BY: (CAPTAIN)

LOADMESSAGE

ALL WEIGHTS IN KILOGRAMS

PRIORITY ADDRESS(ES)

ORIGINATOR   RECHARGE DATE/TIME   INITIALS

FLIGHT   A/C REG   VERSION   CREW   Date

DRY OPERATING WEIGHT   +
ADDITIONS   +
DELETIONS   −
ADJUSTED DRY OPERATING WEIGHT   =

MAXIMUM WEIGHTS FOR
ZERO FUEL   TAKE-OFF   LANDING

RAMP FUEL   +   Trip Fuel

RAMP WEIGHT   =

TAXI FUEL   −

OPERATING WEIGHT   =

TAKE-OFF FUEL

ALLOWED WEIGHT FOR TAKE-OFF (lowest of a, b, or c)   −

OPERATING WEIGHT   =

ALLOWED TRAFFIC LOAD   =

DEST	Distribution - Weight					Remarks
	1	2	3	4	0	
___						PAD
						PAX
						PAD
___						PAX
						PAD
___						PAX

ALLOWED TRAFFIC LOAD   =
TRAFFIC LOAD   −
UNDERLOAD   =

BALANCE CONDITIONS
ZERO FUEL   %MAC
TAKE-OFF   %MAC

LAST MINUTE CHANGES

DEST	ITEM	+/−	Weight

INDEX UNITS

LAST MINUTE CHANGES   +
          −
TOTAL LAST MINUTE CHANGES   =

					Weight Totals

DRY OPERATING WEIGHT   +
ADDITIONS   +
DELETIONS   −
ADJUSTED DRY OPERATING WEIGHT   =

RAMP FUEL   +
RAMP WEIGHT   =
TAXI FUEL   −
OPERATING WEIGHT   =

DEST	Passengers	Cab. Bags	
	No	Weight	
___	M		Tr
	A/F		B
	Ch		C
	Inf		M
			T
___	M		Tr
	A/F		B
	Ch		C
	Inf		M
			T
___	M		Tr
	A/F		B
	Ch		C
	Inf		M
			T

TOTAL   T
PASSENGER
TOTAL TRAFFIC LOAD   =
ADJ. D.O.W   =
ZERO FUEL WEIGHT   =
TAKE-OFF FUEL   +
TAKE-OFF WEIGHT   =
TRIP FUEL   −
LANDING WEIGHT   =

MAX CERT ZERO FUEL WEIGHT _____ KG
MAX CERT TAXI WEIGHT _____ KG
MAX CERT TAKE-OFF WEIGHT _____ KG
MAX CERT LANDING WEIGHT _____ KG

INDEX _____ = WEIGHT (KG) X (ARM (IN) − 658.3)
UNITS _____   30 000
For Dry Operating Index, ADD +45 Units

ZFW _____ KG
TW _____ KG
TOW _____ KG
LW _____ KG

附录 1.3

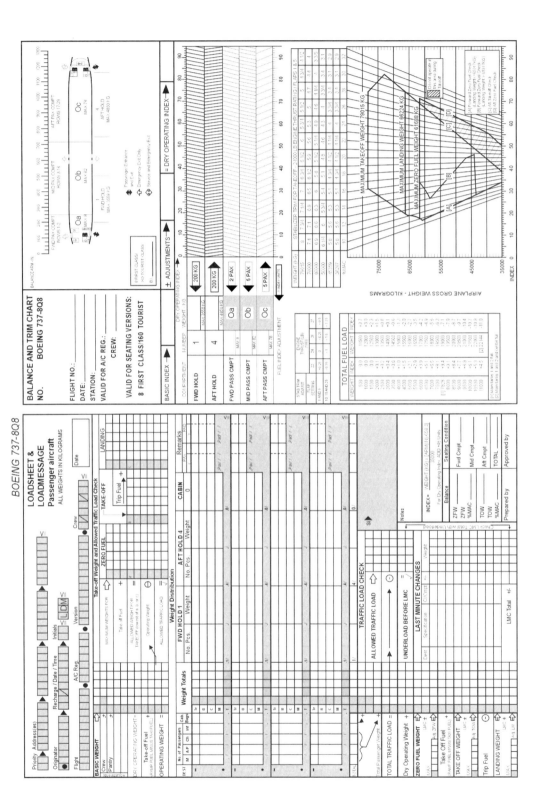

附录 1.4

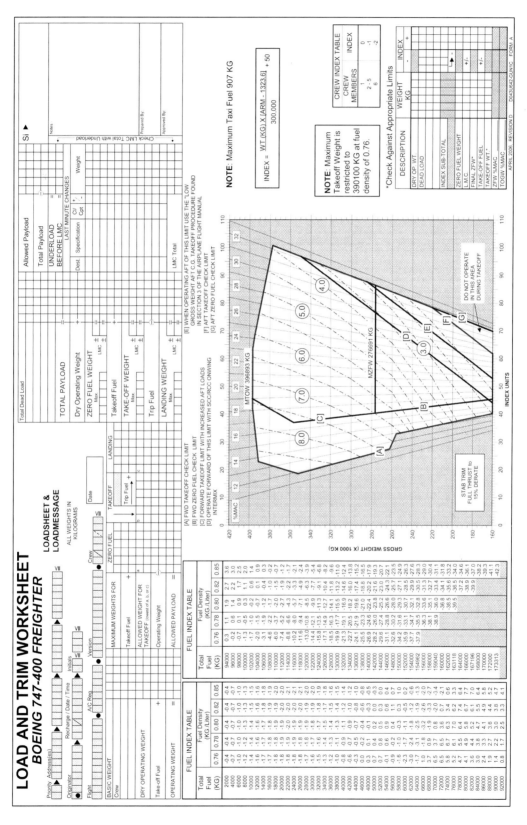

ALL WEIGHTS IN KILOGRAMS

Weights shown for the main deck pallet positions are further restricted by unsymmetrical limitations below.

* INCREASED AFT CUMULATIVE LOADS REQUIRES USE OF FORWARD LIMIT C

All maximum pallet position weights are for both 88" and 96" pallets, unless otherwise specified

[*] Position weights with 96" pallet

NOTE: No interpolation between figures in tables below is allowed.
For figures not included in tables, next higher weight shall be applied
NOTE: Shaded areas indicate that additional liedowns may be required

Maximum Weights for ULD's in Lower Hold

Type	Wts (kg)
PLT 88" x 125"	4626
PLT 96" x 125"	5034
DIM 60.04" x 125" (BAW/SAA7)	3175
LD7/LD3	1587

LATERAL IMBALANCE

Taxi Weight	Allowed Lateral Weight
396693	14815
395000	16667
390000	25926
385000	33333
380000	44074
375000	50000
370000	57407

MAIN DECK UNSYMMETRICAL LOAD LIMITS

附录 1.5

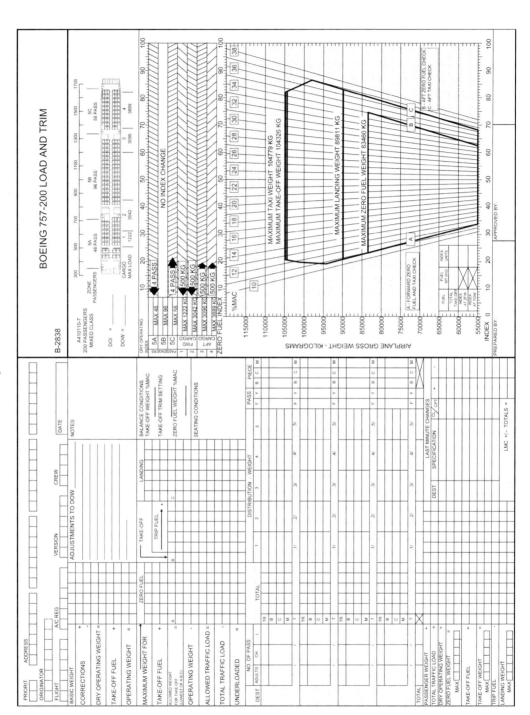

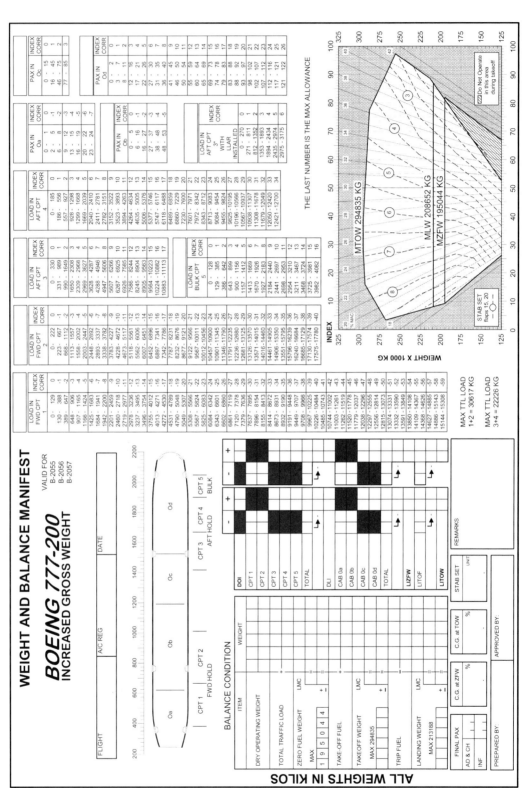

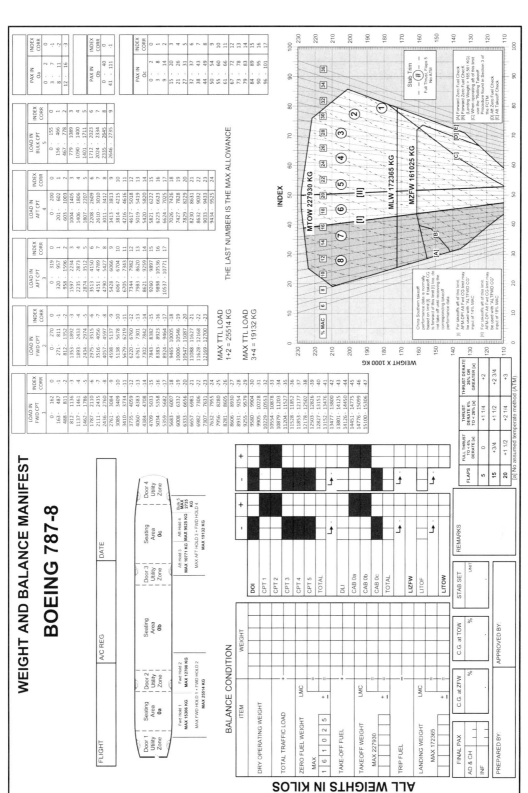

TOTAL FUEL INDEX TABLE

WT - KG	INDEX	WT - KG	INDEX	WT - KG	INDEX	WT - KG	INDEX	WT - KG	INDEX
1000	0	25000	5	48000	6	72000	-5	96000	-16
2000	0	26000	5	49000	5	73000	-6	97000	-16
3000	0	27000	6	50000	5	74000	-6	98000	-17
4000	0	28000	6	51000	4	75000	-7	99000	-17
5000	0	29000	7	52000	4	76000	-7	100000	-18
6000	1	30000	8	53000	3	77000	-8	101000	-18
7000	1	31000	9	54000	3	78000	-8	102000	-18
8000	1	32000	9	55000	2	79000	-8	103000	-18
9000	1	33000	11	56000	2	80000	-9	104000	-19
10000	1	*33788	12	57000	2	81000	-9	105000	-19
11000	1	34000	12	58000	1	82000	-9	106000	-19
12000	1	35000	11	59000	0	83000	-10	107000	-19
13000	1	36000	11	60000	0	84000	-10	107323	-19
14000	1	37000	10	61000	0	85000	-11		
15000	2	38000	10	62000	-1	86000	-11		
16000	2	39000	10	63000	-1	87000	-12		
17000	2	40000	9	64000	-2	88000	-12		
18000	2	41000	9	65000	-2	89000	-13		
19000	2	42000	8	66000	-3	90000	-13		
20000	3	43000	8	67000	-3	91000	-14		
21000	3	44000	8	68000	-4	92000	-14		
22000	3	45000	7	69000	-4	93000	-14		
23000	4	46000	7	70000	-4	94000	-15		
24000	4	47000	6	71000	-5	95000	-15		

ADDITIONS AND DEDUCTIONS INDEX TABLE

ITEM INDEX = (WEIGHT OF ITEM(KG)) x (ITEM C.G. - 1079.2)/(200000 KG-IN)

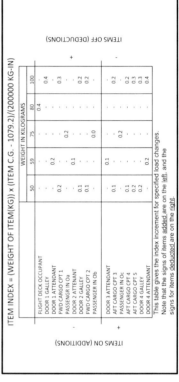

This table gives the index increment for specified load changes. Note that the signs of items added are on the left, and the signs for items deducted are on the right.

附录 1.8

LOAD and TRIM SHEET

A330-243
VERSION : 24 BC-242 YC

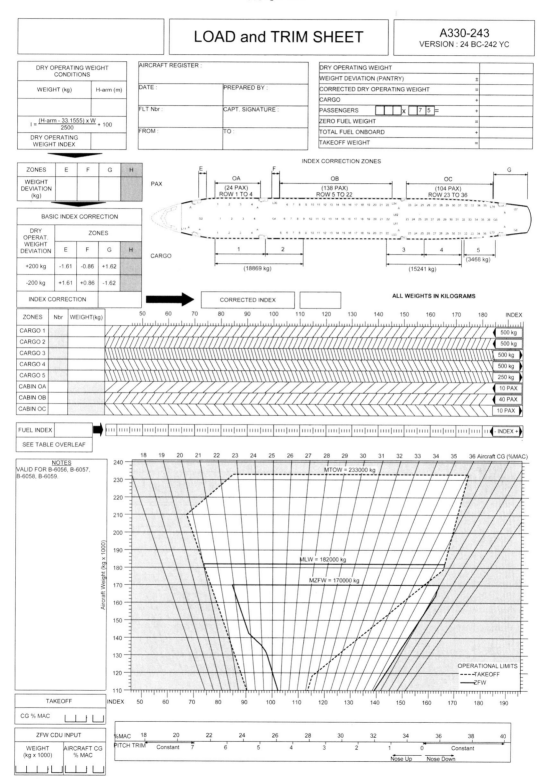

DRY OPERATING WEIGHT CONDITIONS	
WEIGHT (kg)	H-arm (m)

$$I = \frac{(H\text{-arm} - 33.1555) \times W}{2500} + 100$$

DRY OPERATING WEIGHT INDEX

AIRCRAFT REGISTER :

DATE :　　　　　　PREPARED BY :

FLT Nbr :　　　　　CAPT. SIGNATURE :

FROM :　　　　　　TO :

DRY OPERATING WEIGHT		
WEIGHT DEVIATION (PANTRY)	±	
CORRECTED DRY OPERATING WEIGHT	=	
CARGO	+	
PASSENGERS ☐☐ x ☐7 5☐	=	+
ZERO FUEL WEIGHT	=	
TOTAL FUEL ONBOARD	+	
TAKEOFF WEIGHT	=	

ZONES	E	F	G	H
WEIGHT DEVIATION (kg)				

PAX

INDEX CORRECTION ZONES

BASIC INDEX CORRECTION

DRY OPERAT. WEIGHT DEVIATION	ZONES			
	E	F	G	H
+200 kg	-1.61	-0.86	+1.62	
-200 kg	+1.61	+0.86	-1.62	
INDEX CORRECTION				

CARGO

OA (24 PAX) ROW 1 TO 4
OB (138 PAX) ROW 5 TO 22
OC (104 PAX) ROW 23 TO 36

1　2　(18869 kg)
3　4　5 (3468 kg) (15241 kg)

CORRECTED INDEX

ALL WEIGHTS IN KILOGRAMS

ZONES	Nbr	WEIGHT(kg)	
CARGO 1			500 kg
CARGO 2			500 kg
CARGO 3			500 kg
CARGO 4			500 kg
CARGO 5			250 kg
CABIN OA			10 PAX
CABIN OB			40 PAX
CABIN OC			10 PAX

INDEX: 50 60 70 80 90 100 110 120 130 140 150 160 170 180 INDEX

FUEL INDEX

SEE TABLE OVERLEAF

- INDEX +

NOTES
VALID FOR B-6056, B-6057, B-6058, B-6059.

18 19 20 21 22 23 24 25 26 27 28 29 30 31 32 33 34 35 36 Aircraft CG (%MAC)

MTOW = 233000 kg

MLW = 182000 kg

MZFW = 170000 kg

Aircraft Weight (kg x 1000)

OPERATIONAL LIMITS
--- TAKEOFF
— ZFW

INDEX: 50 60 70 80 90 100 110 120 130 140 150 160 170 180 190

TAKEOFF			
CG % MAC	☐	☐	☐

ZFW CDU INPUT	
WEIGHT (kg x 1000)	AIRCRAFT CG % MAC
☐☐☐	☐☐☐

%MAC 18　20　22　24　26　28　30　32　34　36　38　40
PITCH TRIM　Constant 7　6　5　4　3　2　1　0　Constant
Nose Up　Nose Down

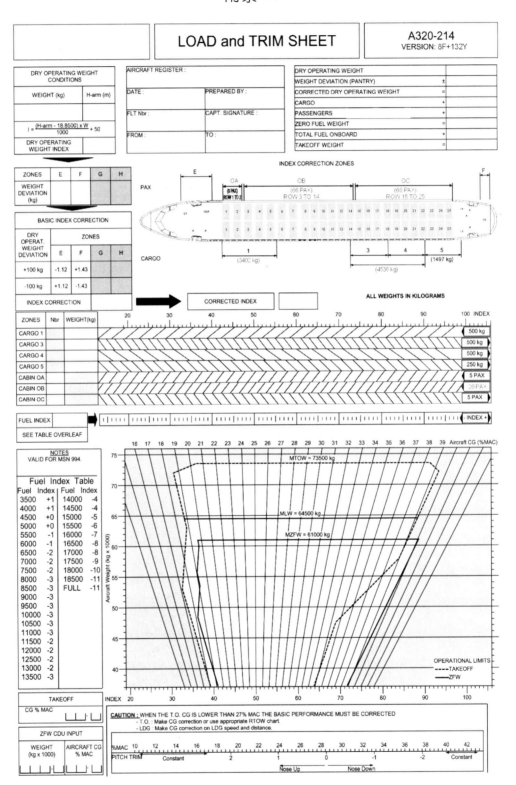

附录 1.9

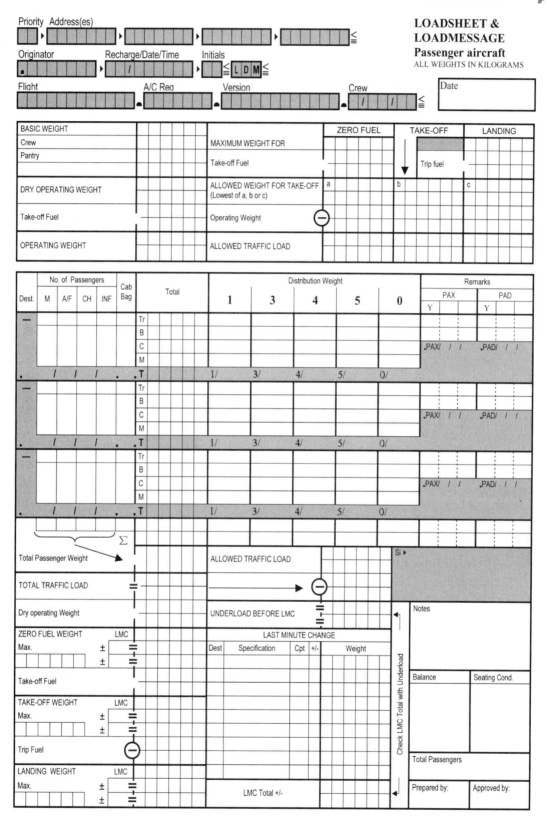

附录 1.10

WEIGHT AND BALANCE MANIFEST DF-806
A321-213

ALL WEIGHT IN KILOS

FLIGHT	A/C REG	DATE

$$I = \frac{(H\text{-arm} - 23.1171) \times W}{1000} + 50$$

	A 40 PAX ROW 1-15	B 66 PAX ROW 16-26	C 79 PAX ROW 27-40
	CPT1	CPT2	CPT3	CPT4	CPT5

BALANCE CALCULATION

ITEM	WEIGHT
DRY OPERATING WEIGHT	
TOTAL TRAFFIC LOAD	+
ZERO FUEL WEIGHT LMC MAX. ± ±	
TAKE-OFF FUEL	+
TAKE-OFF WEIGHT LMC MAX. ± ±	
TRIP FUEL	−
LANDING WEIGHT LMC MAX. ± ±	

	−	+		−	+
DOI					
CPT 1					
CPT 2					
CPT 3					
CPT 4					
CPT 5					
TOTAL					
	−			−	
DLI					
CAB A					
CAB B					
CAB C					
TOTAL					
	−			−	
LIZFW					
LITOF	+/−			+/−	
LITOW					

FINAL PAX		C.G at ZFW	C.G at TOW	STAB SET	REMARKS
AD & CH		%	%	UNIT	
INF		●	●	●	

PREPARED BY :	APPROVED BY:

CPT 1	INDEX CORR
0-44	0
45-131	-1
132-218	-2
219-305	-3
306-393	-4
394-480	-5
481-567	-6
568-654	-7
655-742	-8
743-829	-9
830-916	-10
917-1003	-11
1004-1091	-12
1092-1178	-13
1179-1265	-14
1266-1352	-15
1353-1440	-16
1441-1527	-17
1528-1614	-18
1615-1701	-19
1702-1789	-20
1790-1876	-21
1877-1963	-22
1964-2050	-23
2051-2138	-24
2139-2202	-25

CPT 2	INDEX CORR
0-66	0
67-199	-1
200-331	-2
332-464	-3
465-596	-4
597-729	-5
730-861	-6
862-994	-7
995-1126	-8
1127-1259	-9
1260-1391	-10
1392-1524	-11
1525-1656	-12
1657-1789	-13
1790-1921	-14
1922-2053	-15
2054-2186	-16
2187-2318	-17
2319-2451	-18
2452-2583	-19
2584-2716	-20
2717-2848	-21
2849-2981	-22
2982-3113	-23
3114-3246	-24
3247-3378	-25
3379-3468	-26

CPT 3	INDEX CORR
0-85	+0
86-255	+1
256-475	+2
426-596	+3
597-766	+4
767-936	+5
937-1106	+6
1107-1276	+7
1277-1447	+8
1448-1617	+9
1618-1787	+10
1788-1957	+11
1958-2127	+12
2128-2298	+13
2299-2468	+14
2469-2638	+15
2639-2808	+16
2809-2978	+17
2979-3148	+18
3149-3319	+19
3320-3489	+20
3490-3587	+21

CPT 4	INDEX CORR
0-50	-0
51-149	+1
150-248	+2
249-347	+3
348-447	+4
448-546	+5
547-645	+6
646-745	+7
746-844	+8
845-943	+9
944-1042	+10
1043-1142	+11
1143-1241	+12
1242-1340	+13
1341-1440	+14
1441-1539	+15
1540-1638	+16
1639-1737	+17
1738-1837	+18
1838-1936	+19
1937-2035	+20
2036-2083	+21

CPT 5	INDEX CORR
0-38	-0
39-114	+1
115-190	+2
191-266	+3
267-342	+4
343-418	+5
419-494	+6
495-571	+7
572-647	+8
648-723	+9
724-799	+10
800-875	+11
876-951	+12
952-1027	+13
1028-1103	+14
1104-1179	+15
1180-1255	+16
1256-1331	+17
1332-1407	+18
1408-1483	+19
1484-1497	+20

WEIGHT (kg)	DENSITY (kg/l) 0.785
500	-1
1000	-1
1500	-2
2000	-2
2500	-3
3000	-3
3500	-4
4000	-4
4500	-5
5000	-5
5500	-5
6000	-6
6500	-6
7000	-6
7500	-7
8000	-7
8500	-7
9000	-7
9500	-6
10000	-6
10500	-6
11000	-5
11500	-4
12000	-3
12500	-3
13000	-4
13500	-5
14000	-5
14500	-6
15000	-7
15500	-8
16000	-8
16500	-9
17000	-10
17500	-11
18000	-12
18500	-12
FULL	-13

CAB A	INDEX CORR
0-1	-1
2-3	-2
4	-3
5	-4
6	-5
7-8	-6
9	-7
10	-8
11	-9
12-13	-10
14	-11
15	-12
16	-13
17-18	-14
19	-15
20	-16
21	-17
22-23	-18
24	-19
25	-20
26	-21
27-28	-22
29	-23
30	-24
31	-25
32-33	-26
34	-27
35	-28
36	-29
37-38	-30
39	-31
40	-32

CAB C	INDEX CORR
0-1	+1
2-3	+2
4	+3
5	+4
6-7	+5
8	+6
9	+7
10-11	+8
12	+9
13	+10
14	+11
15-16	+12
17	+13
18	+14
19-20	+15
21	+16
22	+17
23	+18
24-25	+19
26	+20
27	+21
28-29	+22
30	+23
31	+24
32-33	+25
34	+26
35	+27
36	+28
37-38	+29
39	+30
40	+31
41-42	+32

CAB C	INDEX CORR
43	+33
44	+34
45	+35
46-47	+36
48	+37
49	+38
50-51	+39
52	+40
53	+41
54-55	+42
56	+43
57	+44
58	+45
59-60	+46
61	+47
62	+48
63-64	+49
65	+50
66	+51
67	+52
68-69	+53
70	+54
71	+55
72-73	+56
74	+57
75	+58
76-77	+59
78	+60
79	+61

CAB B	INDEX CORR
0-3	0
4-9	-1
10-15	-2
16-21	-3
22-27	-4
28-33	-5
34-39	-6
40-45	-7
46-51	-8
52-57	-9
58-63	-10
64-66	-11

TRIM SETTING (NOSE UP)

%MAC — PITCH TRIM

46 / 44 CONSTANT / 42
40 — 3
38
36 — 2
34
32 — 1
30 NOSE DOWN
28 — 0
26 NOSE UP
24 — 1
22
20 — 2
18
16 — 3
14
12 — 4 / CONSTANT
10

MTOW = 89 000 kg
MLW = 77 800 kg
MZFW = 73 800 kg
AIRCRAFT CG (% MAC)
AIRCRAFT WEIGHT (x 1000Kg)
TAKE OFF LIMIT
ZFW LIMIT
INDEX

附录 1.11

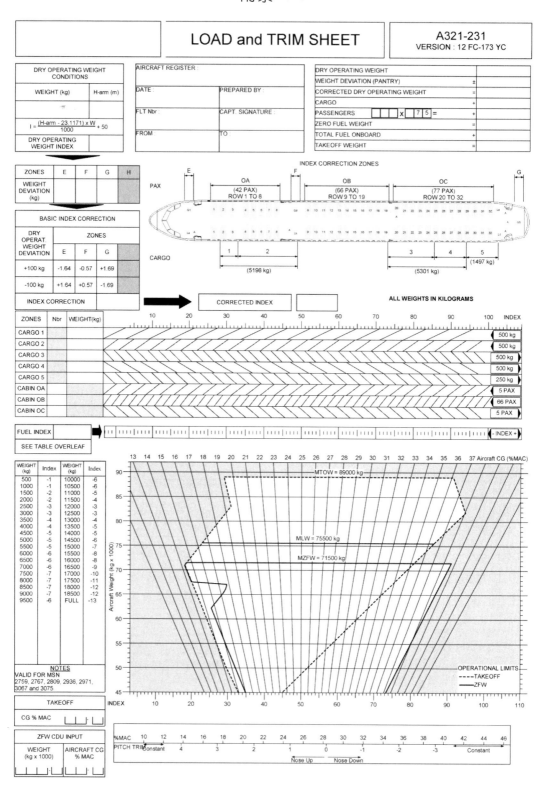

附录 1.12

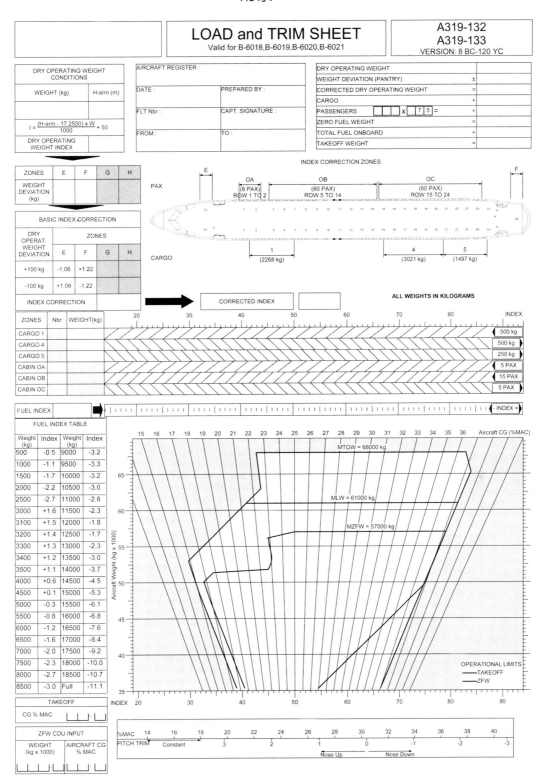

LOAD and TRIM SHEET
FUEL INDEX TABLE

A330-243
VERSION : 24 BC-242 YC

WEIGHT (kg)	DENSITY (kg/l)														
	0.760	0.765	0.770	0.775	0.780	0.785	0.790	0.795	0.800	0.805	0.810	0.815	0.820	0.825	0.830
3000	−3	−3	−3	−3	−3	−3	−3	−3	−3	−3	−3	−3	−3	−3	−3
5000	−5	−5	−5	−5	−5	−5	−5	−5	−5	−5	−5	−5	−5	−5	−5
7000	−7	−7	−7	−7	−7	−7	−7	−7	−7	−7	−7	−7	−7	−7	−7
9000	−9	−9	−9	−9	−9	−9	−9	−9	−9	−9	−9	−9	−9	−9	−9
11000	−6	−6	−6	−6	−6	−6	−6	−6	−6	−6	−6	−6	−6	−6	−6
13000	−1	−1	−1	−1	−1	−1	−2	−2	−2	−2	−2	−2	−2	−2	−2
15000	+2	+2	+2	+3	+3	+3	+3	+3	+3	+3	+3	+3	+4	+4	+4
17000	+0	+0	+0	+1	+1	+1	+1	+1	+1	+1	+1	+1	+2	+2	+2
19000	−2	−2	−2	−1	−1	−1	−1	−1	−1	−1	−1	−1	+0	+0	+0
21000	−4	−4	−3	−3	−3	−3	−3	−3	−3	−3	−3	−2	−2	−2	−2
23000	−6	−5	−5	−5	−5	−5	−5	−5	−5	−5	−4	−4	−4	−4	−4
25000	−7	−7	−7	−7	−7	−7	−7	−7	−7	−6	−6	−6	−6	−6	−6
27000	−9	−9	−9	−9	−9	−9	−9	−8	−8	−8	−8	−8	−8	−8	−8
29000	−11	−11	−11	−11	−10	−10	−10	−10	−10	−10	−10	−10	−10	−10	−10
31000	−13	−12	−12	−12	−12	−12	−12	−12	−12	−12	−12	−12	−11	−11	−11
33000	−14	−14	−14	−14	−14	−14	−14	−14	−14	−13	−13	−13	−13	−13	−13
35000	−16	−16	−16	−16	−16	−15	−15	−15	−15	−15	−15	−15	−15	−15	−15
36000	−17	−17	−17	−16	−16	−16	−16	−16	−16	−16	−16	−16	−16	−16	−16
36500	−17	−17	−17	−17	−17	−17	−17	−17	−16	−16	−16	−16	−16	−16	−16
37000	−12	−12	−12	−12	−12	−12	−12	−11	−11	−11	−11	−11	−11	−11	−11
37500	−7	−7	−7	−7	−7	−6	−6	−6	−6	−6	−6	−6	−6	−6	−6
38000	−2	−2	−1	−1	−1	−1	−1	−1	−1	−1	−1	−1	−1	−1	+0
38500	+4	+4	+4	+4	+4	+4	+4	+4	+4	+4	+4	+4	+5	+5	+5
39000	+8	+8	+8	+8	+8	+8	+8	+8	+8	+8	+8	+9	+9	+9	+9
41500	+6	+6	+6	+6	+6	+6	+6	+6	+6	+6	+7	+7	+7	+7	+7
44000	+4	+4	+4	+4	+4	+4	+4	+4	+4	+5	+5	+5	+5	+5	+5
46500	+2	+2	+2	+2	+2	+2	+3	+3	+3	+3	+3	+3	+3	+3	+3
49000	+1	+1	+1	+1	+1	+1	+1	+1	+1	+1	+1	+1	+1	+1	+1
51500	+0	+0	+0	+0	+0	+0	+0	+0	+0	+0	+0	+0	+0	+0	+0
54000	−1	−1	−1	−1	−1	−1	−1	−1	−1	−1	−2	−2	−2	−2	−2
56500	−1	−1	−1	−1	−1	−2	−2	−2	−2	−2	−2	−2	−2	−2	−3
59000	−1	−1	−1	−1	−1	−2	−2	−2	−2	−2	−3	−3	−3	−3	−3
61500	+0	+0	−1	−1	−1	−1	−2	−2	−2	−2	−2	−3	−3	−3	−3
64000	+1	+1	+0	+0	+0	−1	−1	−1	−2	−2	−2	−2	−3	−3	−3
66500	+3	+2	+2	+1	+1	+1	+0	+0	−1	−1	−1	−2	−2	−2	−2
69000	+5	+4	+4	+3	+3	+2	+2	+1	+1	+0	+0	+0	−1	−1	−1
71000	+7	+6	+6	+5	+5	+4	+3	+3	+2	+2	+1	+1	+1	+0	+0
73000	+8	+8	+8	+7	+7	+6	+6	+5	+4	+4	+3	+3	+2	+2	+1
75000	+7	+7	+7	+7	+7	+7	+7	+7	+7	+6	+5	+5	+4	+3	+3
77000	+7	+7	+7	+7	+7	+7	+7	+7	+7	+7	+7	+7	+6	+6	+5
79000	+6	+6	+6	+6	+6	+6	+6	+6	+6	+6	+6	+6	+6	+6	+6
81000	+5	+5	+5	+5	+5	+5	+5	+6	+6	+6	+6	+6	+6	+6	+6
83000	+4	+4	+4	+4	+4	+4	+5	+5	+5	+5	+5	+5	+5	+5	+5
85000	+3	+3	+3	+3	+3	+3	+4	+4	+4	+4	+4	+4	+4	+4	+4
87000	+2	+2	+2	+2	+2	+2	+3	+3	+3	+3	+3	+3	+3	+3	+3
89000	+1	+1	+1	+1	+1	+2	+2	+2	+2	+2	+2	+2	+2	+2	+3
91000	+0	+0	+0	+0	+1	+1	+1	+1	+1	+1	+1	+1	+1	+1	+2
93000	−1	−1	−1	+0	+0	+0	+0	+0	+0	+0	+0	+0	+0	+0	+1
95000	−2	−2	−1	−1	−1	−1	−1	−1	−1	−1	−1	−1	−1	+0	+0
97000	−2	−2	−2	−2	−2	−2	−2	−2	−2	−2	−2	−2	−1	−1	−1
99000	−3	−3	−3	−3	−3	−3	−3	−3	−3	−3	−3	−2	−2	−2	−2
101000	−4	−4	−4	−4	−4	−4	−4	−4	−4	−4	−3	−3	−3	−3	−3
103000	−6	−6	−5	−5	−5	−5	−5	−5	−5	−4	−4	−4	−4	−4	−4
105000	−8	−7	−7	−6	−6	−6	−6	−6	−6	−5	−5	−5	−5	−5	−5
107000			−9	−8	−8	−7	−7	−7	−7	−6	−6	−6	−6	−6	−6
109000						−9	−9	−8	−8	−8	−8	−7	−7	−7	−7
111000									−10	−9	−9	−9	−8	−8	−8
113000												−10	−10	−10	−9
115000															−11
FULL	−9	−9	−9	−9	−9	−9	−9	−9	−9	−10	−10	−10	−10	−10	−10

附录 1

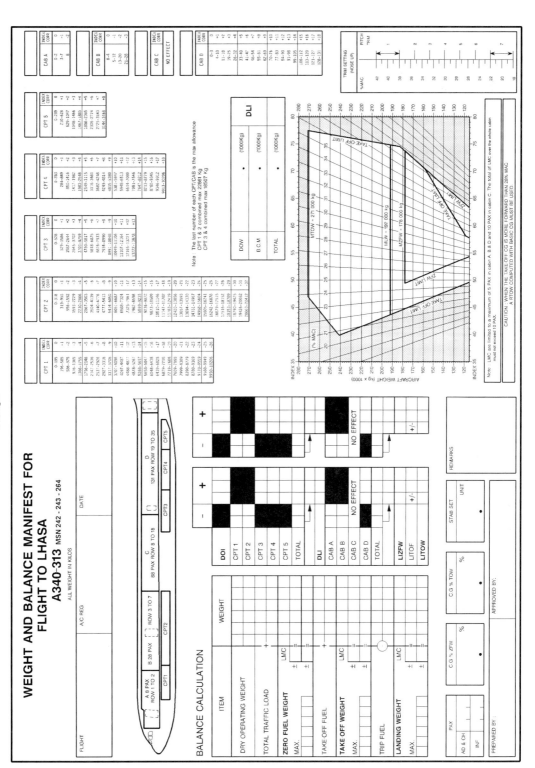

附录 1.14

LOAD AND TRIM SHEET

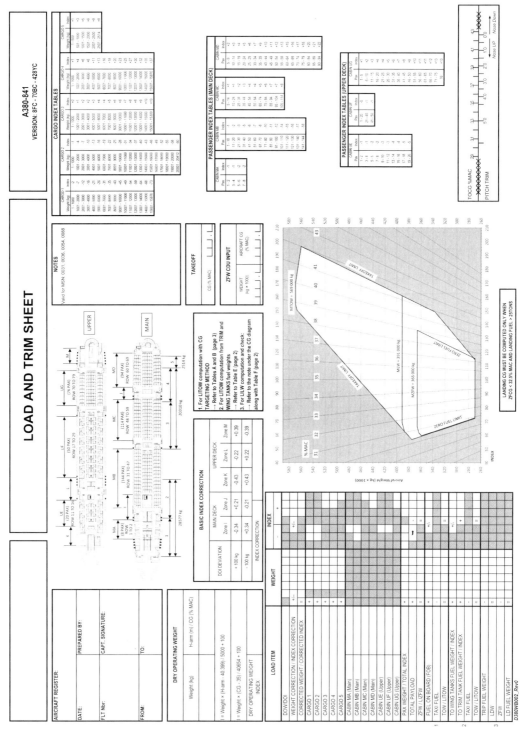

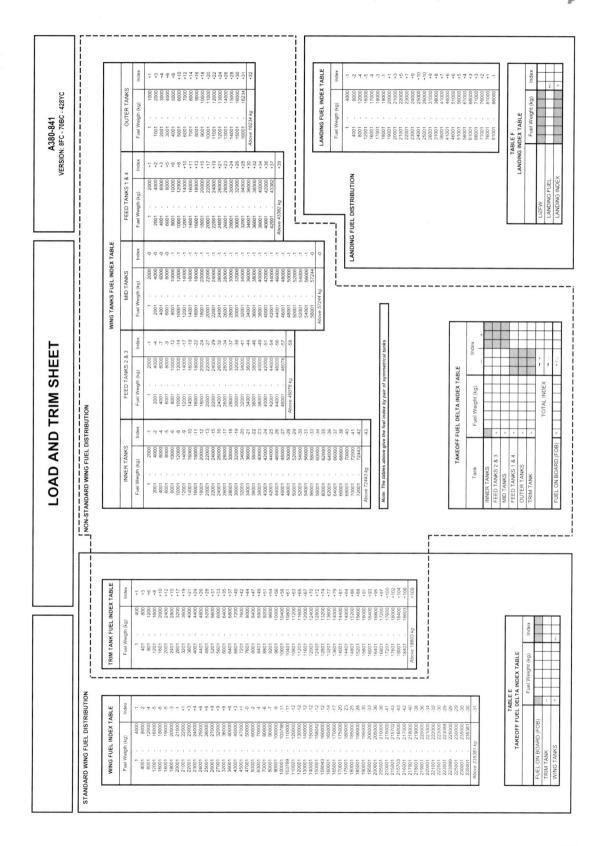

LOAD AND TRIM SHEET

A380-841
VERSION: 8FC - 70BC - 428YC

CG TARGETING FUEL DISTRIBUTION

TABLE A
CG TARGETING FUEL INDEX TABLE

TRIM TANK FUEL WEIGHT (kg)

FUEL ON BOARD (FOB) (kg)	0	500	1000	1500	2000	2500	3000	3500	4000	4500	5000	5500	6000	6500	7000	7500	8000	8500	9000	9500
47001 - 50000	0	+3	+5	+8	+11	+15	+18													
50001 - 55000	-1	+2	+5	+7	+10	+13	+16	+19	+22	+25	+28	+31	+34	+37	+41	+44	+47			
55001 - 60000	-2	+1	+4	+7	+9	+12	+15	+18	+21	+24	+27	+30	+33	+36	+39	+42	+45	+48	+51	+54
60001 - 65000	-3	0	+3	+6	+8	+11	+14	+17	+20	+23	+26	+29	+32	+35	+38	+41	+44	+47	+50	+53
65001 - 70000	-4	-1	+2	+5	+8	+10	+13	+16	+19	+22	+25	+28	+31	+34	+37	+40	+43	+46	+49	+52
70001 - 75000	-5	-2	+1	+4	+7	+9	+12	+15	+18	+21	+24	+27	+30	+33	+36	+39	+42	+45	+48	+51
75001 - 80000	-6	-3	0	+3	+6	+9	+11	+14	+17	+20	+23	+26	+29	+32	+35	+38	+41	+44	+47	+50
80001 - 85000	-7	-4	-1	+2	+5	+8	+11	+13	+16	+19	+22	+25	+28	+31	+34	+37	+40	+43	+46	+49
85001 - 90000	-8	-5	-2	+1	+4	+7	+10	+12	+15	+18	+21	+24	+27	+30	+33	+36	+39	+42	+45	+48
90001 - 95000	-9	-6	-3	0	+3	+6	+9	+12	+14	+17	+20	+23	+26	+29	+32	+35	+38	+41	+44	+47
95001 - 100000	-10	-7	-4	-1	+2	+5	+8	+11	+14	+16	+19	+22	+25	+28	+31	+34	+37	+40	+43	+46
100001 - 105000	-11	-8	-5	-2	+1	+4	+7	+10	+13	+16	+18	+21	+24	+27	+30	+33	+36	+39	+42	+45
105001 - 110000	-11	-8	-5	-3	0	+3	+6	+9	+12	+15	+18	+21	+24	+26	+29	+32	+35	+38	+41	+44
110001 - 115000	-11	-9	-6	-3	0	+3	+6	+9	+11	+14	+17	+20	+23	+26	+29	+32	+35	+38	+40	+43
115001 - 120000	-12	-9	-6	-3	-1	+2	+5	+8	+11	+14	+17	+20	+23	+26	+28	+31	+34	+37	+40	+43
120001 - 125000	-12	-9	-7	-4	-1	+2	+5	+8	+11	+14	+16	+19	+22	+25	+28	+31	+34	+37	+40	+43
125001 - 130000	-12	-9	-7	-4	-1	+2	+5	+8	+10	+13	+16	+19	+22	+25	+28	+31	+34	+36	+39	+42
130001 - 135000	-12	-9	-7	-4	-1	+2	+5	+8	+10	+13	+16	+19	+22	+25	+28	+30	+33	+36	+39	+42
135001 - 140000	-12	-9	-6	-4	-1	+2	+5	+8	+10	+13	+16	+19	+22	+25	+28	+30	+33	+36	+39	+42
140001 - 145000	-12	-9	-6	-4	-1	+2	+5	+8	+11	+13	+16	+19	+22	+25	+28	+31	+33	+36	+39	+42
145001 - 150000	-12	-9	-6	-3	-1	+2	+5	+8	+11	+13	+16	+19	+22	+25	+28	+31	+34	+36	+39	+42
150001 - 155000	-12	-9	-6	-3	-1	+2	+5	+8	+11	+14	+16	+19	+22	+25	+28	+31	+34	+37	+39	+42
155001 - 160000	-12	-9	-6	-3	0	+2	+5	+8	+11	+14	+16	+19	+22	+25	+28	+31	+34	+37	+39	+42
160001 - 165000	-14	-11	-8	-5	-2	+1	+4	+8	+11	+14	+17	+20	+22	+25	+28	+31	+34	+37	+40	+42
165001 - 170000	-17	-14	-11	-8	-5	-2	+1	+5	+8	+11	+14	+17	+20	+24	+27	+30	+33	+36	+39	+43
170001 - 175000	-20	-17	-14	-11	-8	-4	-1	+2	+5	+8	+11	+14	+17	+21	+24	+27	+30	+33	+36	+40
175001 - 180000	-23	-19	-16	-13	-10	-7	-4	-1	+2	+5	+8	+12	+15	+18	+21	+24	+27	+30	+34	+37
180001 - 185000	-25	-22	-19	-16	-13	-10	-7	-4	-1	+3	+6	+9	+12	+15	+18	+21	+25	+28	+31	+34
185001 - 190000	-28	-25	-22	-19	-16	-12	-9	-6	-3	0	+3	+6	+9	+12	+16	+19	+22	+25	+28	+31
190001 - 195000	-30	-27	-24	-21	-18	-15	-12	-9	-6	-3	+1	+4	+7	+10	+13	+16	+19	+22	+26	+29
195001 - 200000	-33	-30	-27	-24	-21	-18	-15	-11	-8	-5	-2	+1	+4	+7	+10	+14	+17	+20	+23	+26
200001 - 205000	-36	-33	-30	-26	-23	-20	-17	-14	-11	-8	-5	-2	+2	+5	+8	+11	+14	+17	+20	+24
205001 - 210000	-38	-35	-32	-29	-26	-23	-20	-17	-14	-11	-7	-4	-1	+2	+5	+8	+11	+15	+18	+21
210001 - 215000	-41	-38	-35	-32	-29	-26	-23	-20	-16	-13	-10	-7	-4	-1	+2	+6	+9	+12	+15	+18
215001 - 220000	-40	-38	-36	-34	-32	-29	-26	-23	-19	-16	-13	-10	-7	-4	0	+3	+6	+9	+12	+15
220001 - 225000	-30	-28	-26	-25	-23	-21	-19	-17	-15	-13	-12	-10	-8	-6	-4	0	+3	+6	+9	+12
225001 - 230000	-29	-26	-23	-21	-18	-15	-12	-9	-6	-4	-2	0	+2	+4	+6	+8	+10	+12	+13	+15
230001 - 235000	-30	-27	-24	-21	-18	-15	-12	-10	-7	-4	-1	+2	+5	+8	+11	+14	+17	+20	+23	+25
235001 - 240000	-30	-27	-24	-22	-19	-16	-13	-10	-7	-4	-1	+2	+4	+7	+10	+13	+16	+19	+22	+25
240001 - 245000	-31	-28	-25	-22	-19	-16	-14	-11	-8	-5	-2	+1	+4	+7	+10	+13	+16	+19	+22	+25
245001 - 250000	-31	-28	-26	-23	-20	-17	-14	-12	-9	-5	-3	0	+3	+6	+9	+12	+15	+18	+21	+24
250001 - 255000										-6	-3	0	+3	+6	+9	+11	+14	+17	+20	+23
255001 - 260000																				+23
260001 - 265000																				
265001 - 265308																				

FUEL ON BOARD (FOB) (kg)	10000	10500	11000	11500	12000	12500	13000	13500	14000	14500	15000	15500	16000	16500	17000	17500	18000	18500	19000	19432
47001 - 50000																				
50001 - 55000																				
55001 - 60000	+57	+60	+63	+66	+70	+73	+76													
60001 - 65000	+56	+59	+62	+65	+68	+71	+74	+77	+80	+83	+86	+89	+92	+95	+98	+102	+105			
65001 - 70000	+55	+58	+61	+64	+67	+70	+73	+76	+79	+82	+85	+88	+91	+94	+97	+100	+103	+106	+109	+111
70001 - 75000	+54	+57	+60	+63	+66	+69	+72	+75	+78	+81	+84	+87	+90	+93	+96	+99	+102	+105	+108	+110
75001 - 80000	+53	+56	+59	+62	+65	+68	+71	+74	+77	+80	+83	+86	+89	+92	+95	+98	+101	+104	+107	+109
80001 - 85000	+52	+55	+58	+61	+64	+67	+70	+73	+76	+79	+82	+85	+88	+91	+94	+97	+100	+103	+106	+108
85001 - 90000	+51	+54	+57	+60	+63	+66	+69	+72	+75	+78	+81	+84	+87	+90	+93	+96	+99	+102	+105	+107
90001 - 95000	+50	+53	+56	+59	+62	+65	+68	+71	+74	+77	+80	+83	+86	+89	+92	+95	+98	+101	+104	+106
95001 - 100000	+49	+52	+55	+58	+61	+64	+67	+70	+73	+76	+79	+82	+85	+88	+91	+94	+97	+100	+103	+105
100001 - 105000	+48	+51	+54	+57	+60	+63	+66	+69	+72	+75	+78	+81	+84	+87	+90	+93	+96	+99	+102	+104
105001 - 110000	+47	+50	+53	+56	+59	+62	+65	+68	+71	+74	+77	+80	+83	+86	+89	+92	+95	+98	+101	+103
110001 - 115000	+46	+49	+52	+55	+58	+61	+64	+67	+70	+73	+76	+79	+82	+85	+88	+91	+94	+97	+100	+103
115001 - 120000	+46	+49	+52	+55	+58	+61	+64	+66	+69	+72	+75	+78	+81	+84	+87	+90	+93	+96	+99	+102
120001 - 125000	+46	+49	+51	+54	+57	+60	+63	+66	+69	+72	+75	+78	+81	+84	+87	+89	+92	+95	+98	+101
125001 - 130000	+45	+48	+51	+54	+57	+60	+63	+66	+69	+72	+74	+77	+80	+83	+86	+89	+92	+95	+98	+100
130001 - 135000	+45	+48	+51	+54	+57	+59	+62	+65	+68	+71	+74	+77	+80	+83	+86	+89	+92	+95	+97	+100
135001 - 140000	+45	+48	+51	+54	+56	+59	+62	+65	+68	+71	+74	+77	+80	+83	+85	+88	+91	+94	+97	+100
140001 - 145000	+45	+48	+51	+54	+56	+59	+62	+65	+68	+71	+74	+77	+80	+82	+85	+88	+91	+94	+97	+99
145001 - 150000	+45	+48	+51	+54	+57	+59	+62	+65	+68	+71	+74	+77	+80	+82	+85	+88	+91	+94	+97	+99
150001 - 155000	+45	+48	+51	+54	+57	+60	+62	+65	+68	+71	+74	+77	+80	+83	+85	+88	+91	+94	+97	+99
155001 - 160000	+45	+48	+51	+54	+57	+60	+62	+65	+68	+71	+74	+77	+80	+83	+86	+88	+91	+94	+97	+99
160001 - 165000	+45	+48	+51	+54	+57	+60	+63	+65	+68	+71	+74	+77	+80	+83	+86	+88	+91	+94	+97	+100
165001 - 170000	+46	+48	+51	+54	+57	+60	+63	+66	+68	+71	+74	+77	+80	+83	+86	+89	+91	+94	+97	+100
170001 - 175000	+43	+46	+49	+52	+56	+59	+62	+65	+68	+72	+74	+77	+80	+83	+86	+89	+91	+94	+97	+100
175001 - 180000	+40	+43	+46	+49	+53	+56	+59	+62	+65	+69	+72	+75	+78	+81	+84	+88	+91	+94	+97	+100
180001 - 185000	+37	+40	+44	+47	+50	+53	+56	+59	+63	+66	+69	+72	+75	+78	+82	+85	+88	+91	+94	+97
185001 - 190000	+35	+38	+41	+44	+47	+50	+53	+57	+60	+63	+66	+69	+72	+76	+79	+82	+85	+88	+91	+94
190001 - 195000	+32	+35	+38	+41	+44	+48	+51	+54	+57	+60	+63	+67	+70	+73	+76	+79	+82	+85	+89	+91
195001 - 200000	+29	+32	+36	+39	+42	+45	+48	+51	+54	+58	+61	+64	+67	+70	+73	+76	+80	+83	+86	+89
200001 - 205000	+27	+30	+33	+36	+39	+42	+46	+49	+52	+55	+58	+61	+64	+68	+71	+74	+77	+80	+83	+86
205001 - 210000	+24	+27	+30	+34	+37	+40	+43	+46	+49	+52	+56	+59	+62	+65	+68	+71	+74	+78	+81	+83
210001 - 215000	+21	+25	+28	+31	+34	+37	+40	+44	+47	+50	+53	+56	+59	+62	+66	+69	+72	+75	+78	+81
215001 - 220000	+19	+22	+25	+28	+31	+34	+38	+41	+44	+47	+50	+53	+57	+60	+63	+66	+69	+72	+75	+78
220001 - 225000	+16	+19	+22	+25	+28	+32	+35	+38	+41	+44	+47	+51	+54	+57	+60	+63	+66	+70	+73	+75
225001 - 230000	+17	+19	+21	+23	+25	+29	+32	+35	+38	+41	+45	+48	+51	+54	+57	+60	+64	+67	+70	+73
230001 - 235000	+27	+29	+31	+33	+35	+37	+39	+40	+42	+44	+46	+48	+50	+52	+54	+57	+61	+64	+67	+70
235001 - 240000	+28	+31	+34	+37	+40	+43	+46	+48	+51	+54	+56	+58	+60	+62	+64	+65	+67	+69	+71	+73
240001 - 245000	+27	+30	+33	+36	+39	+42	+45	+48	+51	+54	+57	+60	+63	+66	+68	+71	+74	+77	+80	+83
245001 - 250000	+27	+30	+33	+36	+39	+42	+45	+48	+50	+53	+56	+59	+62	+65	+68	+71	+74	+77	+80	+82
250001 - 255000	+26	+29	+32	+35	+38	+41	+44	+47	+50	+53	+56	+59	+62	+65	+68	+70	+73	+76	+79	+82
255001 - 260000	+26	+29	+32	+35	+37	+40	+43	+46	+49	+52	+55	+58	+61	+64	+67	+70	+73	+76	+79	+81
260001 - 265000										+52	+55	+58	+60	+63	+66	+69	+72	+75	+78	+81
265001 - 265308																				+80

CG TARGETING METHOD

1	$LITOW_{REFUELING}$	+	I.U.	Index at ground CG target = 39.5%MAC: Compute $TOW_{REFUELING}$ = $ZFW_{REFUELING}$ + FOB and use Table B to find the corresponding index
2	$LIZFW_{REFUELING}$	-	I.U.	Enter LIZFW REFUELING found in page 1
3	FUEL DELTA INDEX	=	I.U.	$LITOW_{REFUELING}$ - $LIZFW_{REFUELING}$
4	MAX TRIM TANK WEIGHT		kg	From Table C and Density =
5	FOB INDEX	+/–	I.U.	Search the row corresponding to FOB (page 1) of Table A for FUEL DELTA INDEX - If found, check that the corresponding Trim tank fuel weight is below MAX TRIM TANK WEIGHT: If YES, FOB INDEX = FUEL DELTA INDEX Else, FOB INDEX = Table A (FOB; MAX TRIM TANK WEIGHT) - If not found, FOB INDEX is the closest index value from Table A truncated at MAX TRIM TANK WEIGHT

TABLE A-bis
FOB INDEX

Weigth (kg)	Index
1 - 5000	-1
5001 - 10000	-3
10001 - 15000	-4
15001 - 20000	-6
20001 - 25000	+3
25001 - 30000	+9
30001 - 35000	+8
35001 - 40000	+6
40001 - 45000	+3
45001 - 47000	+1

TABLE B
GROUND CG TARGET INDEX

Aircraft Weigth (kg)	Index	Aircraft Weigth (kg)	Index
270000 - 280000	+130	420001 - 430000	+147
280001 - 290000	+132	430001 - 440000	+148
290001 - 300000	+133	440001 - 450000	+149
300001 - 310000	+134	450001 - 460000	+150
310001 - 320000	+135	460001 - 470000	+151
320001 - 330000	+136	470001 - 480000	+153
330001 - 340000	+137	480001 - 490000	+154
340001 - 350000	+138	490001 - 500000	+155
350001 - 360000	+139	500001 - 510000	+156
360001 - 370000	+140	510001 - 520000	+157
370001 - 380000	+142	520001 - 530000	+158
380001 - 390000	+143	530001 - 540000	+159
390001 - 400000	+144	540001 - 550000	+160
400001 - 410000	+145	550001 - 560000	+161
410001 - 420000	+146	560001 - 570000	+163

TABLE C
MAX TRIM TANK WEIGHT

Density (kg/l)	Max Weight (kg)
0.760	18010
0.780	18484
0.800	18958
0.820	19432

LOAD AND TRIM SHEET

A380-841
VERSION: 8FC · 70BC · 428YC

CG TARGETING FUEL DISTRIBUTION

TABLE A
CG TARGETING FUEL INDEX TABLE

TRIM TANK FUEL WEIGHT (kg)

The first column lists FUEL ON BOARD (FOB) (kg) ranges from 47001:50000 down to 260001:263308, in 5000 kg steps. Column headers across the top: 0, 500, 1000, 1500, 2000, 2500, 3000, 3500, 4000, 4500, 5000, 5500, 6000, 6500, 7000, 7500, 8000, 8500, 9000, 9500, 10000, 10500, 11000, 11500, 12000, 12500, 13000, 13500, 14000, 14500, 15000, 15500, 16000, 16500, 17000, 17500, 18000, 18500, 19000, 19432.

(Table A is a large numeric index grid; cell values range approximately from −31 to +111.)

TABLE A-bis
FOB INDEX

Weight (kg)		Index
1	5000	-3
5001	10000	-4
10001	15000	-2
15001	20000	+3
20001	25000	+9
25001	30000	+8
30001	35000	+9
35001	40000	+3
40001	45000	+3
45001	47000	+1

TABLE B
GROUND CG TARGET INDEX

Aircraft Weight		Index	Aircraft Weight		Index
270000	280000	+130	420000	430000	+147
280000	290000	+132	430000	440000	+148
290000	300000	+133	440000	450000	+149
300000	310000	+134	450000	460000	+150
310000	320000	+135	460000	470000	+151
320000	330000	+136	470000	480000	+153
330000	340000	+137	480000	490000	+154
340000	350000	+138	490000	500000	+155
350000	360000	+139	500000	510000	+156
360000	370000	+140	510000	520000	+157
370000	380000	+142	520000	530000	+158
380000	390000	+143	530000	540000	+159
390000	400000	+144	540000	550000	+160
400000	410000	+145	550000	560000	+161
410000	420000	+146	560000	570000	+163

TABLE C
MAX TRIM TANK WEIGHT

Density (kg/l)	Max Weight (kg)
0.760	18010
0.780	18484
0.800	18958
0.820	19432

CG TARGETING METHOD

1	LZFW$_{REFUELING}$	*	·	I.U	Index at ground CG target = 39.5%MAC. Compute TOW$_{REFUELING}$ * ZFW$_{REFUELING}$) * FOB and use Table B to find the corresponding index
2	LZFW$_{REFUELING}$		=	I.U.	Enter LZFW REFUELING found in page 1
3	FUEL DELTA INDEX		=	I.U.	LITOW$_{REFUELING}$ - LZFW$_{REFUELING}$
4	MAX TRIM TANK WEIGHT			kg	From Table C and Density =
5	FOB INDEX	+/-		I.U	Search the row corresponding to FOB (page 1) of Table A for FUEL DELTA INDEX. -If found, check that the corresponding Trim tank fuel weight is below MAX TRIM TANK WEIGHT. If YES, FOB INDEX = FUEL DELTA INDEX. Else FOB INDEX = Table A (FOB, MAX TRIM TANK WEIGHT) truncated at MAX TRIM TANK WEIGHT. -If not found, FOB INDEX is the closest index value from Table A (see note)

附录 1.15

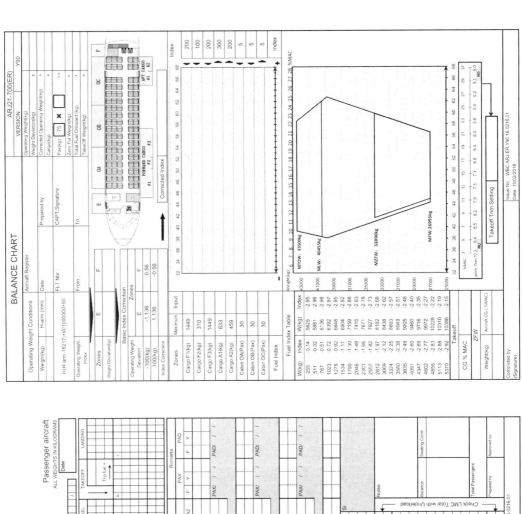

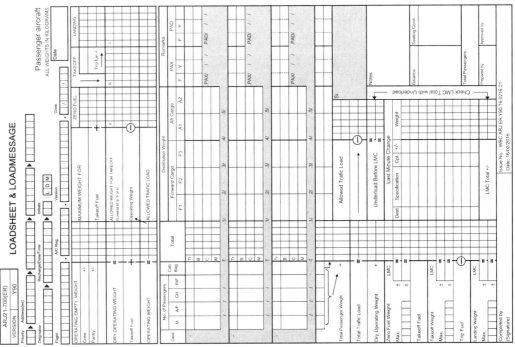

附录 1.16

EMBRAER 190 LR
VERSION: 6F/92Y

BALANCE CHART

REGISTRATION:	
DATE	FLIGHT Nº
FROM	TO

FWD 1H　FWD 2H　　AFT 3H　AFT 4H

CABIN A
ROWS 1-2　CABIN B
ROWS 31-38　CABIN C
ROWS 39-53

INDEX

ITEM TO TRIM	ACTUAL		
CABIN A MAX 6 PAX		PAX	1 PAX
CABIN B MAX 32 PAX		PAX	2 PAX
CABIN C MAX 60 PAX		PAX	4 PAX
FWD 1H MAX 870 KG		KG	100 KG
FWD 2H MAX 980 KG		KG	200 KG
AFT 3H MAX 1100 KG		KG	200 KG
AFT 4H MAX 550 KG		KG	100 KG
TAKEOFF FUEL	INDEX		
KG		IU	- 1 IU

FUEL INDEX CORRECTION
FOR STD. FUEL LOADING

Weight (Kg)	Index (IU)	Weight (Kg)	Index (IU)
500	-1	7500	-12
1000	-2	8000	-13
1500	-3	8500	-14
2000	-4	9000	-14
2500	-5	9500	-15
3000	-5	10000	-15
3500	-6	10500	-14
4000	-7	11000	-14
4500	-8	11500	-13
5000	-9	12000	-12
5500	-10	12500	-10
6000	-10	13000	-8
6500	-11	13100	-8
7000	-12		

FOR STAB TRIM SETTING SEE BACKSIDE

① Do not use for takeoff

MTOW=50300 Kg

MLW=43000 Kg

MZFW=40800 Kg

AIRCRAFT WEIGHT (KG)

①

INDEX

ZFW		TOW		T/O FLAP	PREPARED BY
	KG		KG		
ZFCG		TOCG		STAB TRIM SETTING	APPROVED BY
	%		%		

EMBRAER 190 LR
VERSION: 6F/92Y

BALANCE
CHART

STAB TRIM SETTING

FLAPS 1 — CG POSITION (% MAC)

TOW (KG)	5	7	9	11	13	15	17	19	21	23	25	27	29
52000	4.0 UP	4.0 UP	4.0 UP	3.8 UP	3.5 UP	3.1 UP	2.8 UP	2.4 UP	2.2 UP	1.8 UP	1.5 UP	1.2 UP	0.8 UP
50000	4.0 UP	4.0 UP	3.9 UP	3.6 UP	3.3 UP	2.9 UP	2.6 UP	2.2 UP	2.0 UP	1.6 UP	1.3 UP	1.0 UP	0.6 UP
48000	4.0 UP	4.0 UP	3.8 UP	3.4 UP	3.1 UP	2.8 UP	2.5 UP	2.1 UP	1.8 UP	1.5 UP	1.2 UP	0.8 UP	0.5 UP
46000	4.0 UP	3.9 UP	3.6 UP	3.3 UP	3.0 UP	2.7 UP	2.3 UP	2.0 UP	1.7 UP	1.4 UP	1.0 UP	0.7 UP	0.4 UP
44000	3.9 UP	3.8 UP	3.4 UP	3.1 UP	2.8 UP	2.5 UP	2.1 UP	1.8 UP	1.5 UP	1.2 UP	0.8 UP	0.6 UP	0.3 UP
42000	3.9 UP	3.6 UP	3.3 UP	2.9 UP	2.6 UP	2.3 UP	2.0 UP	1.7 UP	1.4 UP	1.1 UP	0.7 UP	0.4 UP	0.2 UP
40000	3.7 UP	3.4 UP	3.1 UP	2.7 UP	2.4 UP	2.1 UP	1.8 UP	1.5 UP	1.2 UP	0.9 UP	0.6 UP	0.2 UP	0.1 UP
38000	3.5 UP	3.1 UP	2.8 UP	2.4 UP	2.2 UP	1.9 UP	1.5 UP	1.3 UP	1.0 UP	0.7 UP	0.4 UP	0.1 UP	0
36000	3.3 UP	2.9 UP	2.5 UP	2.2 UP	2.0 UP	1.7 UP	1.3 UP	1.1 UP	0.8 UP	0.5 UP	0.2 UP	0	0
34000	3.0 UP	2.7 UP	2.3 UP	2.0 UP	1.8 UP	1.5 UP	1.1 UP	0.9 UP	0.6 UP	0.3 UP	0.1 UP	0	0
32000	2.7 UP	2.4 UP	2.1 UP	1.8 UP	1.5 UP	1.2 UP	0.8 UP	0.6 UP	0.3 UP	0.1 UP	0	0	0
30000	2.5 UP	2.2 UP	1.9 UP	1.6 UP	1.3 UP	1.0 UP	0.7 UP	0.4 UP	0.1 UP	0	0	0	0

FLAPS 2 — CG POSITION (% MAC)

TOW (KG)	5	7	9	11	13	15	17	19	21	23	25	27	29
52000	3.5 UP	3.5 UP	3.5 UP	3.4 UP	3.0 UP	2.7 UP	2.4 UP	2.1 UP	1.7 UP	1.4 UP	1.0 UP	0.6 UP	0.2 UP
50000	3.5 UP	3.5 UP	3.5 UP	3.2 UP	2.8 UP	2.5 UP	2.2 UP	1.9 UP	1.5 UP	1.2 UP	0.8 UP	0.4 UP	0
48000	3.5 UP	3.5 UP	3.5 UP	3.1 UP	2.7 UP	2.4 UP	2.1 UP	1.7 UP	1.4 UP	1.0 UP	0.7 UP	0.3 UP	0.1 DN
46000	3.5 UP	3.5 UP	3.3 UP	3.0 UP	2.6 UP	2.3 UP	1.9 UP	1.6 UP	1.3 UP	0.9 UP	0.6 UP	0.2 UP	0.2 DN
44000	3.5 UP	3.4 UP	3.1 UP	2.8 UP	2.4 UP	2.1 UP	1.7 UP	1.4 UP	1.1 UP	0.7 UP	0.4 UP	0	0.4 DN
42000	3.4 UP	3.3 UP	2.9 UP	2.6 UP	2.2 UP	1.9 UP	1.6 UP	1.3 UP	1.0 UP	0.6 UP	0.2 UP	0.2 DN	0.4 DN
40000	3.3 UP	3.0 UP	2.7 UP	2.4 UP	2.0 UP	1.7 UP	1.4 UP	1.1 UP	0.8 UP	0.4 UP	0	0.3 DN	0.5 DN
38000	3.1 UP	2.8 UP	2.4 UP	2.1 UP	1.7 UP	1.5 UP	1.2 UP	0.9 UP	0.5 UP	0.2 UP	0.2 DN	0.4 DN	0.5 DN
36000	2.9 UP	2.6 UP	2.2 UP	1.9 UP	1.5 UP	1.3 UP	1.0 UP	0.7 UP	0.3 UP	0	0.4 DN	0.5 DN	0.5 DN
34000	2.7 UP	2.3 UP	2.0 UP	1.6 UP	1.3 UP	1.1 UP	0.8 UP	0.5 UP	0.1 UP	0.2 DN	0.4 DN	0.5 DN	0.5 DN
32000	2.5 UP	2.0 UP	1.7 UP	1.3 UP	1.1 UP	0.8 UP	0.5 UP	0.2 UP	0.1 DN	0.5 DN	0.5 DN	0.5 DN	0.5 DN
30000	2.2 UP	1.8 UP	1.5 UP	1.1 UP	0.8 UP	0.6 UP	0.3 UP	0	0.3 DN	0.5 DN	0.5 DN	0.5 DN	0.5 DN

FLAPS 3 — CG POSITION (% MAC)

TOW (KG)	5	7	9	11	13	15	17	19	21	23	25	27	29
52000	3.0 UP	3.0 UP	3.0 UP	2.7 UP	2.3 UP	1.9 UP	1.5 UP	1.2 UP	0.8 UP	0.4 UP	0	0.4 DN	0.8 DN
50000	3.0 UP	3.0 UP	2.9 UP	2.5 UP	2.1 UP	1.7 UP	1.4 UP	1.0 UP	0.6 UP	0.2 UP	0.2 DN	0.6 DN	1.0 DN
48000	3.0 UP	3.0 UP	2.8 UP	2.4 UP	2.0 UP	1.6 UP	1.3 UP	0.9 UP	0.5 UP	0.1 UP	0.3 DN	0.7 DN	1.1 DN
46000	3.0 UP	2.9 UP	2.6 UP	2.2 UP	1.9 UP	1.5 UP	1.1 UP	0.7 UP	0.4 UP	0	0.4 DN	0.8 DN	1.2 DN
44000	2.9 UP	2.8 UP	2.4 UP	2.0 UP	1.7 UP	1.3 UP	0.9 UP	0.5 UP	0.2 UP	0.2 DN	0.6 DN	1.0 DN	1.3 DN
42000	2.8 UP	2.6 UP	2.2 UP	1.9 UP	1.5 UP	1.1 UP	0.7 UP	0.4 UP	0	0.4 DN	0.7 DN	1.1 DN	1.4 DN
40000	2.6 UP	2.4 UP	2.0 UP	1.7 UP	1.3 UP	0.9 UP	0.5 UP	0.2 UP	0.2 DN	0.6 DN	0.9 DN	1.3 DN	1.5 DN
38000	2.4 UP	2.1 UP	1.7 UP	1.4 UP	1.0 UP	0.6 UP	0.3 UP	0.1 DN	0.5 DN	0.8 DN	1.1 DN	1.4 DN	1.5 DN
36000	2.2 UP	1.8 UP	1.5 UP	1.1 UP	0.8 UP	0.4 UP	0.1 UP	0.3 DN	0.7 DN	1.0 DN	1.3 DN	1.5 DN	1.5 DN
34000	2.0 UP	1.6 UP	1.2 UP	0.8 UP	0.5 UP	0.1 UP	0.2 DN	0.6 DN	0.9 DN	1.2 DN	1.4 DN	1.5 DN	1.5 DN
32000	1.7 UP	1.3 UP	0.9 UP	0.5 UP	0.2 UP	0.2 DN	0.5 DN	0.9 DN	1.2 DN	1.5 DN	1.5 DN	1.5 DN	1.5 DN
30000	1.5 UP	1.0 UP	0.7 UP	0.3 UP	0	0.4 DN	0.8 DN	1.1 DN	1.4 DN	1.5 DN	1.5 DN	1.5 DN	1.5 DN

FLAPS 4 — CG POSITION (% MAC)

TOW (KG)	5	7	9	11	13	15	17	19	21	23	25	27	29
52000	4.0 UP	4.0 UP	3.9 UP	3.5 UP	3.0 UP	2.6 UP	2.2 UP	1.8 UP	1.3 UP	0.9 UP	0.5 UP	0	0.5 DN
50000	4.0 UP	4.0 UP	3.7 UP	3.3 UP	2.8 UP	2.4 UP	2.0 UP	1.6 UP	1.1 UP	0.7 UP	0.3 UP	0.2 DN	0.6 DN
48000	4.0 UP	4.0 UP	3.6 UP	3.1 UP	2.7 UP	2.3 UP	1.9 UP	1.4 UP	1.0 UP	0.6 UP	0.1 UP	0.3 DN	0.7 DN
46000	4.0 UP	3.8 UP	3.4 UP	3.0 UP	2.5 UP	2.2 UP	1.7 UP	1.2 UP	0.8 UP	0.4 UP	0	0.4 DN	0.8 DN
44000	3.9 UP	3.6 UP	3.2 UP	2.8 UP	2.3 UP	2.0 UP	1.5 UP	1.0 UP	0.6 UP	0.2 UP	0.2 DN	0.6 DN	1.0 DN
42000	3.8 UP	3.4 UP	3.0 UP	2.6 UP	2.1 UP	1.8 UP	1.3 UP	0.9 UP	0.4 UP	0	0.4 DN	0.8 DN	1.0 DN
40000	3.6 UP	3.1 UP	2.7 UP	2.3 UP	1.9 UP	1.5 UP	1.1 UP	0.7 UP	0.2 UP	0.2 DN	0.6 DN	0.9 DN	1.0 DN
38000	3.2 UP	2.8 UP	2.4 UP	2.0 UP	1.6 UP	1.2 UP	0.8 UP	0.3 UP	0.1 DN	0.5 DN	0.8 DN	1.0 DN	1.0 DN
36000	2.9 UP	2.5 UP	2.1 UP	1.7 UP	1.3 UP	0.9 UP	0.5 UP	0	0.3 DN	0.7 DN	1.0 DN	1.0 DN	1.0 DN
34000	2.6 UP	2.2 UP	1.8 UP	1.4 UP	1.0 UP	0.6 UP	0.2 UP	0.3 DN	0.6 DN	0.8 DN	1.0 DN	1.0 DN	1.0 DN
32000	2.2 UP	1.8 UP	1.4 UP	1.0 UP	0.6 UP	0.2 UP	0.2 DN	0.6 DN	1.0 DN	1.0 DN	1.0 DN	1.0 DN	1.0 DN
30000	1.9 UP	1.6 UP	1.2 UP	0.8 UP	0.4 UP	0.1 DN	0.4 DN	0.8 DN	1.0 DN	1.0 DN	1.0 DN	1.0 DN	1.0 DN

下篇 飞行计划

第1章 预备知识

1.1 飞行计划简介

飞行计划是指根据具体的气象条件、机场和飞机的状况，按照有关的限制和规定，计算确定可带的商载以及完成本次航班飞行所需的飞行时间和燃油量。详细的飞行计划还要算出到达各航路点的时间、所消耗的油量（或剩余油量）、在各航路点的速度、航向等。

预先制订飞行计划，可以提高航空公司的经济效益，主要表现在以下5个方面。

第一，避免多加不必要的油量以及由此造成的减载。额外多加的油本身要消耗油，例如，对于 1 500 ~ 2 000 km 航程的航线，每多加 1 t 油将消耗其 7% ~ 9%，即 70 ~ 90 kg。航程越长或顶风越大，多加的这部分油消耗得越多。因为飞机重量越大，飞行阻力就越大，需要发动机使用的推力也就越大，耗油就多。又如 B747 飞行时间超过 9 h 时，每多加 3 t 燃油，飞行中至少多耗 1 t 油，这就是所谓的"油耗油"。如果每个长航线国际航班少带 3 t 油，就可少耗约 1 t，节约成本约 3 000 元。中国国际航空公司欧洲航线每年往返五千多班，就可节约 1 500 万元以上。在航程较长时，多加油还可能会限制商载，使航空公司的经济效益变得更低。

第二，通过制定飞行计划，可以选择靠近最佳高度的高度层，从而节省燃油，提高经济效益。对于较长的航线，可以采用阶梯爬升的巡航方式，使飞机一直保持在最佳高度附近。最佳飞行高度与飞机重量有关系，而飞机重量随燃油的消耗变化较大，尤其是远程飞行。如A380，从广州到旧金山飞行大约 12 h，耗油约 155 t，以 530 t 起飞重量计算，飞行中重量变化达 30%。另外，燃油消耗随飞机重量变化也大，而且不是线性变化。可见，制订飞行计划确定最佳巡航高度的意义重大。

第三，在各地油价不同时，做飞行计划时可以考虑如何最好地利用这种差价来节省燃油费用。某航空公司在 2006 年前 10 个月，利用所飞国际航班目的地燃油差价和飞机剩余载量实行灵活的带油政策，累计带油 1 264.066 t，实现差价收益 53.3 万元。

第四，在知道成本指数的情况下，可以做最小成本飞行计划，有效地减少航班成本。

第五，在国际航线的飞行中，考虑制作利用二次放行的飞行计划，可以大大提高经济效益。

预先制定飞行计划不仅可以提高经济效益，还可以提高飞机飞行的安全余度。因为多加油使起飞重量增加，从而使安全余度减小；重量增加还将使飞机的高度能力、机动能力减小，使飞机承受过载的能力、调速范围减小。

虽然现代大型运输机上装有飞行管理系统（FMS），可以对飞行性能进行优化，保证安全，提高经济效益，但仍然有必要在飞行前制订出飞行计划。因为起飞前，飞行员必须向飞行管理系统输入飞机重量（或零燃油重量）、备份油量以及成本指数等，飞行管理系统根据这些输入的数据进行优化管理，而这些数据中的大多数都是通过制订飞行计划才能得到的。否则，如果飞行前不做飞行计划，多加了不必要的燃油，飞行管理系统再怎么优化也不经济。

做飞行计划之前应先做机场分析，即算出在起飞机场的最大允许起飞重量、目的地机场和备降机场的最大允许着陆重量。还需要知道航线的情况（包括航程，各航路点的位置，各航段的距离、航向、磁差等）和气象情况（包括航路上的风向、风速、气温、重要天气现象）。飞行计划中计算燃油的方法应该符合法规的规定及公司的燃油政策。

1.2　飞行剖面

飞行剖面是飞行计划计算的依据和基础。它分为国内航线和国际航线两类。

1.2.1　国内航线的飞行剖面

用于国内航线的飞行剖面由两部分组成，分别是飞行任务部分和储备部分，如图 2.1.1 所示。

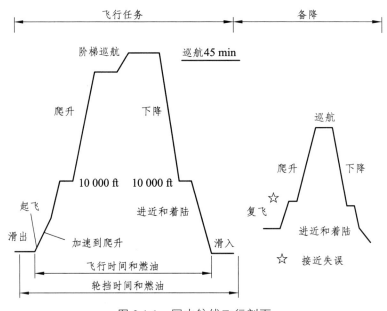

图 2.1.1　国内航线飞行剖面

1. 飞行任务部分

（1）滑出阶段：按选定的滑行时间计算滑行的耗油量。滑行时间长短按指定机场的进出交通量来确定，小机场滑进、滑出时间可短些，大机场则要长一些。

（2）起飞阶段：指从起飞滑跑到离地 35 ft，并且速度达到 v_2 的阶段。

（3）加速到爬升段：从完成起飞至距地面 1 500 ft 高度，飞机由起飞构型转变为爬升构型。通常起飞阶段和加速爬升段的飞行时间和燃油消耗量是同时一并给出的，并列入使用手册的爬升性能表中。由于这两段飞过的水平距离与整个航程相比很短,故计算中略而不计。

（4）航路爬升：从距地 1 500 ft 到初次巡航高度。低速爬升与高速爬升相比需要较少的燃油和较长的飞行时间。通常建议使用燃油消耗较少的低速爬升。爬升段要考虑风的影响,考虑从机场气压高度到巡航高度之间风速的变化规律,通常取爬升顶点处风速的 50% 作为爬升段的平均风速。

（5）巡航段：从爬升顶点到下降顶点。总的来说,喷气客机的巡航高度越高,燃油消耗量越小。但飞行计划中应按航班的实际巡航高度进行计算,不同飞行重量有不同的远航高度,而实际巡航高度还要考虑其他一些因素。此外,要确定巡航的速度,通常按长航程巡航速度或要求的固定 M 数计算。巡航中应按实际风速、风向计算风的影响。

（6）下降段：从下降顶点到初始进近定位点。与爬升相同,要确定下降的速度和 M 数,通常建议使用最小燃油消耗的下降速度。风的影响和爬升一样,取巡航终点处风速的 50% 作为下降段的平均风速。

（7）进近着陆：从初始进近定位点开始。进近着陆消耗的燃油量通常由有关手册给出。

（8）滑入段：与滑出相似。

2. 储备部分

（1）由目的地机场飞到备降机场。这一部分由复飞、爬升、巡航、下降和进近着陆几段组成,计算的方法与飞行任务部分相似。

（2）能以正常巡航消耗率飞行 45 min。

1.2.2 国际航线的飞行剖面

国际航线的飞行剖面如图 2.1.2 所示,与国内航线飞行剖面类似,分为飞行任务和储备两部分。其中,飞行任务部分与国内航线相同,储备部分由以下三部分组成。

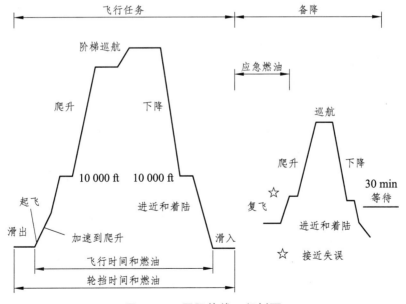

图 2.1.2 国际航线飞行剖面

（1）由目的地机场飞到备降机场：与国内航线飞行剖面对应部分相同。

（2）等待燃油：以等待速度在备降机场，或者当不需要备降机场时，在目的地机场上空450 m（1 500 ft）高度在标准温度条件下飞行 30 min。

（3）应急燃油：这一部分是飞机上所带的额外燃油，主要考虑在执行飞行任务时可能出现飞行计划改变，或风的条件与预报有较大差别时应急之用。

1.3　航空器运行管理规则

本节介绍 CCAR91 和 CCAR121 对航空器运行的起飞和着陆标准、备降场的选择要求。

1.3.1　航空器运行的起飞和着陆标准

1. CCAR 121.665 目视飞行规则国内运行的起飞和着陆最低天气标准

对于目视飞行规则国内运行，合格证持有人应当遵守《中国民用航空规章》中有关起飞和着陆最低天气标准的规定。

2. CCAR 121.667 仪表飞行规则的起飞和着陆最低标准

（1）不论空中交通管制是否许可，当由局方批准的气象系统报告的天气条件低于合格证持有人运行规范的规定时，飞机不得按照仪表飞行规则起飞。如果合格证持有人的运行规范没有规定该机场的起飞最低标准，则使用的起飞最低标准不得低于民航局为该机场制定的起飞最低标准。对于没有制定起飞最低标准的机场，可以使用下列基本起飞最低标准：

① 对于双发飞机，能见度 1 600 m；

② 对于三发或者三发以上飞机，能见度 800 m。

（2）除本条（4）款规定外，飞机不得飞越最后进近定位点继续进近，或者在不使用最后进近定位点的机场，进入仪表进近程序的最后进近航段，除非由局方批准的系统为该机场发布了最新的天气报告，报告该机场的能见度等于或者高于仪表进近程序规定的能见度最低标准。

（3）如果驾驶员根据本条（2）款已经开始实施仪表进近程序的最后进近，并在此后收到了较新的天气报告，报告的天气条件低于最低天气标准，该驾驶员仍可以继续进近至决断高或者最低下降高。当到达决断高或者最低下降高时，在进近复飞点之前的任何时间内，只有符合下列条件，方可以继续进近到低于决断高或者最低下降高并着陆：

① 该飞机持续处在正常位置，从该位置能使用正常机动动作以正常下降率下降到计划着陆的跑道上着陆，并且以此下降率可以使飞机在计划着陆的跑道的接地区内接地。

② 飞行能见度不低于所用的标准仪表进近程序规定的能见度。

③ 除Ⅱ类和Ⅲ类进近（在这些进近中，必需的目视参考由局方在批准时具体规定）外，驾驶员至少能清楚地看到和辨认计划着陆跑道的下列目视参考之一：

a. 进近灯光系统，如果驾驶员使用进近灯光作为参考，应当能同时清楚地看到和辨认红色终端横排灯或者红色侧排灯，否则不得下降到接地区标高之上 30 m（100 ft）以下；

b. 跑道入口；

c. 跑道入口标志；

d. 跑道入口灯；

e. 跑道端识别灯；

f. 目视进近下滑道指示灯；

g. 接地区或者接地区标志；

h. 接地区灯；

i. 跑道或者跑道标志；

j. 跑道灯。

④ 当使用具有目视下降点的非精密直接进近程序时，飞机已到达该目视下降点，且在该点使用正常程序或者下降率能降落到跑道上。

（4）当能见度低于所用仪表进近程序规定的最低能见度时，如果该机场同时开放了仪表着陆系统和精密进近雷达，且驾驶员同时使用了这两套设备，则可以在该机场开始实施该仪表进近程序（Ⅱ类和Ⅲ类程序除外）的最后进近。但是只有符合下列条件时，方可操作飞机进近到低于经批准的最低下降高，或者继续进近到低于决断高：

① 该飞机持续处在正常位置，从该位置能使用正常机动动作以正常下降率下降到计划着陆跑道上着陆，并且以此下降率可以使飞机在计划着陆跑道的接地区内接地；

② 飞行能见度不低于所用的标准仪表进近程序规定的能见度；

③ 除Ⅱ类和Ⅲ类进近（在这些进近中，必需的目视参考由局方在批准时具体规定）外，驾驶员至少能清楚地看到和辨认计划着陆跑道的下列目视参考之一：

a. 进近灯光系统，但是如果驾驶员使用进近灯光作为参考，除非能同时看到和辨认红色跑道端横排灯或者红色侧排灯，否则不得下降到接地区标高之上 30 m（100 ft）以下；

b. 跑道入口；

c. 跑道入口标志；

d. 跑道入口灯；

e. 跑道端识别灯；

f. 目视进近下滑道指示器；

g. 接地区或者接地区标志；

h. 接地区灯；

i. 跑道或者跑道标志；

j. 跑道灯。

（5）就本条而言，最后进近航段从仪表进近程序规定的最后进近定位点或者设施处开始。当一个包含程序转弯的程序没有规定最后进近定位点时，最后进近航段在完成程序转弯的那一点开始，并且在该点上，飞机在该程序规定距离之内在最后进近航迹上向机场飞行。

（6）除了在合格证持有人的运行规范中另有批准外，在国外机场按照仪表飞行规则起飞、进近或者着陆的驾驶员，应当遵守管辖该机场的当局所规定的仪表进近程序和最低天气标准。

3. CCAR 121.669 新机长的仪表飞行规则着陆最低天气标准

（1）如果机长在其驾驶的某型别飞机上作为机长按照本规则运行未满 100 h，则合格证持有人运行规范中对于正常使用机场、临时使用机场或者加油机场规定的最低下降高（MDH）或者决断高（DH）和着陆能见度最低标准，分别增加 30 m（100 ft）和 800 m（1/2 mile，

1 mile = 1.609 3 km）或者等效的跑道视程（RVR）。对于用作备降机场的机场，最低下降高（MDH）或者决断高（DH）和能见度最低标准无须在适用于这些机场的数值上增加，但是任何时候，着陆最低天气标准不得小于 90 m（300 ft）和 1 600 m（1 mile）。

（2）如果该驾驶员在另一型别飞机上作为机长在按照本规则实施的运行中至少已飞行 100 h，则该机长可以用在本型飞机上按照本规则实施运行中的一次着陆，去取代必需的机长经历 1 h，减少本条（1）款所要求的 100 h 的机长经历，但取代的部分不得超过 50 h。

1.3.2 关于备降机场的要求

1. CCAR 121.637 起飞备降机场

（1）如果起飞机场的气象条件低于合格证持有人运行规范中为该机场规定的着陆最低标准，在签派或者放行飞机前应当按照下述规定选择起飞备降机场：

① 对于双发动机飞机，备降机场与起飞机场的距离不大于飞机使用一发失效时的巡航速度在静风条件下飞行 1 h 的距离。

② 对于装有三台或者三台以上发动机的飞机，备降机场与起飞机场的距离不大于飞机使用一发失效时的巡航速度在静风条件下飞行 2 h 的距离。

（2）对于本条（1）款，备降机场的天气条件应当满足本规则第 121.643 条的要求。

（3）在签派或者放行飞机前，签派或者飞行放行单中应当列出每个必需的起飞备降机场。

2. CCAR 121.639 仪表飞行规则国内定期载客运行的目的地备降机场

（1）按照仪表飞行规则签派飞机飞行前，应当在签派单上至少为每个目的地机场列出一个备降机场。当目的地机场和第一备降机场的天气条件预报都处于边缘状态时，应当再指定至少一个备降机场。但是，如果天气实况报告、预报或者两者的组合表明，在飞机预计到达目的地机场时刻前后至少 1 h 的时间段内，该机场云底高度和能见度符合下列规定并且在每架飞机与签派室之间建立了独立可靠的通信系统进行全程监控，则可以不选择目的地备降机场：

① 机场云底高度至少在公布的最低的仪表进近最低标准中的最低下降高（或者决断高）之上 450 m（1 500 ft），或者在机场标高之上 600 m（2 000 ft），取其中较高值；

② 机场能见度至少为 4 800 m（3 mile），或者高于目的地机场所用仪表进近程序最低的适用能见度最低标准 3 200 m（2 mile）以上，取其中较大者。

（2）按照本条规定选择的目的地备降机场的天气条件应当满足第 121.643 条的要求。

3. CCAR 121.641 国际定期载客运行的目的地备降机场

（1）按照仪表飞行规则签派飞机飞行前，应当在签派单上为每个目的地机场至少列出一个备降机场。但在下列情形下，如果在每架飞机与签派室之间建立了独立可靠的通信系统进行全程监控，则可以不选择目的地备降机场：

① 当预定的飞行不超过 6 h，且相应的天气实况报告、预报或者两者的组合表明，在预计到达目的地机场时刻前后至少 1 h 的时间内，目的地机场的天气条件符合下列规定：

a. 机场云底高度符合下列两者之一：

Ⅰ. 如果该机场需要并准许盘旋进近，至少在最低的盘旋进近最低下降高度（MDA）之上 450 m（1 500 ft）；

Ⅱ．至少在公布的最低的仪表进近最低标准中的最低下降高度（MDA）或者决断高度（DA）之上 450 m（1 500 ft），或者机场标高之上 600 m（2 000 ft），取其中较高者。

b．机场能见度至少为 4 800 m（3 mile），或者高于目的地机场所用仪表进近程序最低的适用能见度最低标准 3 200 m（2 mile）以上，取其中较大者。

② 该次飞行是在前往无可用备降机场的特定目的地机场的航路上进行的，而且飞机有足够的燃油来满足本规则第 121.659 条（b）款或者第 121.661 条（b）款的要求。

（2）按照本条规定选择的目的地备降机场的天气条件应当满足第 121.643 条的要求。

4．CCAR 121.643 备降机场最低天气标准

（1）对于签派或者飞行放行单上所列的备降机场，应当有相应的天气实况报告、预报或者两者的组合表明，当飞机到达该机场时，该机场的天气条件等于或者高于合格证持有人运行规范规定的备降机场最低天气标准。

（2）在合格证持有人运行规范中，签派或者放行的标准应当在经批准的该机场的最低运行标准上至少增加下列数值，作为该机场用作备降机场时的最低天气标准：

① 对于只有一套进近设施与程序的机场，最低下降高（MDH）或者决断高（DH）增加 120 m（400 ft），能见度增加 1 600 m（1 mile）；

② 对于具有两套（含）以上非精密进近设施与程序并且能提供不同跑道进近的机场，最低下降高（MDH）增加 60 m（200 mile），能见度增加 800 m（1/2 mile），在两条较低标准的跑道中取较高值；

③ 对于具有两套（含）以上精密进近设施与程序并且能提供不同跑道进近的机场，决断高（DH）增加 60 m（200 ft），能见度增加 800 m（1/2 mile），在两条较低标准的跑道中取较高值。

1.3.3 其他相关要求

1．CCAR 91.169 条 仪表飞行规则飞行计划

（1）除经局方批准外，对于列入仪表飞行规则飞行计划中的备降机场，应当有相应的天气实况报告、预报或两者组合表明，当航空器到达该机场时，该机场的天气条件等于或高于下列最低天气标准：

① 对于具有局方公布的仪表进近程序的机场，使用下列标准：

a．对于旋翼机以外的航空器，在有一套进近设施与程序的机场，云高在最低下降高/度（MDH/MDA）或决断高/度（DH/DA）上增加 120 m，能见度增加 1 600 m；

b．在有两套（含）以上精密或非精密进近设施与程序并且能提供不同跑道进近的机场，云高在最低下降高或决断高上增加 60 m，能见度增加 800 m，在两条较低标准的跑道中取较高值。

② 对于没有公布仪表进近程序的机场，云高和能见度应当保证航空器可按照基本目视飞行规则完成从最低航路高度（MEA）开始下降、进近和着陆。

（2）当航空器机长决定取消或完成该已生效的飞行计划时，必须通知空中交通管制机构。

2. CCAR 91.171 条 按仪表飞行规则运行对甚高频全向信标设备的检查

（1）航空器在仪表飞行规则运行中使用的甚高频全向信标（VOR）设备应当符合下列要求之一：

① 按批准程序进行了维修、校验和检查；

② 在前 30 天之内完成了使用检查，证实其指示方位在本条（2）款或（3）款中列出的允许的误差范围之内。

（2）除了本条（3）款规定之外，按照本条（1）②项对 VOR 进行使用检查的人员必须使用下列方法之一进行测试：

① 在起飞机场，使用经认可的测试信号进行测试，最大允许的方位指示误差不超过 ±4°。

② 在起飞机场，使用局方指定的或者在国外有关民航当局指定的机场地面上一点，作为 VOR 系统校验点进行测试，最大允许的方位指示误差不超过 ±4°。

③ 如果机场既无测试信号又无指定的地面校验点可用，可使用局方指定的或在国外有关民航当局指定的空中校验点进行测试，最大允许方位指示误差不超过 ±6°。

④ 如果无可用的测试信号或校验点，可用下列方法在飞行中测试：

a. 选取一个处在公布的 VOR 航路中心线上的 VOR 径向线；

b. 沿选定的径向线选择一个明显的地面点，最好离 VOR 地面设施 37 km 以外，在适当低的高度上操纵航空器，在适当低的高度上准确通过该点上空；

c. 在飞越该点时，注意接收机指示的 VOR 方位，公布的径向线和指示方位之间的差值不超过 ±6°。

（3）如果航空器上装有双套 VOR（除了天线以外，装置互相独立），检查设备的人员可以用一套对另一套进行检查，以代替本条（2）款的检查程序。检查人员应当将两套设备调谐到同一个 VOR 台，并记下对该台的指示方位，两个指示方位间的差值不超过 ±4°。

（4）按本条（2）款或（3）款规定对 VOR 工作进行检查的人员，必须在航空器飞行记录本或其他记录本上记载检查日期、地点、方位误差，并签名。

3. CCAR 91.175 条 按仪表飞行规则的起飞和着陆

（1）除经局方批准外，在需要仪表进近着陆时，民用航空器驾驶员必须使用为该机场制定的标准仪表离场和进近程序。

（2）对于本条，在所用进近程序中规定了决断高度/高（DA/DH）或最低下降高度/高（MDA/MDH）时，经批准的决断高度/高（DA/DH）或最低下降高度/高（MDA/MDH）是指下列各项中的最高值：

① 进近程序中规定的决断高度/高（DA/DH）或最低下降高度/高（MDA/MDH）。

② 为机长规定的决断高度/高（DA/DH）或最低下降高度/高（MDA/MDH）。

③ 根据该航空器的设备，为其规定的决断高度/高（DA/DH）或最低下降高度/高（MDA/MDH）。

（3）只有符合下列条件，航空器驾驶员方可驾驶航空器继续进近到低于决断高度/高（DA/DH）或最低下降高度/高（MDA/MDH）：

① 该航空器持续处在正常位置，从该位置能使用正常机动动作以正常下降率下降到计划着陆的跑道上着陆，并且，对于按照 CCAR-121 部或其他公共航空运输运行规章的运行，该

下降率能够使航空器在预定着陆的跑道接地区接地。

② 飞行能见度不低于所使用的标准仪表进近程序规定的能见度。

③ 除Ⅱ类和Ⅲ类进近（在这些进近中必需的目视参考由局方另行规定）外，航空器驾驶员至少能清楚地看到和辨认计划着陆的跑道的下列目视参考之一：

a. 进近灯光系统，但是如果驾驶员使用进近灯光作为参照，除非能同时清楚地看到红色终端横排灯或红色侧排灯，否则不得下降到接地区标高之上 30 m（100 ft）以下；

b. 跑道入口；

c. 跑道入口标志；

d. 跑道入口灯；

e. 跑道端识别灯；

f. 目视进近下滑坡度指示器；

g. 接地区或接地区标志；

h. 接地区灯；

i. 跑道或跑道标志；

j. 跑道灯。

（4）当飞行能见度低于标准仪表进近程序中的规定时，航空器驾驶员不得驾驶航空器着陆。

（5）当下列任一情况存在时，航空器驾驶员必须马上执行复飞程序：

① 在下列任一时刻，不能获得本条（3）款要求的目视参考：

a. 航空器到达决断高（DH）、最低下降高度（MDA）或复飞点；

b. 在决断高（DH）或最低下降高度（MDA）以下失去目视参考。

② 航空器在最低下降高度（MDA）或以上进行盘旋机动飞行时，不能清晰辨认该机场特征部分的参照物。

（6）航空器驾驶员在民用机场按仪表飞行规则起飞时，气象条件必须等于或高于公布的该机场仪表飞行规则起飞最低天气标准。在未公布起飞最低天气标准的机场，应当使用下列最低天气标准：

① 对于单台或两台发动机的航空器（旋翼机除外），机场跑道能见度至少 1 600 m。

② 对于多台发动机的航空器（旋翼机除外），机场跑道能见度至少 800 m。

③ 对于旋翼机，机场跑道能见度为 800 m。

（7）除经局方批准外，航空器驾驶员在按仪表飞行规则驾驶航空器进入或离开军用机场时，必须遵守该机场有管辖权的军事当局规定的仪表进行程序和起飞、着陆最低天气标准。

（8）跑道视程（RVR）和地面能见度的比较值。

① 除Ⅱ类或Ⅲ类运行外，如果在仪表起飞离场和进近程序中规定了起飞或着陆的最低跑道视程，但在该跑道运行时没有跑道视程的报告，则需按本条（8）②项将跑道视程转换成地面能见度，并使用最低能见度标准实施起飞或着陆。

② 跑道视程（RVR）和地面能见度对照表（见表 2.1.1）。

（9）当航空器在未公布的航路上飞行或正在被雷达引导，接到空中交通管制进近许可的驾驶员除要遵守第 91.177 条规定外，必须保持空中交通管制最后指定的高度，直至航空器到达公布的航路或进入仪表进近程序。此后，除非空中交通管制另有通知，航空器驾驶员应当

表 2.1.1　跑道视程和地面能见度对照表

跑道视程	能见度
500 m（1 600 ft）	400 m（1/4 mile）
720 m（2 400 ft）	800 m（1/2 mile）
1 000 m（3 200 ft）	1 000 m（5/8 mile）
1 200 m（4 000 ft）	1 200 m（3/4 mile）
1 400 m（4 500 ft）	1 400 m（7/8 mile）
1 600 m（5 000 ft）	1 600 m（1.0 mile）
2 000 m（6 000 ft）	2 000 m（5/4 mile）

按照航路内或程序中公布的高度下降。航空器一旦达到最后进近阶段或定位点，驾驶员可根据局方对该设施批准的程序完成其仪表进近，或继续接受监视或在精密进近雷达引导下进近直到着陆。

（10）当航空器被雷达引导到最后进近航道或最后进近定位点，或从等待点定时进近，或程序规定"禁止程序转弯（NO PT）"时，驾驶员不得进行程序转弯，如果在这些情况下需要进行程序转弯，必须得到空中交通管制许可。

（11）仪表着陆系统的基本地面设施应当包括航向台、下滑台、外指点标、中指点标。对于Ⅱ类或Ⅲ类仪表进近程序还应当安装内指点标。NDB 或精密进近雷达可以用来代替外指点标或中指点标。标准仪表进近程序中批准使用的 DME、VOR、NDB 定位点或者监视雷达可用来代替外指点标。对于Ⅱ类或Ⅲ类进近中内指点标的适用性和替代方法，由局方批准的进近程序、相应运行的运行规范或局方批准文件确定。

4. CCAR 91.177 条　按仪表飞行规则运行的最低高度

航空器按仪表飞行规则（IFR）运行时，除起飞和着陆需要外，必须遵守下列最低飞行高度的规定：

（1）在进入机场区域内飞行时，不得低于仪表进近图中规定的最低扇区高度；在按照进离场程序飞行时，不得低于仪表进离场程序中规定的高度。在没有公布仪表进离程序或最低扇区高度的机场，在机场区域范围内，航空器距离障碍物的最高点的高度，平原地区不得小于 300 m，高原、山区不得小于 600 m。

（2）按仪表飞行规则飞行时，在距预定航路中心、航线两侧各 25 000 m 水平距离范围内，在平原地区不得在距最高障碍物 400 m 的高度以下飞行，在高原和山区不得在距最高障碍物 600 m 的高度以下飞行。

5. CCAR91.179 条　仪表飞行规则的巡航高度和飞行高度层

（1）航空器驾驶员在按仪表飞行规则巡航平飞时，必须保持空中交通管制指定的高度或飞行高度层。

（2）飞行高度层按以下标准划分：

① 真航线角在 0° 至 179° 范围内，飞行高度由 900 m 至 8 100 m，每隔 600 m 为一个高度层；飞行高度由 8 900 m 至 12 500 m，每隔 600 m 为一个高度层；飞行高度 12 500 m 以上，

每隔 1 200 m 为一个高度层。

② 真航线角在 180° 至 359° 范围内，飞行高度由 600 m 至 8 400 m，每隔 600 m 为一个高度层；飞行高度 9 200 m 至 12 200 m，每隔 600 m 为一个高度层；飞行高度 13 100 m 以上，每隔 1 200 m 为一个高度层。

③ 飞行高度层根据标准大气压条件下假定海平面计算。真航线角从航线起点和转弯点量取。

1.4 燃油政策

飞行计划的核心就是完成每次航班任务所需的燃油量，其依据是 CCAR91 部和 CCAR121 部中的燃油政策。它是飞行签派员运行管理中要求签派员掌握的最基本的专业知识，这对于保证航班运行的安全，实现公司经济效益都有重要意义。

1. CCAR91.151 条 目视飞行规则条件下飞行的燃油要求

（1）飞机驾驶员在目视飞行规则条件下开始飞行前，必须考虑风和预报的气象条件，在飞机上装载足够的燃油，这些燃油能够保证飞机飞到第一个预定着陆点着陆，并且此后按正常的巡航速度还能至少飞行 30 min（昼间）或 45 min（夜间）。

（2）在计算本条中所需的燃油和滑油量时，至少必须考虑下列因素：

① 预报的气象条件；

② 预期的空中交通管制航路和交通延误；

③ 释压程序（如适用），或在航路上一台动力装置失效时的程序。

2. CCAR91.167 条 仪表飞行规则条件下飞行的燃油要求

（1）航空器驾驶员在仪表飞行规则条件下开始飞行前，必须充分考虑风和预报的气象条件，在航空器上装载足够的燃油，这些燃油能够：

① 飞到目的地机场着陆；

② 然后从目的地机场飞到备降机场着陆，本条（2）款规定除外；

③ 在完成上述飞行之后，对于飞机，还能以正常巡航速度飞行 45 min；对于直升机，备降起降点上空 450 m（1 500 ft）高度以等待速度飞行 30 min，并且加上附加燃油量，以便在发生意外情况时足以应付油耗的增加。

④ 按本条（3）②款的要求，当没有适合的备降机场时，飞至这次飞行所计划的起降点然后以等待速度飞行 2 h。

（2）对于飞机，在符合下列条件时，可以不选用备降机场，本条（1）②项不适用：

① 预计着陆的目的地机场具有局方公布的标准仪表进近程序；

② 天气实况报告、预报或两者组合表明，在飞机预计到达目的地机场时刻前后至少 1 h 的时间段内，云高高于机场标高 600 m，能见度至少 5 km。

（3）对于直升机，在符合下列条件时，可以不选用备降机场，本条（1）②项不适用：

① 云高高于机场标高 300 m 或高于适用的进近最低标准之上 120 m（以高者为准），能见度 3 000 m 或高于程序规定的最低标准 1 500 m（以高者为准）；

② 或符合下列条件者：

a. 预定着陆起降点地处孤立，无适当的目的地备降机场；

b. 该孤立的预定着陆起降点规定有仪表进近程序；

c. 当目的地为近海起降点时，确定了一个不能返航点。

3. CCAR121.657 国内定期载客运行的燃油量要求

（1）除本条（2）款规定外，签派飞机或者使飞机起飞时，该飞机应当装有能够完成下列飞行的足够燃油：

① 飞往被签派的目的地机场；

② 此后，按照规定需要备降机场的，飞往目的地机场的最远的备降机场并着陆；

③ 完成上述飞行后，还能以正常巡航消耗率飞行 45 min。

（2）经局方批准，合格证持有人可以采用由预定点飞至备降机场的方法确定燃油：签派飞机起飞前，该飞机应当装有足够的油量，经预定点飞至备降机场，此后以正常巡航消耗率飞行 45 min，但所载油量不得少于飞至所签派的目的地机场，此后以正常巡航消耗率飞行 2 h 所需要的油量。

4. CCAR121.659 非涡轮发动机飞机和涡轮螺旋桨发动机飞机国际定期载客运行的燃油量要求

（1）在实施国际运行的情况下，签派非涡轮发动机或者涡轮螺旋桨发动机为动力的飞机，或者使该飞机起飞时，应当在考虑到预计的风和其他天气条件后，使飞机有足够的燃油完成下列飞行：

① 飞往被签派的目的地机场并在该机场着陆；

② 此后，按照规定需要备降机场的，由被签派的目的地机场飞往签派单上规定的最远的备降机场并着陆；

③ 完成上述飞行后，该飞机还能够以正常巡航消耗率飞行 30 min，加上以正常巡航消耗率飞往本款第①、②项规定的机场所需总时间的 15%，或者以正常巡航消耗率飞行 90 min，取其中较短的飞行时间。

（2）签派非涡轮发动机或者涡轮螺旋桨发动机为动力的飞机飞往按照本规则第 121.641 条（1）款第②项未规定备降机场的机场时，应当在考虑到预报的风和其他天气条件后，仍有足够的油量飞往该机场，并能够以正常巡航燃油消耗率飞行 3 h。

5. CCAR 第 121.660 条 非涡轮发动机飞机和涡轮螺旋桨发动机飞机补充运行的燃油量要求

（1）除本条（2）款规定外，在放行非涡轮发动机飞机或者涡轮螺旋桨发动机飞机或者使该飞机起飞时，应当在考虑到预计的风和其他天气条件后，使飞机装载足够的燃油完成下列飞行：

① 飞到放行的目的地机场并在该机场着陆；

② 此后，飞到放行单中指定的最远备降机场并着陆；

③ 此后，还能按照正常燃油消耗率飞行 45 min，或者对于运行规范中批准实施昼间目视飞行规则运行，并且运行非运输类飞机的合格证持有人，在实施昼间目视飞行规则运行时，还能按照正常燃油消耗率飞行 30 min。

（2）如果放行飞机实施的运行包含有一个国外机场，装载的燃油量按照本规则第 121.659 条（1）款计算。

（3）放行飞机到本规则第 121.642 条（2）款所述的未指定备降机场的机场，应当在考虑到预计的风和其他天气条件后，装载足够的燃油，飞到那个机场后，再以正常燃油消耗率飞行 3 h。

6. CCAR 121.661 除涡轮螺旋桨发动机飞机之外的涡轮发动机飞机国际定期载客运行的燃油量要求

（1）在实施国际定期载客运行和补充运行的情况下，除了经局方在其运行规范中批准的按照本规则第 121.657 条规定执行的飞行外，签派或者放行涡轮发动机飞机（涡轮螺旋桨发动机飞机除外）飞行，或者使其起飞时，应当在考虑到预计的风和其他天气条件后，飞机有足够的燃油完成下列飞行：

① 飞往目的地机场并在该机场着陆；

② 从起飞机场到目的地机场并着陆所需总飞行时间的 10% 的一段时间的飞行；

③ 此后，按照规定需要备降机场的，由目的地机场飞至签派或者放行单中指定的最远备降机场并着陆；

④ 完成上述飞行后，还能以等待速度在备降机场，或者当不需要备降机场时在目的地机场上空 450 m（1 500 ft）高度上在标准温度条件下飞行 30 min。

（2）签派或者放行涡轮发动机飞机（涡轮螺旋桨发动机飞机除外）飞往按照本规则第 121.641 条（1）款第②项或者第 121.642 条（2）款未规定备降机场的目的地机场时，应当在考虑到预计的风和其他天气条件后，有足够的油量飞到该机场，然后以正常巡航消耗率至少飞行 2 h。

（3）如果局方认为，为了安全，某一特定航路有必要增加油量，局方可以修改实施国际运行的合格证持有人的运行规范，要求其携带的油量多于本条（1）款或者（2）款中规定的最低限度。

7. CCAR 121.663 计算所需燃油应当考虑的因素

（1）除满足本规则第 121.657 条至第 121.661 条的要求外，计算所需燃油还应当考虑到以下因素：

① 风和其他天气条件预报；

② 预期的空中交通延误；

③ 在目的地机场进行一次仪表进近和可能的复飞；

④ 空中释压和航路上一台发动机失效的情况；

⑤ 可能延误飞机着陆的任何其他条件。

（2）本条中的所需燃油是指不可用燃油之外的燃油。

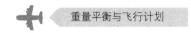

1.5 ICAO 飞行计划表

1.5.1 相关要求

根据《民用航空飞行动态固定格式电报管理规定》第十二条，航空器营运人及其代理人获得相关预先飞行计划批复后方可提交飞行计划。提交飞行计划的内容应当与预先飞行计划批复一致。

预先飞行计划是指航空营运人为达到其飞行活动的目的，预先制定的包括运行安排和有关航空器、航路、航线、空域、机场、时刻等内容的飞行活动方案。

第十五条　航空器营运人及其代理人应当于航空器预计撤轮挡时间 2 h 30 min 前提交飞行计划。遇有特殊情况，经与计划受理单位协商，最迟不晚于航空器预计撤轮挡时间前 75 min 提交飞行计划。国内航空器营运人执行国内飞行任务不得早于预计撤轮挡时间前 24 h 提交飞行计划；航空器营运人执行其他任务不得早于预计撤轮挡时间前 120 h 提交飞行计划。

航空器营运人及其代理人不得为同一飞行活动重复提交飞行计划。

第十六条　当已拍发飞行计划需要取消或者预计需要取消时，航空器营运人及其代理人应当及时提交取消申请，需要时，可重新提交新的飞行计划。

第十八条　当航空器飞行计划预计或者已经推迟 30 min 以上时，航空器营运人及其代理人应当立即提交飞行计划延误情况。

根据 CCAR121.699 和 CCAR121.700 条规定，国内、国际定期载客运行和补充运行的飞行计划的原始文件和副本，合格证持有人应当在主运行基地保存至少 3 个月。

1. CCAR91.153 条　目视飞行规则飞行计划

（1）目视飞行规则。

如本场空域符合目视气象条件，可以在本场按目视飞行规则飞行；如当前气象报告或当前气象报告和气象预报的组合表明本场、航路和目的地的天气符合目视气象条件，可以按照目视飞行规则进行航路飞行。

（2）目视飞行规则飞行计划的要求。

航空器驾驶员提交的按目视飞行规则飞行计划必须包括以下内容：

① 该航空器国籍登记号和无线电呼号（如需要）。

② 该航空器的型号，或者如编队飞行、每架航空器的型号及编队的航空器数量。

③ 机长的姓名和地址，或者如编队飞行、编队指挥员的姓名和地址。

④ 起飞地点和预计起飞时间。

⑤ 计划的航线、巡航高度（或飞行高度层）以及在该高度的航空器真空速。

⑥ 第一个预定着陆地点和预计飞抵该点上空的时间。

⑦ 装载的燃油量（以时间计）。

⑧ 机组和搭载航空器的人数。

⑨ 局方和空中交通管制要求的其他任何资料。

（3）当批准的飞行计划生效后，航空器机长拟取消该飞行时，必须向空中交通管制机构报告。

2. CCAR91.169 条 仪表飞行规则飞行计划

（1）除经空中交通管制同意外，仪表飞行规则飞行计划应当包括下列内容：

① 第 91.153 条（2）款中要求的内容。

② 备降机场，除本条（2）款规定外。

（2）如果符合第 91.167 条（2）款的条件，可以不选用备降机场，本条（1）②项不适用。

1.5.2　ICAO 飞行计划表的内容

飞行计划的内容包括：飞机识别、飞行规则、飞行类别、飞机型别和编码及尾涡类型、设备、起飞机场、预计撤轮挡时间、巡航速度、巡航高度、飞行路线、目的地机场、总消耗时间、备降机场、燃油续航能力、机上人员总数、应急和求生装置、其他信息。其格式如图 2.1.3 所示。

Flight Plan

PRIORITY　ADDRESSEE(S)
<=FF
<=
FILING TIME　ORIGINATOR　<=
SPECIFIC IDENTIFICATION OF ADDRESSEE(S) AND / OR ORIGINATOR

3 MESSAGE TYPE　7 AIRCRAFT IDENTIFICATION　8 FLIGHT RULES　TYPE OF FLIGHT
<=(FPL　<=
9 NUMBER　TYPE OF AIRCRAFT　WAKE TURBULENCE CAT.　10 EQUIPMENT
/　/　<=
13 DEPARTURE AERODROME　TIME
<=
15 CRUISING SPEED　LEVEL　ROUTE
<=
TOTAL EET
16 DESTINATION AERODROME　HR MIN　ALTN AERODROME　2ND ALTN AERODROME
<=
18 OTHER INFORMATION
<=

SUPPLEMENTARY INFORMATION (NOT TO BE TRANSMITTED IN FPL MESSAGES)
19　ENDURANCE　EMERGENCY RADIO
HR MIN　PERSONS ON BOARD　UHF　VHF　ELBA
E/　P/　R/
SURVIVAL EQUIPMENT　JACKETS
POLAR　DESERT　MARITIME　JUNGLE　LIGHT　FLUORES　UHF　VHF
/　/
DINGHIES
NUMBER CAPACITY COVER　COLOR
D /　<=
AIRCRAFT COLOR AND MARKINGS
A/
REMARKS
N /　<=
PILOT-IN-COMMAND
C/　)<=
FILED BY　ACCEPTED BY　ADDITIONAL INFORMATION

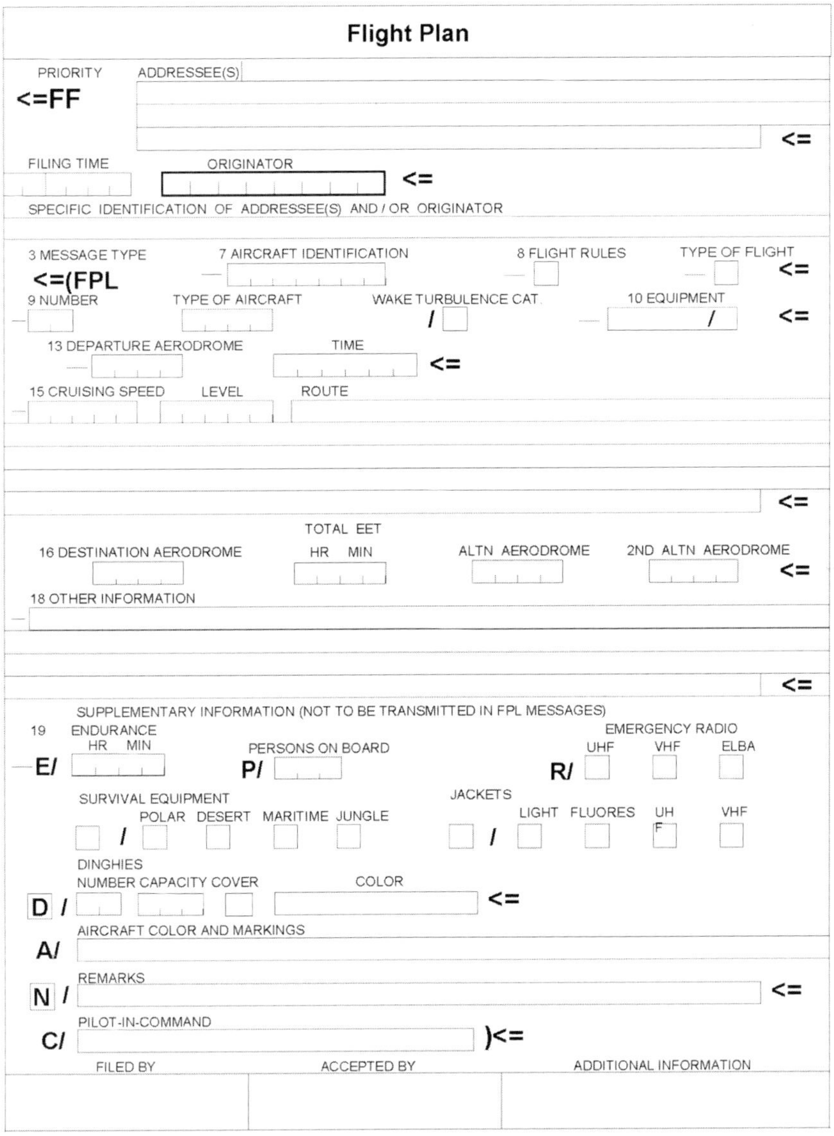

图 2.1.3　ICAO 飞行计划表

1.5.3 ICAO 飞行计划表的填写要求

填写飞行计划表时必须遵守特定的通用规则，该要求在民用航空飞行动态固定格式电报管理规定（AP-93-TM-2012-01）中有具体的要求。电报类型填写 FPL（Filed Flight Plan Message），称为领航计划报，是根据航空器运营人或其代理人提交的飞行计划数据，由运营人拍发给沿航路有关空中交通服务单位的电报。具体填写规范说明如下：

1. 电报报头

电报等级：FPL 报的等级为 FF，加急报。

收电地址：采用国际民航组织规定的四字地名代码和民航总局规定的部门代码组成。FPL 报涉及的收电单位有沿航路负责实施空中交通管制的区域管制室，降落机场的空中交通服务报告室，上述单位所从属的地区管理局管制室，起飞机场和落地机场所属的省、区、市局管制室，沿航路负责向军方管制部门实施动态通报的管制室，民航总局空管局总调度室（地区管理局范围内的飞行除专机与急救飞行外不发）。

申报时间：统一使用世界协调时，用 6 位数字表示，分别表示日、时、分，形式为 DDHHMM。

发电地址：表示方式与收电地址相同，发电单位为受理领航计划的空中交通服务单位或被指定的单位。

2. 内容填写说明

（1）编组 7——航空器识别标志。

填写不超过 8 个字符。当该航空器任务性质为补班飞行时，最后 1 个字符用 1 个英文字母对应替代，表示如下：

0-Z	1-Y	2-X	3-W	4-V
5-U	6-T	7-S	8-R	9-Q

航空器识别标志包括以下两类：

① 航空器注册标志（如 B2553、4XBCD、N2567GA）。

当航空器用无线电话联络时，将以此识别标志作为唯一的呼号（如 OOTEK），或在前面加上航空器经营部门的国际民航组织无线电话发电代号（SABENA、AIRFORCE1）；

② 国际民用航空组织分配给航空器运营人的三字代号后随航空器运行时的编号构成航空器此次飞行任务的识别标志，如 KLM511、NGA213、JTR25。

（2）编组 8——飞行规则及种类。

① 飞行规则。

一个字母表示如下：

I 表示仪表飞行规则；

V 表示目视飞行规则；

Y 表示先仪表飞行规则；

Z 表示先目视飞行规则。

注：用字母 Y 或 Z 时，改变飞行规则的航路点应按编组 15 的要求填写。

② 飞行种类。

一个字母表示如下：

S 表示定期的航空运输飞行；

N 表示非定期的航空运输飞行，包括旅客包机飞行、货包机飞行；

G 表示通用航空飞行，包括播种飞行、公务飞行、人工降雨飞行、护林飞行、农化飞行、物理控矿飞行等；

M 表示军用运输飞行；

X 表示其他飞行，包括熟练飞行、校验飞行、调机飞行、试飞飞行、专机、急救等。

（3）编组 9——航空器数目、机型和尾流等级。

航空器架数（如多于一架）时，用 2 位数字来表示航空器架数。

航空器机型，用 2 ~ 4 个字符，按国际民航组织文件 8643 号《航空器机型代码》规定填写，如无指定的代号或在飞行中有多种机型，填写"ZZZZ"。如使用字母 ZZZZ，航空器机型应填写"其他情报"编组（见编组 18）。

尾流等级，一个字母表示航空器的最大允许起飞重量：H 为重型（大于等于 136 t）；M 为中型（大于 7 t 小于 136 t）；L 为轻型（小于等于 7 t）。

（4）编组 10——机载设备。

在该空格的前一部分填写无线电通信、导航及进近设备，在后一部分填写监视设备（见表 2.1.2 ~ 2.1.6）。

N 表示所飞航路没有无线电通信/导航/进近设备或设备不工作；

S 表示所飞航路具有标准的通信/导航/进近设备工作。

如果使用字母"S"，除非有关的空中交通服务当局规定了其他设备的组合，否则甚高频无线电话、全向信标接收机和仪表着陆系统都应视为标准设备。

填入"N"或"S"和（或）下列一个或多个字符（建议按英文字母先后排列），表示可以工作的通信/导航/进近设备与能力。

如果使用字母 R，应在编组 18 中 PBN/代码之后，填入能够满足基于性能的导航水平。有关对特定为航段、航路和（或）区域适用基于性能导航的指导材料载于《基于性能导航手册》（Doc 9613 号文件）。

如果在编组 10A 中有 W 项，则编组 18 中不能有 STS/NONRVSM，且如果在编组 18 中有 STS/NONRVSM，则编组 10A 项中不能有 W。

如果使用字母"Z"，应在第 18 项注明所载的其他设备，并视情况冠以 COM/、NAV/ 和（或）DAT/。

如果使用字母"G"，应在编组 18 中 NAV/代码之后注明任何 GNSS 外部增强的类型，其间用空格隔开。

表 2.1.2 机载设备

A	GBAS 着陆系统	J7	管制员驾驶员数据链通信、FANS 1/A、卫星通信（铱星）
B	LPV（星基增强系统的垂直引导进近程序）	K	微波着陆系统
C	罗兰 C	L	仪表着陆系统
D	测距仪	M1	空中交通管制无线电话、卫星通信（国际海事卫星组织）
E1	飞行管理计算机、航路点位置报告、航空器通信寻址与报告系统	M2	空中交通管制无线电话（多功能运输卫星）
E2	数据链飞行情报服务、航空器通信寻址与报告系统	M3	空中交通管制无线电话（铱星）
E3	起飞前放行、航空器通信寻址与报告系统	O	全向信标台
F	自动定向仪	P1～P9	保留给所需通信性能
G	全球导航卫星系统	R	获得 PBN 批准
H	高频、无线电话	T	塔康
I	惯性导航	U	特高频无线电话
J1[a]	管制员驾驶员数据链通信、航空电信网、甚高频数据链模式 2	V	甚高频无线电话
J2	管制员驾驶员数据链通信、FANS 1/A、高频数据链	W	获得缩小垂直间隔批准
J3	管制员驾驶员数据链通信、FANS 1/A、甚高频数据链模式 4	X	获得最低导航性能规范批准
J4	管制员驾驶员数据链通信、FANS 1/A、甚高频数据链模式 2	Y	有 8.33 kHz 频道间距能力的甚高频
J5	管制员驾驶员数据链通信、FANS 1/A、卫星通信（国际海事卫星组织）	Z	携带的其他设备或能力
J6	管制员驾驶员数据链通信 FANS 1/A、卫星通信（多功能运输卫星）		

对于数据链服务、空中交通管制放行和情报、空中交通管制通信管理、空中交通管制麦克风检查，见航空无线电技术委员会、欧洲民航设备组织对航空电信网基线 1 的互用性要求标准（航空电信网基线 1 互用性标准 D0-280B/ED-110B）

表 2.1.3　二次监视雷达 A 和 C 模式

N	没有应答机
A	应答机 A 模式（4 位数，4 096 个编码）
C	应答机 A 模式（4 位数，4 096 个编码）和应答机 C 模式

表 2.1.4　二次监视雷达 S 模式

S	应答机 S 模式，具有气压高度和航空器识别的能力
P	应答机 S 模式，具有气压高度，但没有航空器识别的能力
I	应答机 S 模式，具有航空器识别，但无气压高度发射信号的能力
X	应答机 S 模式，没有航空器识别和气压高度能力
E	应答机 S 模式，具有航空器识别、气压高度发射信号和超长电文（ADS-B）能力
H	应答机 S 模式，具有航空器识别、气压高度发射信号和增强的监视能力
L	应答机 S 模式，具有航空器识别、气压高度发射信号、超长电文（ADS-B）和增强的监视能力

"A""C""E""H""I""L""P""S""X"应只填写其一。
增强的监视能力是指飞行器能够下发来自于模式 S 转发器的数据

表 2.1.5　广播式自动相关监视

B1	具有专用 1 090 MHz 广播式自动相关监视"发送"能力的广播式自动相关监视
B2	具有专用 1 090 MHz 广播式自动相关监视"发送"和"接收"能力的广播式自动相关监视
U1	使用 UAT 广播式自动相关监视"发送"能力
U2	使用 UAT 广播式自动相关监视"发送"和"接收"能力
V1	使用 VDL 模式 4 广播式自动相关监视"发送"能力
V2	使用 VDL 模式 4 广播式自动相关监视"发送"和"接收"能力

编组 10B 中，"B1""B2"只能出现一个，不应同时出现。编组 10B 中，"U1""U2"只能出现一个，不应同时出现。编组 10B 中，"V1""V2"只能出现一个，不应同时出现

表 2.1.6　契约式自动相关监视

D1	具有 FANS 1/A 能力的契约式自动相关监视
G1	具有航空电信网能力的契约式自动相关监视

注 1：以上未列出的字符属于保留。

注 2：附加的监视应用应在编组 18"SUR/"标记后列出。

示例 1：—ADE3RV/EB1

示例 2：—DFG0V/HU2

（5）编组 13——起飞机场和时间。

① A 表示起飞机场。

起飞机场名称使用国际民航组织规定的 4 字地名代码，如果该机场无 4 字名代码，则用

ZZZZ 表示。如果飞行计划数据在空中已被申报，则用 AFIL 表示。

注：如果使用 ZZZZ，在编组 18 中填入起飞机场英文全称名称。如果使用 AFIL，在编组 18 中填入可得到该项数据的空中交通服务单位。

② B 表示时间。

用 4 位数字表示如下：

在起飞前所发的 FPL、DLA、PLN、CHG、COR 报中，填入起飞机场的预计撤轮挡时间；在 "DEP" 报中，填入实际起飞时间，在 "CPL" 中，填入航空器申报的第一个航路点的预计或实际飞越时间。

（6）编组 15——航路。

① 巡航速度或马赫数。

飞行中第一个或整个巡航航段的真空速，按表 2.1.7 表示。

表 2.1.7　巡航速度或马赫数

"K" 后随 4 位数字	真空速，单位为千米每小时（km/h），（示例：K0830）
"N" 后随 4 位数字	真空速，单位为海里每小时（n mile/h）（示例：N0485）
"M" 后随 3 位数字	最近的 1% 马赫单位的马赫数（示例：M082）。（当有关 ATS 单位有规定时使用）

② 申请的巡航高度层。

以下列任何一种形式填入第一段或整个航路的巡航高度层，如表 2.1.8 所示。

表 2.1.8　申请的巡航高度层

"M" 后随 4 位数字	表示以 10 m 为单位的海拔高度（示例：M0840）
"S" 后随 4 位数字	表示以 10 m 为单位的标准米制飞行高度层（示例：S1130）
"A" 后随 3 位数字	表示以 100 ft 为单位的海拔高度（示例：A045，A100）
"F" 后随 3 位数字	表示以 100 ft 为单位的飞行高度层（示例：F085，F330）
"VFR"	表示不受管制的目视飞行规则飞行

③ 航路。

以空格隔开的如下 7 个类别的数据项，不论次序如何，应能够准确地说明可行的航路情况，必要时应加上以下若干个 "c" 项，每项之前应有空格，如表 2.1.9 所示。

表 2.1.9　航路

c1	标准离场航线代号，即从起飞机场到拟飞的已确定的航路的第一个重要点的标准离场航路代号，其后可随以 "c3" 或 "c4"。 若无法确定将使用的标准离场航线，应不加 "c1"
c2	空中交通服务航路代号，其后仅随以 "c3" 或 "c4"
c3	重要点，包括航路加入点、航路退出点、航路转换点、航路和标准进离场航线之间的连接点、空中交通管制单位规定的强制性位置报告点等

续表

c4	重要点、巡航速度或马赫数、申请的巡航高度层； 距一重要点的方位和距离：重要点的编码代号后随 3 位数字，表示相对该点的磁方位度数，再随以 3 位数字表示距离该点的海里数。在高纬度地区，如有关当局确定参考磁方位度数不可行，可使用真方位度数。为使数位正确，需要时插入"0"，如距全向信标台（VOR）"DUB"40 n mile，磁方位 180° 的一点，以"DUB180040"表示
c5	简字，表示如下： DCT：当下一个预飞点是在指定航路以外时，用 DCT 表示，除非这些点是用地理坐标或方位及距离表示； VFR：在飞过某点后改为目视飞行规则（仅可跟随"c3"或"c4"）； IFR：在飞过某点后改为仪表飞行规则（仅可跟随"c3"或"c4"）； T：表明航空器的申报航路被压缩，压缩部分应在其他数据中或以前发的领航计划中查找。使用时，T 应是航路编组的结尾
c6	巡航爬高（最多 28 个字符）。 在字母 C 后随一斜线"/"，然后填入计划开始巡航爬高点，后随一斜线"/"，然后按数据项 A 填写在巡航爬高期间应保持的速度，随以两个高度层（按数据项 B 表示），以确定在巡航爬高期间拟占用的高度夹层，或预计巡航爬升至其以上高度层，后随以"PLUS"，其间不留空格
c7	标准进场航线代号，即从规定航路退出点到起始进近定位点标准进场航线的代号。若无法确定将使用的标准进场航线，应不加"c7"

本编组中使用"DCT"时应注意以下 3 点：

a. 在设定有标准进离场航线的机场，在航线航路与标准进离场航线间连接点的前后不应填写"DCT"。当所飞机场没有标准进离场航线与航路相连时，在航线航路加入点之前或退出点之后，可使用"DCT"。

b. 当飞往下一点的飞行路线是在指定航路以外时，用"DCT"连接下一点；在没有连接点的两条航路之间转换时，一条航路的退出点和另一条航路的加入点之间可以使用"DCT"，除非连接飞行路线的点都是用地理坐标或方位及距离表示。

c. 当空中交通服务部门要求时，应使用"DCT"。

本编组中填写"标准进离场航线"时应注意以下内容：

空中交通服务航路包括航线、航路、标准离场航线（SID）和标准进场航线（STAR）等。通常情况下，航路与标准进离场航线是相连接的。在设有标准进离场航线的机场，空中交通管制部门会适时向飞行人员指定适当的标准进离场航线，或通报实施雷达引导等，这些在领航计划报中是无法确定的。在这种情况下，按照国际民航组织有关文件（Doc4444）中的相关说明，在航线航路和标准进离场航线间连接点的前后填写标准进离场航线是不恰当的。否则，不能准确地表述航路情况，也会与空中交通管制部门的要求相违背。

示例 1：—K0882S1010 SGM A599 POU

示例 2：—M082F310 BCN1G BCN UG1 52N015W 52N035W 49N050W

示例 3：—K0869S1100 CD KR B458 WXI A461 LIG

示例 4：—N0460F290 LEK2B LEK UA6 XMM/M078F330 UA6N P0NUR10N CHW UA5

NTS DCT 4611N00412W DCT STG UA5 FTM FATIMIA

示例 5：—M078S1010 URC B215 YBL A596 KM

示例 6：—LN VFR

示例 7：—LN/N0284A050 IFR

（7）编组 16——目的地机场和预计总飞行时间，备降机场。

目的地机场和备降机场使用国际民航组织规定的 4 字地名代码。如果该机场没有 4 字地名代码，则用 ZZZZ 表示。若使用 ZZZZ，在编组 18 中，应直接写出目的地机场英文全称。

预计经过总时间用 4 位数字表示经过总时间。

（8）编组 18——其他情报。

如无其他情报，填入 0（零），或按照下列所示的先后次序，随以一斜线"/"填写有关情报，如表 2.1.10 所示。

表 2.1.10　其他情报

数据项	表 示 内 容
STS/	只有下述内容可以填写在 STS/后面，如有两种以上情况需要特别说明的，应以空格分开。其他原因则填写到 RMK/后。 ALTRV：按照预留高度运行的飞行。 ATFMX：有关空中交通服务当局批准豁免空中交通流量管理措施的飞行。 FFR：灭火。 FLTCK：校验导航设施的飞行检测。 HAZMAT：运载有害材料的飞行。 HEAD：国家领导人性质的飞行。 HOSP：医疗当局公布的医疗飞行。 HUM：执行人道主义任务的飞行。 MARSA：军方负责管理的军用航空器最低安全高度间隔飞行，用以标明飞行时效时，要求编组 9 的飞机数量大于 1 架；用以标明从一个特定点开始时，在编组 18 的 RMK 项后紧跟航空器标示和进入作业区的时间。 MEDEVAC：与生命攸关的医疗紧急疏散。 NONRVSM：不具备缩小垂直间隔能力的飞行，准备在缩小垂直间隔空域运行。 SAR：从事搜寻与援救任务的飞行。 STATE：从事军队、海关或警察服务的飞行
PBN/	表示区域导航和/或所需导航性能的能力，只能填写指定的字符内容，最多 8 个词条，不超过 16 个符号，词条之间不用空格。 区域导航规范： A1 RNAV 10（RNP 10） B1 RNAV 5 所有允许的传感器 B2 RNAV 5 全球导航卫星系统 B3 RNAV 5 测距仪/测距仪 B4 RNAV 5 甚高频全向信标/测距仪 B5 RNAV 5 惯性导航或惯性参考系统 B6 RNAV 5 罗兰 C C1 RNAV 2 所有允许的传感器

数据项	表示内容
PBN/	C2 RNAV 2 全球导航卫星系统 C3 RNAV 2 测距仪/测距仪 C4 RNAV 2 测距仪/测距仪/IRU D1 RNAV 1 所有允许的传感器 D2 RNAV 1 全球导航卫星系统 D3 RNAV 1 测距仪/测距仪 D4 RNAV 1 测距仪/测距仪/IRU 所需导航性能规范： L1 RNP 4 O1 基本 RNP 1 所有允许的传感器 O2 基本 RNP 1 全球导航卫星系统 O3 基本 RNP 1 测距仪/测距仪 O4 基本 RNP 1 测距仪/测距仪/IRU S1 RNP APCH S2 具备 BAR-VNAV 的 RNP APCH T1 有：RF 的 RNP AR APCH（需要特殊批准） T2 无：RF 的 RNP AR APCH（需要特殊批准） 如 PBN/后出现 B1、B5、C1、C4、D1、D4、01 或 04，则 10A 编组应填入 I。 如 PBN/后出现 B1 或 B4，则 10A 编组应填写 0 和 D，或 S 和 D。 如 PBN/后出现 B1、B3、B4、C1、C3、C4、Dl、D3、D4、01、03 或 04，则 10A 编组应填写 D。 如 PBN/后出现 B1、B2、C1、C2、D1、D2、01 或 02，则 10A 编组应填写 G
NAV/	除 PBN/规定之外，按有关 ATS 单位要求，填写与导航设备有关的重要数据。在此代码项下填入全球导航卫星增强系统，两个或多个增强方法之间使用空格。 注 1：NAV/GBAS SBAS
COM/	按有关 ATS 单位要求，填写 10A 中未注明的通信用途或能力
DAT/	按有关 ATS 单位要求，填写 10A 中未注明的数据用途或能力
SUR/	按有关 ATS 单位要求，填写 10B 中未注明的监视用途或能力
DEP/	如在编组 13 中填入"ZZZZ"，则应在此填入起飞机场英文全称、拼音全称或其他代号。如果在编组 13 中填入 AFIL，则应填入可以提供飞行计划数据的 ATS 单位的四字地名代码。对于相关的航行资料汇编未列出的机场，按以下方式填写位置： 以 4 位数字表示纬度数的十位数和个位数分数，后随"N"（北）或"S"（南）。再随以 5 位数字，表示经度数的十位数和个位数分数，后随"W"（东）或"W"（西）。为使数位正确，需要时插入"0"，例如，4620N07805W（11 位字符）。 距最近重要点的方位和距离表示如下：重要点的编码代号，后随 3 位数字表示相对该点的磁方位度数，再随以 3 位数字表示距离该点的海里数。在高纬度地区，如有关当局确定参考磁方位度数不可行，可使用真方位度数。为使数位正确，需要时插入"0"，如果航空器从非机场起飞，填入第一个航路点（名称或经纬度）或无线电指点标
DEST/	如在编组 16 数据项 A 中填入"ZZZZ"，则在此填入目的地机场的名称和位置。对于相关航行资料汇编未列出的机场，按上述 DEP/的规定以经纬度填入机场位置或距最近重要点的方位和距离

数据项	表示内容
DOF/	飞行计划执行日期（起飞日期）（YYMMDD，YY 表示年，MM 表示月，DD 表示日）
REG/	当与编组 7 的航空器识别标志不同时，填入航空器的国籍、共同标志和登记标志
EET/	由地区航行协议或有 ATS 当局规定的重要点或飞行情报区边界代号和起飞至该点或飞行情报区边界累计的预计实耗时间，由一个或多个字符串组成。每个字符串是 2～5 个字母、数字、字符或一个地理坐标，后随一个 4 位数的时间，从 0000 到 9959（即 0～99 h，0～59 min）。 注 2：EET/CAP0745 XYZ0830 EET/EINN0204
SEL/	经装备的航空器的选择呼叫编码
TYP/	如在编组 9 中填入了 "ZZZZ"，则在本数据项填入航空器机型，必要时不留空格前缀航空器数目，其间用一个空格隔开。 注 3：TYP/2F15 5F5 3B2
CODE/	按有关 ATS 当局要求的航空器地址（以 6 位 16 进制字符的字母代码形式表示）。 注 4：F00001 是国际民航组织管理的具体模块中所载的最小航空器地址
DLE/	航路延误或等待，填入计划发生延误的航路重要点，随后用时分（小时分）4 位数表示延误时间。航路重要点应与编组 15 数据项 C 中的一致，如果不一致，应进入错误信息处理过程。 注 5：DLE/MDG0030
OPR/	当与编组 7 的航空器识别标志不同时，填入航空器运行机构的 ICAO 代码或名称
ORGN/	如果无法立即识别飞行计划发报人，填入有关空中交通服务当局要求的发报人的 8 字母 AFTN 地址或其他相关联络细节。 在某些地区，飞行计划接收中心会自动插入 ORGN/识别符和发报人的 AFTN 地址，并限定在 8 个字符内
PER/	按有关 ATS 单位的规定，使用《空中航行服务程序-航空器的运行》（PANS-OPS，Doc 8168 号文件）第 I 卷——《飞行程序》规定的 1 位字母，填写航空器性能数据。 注 6：A 类指示空速小于 169 km/h（91 n mile/h）； B 类指示空速 169 km/h（91 n mile/h）至 224 km/h（121 n mile/h）； C 类指示空速 224 km/h（121 n mile/h）至 261 km/h（141 n mile/h）； D 类指示空速 261 km/h（141 n mile/h）至 307 km/h（161 n mile/h）； E 类指示空速 307 km/h（161 n mile/h）至 391 km/h（211 n mile/h）； H 类为关于直升机的特殊要求
ALTN/	如在编组 16 数据项 C 中填入 "ZZZZ"，则在此填入目的地备降机场的名称。对于相关的航行资料汇编未列出的机场，按上述 DEP/的规定以经纬度填入机场位置或距最近重要点的方位和距离
RALT/	按 Doc7910 号文件《地名代码》的规定填入航路备降机场的 ICAO 4 字代码，或如果未分配代码，填入航路备降机场名称。对于相关的航行资料汇编未列出的机场，按上述 DEP/的规定以经纬度填入机场位置或距最近重要点的方位和距离

续表

数据项	表示内容
TALT/	按 Doc 7910 号文件《地名代码》的规定填入起飞备降机场的 ICA0 4 字代码，或如果未分配代码，填入起飞备降机场名称。对于相关的航行资料汇编未列出的机场，按上述 DEP/ 的规定以经纬度填入机场位置或距最近重要点的方位和距离
RIF/	至修改后的目的地机场的航路详情，后随该机场的国际民航组织四字代码。 注 7：RIF/ DTA HEC KLAX RIF/ESP G94 CLA YPPH
RMK/	有关 ATS 单位要求的或机长认为对提供 ATS 有必要的任何明语附注。有别于 "STS/" 项中填写的内容。如果使用非标准的标识符，应在 RMK/ 后填写，并且如果在非标准标识符和随后的文本之间有 "/" 时，应删除该符号。 下列内容应为统一的标注： ACAS Ⅱ 或 TCAS：RMK/ACAS Ⅱ 或 RMK/TCAS； 极地飞行：RMK/P0LAR； 不具备 RVSM 能力的航空器获批在 RVSM 空域运行：RMK/APVD N0NRVSM； 返航：RMK/RETURN； 备降：RMK/ALTffiNATE。 CPL 报中 "PMK/" 数据项中应体现返航、备降的目的地机场，原目的地机场原因说明，如 "RETURN" "ALTERNATE ZHHH DEU ZSSS RWY"
若某个数据项无内容，则该项省略。	

示例 1：-0

示例 2：-RMK/ALTERNATE ZSPD DUE ZSNJ RUNWAY MAINTENANCE

示例 3：-EET/ZGZU0020 VHHK0110 REG/B8012 OPR/PLAF RMK/NO POSITION REPORT SINCE DEP PLUS 2 MINUTES

（9）编组 19——增补信息。

这些信息在飞行计划的传送中一般不包括。如果需要的话，这些信息保留在飞行计划的文件归档中，如图 2.1.4 所示。

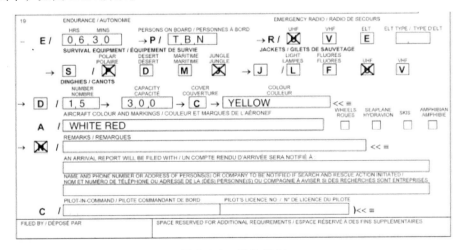

图 2.1.4　增补信息

续航能力——在 E/输入 4 个数字，分别表示小时数和分钟数，给出飞机燃油的续航能力。

机上人员——当相应的空中交通服务机构要求时，在 P/后边输入机上人员的总数（包括乘客和机组）。

如果在提交申请时不知道总数，输入 TBN。

紧急情况和营救设备如下：

R/（无线电）：如果超高频 243.00 MHz 的频率不可用，删去 U。

如果甚高频 121.500 MHz 的频率不可用，删去 V。

如果应急定位器发射机（ELT）不可用，删去 E。

S/（营救设备）：如果机上没有携带营救设备，删去所有指示符。

如果机上没有携带极地营救设备，删去 P。

如果机上没有携带沙漠营救设备，删去 D。

如果机上没有携带海上营救设备，删去 M。

如果机上没有携带丛林营救设备，删去 J。

J/（救生衣）：如果机上没有携带救生衣，删去所有指示符。

如果救生衣上没有发光体，删去 L。

如果救生衣上没有荧光素，删去 F。

如果救生衣上没有发光体，删去 L。

如果上边的 R/中指明了救生衣的无线电能力，删去 U 或 V，或都删去。

D/（救生筏）数量：如果机上没有携带救生筏，删去指示符 D 和 C，否则输入救生筏的数量。

容量：输入所有救生筏所能携带乘客的总数。

顶棚：如果救生筏没有顶棚，删去指示符 C。

颜色：如果携带了救生筏，输入救生筏的颜色。

A/（飞机颜色和标志）：输入飞机的颜色和重要标志。

N/（说明）：如果没有说明，或没有说明携带任何其他的营救设备和任何其他关于营救设备的说明，删去指示符 N。

C/（飞行员）：输入机长的姓名。

1.5.4　FPL 报的识读

在使用计算机飞行计划时，会自动生成文字编码形式的 FPL 报，其编组构成及格式如下：

（ 编组 3 电报类别、编号和参考数据

—— 编组 7 航空器识别标志和 SS 模式及编码　—— 编组 8 飞行规则及种类

—— 编组 9 航空器数目、机型和尾流等级　—— 编组 10 机载设备能力

—— 编组 13 起飞机场和时间

— 编组 15 航路

— 编组 16 目的地机场和预计总飞行时间，目的地备降机场

— 编组 18 其他情报 ）

下面给出几个例如加以说明。

【例 1-1】

（ FPL-CCA1532-IS

-A332/H-SDE3FGHIJ4J5M1RWY/LB1D1

-ZSSS2035

-K0859S1040 PIKAS G330 PIMOL A593 BTO W82 DOGAR

-ZBAA0153 ZBYN

-STS/HEAD PBN/A1B2B3B4B5D1L1 NAV/ABAS REG/ B6513 EET/ZBPE0112 SEL/KMAL PER/C RIF/FRT N640 ZBYN RMK/ACAS Ⅱ ）

说明：

领航计划报

-航空器识别标志 CCA1532 -仪表飞行，正班-机型 A330-200/重型机，机载有标准的通信、导航、进近设备并工作正常；测距仪；起飞前放行和航空器通信寻址与报告系统（ACARS）；自动定向仪；全球导航卫星系统；高频无线电话；惯性导航设备；管制员驾驶员数据链通信（CPDLC）、FANS 1/A、甚高频数据链模式 2；管制员驾驶员数据链通信（CTOLC）、FANS 1/A、卫星通信（国际海事卫星组织）；空中交通管制无线电话（国际海事卫星组织）；获得 PBN 批准；获得缩小垂直间隔批准；有 8.33 kHz 间隔的甚高频；S 模式应答机、具有航空器识别、气压高度发射信号、超长电文（ADS-B）和增强的监视能力，具有专用 1 090 MHz 广播式自动相关监视"发送"能力的广播式自动相关监视；具有 FANS 1/A 能力的契约式自动相关监视。

-起飞机场虹桥、起飞时间 2035（UTC）。

-巡航速度 859 km/h，巡航高度 10 400 m；航路构成 PIKAS G330 PIMOL A593 BT0 W82 D0GAR。

-目的地 机场北京、预计总飞行时间 1 小时 53 分钟；目的地备降场太原。

-其他情报：国家领导人性质的飞行；PBN 的能力为 A1B2B3B4B5D1L1；全球导航卫星增强系统 ABAS；航空器登记标志 B6513；起飞至 ZBPE 飞行情报区边界的预计飞行时间为 1 小时 12 分钟；航空器选呼编码 KMAL；航空器进近类别 C；至修改后的目的地机场的航路详情 FRT N640 ZBYN；机上载有 ACAS Ⅱ 防撞设备。

【例 1-2】

（ FPL-CCA1532-IS

-A332/H-SDE3FGHIJ4J5M1RWY/LB1D1

-ZSSS2035

-K0859S1040 PIKAS G330 PIMOL A593 BTO W82 DOGAR

-ZBAA0153 ZBYN

-STS/HEAD　PBN/A1B2B3B4B5D1L1　NAV/ABAS　DOF/121119　REG/B6513　EET/ZBPE0112 SEL/KMAL PER/C RIF/FRT N640 ZBYN RMK/TCAS）

（注：11 月 19 的航班，11 月 16 日提交并拍发）

说明：

2012 年 11 月 16 日拍发的，2012 年 11 月 19 日执行的 CCA1532 航班飞行计划报。

编组内容说明参考示例 1-1。

复习思考题

1. 找出下面 FPL 报中的错误。

（FPL-AFG331-IN

-B734/M-SRWY/C

-ZWSH2015

-N0476F330 KHG A364 SCH B215 URC

-ZWWW0150 ZWSH UAAA

-REG/YA PBN/A1BD2 OPR/ARANA AFCHAN AIRLINES NAV/CPS RNAV RMK/TCAS EAUIPPED）

2. 翻译下面两个 FPL 报。

（FPL-CSN3427-IS

-A321/M-SDE1E2E3FGHIRWY/LB1

-ZGGG1045

-K0861S0920 YIN G586 QP B330 ELKAL W179 XYO W25 FJC

-ZUUU0201 ZUCK

-PBN/A1B1C1D1L1O1S1　NAV/ABAS　REG/B6267　EET/ZPKM0058　SEL/BPAS　OPR/　CHINA SOUTHERN RMK/ACAS II）

（FPL-CXA802-IS

-B788/H-SADE1E2E3FGHIJ1J2J4J5M1RWY/LB1D1

-YSSY0130

-N0480F380 DCT RIC H202 AGETA R340 IGOPO/M085 F380 R340…A470 TEBON

-ZSAM0900 ZSFZ ZGSZ

-PBN/A1B1C1D1L1O1S2　DOF/160818　REG/B2761　EET/YBBB0015　WAAF0406　RPHI0549 VHHK0803 ZGZU0825 ZSHA0838 SEL/CEDM CODE/780D76 OPR/XIAMEN AIRLINES

RALT/YBBN YPDN RPMD ZSAM RIF/SAN W4 CIA CIA1 RPLL RMK/ACAS II ETOPS 120 MINS）

第 2 章　气象与航行情报资料

2.1　气象资料

在制作飞行计划前，必须对所飞机场、航路的气象资料进行认真分析，从而选择合适的备降场、航路及高度层，以及考虑气象因素对燃油的影响。通常涉及的气象资料主要有电报（METAR 报、TAF 报）、高空风图、重要天气预报等。

获得气象信息的途径有中国民用航空气象部门（民航局及各地区空管局气象中心、各民航机场及航站气象台）、国家气象台发布的气象信息及国际气象资料发布系统，如所在国家民航部门或机场发布的信息或者是公司指定的气象服务业务系统。

2.1.1　机场例行天气报告（METAR 报）

机场例行天气报告（METAR 报）包括确实存在于该气象台的观察资料，并且每半小时或一小时报告一次。

当情况发生重要变化时，需要发布特殊机场气象报告（SPECI）。选择的特殊报告定义和例行天气报告一样，在机场区域发布。

1. METAR 报的内容和格式

（1）标识符。

标识符有 3 部分组成。

报告类型：METAR 或 SPECI。

ICAO 代码：机场的 4 个字母组合，如 ZBAA，ZUUU。

日期/时间 UTC：在 METAR 或 SPECI 中，这是观测气象时的日期和时间，给出 UTC 的时数和分钟数，如 091230Z。

例如：METAR ZBAA 211020Z。

注意：如果一个气象报告中包括从一个或多个机场发出的一系列报告，代码名称 METAR 或 SPECI 可以由以下代替：

——SA（实际报告），或

——SP（特殊报告）

后面跟着报告代号，观测日期和时间。

（2）表面风速。

前 3 个数字代表风向（T），指向大概 10°，接着两个数字（也有 3 个数字的）给出了前 10 min 内的平均风速。允许的风速单位是：

——KT，代表节

——KMH，代表公里/小时，或

——MPS，代表米/秒

例如：30015KT。

如果阵风速度超过平均风速 10 节或以上，在风向后可能会有字母 G 和两个数字。

例如：30015G30KT。

当风速大于 3 节时，如果观测前 10 min 内风向变化在 60° 以上，在风向后写有字母 V 和 3 个数字。

例如：270V320 意思是风向在 270°T 和 320°T 之间变化。

00000 代表平静的天气，风向不定的天气用 VRB 表示，后边接着风速。

（3）水平能见度。

当没有给出方向的变化时，最低能见度的单位是米。标明方向的变化时，给出带有方向的最低能见度。

例如：2400NE。

当最低能见度小于 1 500 m，并且其他方向的能见度都大于 5 000 m 时，最大能见度和它的方向也要给出。

例如：1200NE 6000SW。

9999 代表能见度在 10 km 以上，0000 代表能见度小于 50 m。

（4）跑道视程（RVR）。

当气象能见度在 1 500 m 以下时，需要报告跑道视程。报告形式为 R 后紧接着跑道编号、斜线和接地区跑道视程。如果在用的跑道大于一条，需要重复报告 RVR 群组。平行跑道在跑道编号后加 C、L 和 R 来区别跑道。

例如：R24L/1200R24R/1300。

当跑道视程比最大可估计值还大时，在最大值前加前缀 P。

例如：R15/P1500。

前缀 M 代表跑道视程比最小可估计值还小。

例如：R15/M0050。

字母 U、D 和 N 分别代表跑道视程有向上变化的趋势、向下变化的趋势和没有变化。这几个字母显示了观测前 10 min 内的第一个 5 min 和第二个 5 min 的重要变化（100 m 或更多）。

例如：R25/1000D。

如果在报告前 10 min 内跑道视程每一分钟都在变化，这种变化需要报告。用这 10 min 内的每个 1 min 的观测值中的最小值和最大值，中间用字母 V 隔开，来代替 10 min 的平均值。

例如：R15L/0850V1000。

（5）天气。

每个天气组中都包括相应的强度符号和缩写；每组由表 2.2.1 中的 2 ~ 9 个字母组成。

表 2.2.1 重要天气代码

修饰词		天气现象		
强度或临近状态	描述符	缩写	模糊，朦胧	其他
1	2	3	4	5
−轻的 中等 （没有修饰词） ＋大的，严重的 "在 FC 和 PO 中用的 较多" VC 在附近 （机场周边 8 km 以 内，但不包括机场）	MI 浅的 BC 碎片，斑点 PR 部分的(覆盖机场的 一部分) DR 低吹的 BL 高吹的 SH 阵性的 TS 雷暴 FZ 冻的 超级冷的	DZ 细雨，毛毛雨 RA 雨 SN 雪 SG 雪粒 IC 冰晶 PE 小球状的冰体 GR 冰雹 GS 霰	BR 轻雾 FG 雾 FU 烟 VA 火山灰 DU 浮尘 SA 沙子 HZ 霾	PO 尘/沙旋风 SQ 飑 FC 漏斗状云 （水喷出） SS 沙暴 DS 尘暴

混合天气的报告可以使用3个天气组来显示不同的天气类型。

例如：MIFG，VCBLSN，＋SHRA，−DZHZ。

注意：当能见度大于 5 000 m 时，METAR 和 TAF 中不给出 BR，HZ，FU，IC，DU 和 SA。

（6）云。

云的报告中一般包括3个字母和3个数字，分别表示云量和云底高。云底高是到机场的距离，单位是百英尺。云的报告中是按照云底高从低到高排列顺序的。

例如：SCT015 or OVC080。

表示云量的组是：

FEW 代表 1~2 个云量；

SCT（scattered）代表 3~4 个云量；

BKN（broken）代表 5~7 个云量；

OVC（overcast）代表 8 个云量。

云的报告中可能有后缀，代表重要的对流云，CB 代表积雨云，TCU 代表塔状积云。其他类型的云不报告。

例如：BKN015CB。

云层报告为

First Group   任何数量的最底层

Second Group　　　　　　　云量大于 2 的下一个云层

Third Group　　　　　　　　云量大于 4 的下一个更高点的云层

Additional Group　　　　　报告中没有报告的重要对流云

当没有使用 CAVOK 时，SKC 代表没有云。

天空模糊不清时，用 VV 加垂直能见度表示，垂直能见度的单位是百英尺。当垂直能见度不能估计时，云组用 VV/// 表示。

例如：VV003。

CAVOK。

当出现下列各项情况时，用 CAVOK 代替 4，5，6 和 7 组。

① 能见度在 10 km 以上。

② 5 000 ft 和最高的 MSA（最低扇区高度）中的较大值的以下没有云，没有积雨云。

③ 在机场附近没有重要天气现象。

最低扇区高度在紧急情况下使用的最低高度，提供某区域内所有物体 1 000 ft 以上的最低许可口令，该区域包括一个以无线电导航设备为中心，25 n mile 为半径的圆的一个扇区。这个扇区不能小于 45°。

（7）气温和露点温度。

气温和露点温度的报告单位是摄氏度。M 代表负值。

例如：10/08，01/M01。

（8）海平面压强（QNH）。

QNH 的报告形式是 Q 后边跟 4 个数字。如果 QNH 比 1 000 mbar（10 mbar = 1 kPa）小，第一个数字是 0。QNH 四舍五入到整数毫巴。

例如：Q0995。

大气压强也可以用英寸汞柱为单位给出。报告形式为 A 后边跟 4 个数字，这 4 个数字是实际气压的一百倍。

例如：A3037。

（9）补充信息。

① 最近天气（RE）。

这是从前一个观察报告（或最近一小时，离现在近的一个）到现在观察到的对操纵飞机重要的天气。最多使用 3 组天气代码来指示以前多于一种天气类型的出现。

例如：RETS REGR。

② 风切变（WS）。

如果要报告，风切变可以在起飞和进近轨迹最低 1 600 ft 的地方报告。

例如：WS RWY27，WS ALL RWY。

（10）趋势。

如果一个合格的预报已经生成，在观察时间的 2 h 内预期天气的重要变化可以增补在 METAR 或 SPECI 的最后。

① 变化符号。

BECMG（becoming）或 TEMPO（temporary）后边跟着一个时间组，以 UTC 的时数和分钟数表示，或后边跟着 FM（from），TL（until）或 AT（at），再接着 4 个数字表示时间。

② 天气。

在这部分使用标准代码。当在预期趋势预报时间段内没有重要变化时，使用 NOSIG。

例如：BCMG FM1100 25035G50KT 或 TEMPO 0630 TL 0830 3000 SHRA。

当预期气象变化时，只包括上述因素。当预期气象没有变化时，使用 NOSIG。

（11）缺少的信息。

METAR 或 SPECI 中缺少的信息可以用斜线代替。

2. METARS 举例

METAR ZGGG 081000Z 09002MPS 050V120 9999 OVC033 15/12 Q1018 NOSIG =

该 METAR 报是当月 8 号 1000UTC 发布的。广州机场，表面风向 90 °T，风速 2 m/s，风向在 50° 与 10° 之间变化，能见度大于 10 km，7 ~ 8 个云分量，云底高 990 m，温度 15 ℃，露点温度 12 ℃，QNH1018，没有重要的天气现象。

2.1.2　航站天气预报（TAF）

TAF 描述的是机场情况的预报，是对其预报时段内机场预期的地面风、主导能见度、天气现象、云及气温进行分析和说明。机场气象台应当按规定时间发布有效时段为 9 h 的机场预报（FC）。为国际和地区飞行提供服务的机场气象台应当按规定时间发布有效时段为 24 h 或者 30 h 的机场预报（FT）。

TAF 的代码系统跟 METAR 一样，下列各点不同：

（1）有效期。有效期的前两个数字代表发布日期。接下来的 4 个数字是预报时期，以 UTC 整数小时表示。如果 TAF 公告包括一个或多个机场的预报，TAF 代码名称可以用 FC 或 FT 代替，后边接着发布的日期和时间，但在预报中既不出现代码名称，也不出现时间/日期组。

（2）能见度。和 METAR 一样，只预报最低能见度。如果没有重要天气的预期，天气组省略。在变化组后，如果天气变得不重要，就使用 NSW（No Significant Weather）。

（3）云。如果预报清晰的天空，云这组用 SKC（Sky Clear）代替。如果 CAVOK 和 SKC 不合适，就使用 NSC（No Significant Cloud）。

（4）重要变化。

FM 后面跟着最近的 UTC 小时和分钟数，用来表示预报中某个部分的开始。在这组前的所有情况都被它取代——不再应用它们。

例如：FM1220 27017KT 4000 BKN010。

BCMG 后边跟着 4 个数字的时间组，表示预期的气象条件的持续变化的最早和最晚小时数。在预报改变期间，这个变化可以有规则地变化，也可以无规则地变化。这个变化不会在第一个时间前开始，并在第二个时间完成。

例如：BECMG 2124 1500 BR。

TEMPO 后边跟着 4 个数字的时间组，在此期间的任何时间都可能发生的临时自然现象的条件下，表示变化期间的小时数。预计这些变化的持续时间不少于 1 h，但总共时间小于预报时间段的一半。

PROBABILITY 改变的预报条件的发生概率以百分数表示，但只使用 30% 或 40%。

例如：PROB30 0507 0800 FG BKN004。

PROB40 TEMPO 1416 TSRA BKN010CB。

（5）最高温和最低温。

TX 后跟最高温度及出现的时间。

例如：TX16/07Z。

TN 后跟最低温度及出现的时间。

例如：TN12/22Z。

例如：[FC] TAF ZGGG 080708Z 080918 04004MPS 8000 -RA OVC033 TX15/09Z TN13/18Z =

这是一个在当月 8 号 0708UTC 发布的 9 小时 TAF 报。有效期为 0900UTC 至 1800UTC。广州机场，风向 40 °T，风速 4 m/s，能见度 8 000 m，小雨，7 ~ 8 个云分量，云底高 990 m，最高温 15 °C，出现在 0900UTC，最低温 13 °C，出现在 1800UTC。

2.1.3　重要天气图

重要天气预报是以图表形式提供的对航路有重大影响的天气的预报，一般分 3 种高度层提供，即飞行高度在 FL100（10 000 ft）以下的低层，飞行高度 FL100 至 FL250 的中层和飞行高度在 FL250 以上的高层。

根据《中国民用航空气象工作规则》（CCAR-117-R2）第八十七条，高空风、高空温度预告图的发布间隔不大于 12 h，重要天气预告图的发布间隔不大于 6 h，GAMET 形式的区域预报发布间隔不大于 6 h。第九十一条，重要气象情报的有效时段应当不超过 4 h，在出现火山灰云和热带气旋的情况下，重要气象情报的有效时段应当延长到 6 h。

重要天气符号说明如图 2.2.1 和图 2.2.2 所示。

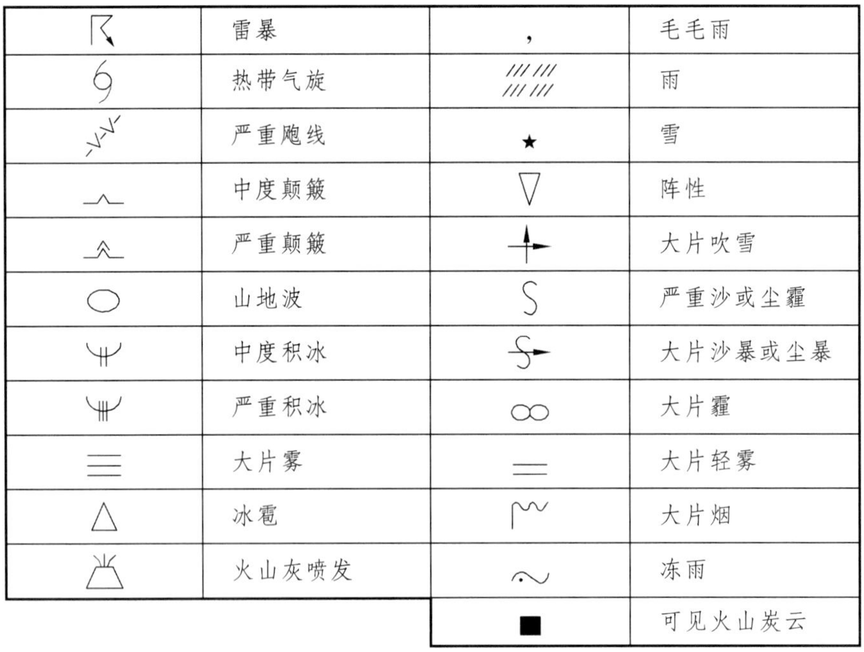

符号	含义	符号	含义
⌐	雷暴	,	毛毛雨
6	热带气旋	/// ///	雨
⌐	严重飑线	★	雪
⌒	中度颠簸	▽	阵性
⌒	严重颠簸	✛	大片吹雪
○	山地波	S	严重沙或尘霾
Ψ	中度积冰	Ⴝ	大片沙暴或尘暴
Ψ	严重积冰	∞	大片霾
≡	大片雾	═	大片轻雾
△	冰雹	∿	大片烟
△	火山灰喷发	∼	冻雨
		■	可见火山炭云

图 2.2.1　重要天气符号

▲▲	地面冷锋	⊢◣◣◢◢ FL 270	最大风的位置、速度和高度层
⌒⌒	地面暖锋		辐合线
▲⌒▲⌒	地面锢囚锋	0:100	零度等温层高度
▲▼⌒▼	地面准静止锋		热带辐合带
H 460	对流层顶高点	10	海面状况
270 L	对流层顶低点	18	海面温度
380	对流层顶高度		

⊢◣◣◢◢ FL 270　　　　　◣◣ FL 240

风羽表示急流上的最大风及其出现的飞行高度层。两短画表示重要的变化（风速大于等于 20 kt）。此例中，两短画处风速是 100 kt。粗线描绘预报风速为 150 km/h（80 kt）的急流轴起止点

图 2.2.2　锋面和辐合地带及其他符号

1. 云的缩写

CI	卷云	AS	高层云	ST	层云
CC	卷积云	NS	雨层云	CU	积云
CS	卷层云	SC	层积云	CB	积雨云
AC	高积云				

2. 云　量

（1）除了积雨云。

SKC	Sky clear	0/8
FEW	Few	1/8 to 2/8
SCT	Scattered	3/8 to 4/8
BKN	Broken	5/8 to7/8
OVC	Overcast	8/8

（2）只有积雨云使用下列符号。

ISOL　　独立的积雨云（isolated）

OCNL　　适当分开的积雨云（occasional）

FREQ　　不分开或小部分分开的积雨云（frequent）

EMBD　　包含在其他云层中的雷暴云（embedded）

3. 天气缩写

DZ　　　　毛毛雨　　　　　　　GEN　　普通的

LOC	局部的	LYR	层
K	雷暴	BLW	在……下面
COT	在海岸线	SEV	严重的
WDSPR	分布广泛的		
SH	阵雨		
FZ	冻的		
MAR	在海上		

4. 图上的线和符号

↗ 15	锋面的移动速度，单位 kt
SLOW	锋面速度可以用文字描述
∿∿∿∿	重要天气区域边界
————	晴空颠簸区域边界
	晴空颠簸区域可以在方框中用数字表明
	描述已编号的晴空颠簸区域的图例可能在页码的空白处
...0°C:FL120....	0 ℃ 等温线的高度，用高度层表示

重要天气图示例如图 2.2.3 和图 2.2.4 所示。

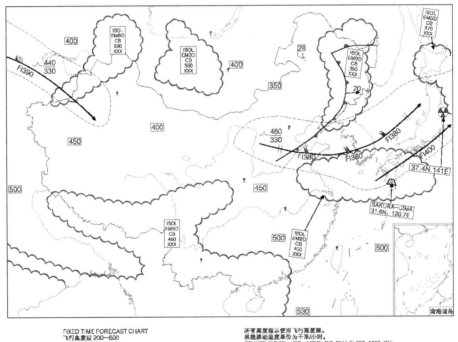

图 2.2.3　重要天气图实例 1
（基础数据来源于国家测绘地理信息局网站，并以此表示专题内容，后同）

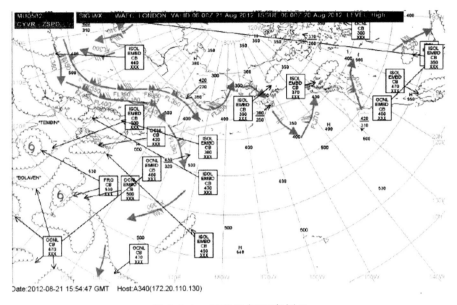

图 2.2.4　重要天气图实例 2

2.1.4　高空风温图

高空气温图和重要天气图连接在一起发布，给出了从 700 hPa（FL100）到 200 hPa（FL390）的每个点的风。用规则的经纬度间隔构成的点的风和温度值在图上都有显示。给出的温度值假定为负值，除非有前缀 PS。风的箭头符号和天气图上的含义完全一样。

图 2.2.5 是由 CAAC 发布的高空风和温度图。这个图适用于 FL390，有效性和高空图一样。图的底部是发布时间，2017 年 6 月 25 日 00UTC。

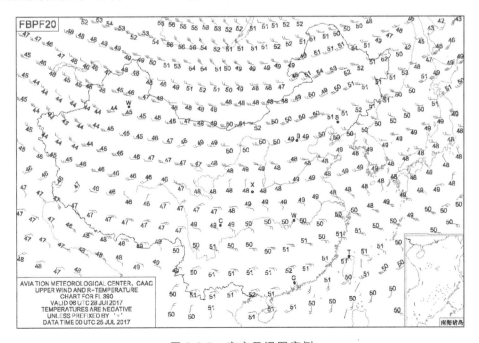

图 2.2.5　高空风温图实例

5. 平均风速

当使用风温图时，需要应用数值的代数平均值。例如，如果有一个东西航迹上，风向风速是 310°/20 kt 和 270°/20 kt，那么可以算出平均风为 290°/20 kt。平均温度的计算采用同样的方法。

【例 2-1】 平均风向风速的计算。

第一步 先以 10° 为间隔看一下风向：

80W	330/20
70W	260/35
60W	240/50
50W	270/15
40W	020/65
30W	210/70
20W	280/30
10W	270/50

风向主要是西风。忽略东北方向的风，因为它会扭曲数字。

方向 266°

第二步 计算风速。

风速 38.6 kt

2.2 航行情报资料

航行情报服务是指在指定区域内，负责为空中航行的安全、正常和效率提供所需航行的资料、数据而建立的服务。航行情报工作是航行业务管理工作的重要组成部分，它的职能是收集编辑、设计制作和发布提供为保证飞行安全、正常和效率所需要的各种航行情报资料。有关机场选址，进、离场程序设计，通信导航设施布局，航线规划等都需要航行情报部门提供准确、可靠的资料。

航行情报与飞行和空中交通管制有十分密切的关系。在每次执行飞行任务前，飞行人员和航管人员制订飞行计划和指挥预案时，都必须了解和研究各种航行情报资料，特别要着重了解各降落机场和备降机场的情况、空中交通管制和沿航线飞行数据与规定等。就拿飞行来说，每个机组从飞行预先准备开始到飞行结束为止，每个阶段都离不开航行情报服务。飞行预先准备阶段的主要内容就是研究航行情报部门提供的航线、机场资料、天气报告以及其他有关资料和规定；飞行直接准备阶段，是向航行情报部门校核资料，并接受对准备情况的检查；飞行实施阶段，要按照航行情报部门提供的离场图、航线图等实施飞行；飞机到达降落机场，不论进场、进近、复飞等，都得按照航行情报部门发布的航行情报资料飞行。同时，飞行安全、正常和经济效益如何，与有无准确及时的航行情报资料有关。在民航运输飞行和通用航空飞行中，航行情报资料属于随机携带的主要飞行文件之一。

航行情报资料如有差错或残缺不全，或者已变动的资料未及时更改，都有可能导致飞机迷航、迫降，甚至造成飞行事故。例如，资料不整齐、不清晰，很容易看错，尤其是在夜航时，会给飞行人员增加困难。因此，为各种飞行和空中交通管制提供的航行情报服务，必须做到及时、准确、完整。

飞行签派人员在制订飞行计划时，需要借助大量航行资料，内容涉及机场、航路、进近、通信、导航、领航，这些航行情报资料，可以通过 3 种途径获得，即 NAIP、航行通告（NOTAM）、飞行前通告（PIB）。本章重点介绍航行通告（NOTAM）、飞行前通告（PIB），有关航图的知识在稍后章节再详细介绍。

航行通告是指以电信形式发布有关任何航空设施、服务、程序或危险的确立、状况或变化的情报通告，及时了解此类通告对与飞行活动有关的航务人员至关重要。

航行通告的收集、发布和处理工作，分别由民航局航行情报中心国际航行通告室、地区航行情报中心航行通告室和机场航行情报室负责实施。

签发航行通告的规定如下：

航行情报部门，在任何时候遇下列对飞行有直接重要意义的资料，应签发航行通告。

（1）机场或跑道的设立、关闭或运行上的重大变动；

（2）航空服务（机场和地面设施、航行情报服务、空中交通服务、通信、气象和搜寻援救等）的建立、撤销或运行中的重大变动；

（3）电子的和其他航空导航设施及机场设施的设置或撤销，包括更改频率，中断或恢复工作，更改已通知的服务时间，更改识别信号，更改方向（方向性设施），更改位置，功率增、减 50% 以上，更改广播时间或内容，任何电子导航设施和地空通信服务工作不正常或不可靠；

（4）目视助航设施的设置、撤销或重要变动；

（5）机场灯光设备主要组成部分的中断和恢复工作；

（6）空中航行服务程序的建立、撤销或重要更改；

（7）机动区内大的缺陷和障碍物的出现或消除；

（8）有关供应燃料、滑油及氧气的限制或其变化；

（9）可用搜寻援救设施和服务的重要变动；

（10）标识重要航行障碍物的危险灯标的设置、撤销或恢复工作；

（11）需要立即采取措施的规章的更改，如搜寻和援救活动的禁区；

（12）存在影响空中航行的险情（包括障碍物、军事演习、航空表演、航空竞赛以及在公布地点外的大型跳伞活动）；

（13）起飞爬升、复飞、进近区及升降带内对飞行有关的重要障碍物的设置、排除或变动；

（14）禁区、限制区或危险区性质的改变、建立或停止活动（包括开始活动或停止活动）；

（15）存在拦截航空器可能性，并要求在甚高频紧急频率 121.5 MHz 上长守的地区、航路或其部分的规定或暂停；

（16）地名代码的分配、取消或更改；

（17）机场正常提供的援救和消防设施保障等级的重要变动，只要涉及改变保障类别和此种改变类别，应清楚说明时才应签发航行通告；

（18）由于活动区出现雪、雪浆、冰或水所导致的危险情况的出现、清除或重要变化；

（19）发生传染病需要更改预防注射和检疫的要求；

（20）太阳宇宙射线预报（在有此预报的地区）；

（21）火山活动的重要变化，火山爆发地点、日期和时间，和/或火山灰云的水平和垂直范围，包括移动方向、可能受其影响的飞行高度层和航路或航段；

（22）出现核或化学事件之后，在大气中的有毒化学物质或放射性物质，释放地点、日期和时间，包括移动方向、可能受其影响的飞行高度层和航路或航段；

（23）诸如联合国资助的人道主义救援活动的实施，包括影响空中航行的程序和限制。

2.2.1　航行通告

1．航行通告的系列编号

航行通告按系列划分为 A、E、F、G、L、U、W、Y、C 和 D 系列的航行通告，S 系列的雪情通告以及 V 系列的火山通告。其中，A、E、F、G、L、U、W 及 Y 为国际系列，C 系列用于国内分发，D 系列用于本地区内分发。

每一种系列的每一份航行通告都应由签发人分配一个顺序号，该顺序号是以日历年为基础的连续号，由四位数字及斜线和表述年份的两位数字组成，同时，在这四位数字前应用字母标明其所属的系列，如 A00311/02、C0103/03、D0135/03。

2．航行通告标志

航行通告的识别标志为 NOTAM，新航行通告为 NOTAMN，取消航行通告为 NOTAMC，代替航行通告为 NOTAMR。取消或代替以前的航行通告，还应当在识别标志后，注明被取消或者被代替的航行通告的系列编号。如"C0111/99 NOTAMR C0061/99"表示现在发布的"C0111/99"号电报代替以前发布的"C0061/99"号电报，"C0061/99"失效。

3．航行通告的格式

负责填写和发布航行通告的航行性报人员和其他有关人员必须按规定填写和拍发，具体格式如表 2.2.2 所示。

表 2.2.2　航行通告格式

电报等级		→
收电单位		
		《 ≡
签发日期和时间		
发报单位代码		《 ≡ （
电报系列编号代码		→
包括新资料的航行通告	（系列和编号/年）	NOTAMN
代替以前的航行通告	（系列和编号/年）	NOTAMR （被代替的航行通告系列和编号）
取消以前的航行通告	（系列和编号/年）	NOTAMC （被取消的航行通告系列和编号）　《 ≡

限　定　行									
	飞行情报区	航行通告代码	飞行	目的	范围	下限	上限	坐标、半径	
Q）		Q							《≡
设备空域或所报情况所在地 ICAO 地名代码				A）					→
有　效　时　间									
从（日时组）				B）					→
至（永久或日时组）				C）				EST*PERM*	《≡
时间段				D）					→
									《≡
航行通告正文；明语填写（使用 ICAO 简字）									
				E）					《≡
下限				F）					→
上限				G）					）《≡

4．航行通告的填写和拍发规定

（1）电报报头部分。

① 电报等级。航行通告电报等级通常使用 GG，但是当航行通告内容十分紧急，需要特殊处理时，可以使用 DD 等级。

② 收电地址。收电地址由国际民航组织规定的 4 字地名代码和民航总局规定的部门代号组成，如 ZBBBYOYX、ZGGGOIXX、ZBAAOIXX。按通信规定，收电地址最多只能在一行中表示。

③ 签发日期和时间。签发航行通告应填写日时组作为签发依据，日时组以两位数字表示日期，以 4 位数字表示时分。如 011539 表示 1 日 15 时 39 分。A 系列 NOTAM 采用协调世界时（UTC）发布，C、D 系列 NOTAM 采用北京时发布。

④ 发电地址。发电地址的组成同收电地址，发电地址只能填写一个。

（2）限定行。限定行供查询和检索时使用，该行分 8 个子项，在同一行中表示。每一个子项用一斜线隔开。如果某一子项无内容填写，可不拍发斜线之间的空格，但必须拍发斜线。各子项的定义如下：

① 飞行情报区（FIR）。用国际民航组织规定的 4 字地名代码填写。如果涉及一个以上的飞行情报区，应在国家代码后"XX"组成地名代码，然后在 A 项逐一列出飞行情报区的代码，中国的国家代码为 ZX。如 Q）ZXXX/QWELW/……A）ZBPE ZSHA ZGZU。

② 航行通告内容代码。用 5 字码表示，第 1 个字母"Q"为识别码；第 2、3 个字母为航行通告内容的主题；第 4、5 个字母为航行通告的主题的状态。启动航行通告第 4、5 个字

母使用"TT"。当航行通告的主题或主题的状态无适当的代码可供使用时，应使用"XX"代替。如果第2、3个字母已使用"XX"，则第4、5个字母也应填写"XX"。当航行通告代码填写"QXXXX"时，飞行种类、签发目的、影响范围等项应根据实际情况填写，如QRCXX、QXXXX、QARTT。

③ 飞行种类（TRAFFIC）。

填写本航行通告涉及的任意一种飞行种类和情况：

I——对仪表飞行规则（IFR）的飞行有影响；

V——目视飞行规则（VFR）的飞行有影响；

IV——对仪表飞行规则和目视飞行规则（IFR/VFR）的飞行均有影响；

K——航行通告校核单。

④ 签发航行通告的目的（PURPOSE）。

按《航行通告选择标准代码表》中的选项填写代码。使用该标准以外的代码时，签发目的可选择下列情况中的一种或多种组合：

N——需立刻引起飞行员注意的航行通告；

B——供选入飞行前资料公告的航行通告；

O——对仪表飞行规则的飞行有重要意义的航行通告；

M——其他航行通告，不包括在飞行前资料公告中，但可按申请提供；

K——航行通告校核单。

⑤ 影响范围（SCOPE）。

A——机场区域；

E——航路；

W——航行警告；

K——航行通告校核单。

无线电导航设施可用于航路飞行或机场区域飞行，有的既用于航路飞行，又用于机场区域飞行，因此应根据情况填写代码。具体填写方法如表2.2.3所示。

表2.2.3　航行通告影响范围代码表

影响范围填写内容	A项填写内容（4字地名代码）
A	机场
AE	机场
E	飞行情报区
W	飞行情报区
AW	机场
K	设计的飞行情报区

注：选用AE、AW时，代码顺序不得颠倒。

⑥ 下限和上限（LOWER/UPPER）。

当高度无限制或高度限制不明确时，填写 000/999。

如果航行通告主题涉及空域结构（如管制地带、终端管制区、高空飞行情报区等），必须填入适当的下限和上限，上下限均以飞行高度层表示（FL），如 F）600 m、G）11 000 m，填写为 020/370。

⑦ 坐标、半径（COORDINATES RAIDUS）。

坐标表示航行通告所影响区域的中心，半径表示航行通名所影响的范围。经纬度精度到分，分以下四舍五入。纬度用 4 位数字加 N（北纬）或 S（或南纬）表示，经度用 5 位数字加 E（东经）或 W（西经）表示。坐标取值方法如表 2.2.4 所示。

表 2.2.4　坐标取值方法表

航行通告设计内容	坐标取值
机场范围	机场其准点坐标（ARP）
航路导航台	航路导航台坐标
危险区、限制区	几何中心
在危险区、限制区以外诸如炮射、释放气球等，有关航行警告方面的活动	几何中心
涉及整个飞行情报区	暂不填写

半径用 3 位数字表示，单位为海里。半径取值方法如表 2.2.5 所示，表中未列出者，应依据实际情况填写。如 2600N08246E025 表示以北纬 26°、东经 82° 46′ 为中心，半径 25 n mile 的区域。

（3）A）项发生地。

填写机场或飞行情报区的 4 字地名代码。如果设施或所报情况发生在机场区域内，则统一使用该机场 4 字地名代码；如设备或所报情况不在机场区域内而在一个或几个空域内，统一使用发生地所在的飞行情报区 4 字地名代码，然后在 E）项中用明语说明地名或以经纬度表示其坐标。本项中可填写一个或多至 7 个 4 字地名代码，但每个代码之间必须用空格分开。

表 2.2.5　半径取值方法表

航行通告选择代码	报文内容	半径/n mile
Q…	涉及机场并且影响范围只填写 A 者，影响范围填写 AE 或 AW，或无法确定适当的半径者	005
QN…	除全球导航系统（GPS）以外的所有导航设施（VOR/DME/NDB…）	025
QOB…	障碍物	005
QOL…	障碍物灯	005
QPH…	等待程序	025
QPX…	最低等待高度	025
QAP、QAX…	报告点、交叉点	025

（4）B）项生效时间。

以年、月、日、时、分顺序用 10 位数字填写生效时间，每项占两位。该项中零时整用 0000 表示，不得使用 2400。立即生效时，填写当前时间，不得使用 WIE、WEF 等不确定时间，如 98 年 4 月 6 日零时整生效，表示为 B）9804060000。

（5）C）项终止时间。

在 B）项之后至少空一个空格填写终止时间。时间表示方法与 B）项相同，但 C）项为预计时间时，应在时间之后加上 EST，并届时需发布航行通告取消或代替。如是永久性资料，应使用 PERM 表示，不允许使用 APRX、DUR 和 UFN 等不规范简字，该项中零时整不得用 0000 或 2400 表示，如遇此情况需减 1 min。如 98 年 4 月 6 日 24 时整表示为 9804062359。

（6）D）项分段时间。

该项应另起一行，表示分段生效时间。生效时刻至截止时刻之间加"—"或"TO"，第一个时间段的起始时间和最后一个时间段的截止时间应与航行通告的起始时间和截止时间相符合，即与 B）项和 C）项时间的后 4 位相符合，如 B）9809010600 C）9809301600 D）0600—160DAILY。

如果分段生效时间比较复杂，可在 E）项中说明，但需注明"见报文"或"SEE TEXT"。

（7）E）项航行通告正文。

该项应另起一行填写航行通告正文。当内容在一行以上时，应按规定换行，回行时不得把一个字组拆开。电文内容使用明语或规定简缩语。为了保证正文中的电报码能使用计算机自动翻译成汉字，填写和拍发时必须满足以下内容：

① 字组之间、字组与标点符号之间至少空一格。

② 使用规定的标点符号—：（），＝／时，标点符号前后必须有空格，也可用 4 字电报码表示标点符号。

③ 当括号中的内容需要翻译时，括号与第一个字组之间应空一格，最后一个字组与反括号之间也应空一格，如（1600）。

④ 数字组的写法应规范，以防被误翻译。

a. 数字应以 3 位数分节的办法表示，如 18 000、7 000。

b. 凡有计量单位的数字组，应与计量单位合为一组，如 100 m、20 km、1 200 ft、3 850 kHz 等。

c. 表示时间时，应在时、分之间加"："或空格，如"18：00"或"18 00"。

⑤ 凡高度需标明基准面时，应在高度后面用括号标明或加简缩字。在通告中不采用数字加括号为场压高度，不加括号为修正海压高度的方法，如 12 000M（场压）、1 800M（修正海压）、80M（AGL）。

⑥ 经纬坐标统一规定为"Nl82030E1202030"形式。纬度在前，经度在后，不使用电报码表示度、分、秒。纬度为 6 位，经度为 7 位，缺位补零，如 N430201E0934510。也可使用标准到（1/10）分的方法表示，如 N4302.6E10813.2。

（8）F）项和 G）项下限和上限。

当报告的内容涉及有关航行警告和空域等限制时，应在 F）项填入下限，在 G）项项入上限；同时应标明基准面和度量单位，具体填写格式如表 2.2.6 所示，如 F）200M   AMSL G）11 000 MAMSL，可用 SFC、GND（地面）表示下限，用 UNL（无限高）表示上限。

表 2.2.6　下限和上限表示方法

F）项	G）项
SFC	UNL
GND	XXXXXXM AGL
GND	XXXXXXM AMSL
XXXXXXM AGL	XXXXXXM AGL
XXXXXXM AMSL	XXXXXXM AMSL
FLXXX	FLXXX

注：只能用表中列出的一种方式填写。

5. 填写航行通告的其他规定

（1）航行通告代替报（NOTAMR）拍发程序 NOTAMR 只能代替同一系列的一份航行通告，其 NOTAMR 的主题应与被代替的航行通告的主题一致，而且 A）项地址应相同。

NOTAMR 的生效时间应为立即生效，不得填写将来的时间。

NOTAMR 不得代替尚未生效的航行通告，应先取消该通告，然后再发一份 NOTAMN。

对于大部分的航行通告，NOTAMR 应全部代替，不得只代替其中的一部分或几部分。

（2）航行通告取消报（NOTAMC）拍发程序 NOTAMC 只能取消同一系列的一份 NOTAM，取消报的生效时间应为立即生效，不得填写将来的时间。

取消报必须有 E）项，说明取消航行通告的原因。

对于大部分的航行通告，NOTAMC 应全部取消，不得只取消其中的一部分或几部分。

取消报的航行通告选择代码的填写方法如下：

第 2、3 个字母必须与被取消的航行通告相一致。

第 4、5 个字母应选择下列与 2、3 字母对应的条目相组合：

Q…AK——恢复正常工作；

Q…AO——可工作；

Q…AL——按从前公布的限制、情况工作（恢复工作）；

Q…CC——完成；

Q…XX——其他（见报文）。

取消报的飞行种类和影响范围不填写，只在签发目的中填写"M"。

如（A0830/98 NOTAMC A0519/98

Q）ZBPE/QNVAK/M//000/999/

A）ZBAA

B）9809250630

E）VOR'PEK'RESUMED NORMAL OPERATION.

（3）启动航行通告（Trigger NOTAM）拍发程序。

当发布对航空器的运行有重大影响的永久性的资料修订或补充资料时，拍发启动航行通告。启动航行通告一律由总局空管局航行通告室拍发，并应进入飞行前公告（PIB）。

（4）航行通告开始的正括号"（"和结束的反括号"）"以及 A）项至 G）项代码之后的反括号均不能省略。

（5）一份航行通告超过规定长度时，需分部分发布。在电文的第一行和报文结束处应增加 PART 说明，如"PART1 OF 3 PARTS"表示三部分中的第一部分。

（6）航行通告内容有错漏时，应发布代替航行通告，而不得发布更正报。

（7）已经收入永久性资料的航行通告应在该资料生效日期15天之后，发布 NOTAMC 予以取消，但不得以校核单直接取消该航行通告。

（8）航行通告一般应当在生效日期前 7 天发布，不能预知的情况，收到后应当及时发布。

（9）每份通告应当只处理一项事宜，所述内容应尽量简明扼要，不需参阅其他文件。

航行通告示例：

例 1：

KLAX A0460/15 201502181818 -201508171818

TAKEOFF MINIMUMS AND （OBSTACLE）DEPARTURE PROCEDURES AMDT 12...

ADD NOTE：RWY 7L，CONSTRUCTION EQUIPMENT BEGINNING 291 FEET FROM DER，LEFT AND RIGHT OF CENTERLINE，UP TO 85 FEET AGL/ 178 FEET MSL.RWY 7R，CONSTRUCTION EQUIPMENT BEGINNING 1286 FEET FROM DER，198 FEET LEFT OF CENTERLINE，UP TO 85 FEET AGL/ 178 FEET MSL. EXCEPT WHEN ADVISED BY ATC THAT EQUIPMENT IS DOWN. ALL OTHER DATA REMAINS AS PUBLISHED.

例 2：

ZGGG C1175/15 201504110100 -201504110500

RWY02R/20L 关闭，因施工。

2.2.2 雪情通告（SNOWTAM）

在北方的冬季，频繁的大风雪天气经常会造成民航班机的延误和返航，这不仅对飞行安全有影响，还会直接影响公司的经济效益。然而在跑道上有积雪等污染物时，将影响飞机的起飞和着陆性能，从而影响航班的飞行计划。雪情通告就是以专门格式通知在机场活动区内的跑道、停止道、滑行道、停机坪上有雪、冰、雪浆或者雪、冰、雪浆有关的积水污染跑道时，根据跑道堆积物的类别、覆盖范围、摩擦系数，跑道可用长度、宽度和打扫等其他重要变化情况，由机场航行情报室发布的，编有特殊序号的航行通告。雪情通告的识别标志为 SNOWTAM。

1. 雪情通告发布的相关规定

（1）雪情通告的电报等级为 GG。各机场的雪情通告必须及时发布至国内各有关机场，各对外机场的雪情通告应直接发布至国内各有关机场及总局航行通告室，并由总局航行通告室转发国外。

（2）对国外发布雪情通告使用世界协调时（UTC），对国内发布使用北京时。

（3）雪情通告的编号由 4 位数字组成，年份省略。每年自 7 月 1 日 0001 开始第一次发布雪情通告，编号为 0001，顺序编号直至第二年的 6 月 30 日 2400 止。

（4）SNOWTAM 必须在第一架进出机场或者备降的航空器，预飞 1 h 30 min 发出。一般情况是每小时发布一次。

（5）一份雪情通告发布两条以上跑道的雪情时，应在报文中分别说明每条跑道的雪情。雪情通告采用米制单位。

（6）雪情通告的最长有效时间为 24 h。在任何时候，雪情有重要变化，必须发布新的雪情通告。

雪情的重要变化包括以下内容：

① 摩擦系数变化约为 0.05；

② 堆积物深度变化大于：干雪 20 mm，湿雪 10 mm，雪浆 3 mm；

③ 跑道可用长度和宽度变化大于 10%（含）；

④ 堆积物类别或覆盖范围有任何变化（此种变化应重新填写 F 项或 T 项）；

⑤ 当跑道一侧或两侧有临界雪堆时，雪堆的高度或离跑道中心线的距离有任何变化；

⑥ 跑道灯被遮盖，灯光亮度有明显变化；

⑦ 根据经验或当地环境，任何其他已知重要变化。

2. 雪情通告的格式和内容

目前，对雪情通告格式的规范是按照国际民航公约附件 15 里的规定实行的。具体内容如下：

（1）机场。使用四字地名代码。

（2）观测日期和时间。使用月、日、时、分 8 位数字日时组，国内使用北京时，国际使用世界协调时。

（3）跑道代号。指跑道代号小的一端。

（4）扫清的跑道长度（应当是小于公布的跑道长度，单位为米）。

（5）扫清的跑道宽度（应当是小于公布的跑道宽度，单位为米）。自跑道代号小的一端观看，如果偏离跑道中心线左边，应当加注"L"；偏离右边，应当加注"R"。

（6）跑道上的全部堆积物。用数字说明堆积物情况。如果同一部分跑道上，存在一种以上的堆积物，应当按照从上至下的顺序依次报告。吹积雪或者远远超过平均值的堆积物，或者堆积物有其他重要特征，可以在 T）项用明语报告。

NIL 没有积雪，跑道上干燥：

① 潮湿。

② 湿或小块积水。

③ 雾淞或霜覆盖（深度一般不超过 1 mm）。

④ 干雪。

⑤ 湿雪。

⑥ 雪浆。

⑦ 冰。

⑧ 压实或滚压的雪。

⑨ 冰冻轮辙或冰脊。

（7）跑道总长度每三分之一的平均雪深（单位为毫米）。如果无法测量或者对运航无关紧要，用 XX 表示。测量估计值的正负误差：干雪 20 mm，湿雪 10 mm，雪浆 3 mm。

（8）每三分之一跑道的刹车作用和使用的测量设备测定或者计算的系数，分为 5（摩擦系数好）、4、3、2、1（摩擦系数差）。

如果道面情况或者现有测试设备不能进行可靠地测量时，应当填写表格中此项的代码"9"。

表示所用测量设备类别，使用以下简字：

① DBV 斜向制动车；

② JBD 詹姆斯制动减速仪；

③ MUM MU 仪 SFT 摩擦试验仪；

④ SKH 溜滑仪（高压轮胎）；

⑤ SKL 溜滑仪（低压轮胎）；

⑥ TAP 泰普莱仪；

⑦ 如果使用的是其他设备，应当用明语说明。

（9）临界雪堆。如果有，应当填写高（单位为厘米）和离跑道边缘的距离（单位为米），后面随"L"（左）或者"R"（右），或者"LR"（左右）。

（10）跑道灯。如果跑道灯被雪遮盖，应当填写"YES"（是），后面随"L"（左）或者"R"（右），或者"LR"（左右）。

（11）再扫除的计划。如果有再扫除的计划，应当填写计划扫除的长度、宽度（单位为米）。如果系全长扫除，应当填写"TOTAL"（全部）。

（12）预计再扫除完成的时间。

（13）滑行道。表格中 F）项的代码，可以用于填写滑行道的情况。如果无适当的滑行道可以使用，应当填写"NO"（无）。

（14）滑行道雪堆。如果雪堆高超过 60 cm，应当填写"YES"（是），后面随相隔的距离（单位为米）。

（15）停机坪。表格 F）项的代码，可以用于填写停机坪的情况。如果停机坪不能使用，应当填写"NO"（无）。

（16）计划下次观测或者测量的时间（月、日、时）。

（17）明语注。用明语叙述运航上具有重要意义的资料。在此项，还应当报告未清除的跑道，以及按照下述要求，报告跑道上的污染范围：

① 跑道污染 10%，指被污染的跑道小于 10%；

② 跑道污染 25%，指被污染的跑道为 11%～25%；

③ 跑道污染 50%，指被污染的跑道为 26%～50%；

④ 跑道污染 100%，指被污染的跑道为 51%～100%。

雪情通告示例：

GG ZBBBYNYX ZGGGOFXX ZSSSOFXX

100123 ZBAAOFXX

（SWZB0015 ZBAA 01101530

SNOWTAM 0015

ZBAA B）01101530

C）18L F）4/4/4 G）30/30/30 H）3/3/3

C ）18R F ）1／1／1 G ）20／20／20 H ）5／5／5

L ）TOTAL S ）01101730

T ）RWY CONT 100 PER CENT. ）

译码：

北京首都国际机场第 15 号雪情通告，观测时间是 1 月 10 日 15 点 30 分。北京机场，在 1 月 10 日 15 点 30 分，18 号左跑道，每三分之一地段被干雪覆盖，平均雪深为 30 mm／30 mm／30 mm，摩擦系数 3／3／3（中等）；18 号右跑道，每三分之一地段为潮湿，平均雪深为 20 mm／20 mm／20 mm，摩擦系数为 5／5／5（好），正在全长扫除，计划下次观测时间 1 月 10 日 17 时 30 分，被污染的跑道为 51%～100%。

3．积雪跑道对飞行计划的影响

跑道上有积雪等污染物时，不但会影响飞机的起降性能，还会影响签派放行。AC-121-FS-2009-33 对此做了明确的要求：

（1）签派放行时，应重点关注湿跑道或污染跑道的实况和预报以及任何影响起飞和着陆距离的因素，严格放行标准。

（2）放行要求。

① 在湿跑道或污染跑道上起飞，应该使用修正的起飞重量，而且不得大于相同条件下干跑道的最大起飞重量。

② 跑道表面有超过 13 mm（0.5 in）（含）深的积水或当量厚度的其他污染物时禁止起降。

公司的运行手册中也有相关的具体要求，如某公司的手册中规定：

在污染的跑道起飞和降落必须遵守局方和本公司运行手册的规定。机组根据 QRH 修正有关的数据（如起飞重量、速度），降低侧风标准。

波音系列飞机，跑道上积水超过 13 mm（含）、积雪超过 90 mm（含），禁止飞机起降。

空客系列飞机，跑道上干雪覆盖厚于 50 mm（2 in）或湿雪超过 25 mm（1 in），禁止飞机起降。

除非满足下列条件，否则不得在覆盖雪、雪水、水或冰的跑道上起飞及着陆：所要求的最短跑道长度上的雪或雪水的厚度不得超过为该飞机型别规定的最大值。一般的准则是，跑道的清除宽度为 40 m（B747 为 45 m）。然而，如果在适当的时间内不能清除 40 m（45 m）宽的跑道，则必须符合下列要求：

B737／A320：　　　　　至少 30 m

B767／B757：　　　　　至少 35 m

B747／B777／A340：　　至少 40 m

条件是将相应的侧风限制减少 10 kt。

2.2.3　火山灰通告

简化报头：

TTAAiiiiCCCCMMYYGGgg（BBB）

TT ＝ 火山通告数据代号 ＝ VA

AA ＝ 各国地理代码，NZ ＝ 新西兰

iiii = 四字组火山通告顺序号

CCCC = 有关飞行情报区的 4 字地名代码

MMYYGGgg = 报告的日期和时间，MM = 月，YY = 日期　GGgg = 时和分

（BBB）= 任选组用原顺序号修改前发火山通告电报 = COR

举例：奥克兰海洋飞行情报区火山通告简化报头，报告日期 11 月 7 日，0620 世界协调时：

VANZ0001NZZO11070620

A 项——受影响的飞行情报区。

B 项——第一次火山爆发日期和时间。

C 项——火山名称和火山号码，按照 ICAO 火山灰、辐射物质和有毒化学云手册（DOC9691）附录 H 和火山及重要航空地貌的世界图所列。

D 项——火山位置的经纬度或距导航设施的经向和距离按照 ICAO 火山灰、辐射物质和有毒化学云手册（DOC9691）附录 H 和火山及重要航空地貌的世界图所列。

E 项——表示火山活动的告警等级颜色码，包括按如下规定表示以前的告警色码等级：

红色告警：火山正在喷发，火山灰、云在 FL250 以上或火山很危险，火山灰、云即将上升到 FL250 以上。

橙色告警：火山正在喷发，但火山灰、云在 FL250 以下或火山很危险，但火山灰、云不会上升到 FL250。

黄色告警：火山在不定时地活动，但还不到危险的等级，需要警惕或火山已经喷发过，等级由橙色告警正在降低。

绿色告警：火山已经停止并在处于正常状态。

G 项——火山灰、云的移动方向；

H 项——受影响的航路、航段和飞行高度层；

F 项——现状及火山灰、云的水平和垂直范围；

I 项——关闭的空域和/或航路、航段和可用的备份航路；

J 项——资料来源；

K 项——明语备注。

火山灰通告示例：

VAWI0003 WRRZ 01090236

ASHTAM 0003/05

A）WRRZ

B）0501090236

C）SEMERU 0603-30

D）0807S 11255E

E）ORANGE ALERT

F）3676M/12060FT

G）ASH NOT IDENTIFIABLE FROM SATELLITE DATA，WINDS SFC/FL150 270/15KT

I）CTN ADZ FOR RTE W16 W45 G461 G462

J）YMMCYMYX

2.2.4　飞行前公告（PIB）

飞行前公告（PIB）就是在飞行前准备的，对运行有重要意义的现行航行通告资料。它的形成过程大体分为两个步骤：第一步，由航行情报部门对关于机场区域、机场内与航行相关的重要设备及航路上的导航设备、航行区域内发生任何影响飞行安全的国内国际航行通告（NOTAMN）进行收集、编辑、发布，并将处理后的航行通告输入现行使用的中国航行通告管理系统（CNMS）数据库中，以便查询、备用。同时，根据与用户的协议将其需要的航行通告转发给用户。这些用户包括航空公司、区域管制、飞行服务中心报告室等保障飞行安全的相关单位和部门。第二步：由飞行服务中心通告室或航空公司情报部门根据航班需求，从CNMS系统数据库中将所需NOTAM汇总，并以PIB特有的格式提取出来，供飞行员及相关人员使用。由此可见，飞行前资料公告的内容完全来源于航行通告的内容，所以20种必须发布航行通告的情况、影响飞行安全的任何情况及雪情通告发布内容就是飞行前资料公告涉及的全部内容。

有了CNMS数据库NOTAM的支持，依据航班飞行的实际情况及用户的需求CNMS系统提供了几种PIB的提取方式。它们是Areas以区域方式提取飞行前资料公告；Route以航路方式提取飞行前资料公告。不管以哪种方式提取，都应该保证提取信息的全面性和及时性。飞行前公告的样例如图2.2.6所示。

飞行前航行通告

航线：ZGGGZBAA	有效时间段：当前所有有效
单位：运行控制中心	提取时间：2015-04-08　18:06:54（北京时间）

顺序：	SOCX ZGGG ZBAA
情报区：	ZGZU ZHWH ZBPE ZSHA
备降场：	ZGSZ ZGKL ZGOW ZGSD ZGZJ ZJHK ZSAM ZGNN ZBTJ ZBYN ZBSJ ZYTL ZYTX ZSJN ZGHA ZHHH ZHCC ZBHH ZBOW ZJSY ZSCN VHHH ZSPD ZLXY ZSHC RKSI ZPPP ZUUU ZSFZ ZSQD
其他机场：	

说明：本公告包括本场出港飞机有关的现行一级航行通告（**），凡已编入机场细则、航线手册等永久性资料的，以及虽有效但不在本时段内开始生效的不再列入本公告。

图 2.2.6　飞行前公告示例

2.3　NAIP

2.3.1　NAIP 简介

中国民航国内航空资料汇编（NAIP）根据《中华人民共和国民用航空法》《中华人民共和国飞行基本规则》和《民用航空航行情报工作规则》出版，是中国民用航空器在国内飞行时必备的综合性技术资料。

新国内航空资料启用后，将包括国际"一体化航空情报系列资料"的全部内容（见图

2.2.7），即供国内民用航空使用的基本资料由以下部分组成：

图 2.2.7　一体化航空情报系列资料

（1）中国民航国内航空资料汇编；
（2）中国民航国内航空资料汇编修订资料；
（3）中国民航国内航空资料汇编补充资料；
（4）航行通告和飞行前资料公告；
（5）航空资料通报；
（6）航行通告校核单和明语摘要。

NAIP 是一体化航空情报系列资料的核心，由总则（GEN）、航路（ENR）和机场（AD）3 个部分组成。

2.3.2　NAIP 各部分组成（见图 2.2.8～2.2.12）

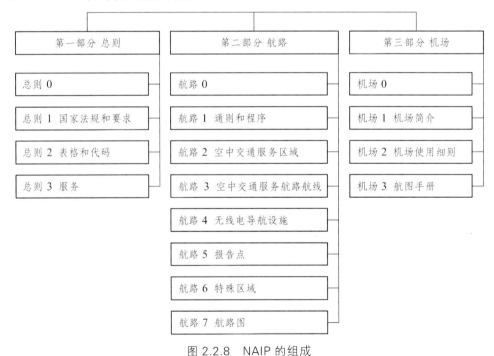

图 2.2.8　NAIP 的组成

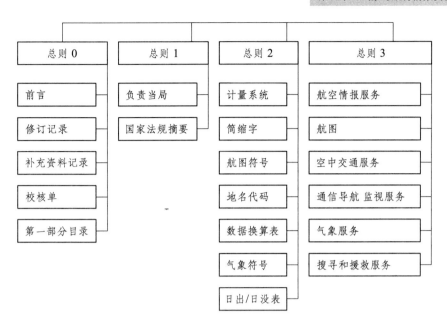

图 2.2.9 NAIP 的结构——第一部分 总则（GEN）

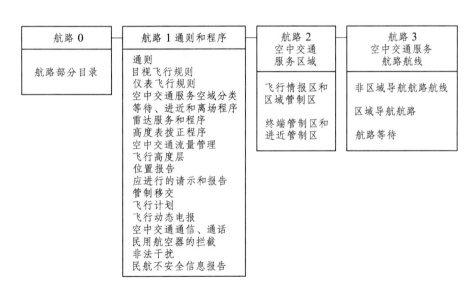

图 2.2.10 NAIP 的结构——第二部分 航路（ENR）

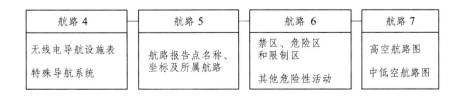

图 2.2.11 NAIP 的结构——第二部分 航路（ENR）

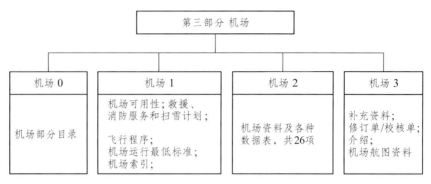

图 2.2.12　NAIP 的结构——第三部分 机场（AD）

机场使用细则组成部分为 AD2.1 机场地名，AD2.2 机场地理位置，AD2.3 地勤服务和设施，AD2.4 救援与消防服务，AD2.5 可用季节-扫雪，AD2.6 停机坪、滑行道及校正位置数据，AD2.7 地面活动引导和管理系统与标志，AD2.8 地形特征和障碍物，AD2.9 气象特征和气象资料，AD2.10 机场天气观测和报告，AD2.11 提供的气象信息，AD2.12 跑道物理特征，AD2.13 公布距离，AD2.14 进近和跑道灯光，AD2.15 其他灯光、备份电源，AD2.16 直升机着陆区域，AD2.17 空中交通服务区域，AD2.18 空中交通服务通信设施，AD2.19 无线电导航和着陆设施，AD2.20 主要临近机场，AD2.21 本场飞行规定，AD2.22 噪声限制规定及减噪程序，AD2.23 飞行程序，AD2.24 其他资料，AD2.25 机场有关航图列表，AD2.26 机场障碍物图-A 型、精密进近地形图。

机场航图的编码顺序如下：

ZXXX-1 区域图、空中走廊图、放油区图等；

ZXXX-2 机场图、停机位置图；

ZXXX-3 标准仪表离场图；

ZXXX-4 标准仪表进场图；

ZXXX-5 仪表进近图（ILS）；

ZXXX-6 仪表进近图（VOR）；

ZXXX-7 仪表进近图（NDB）；

ZXXX-8 目视进近图；

ZXXX-9 进近图（RADAR、RNAV、RNP、GPS、GNSS）。

1. NAIP 的构成

NAIP 以活页形式分 13 册用中文印发，其中总则（GEN）和航路（ENR）合订为一册；机场（AD）1、2 部分分 6 册装订，纸页为 A4；机场（AD）3 部分（航图手册）以 A5 纸印刷，分 6 册装订。使用资料前请先阅读总则 0.1 前言、总则 3.1 航空情报服务，了解汇编的总体情况和提供的航空情报服务。

2. NAIP 的使用

（1）航行通告 NOTAM、补充资料 SUP、航空资料通报 AIC、修订单的使用。

在整套资料前有航行通告、补充资料、航空资料通报、修订 4 个标签隔页，分别存放各类资料。

（2）总则和航路。

总则和航路部分为一册，包括航路图，可以依据目录查询这两部分相关内容，有相应标签隔页便于查找。

（3）机场。

机场（AD）0.包括第三部分目录、机场（AD）1.机场简介、机场（AD）2.机场使用细则（包括 A 型图）这 3 章，共分为 6 册。

机场（AD）2.各机场使用细则按管理局分册（华北、中南、西北、新疆、西南、华东、东北），管理局内按机场 4 字地名代码顺序排列，如中南本：ZGXX、ZHXX、ZJXX，每个机场均用隔页标签隔开，便于查找。

机场（AD）1.机场简介与华北分本放在一本，有相应标签。

（4）航图手册。

机场（AD）3.航图手册，为了方便飞行携带，放在小航图手册资料夹中，包括航图手册的补充资料、修订单、校核单、介绍（与华北分本放在一起）和各机场有关的航图。各机场的排列与机场使用细则一样，也有隔页标签。

3．NAIP 的修订

中国民用航空总局出版《NAIP 修订》，对 NAIP 进行更新和补充。使用现行 NAIP 时，必须查阅 NAIP 补充资料和有效的航行通告。印发《NAIP 修订》间隔为 28 天一期，生效日期均为航空资料世界共同生效日。

临时资料将以补充资料（黄页）的形式公布，以保证汇编资料准确和完整。

2.4　情报资料的使用

情报人员将情报信息发布整理后，需要签派员进行分析，以制订飞行计划，具体的分析使用情况如下：

（1）每一次飞行放行前，签派员要独立研究本次飞行涉及机场、区域的航行通告，从中分析影响本次飞行运行的各项因素，并将这些信息及时、准确地向飞行机组通报。

（2）签派员监控到对航班飞行有影响的航行通告信息后，应着重分析以下情况，但不仅限于以下情况：

①　部队活动等导致航路临时变更，应分析其对燃油（加注及消耗）计划的影响，并在制作飞行计划时进行调整；

②　确保相关机场的跑道、滑行道、停机坪可用，因降水等导致道面湿滑而致起降距离加长，尤其刹车效应降低而计算是否减载；

③　灯光等机场地面导航设施不工作，可能提高公司在该机场的运行最低标准，确保符合放行标准；

④　燃油供应短缺，可能需要加注下一航程燃油量或多带燃油而导致业载减少；

⑤　电源车、气源车等特种车辆不工作，此种情况在飞机 APU 不工作时尤其要注意，避免由此而导致的航班不正常；

⑥ 因维修等原因导致跑道可用长度发生变化,签派员要分析其对载量的影响,确保符合相关机型的载量要求;

⑦ 无论何种原因导致机场关闭,签派员不得放行航班至关闭机场或选其为备降场,除非该机场已开放使用;

⑧ 确保航路上导航设备可以满足运行要求才可放行;

⑨ 对于涉及延伸跨水和复杂区域的通告要重点研究,要确保符合相关区域的运行要求后才可放行;

⑩ 对于有宵禁限制的区域和机场,要确保有足够的裕度避开宵禁时段;

⑪ 涉及有落地或飞越许可要求的国家和机场的运行,在运行前要确保获取到有关批复;

⑫ 确保相关国家和机场的消防和救援水平符合公司的运行要求。

(3)凡涉及限制不能按正常航路执行时,经 FOC 综合评估后,如需要改航,责任签派员向航行情报人员申请改航,航行情报人员负责拟定合适的航路并对其正确性负责。根据航行情报人员拟定的航路,计划控制人员向相关航管单位提交改航申请,获批后按新航路执行。

下面举例说明情报资料的分析使用情况。

【例 2-2】 航路调整航行通告示例。

---

1 上海情报局　　　　　　　　　ZSHA

C2469/10　B）1008280001　　　C）1008302359　　　　　　　　MOTAMN

E）划分临时空中危险区,范围:

A:N354652E1194454　　B:N355903E1205324　　C:N344157E1212513

D:N342732E1202107　　E:N350510E1195413

以上述五点连线围成的区域内,高度 25 000 m 以下。

临时空中危险区具体使用听从 ATC 指挥。

(请参阅 PIB 最后一页《危险区示意图》)

F）GND　　　　　　　　　　G）25,000M AMSL

2 上海情报局　　　　　　　　　ZSHA

C2470/10　B）1008280001　　　C）1008302359　　　　　　　　MOTAMN

E）由于活动影响,部分航路航线将采取流量管理措施,青岛、烟台、威海机场部分时段起降将临时受限,并开辟下列临时航线供航空公司使用,具体走向如下:

N1 航线:ODULO—009/29NM—Y 点(N333921E1214023,以下同)—009/149NM—S 点(N360737E1215308,以下同)—357/139NM—DOBGA;

N2 航线:P185 —133/86NM—S 点;

N3 航线:烟台 DVOR —167/79NM—S 点;

N4 航线:威海 DVOR —200/66NM—S 点;

N5 航线:DOPNO —234/119NM—Y 点;

N6 航线:威海 DVOR —116/58NM—MUDAL;

N7 航线:莱阳东南远台(FD)—294 /8NM—P185—227/77NM—N360000E1192500—188/55NM—P74;

临时航线具体使用听从 ATC 指挥。

【例 2-3】　晋江频率问题。

4 月 28 日，情报室值班人员收到华东局航行通告 C0726/09 取消 C3158/08 通告，称资料已编入 NAIP 资料。查询情报系统，C3158/08 通告内容为泉州/晋江塔台主用频率修改为 118.05 MHz，备用频率改为 130.00 MHz，原备用频率 118.40 MHz 停止使用。按照工作程序，值班人员查核 NAIP 资料，发现 NAIP 机场细则部分已更新，但机组使用的航图手册该内容并未更改，机场塔台频率仍是原来的 130.0（118.4）MHz。如此一来，C3158/08 通告被取消后，机组直接使用的航线手册和航行通告都没有泉州机场塔台的最新资料，极有可能导致机组使用错误的塔台频率。本着严谨负责的工作态度，值班人员立即将情况通报科室领导，经领导讨论研究后决定暂时不处理 C0726/09 的取消通告，同时立即与民航局情报中心和华东空管局情报中心电话联系。上级单位答复将尽快查明原因着手解决。半小时后，华东局情报中心重发 C0728/09 号通告，保留 C3158/08 号通告内容。航行情报人员通过这次细心负责的工作，避免了机组使用错误塔台频率的安全隐患。

【例 2-4】　限制区通告处理。

D0597/12 YBBB 生效时段：1202160330-1202160800

TINDAL AIRSPACE R247 ACT DUE MIL FLYING

F）4000FT AMSL G）FL600

处理步骤如下：

（1）查找出 R247 的具体位置及影响的 AIRWAY。

限制区位置如图 2.2.13 所示。

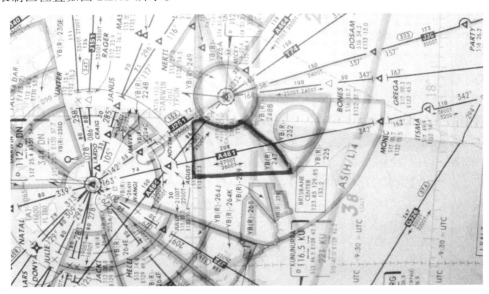

图 2.2.13　飞行限制区域

影响的 AIRWAY：A461 AGUST—MONIC。

（2）检索出影响的公司航路，如 ZGGGYMML001 ZGGGYMML060 ZGGGYPAD001。

（3）根据航行通告影响的航路和通告生效时间，完成在飞行计划系统中相应航段设置限制。

（4）制作绕航的临时航路。

【例 2-5】 航路高度限制类通告的处理：假设由于军区活动，某区域的飞行高度在某时段内限制在 12 000 m 以上，而该区域正是某航班的爬升阶段需经过的区域。

首先应查出该限制区的具体位置，然后检查公司航路在该时段内是否有航班经过。假设该区域正是某航班的爬升阶段需经过的区域，则需要改变飞机的爬升方式和爬升高度，并重新计算爬升需增加的油耗。

【例 2-6】 机场附近增加障碍物类通告的处理。

机场附近增加障碍物，可能会限制起飞重量，一般由性能人员处理。处理方法有两种：第一种方法是将障碍物增加到起飞分析的障碍物数目中，重新计算起飞分析表，再和原来的表进行对比，检查起飞重量是否受到该障碍物的限制。第二种方法是检查该障碍物与机场基准点的角度，确定该障碍物是否在保护区内，如果在，再计算高距比，与原来障碍物对比，如果判定该障碍物不是关键障碍物，则不需进行计算；如果是关键障碍物，则需要重新计算起飞分析表。

复习思考题

1. 已知每 10° 经纬度网格中的风向风速分别为 330/50、260/30、350/45、340/45、360/40、20/15、290/30、270/25、250/25、260/20、270/35，计算平均风向风速的值。

2. 翻译下列气象电报。

METAR YSSY 172200Z 32007KT CAVOK 15/06 Q1024 NOSIG =

TAF YSSY 171704Z 1718/1824 29008KT CAVOK FM180300 04012KT 9999 FEW045 FM181200 29008KT CAVOK =

METAR ZSAM 172200Z 09002MPS 060V120 9999 FEW013 SCT018 BKN050 27/27 Q1001 NOSIG =

TAF ZSAM 172206Z 180009 13004MPS 6000 SCT012 BKN030 TX31/06Z TN28/00Z TEMPO 0509 SHRA BKN010 FEW025CB OVC026 =

3. 翻译下列航行通告，并分析其对飞行的影响。

H4386/16 B）2016/08/18 13：00 C）2016/09/02 19：00 D）DAILY 1300/1900
　　　　　E）RWY 16L/34R AND ASSOCIATED TAXIWAYS NOT AVBL

H4384/16 B）2016/08/18 13：00 C）2016/08/18 20：00
　　　　　E）MULTIPLE TWY RESTRICTIONS
　　　　　TWY C BTN TWY G AND TWY K NOT AVBL
　　　　　TWY D NOT AVBL
　　　　　TWY Y BTN TWY H AND TWY J NOT AVBL
　　　　　TWY G1 AND TWY G2 BTN TWY H AND RWY 07/25 NOT AVBL
　　　　　TWY A BTN TWY H AND TWY J MAX WINGSPAN 36M
　　　　　TWY H BTN TWY A AND TWY G2 MAX WINGSPAN 36M

H4175/16 B）2016/08/05 04：32 C）2016/10/05 05：00 EST
　　　　　E）OBST UNLIT STRUCTURE （ROOF AWNING） 64FT AMSL BRG 326
　　　　　MAG 1.42NM FM ARP PENETRATES RWY 16R APCH SFC BY 9FT

第3章 简易飞行计划

3.1 燃油计划

一般飞机的使用手册中都提供了一套简化燃油计划计算的使用图表,需要说明的是,图表中的航程时间和所需燃油是指从松刹车起直到目的地机场(或备降场)接地所需的时间和燃油。下面通过几个示例来介绍图表的一些特殊用法。

【例 3-1】 航程 2 000 nm,逆风为 50 kt,巡航高度为 33 000 ft,起飞重量为 200 000 lb,航路气温 ISA + 20 ℃,求航程所需燃油和飞行时间。

该题示意图如图 2.3.1 所示。该图右边是按着陆重量确定的,但题目中已知的是起飞重量,因此需要根据起飞重量 = 着陆重量 + 航程燃油,做一条辅助线,在该辅助线段上任何一点对应的着陆重量与航程燃油之和都等于 200 000 lb。因此用图中所示的方法即可求出航程燃油为 37 000 lb,航程时间为 5.1 h。

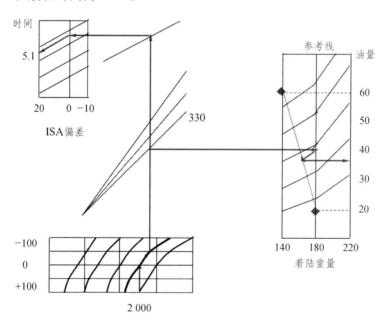

图 2.3.1 航程燃油计算示意图

【例 3-2】 航程为 3 200 n mile,逆风 75 节,阶梯巡航,着陆重量为 170 000 lb,求航程所需燃油。

该题示意图如图 2.3.2 所示,方法与例 3-1 类似,可求出航程所需燃油为 64 700 lb。

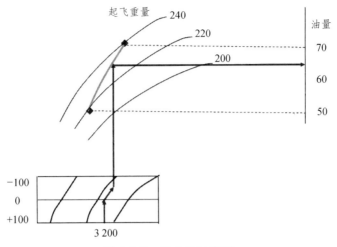

图 2.3.2　例 3-2 示意图

【例 3-3】　目的地机场到备降机场的距离为 300 n mile，逆风 50 kt，到达目的地机场的着陆重量为 205 000 lb，求目的地机场到备降机场的所需燃油。

该题示意图如图 2.3.3 所示。该图根据备降机场的着陆重量来确定备降油量，但已知的是目的地机场的着陆重量（改航的起飞重量），因此也需要做一条辅助线。但由于备降油量较少，做出的辅助线基本与飞机在备降机场的着陆重量线相重合，所以，为了方便起见，可以不做这条辅助线，把所给定的目的地机场的着陆重量适当减去几千磅作为在备降机场的着陆重量来查图即可。例如，本例可按 200 000 lb 来查图，得到的备降油量约为 7 800 lb。

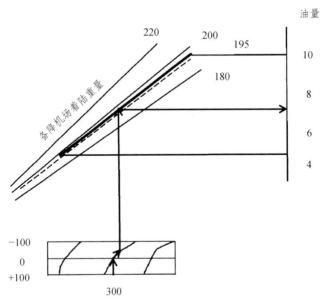

图 2.3.3　例 3-3 示意图

【例 3-4】　机场气压高度为 3 500 ft，等待结束时重量为 110 000 lb，等待航线为跑马场形，计算等待油量（按 30 min 计算）。

该题的计算图表如表 2.3.1 所示。由于等待时的燃油流量随飞机重量的减小而减小，是一个变量。为了精确地计算等待油量，应该使用等待中的平均重量来确定燃油流量，具体计算过程如下：

（1）先按照等待结束的重量 110 000 lb，等待的高度 5 000 ft（机场上空 1 500 ft）查表得到燃油流量为 5 160 lb/h。

（2）计算等待燃油 HF_1：

$$HF_1 = 5\ 160 \times \frac{1}{2} = 2\ 580\ (\text{lb})$$

（3）计算平均等待重量 W_m：

$$W_m = \frac{(110\ 000 + 2\ 580) + 110\ 000}{2} = 111\ 290\ (\text{lb})$$

（4）根据平均等待重量查表得平均燃油流量 FF：

$$FF = 5\ 160 + \frac{5\ 340 - 5\ 160}{5\ 000} \times (111\ 290 - 110\ 000) = 5\ 206\ (\text{lb/h})$$

（5）计算平均等待燃油 HF：

$$HF = 5\ 206 \times \frac{1}{2} = 2\ 603\ (\text{lb})$$

表 2.3.1　波音 737-300 空中等待的总燃油流量

| BOEING 737-300 OPERATIONS MANUAL | HOLDING PLANNING |

FLAPS UP

BASED ON:
V_{MIN} DRAG
(210 kt LOWER LIMIT)

PRESSURE ALTITUDE /ft	GROSS WETGHT/1 000 lb											
	135	130	125	120	115	110	105	100	95	90	85	80
	TOTAL FUEL FLOW lb/HR											
37 000			5 700	5 280	4 980	4 720	4 480	4 240	4 020	3 820	3 660	3 520
35 000	6 020	5 660	5 360	5 120	4 880	4 640	4 420	4 220	4 000	3 800	3 640	3 500
30 000	5 700	5 480	5 260	5 060	4 840	4 620	4 420	4 220	4 000	3 820	3 680	3 540
25 000	5 720	5 520	5 300	5 080	4 880	4 680	4 460	4 260	4 060	3 880	3 760	3 620
20 000	5 720	5 520	5 320	5 100	4 900	4 700	4 520	4 320	4 120	4 000	3 860	3 740
15 000	5 800	5 600	5 400	5 200	5 000	4 720	4 620	4 440	4 260	4 140	4 000	3 900
10 000	5 920	5 720	5 540	5 340	5 160	4 960	4 780	4 600	4 440	4 300	4 180	4 060
5 000	6 100	5 920	5 720	5 540	5 340	5 160	4 980	4 800	4 620	4 480	4 360	4 240
1 000	6 260	6 080	5 900	5 700	5 520	5 320	5 140	4 960	4 780	4 640	4 500	4 380

NOTE：FUEL FLOW IS BASED ON A RACETRACK PATTERN.
　　　　FOR HOLDING IN STRAIGHT AND LEVEL FLIGHT
　　　　REDUCE FUEL FLOW VALUES BY 5 PERCENT.

【例 3-5】 航线：成都至广州备降桂林。已知条件如下：双流机场标高 500 m（1 640 ft）、白云机场标高 11.4 m（37 ft）、桂林机场标高 150 m（492 ft）；成都至广州 1 357 km（734 n mile）、广州至桂林 658 km（355 n mile）。成都至广州飞行高度假定为 10 000 m（33 000 ft）、逆风 30 kt，广州至桂林顺风 20 kt，航线温度 ISA + 10 ℃。起飞重量为 125 000 lb，飞行前在地面 APU 工作 1 h，飞行中不使用防冰。用简化飞行计划图表制订燃油计划。

计算过程如下：

（1）利用附录 2.3.1 计算航程燃油为 11 100 lb，航程时间为 2 h 3 min。

（2）计算飞机在目的地机场的着陆重量为 125 000 – 11 100 = 113 900 (lb)。根据该重量利用附录 2.3.3 得备降燃油为 5 100 lb，备降时间为 55 min。

（3）根据巡航高度 33 000 ft，目的地机场的着陆重量 113 900 lb，利用附录 2.3.4 计算 45 min 的备份油。

重量为 115 000 lb，高度为 33 000 ft 时的燃油流量为

$$4\ 840+[(4\ 880-4\ 840)/(35-30)]\times(33-30)=4\ 864\ (\text{lb/h})$$

重量为 110 000 lb，高度为 33 000 ft 时的燃油流量为

$$4\ 620+[(4\ 640-4\ 620)/(35-30)]\times(33-30)=4\ 632\ (\text{lb/h})$$

重量为 113 900 lb，高度为 33 000 ft 时的燃油流量为

$$4\ 632+[(4\ 864-4\ 632)/(115-110)]\times(113.9-110)=4\ 812\ (\text{lb/h})$$

因此，45 min 的备份油为

$$4\ 812\times45/60=3\ 609\ (\text{lb})$$

（4）根据波音 737 飞机使用手册规定，正常情况下 APU 的燃油流量为 250 lb/h，所以 APU 地面工作 1 h 的燃油：250 × 1 = 250 (lb)。

（5）根据波音 737 飞机使用手册规定滑行燃油流量为 25 lb/min，所以通常滑行燃油需要（起飞按 9 min，着陆按 5 min 考虑）25 × 14 = 350 (lb)。

综合上述结果得到所需总燃油量为

$$11\ 100+5\ 100+3\ 609+250+350=20\ 409\ (\text{lb})$$

【例 3-6】 已知 A320 飞机的零燃油重量为 60 000 kg，航程为 1 800 n mile，巡航速度为 M.78，巡航高度为 FL370，逆风为 40 kt，温度为 ISA，备降距离为 200 n mile，备降巡航高度为 FL200，无风，备降机场压力高度为 3 500 ft，温度为 ISA，等待速度为绿点速度，计算起飞总油量（按照国际航线计算，应急燃油取为航程燃油的 5%）。

（1）根据附录 2.3.5 确定备降时间为 40 min，备降燃油为 1 559 + 11 × (60 – 55) = 1 614 (kg)

（2）计算等待燃油。

查附录 2.3.6 得燃油流量为 1 094 kg/h/ENG。

等待燃油为 1 094 × 2 × 1/2 = 1 094 (kg)（简化计算）。

（3）根据附录 2.3.7 将地面距离转换为空中距离为 1 979 n mile。

（4）根据附录 2.3.8 确定航程时间和航程燃油。

飞机在目的地机场的着陆重量为 60 000 + 1 614 + 1 094 = 62 708 (kg)。

查表得航程时间为 4 h 37 min，航程燃油为 10 478+146×(62.708−55) = 11 602 (kg)。

（5）应急燃油为 0.05×11 602 = 580 (kg)。

（6）起飞总油量为 1 614+1 094+11 602+580 = 14 890 (kg)。

【例 3-7】 已知 MA60 飞机的零燃油重量为 17 500 kg，最大滑行重量为 21 900 kg，最大起飞重量为 21 800 kg，最大燃油重量为 4 030 kg。起飞机场到目的地机场的距离为 1 600 km，巡航高度为 FL200，顺风为 25 kt，温度为 ISA，备降距离为 480 km，巡航高度为 FL150，顺风为 20 kt，温度为 ISA，计算起飞总油量（按国内运行计算）。

（1）根据附录 2.3.9 计算备降燃油为 1 180 kg。

（2）目的地机场重量为 17 500+118 018 = 680 (kg)。

（3）从附录 2.3.10 查得燃油流量为 646 kg/h，所以 45 min 备份油为 485 kg。

（4）查附录 2.3.11 得航程油为 2 080 kg。

（5）起飞总油量为 1 180+485+2 080 = 3 745 (kg)。

起飞重量为 17 500+3 745 = 21 245 (kg)。

3.2 航线风的修正

3.2.1 巡航时风的修正

这里主要是涉及空中距离和地面距离的换算，具体的换算方法有两种：一种是计算，另一种是查图表。

（1）计算公式。

$$\frac{NAM}{TAS} = \frac{NGM}{TAS \pm WS} \tag{2.3.1}$$

式中　NAM——空中距离；

　　　NGM——地面距离；

　　　TAS——真空速；

　　　WS——地速。

例如，两机场航线距离为 1 400 n mile，飞机的平均真空速为 400 n mile/h，风速为逆风 120 n mile/h，求空中距离。

解：根据公式（2.3.1）得

$$\frac{NAM}{400} = \frac{1\ 400}{400-120}$$

则　　　　　　　　$NAM = 2\ 000$ n mile

（2）查图表。

有些飞机的使用手册中提供了地面距离和空中距离的换算曲线，如图 2.3.4 所示。

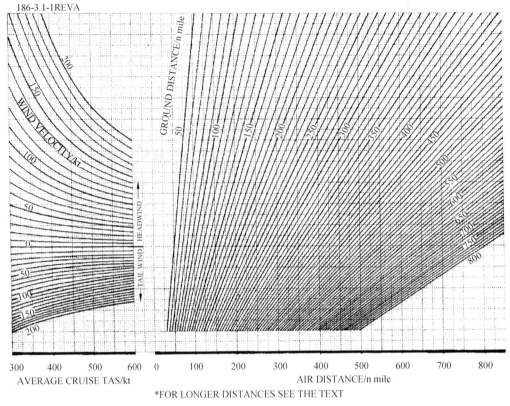

186-3.1-1REVA

*FOR LONGER DISTANCES SEE THE TEXT

图 2.3.4 风对地面距离的影响曲线

3.2.2 航路上的当量风

用简化的飞行计划图表计算航程飞行时间和所需燃油时，通常使用航线巡航平均风速进行修正。这一平均风速实际上是航路上的当量风，用 EW 表示。

例如，从 A 到 B 分为 4 个航段，各航段距离分别为 105 n mile、200 n mile、325 n mile 和 380 n mile。各段风分量为 – 110 kt、– 70 kt、– 30 kt 和 50 kt。则 A 到 B 的航路当量风为

$$EW = \frac{-105 \times 110 - 200 \times 70 - 325 \times 30 + 380 \times 50}{105 + 200 + 325 + 380} = -16.14 \text{ (kt)}$$

3.2.3 风对航线爬升和下降距离的影响修正

波音公司性能工程师手册给出了风对航线爬升和下降距离影响的经验公式。

$$NGM = NAM \times \frac{TAS \pm WS/2}{TAS} \qquad (2.3.2)$$

3.3 等时点和安全返航点

3.3.1 等时点

等时点（PET）是两机场之间的一点，从该点飞到这两个机场的时间相同。

在静风情况下，等时点位于两机场的中点。但由于静风的可能性不大，因此等时点一般不在两机场的中点。等时点的计算是基于飞机前往目的地和返回基地的地速比。用于计算的真速取决于飞机的飞行状态：全发，或一发失效。

1．等时点公式

等时点的计算公式是建立在前往目的地的时间和返回起飞机场的时间相等的基础上。

为便于计算，做以下假设（见图 2.3.5）：

D 为两机场间的总距离；

X 为从等时点返回起飞机场（A）的距离；

$D-X$ 为到目的地机场（B）的距离；

v_A 为返回的地速；

v_B 为到 B 的地速。

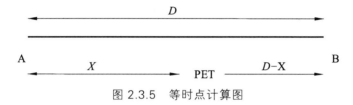

图 2.3.5　等时点计算图

$$时间 = 距离 \div 地速$$

即

$$\frac{X}{v_A} = \frac{D-X}{v_B}$$

$$X = \frac{D \times v_A}{v_A + v_B}$$

X 定义为起飞机场到等时点的距离。

【例 3-8】　假定点 A 和 B 相距 600 n mile，真速为 300 n mile/h，计算以下 3 种情况下的等时点：

（1）静风。

（2）50 n mile/h 逆风。

（3）25 n mile/h 顺风。

在静风情况下，等时点肯定位于航路的中点，为 300 n mile。

在 50 n mile/h 逆风情况下：

$$v_A = 350 \, \text{n mile} / \text{h}$$

$$v_B = 250 \, \text{n mile} / \text{h}$$

$$X = \frac{600 \times 350}{250 + 350} = 350$$

在 25 nm/h 顺风情况下：

$$v_A = 275 \, \text{n mile} / \text{h}$$

$$v_B = 325 \, \text{n mile} / \text{h}$$

$$X = \frac{600 \times 275}{275 + 325} = 275$$

2. 发动机失效时的等时点

对大多数喷气飞机而言，丧失一个动力装置的动力将导致飘降，飞机将下降到一个其动力能够维持的压力高度。显然，此时需要对飞机继续飞行还是返回做出决策。

一发不工作时，风的影响将更大，与全发工作情况相比，等时点将更加远离中点。

飞机将以全发飞行直至一发失效，减小后的速度仅用于确定一发失效时的等时点，因此到等时点的时间应使用全发出航地速计算。

【例 3-9】　A—B　　　　　　　　　2 250 n mile

　　　　　　风分量　　　　　　　　－ 25 n mile/h　　出航方向

　　　　　　四发真速　　　　　　　475 n mile/h

　　　　　　三发真速　　　　　　　440 n mile/h

计算从 A 到一发失效等时点的距离和时间。

解：

$$X = \frac{2\ 250 \times 465}{465 + 415} = 1\ 189$$

从 A 到 PET 的时间为 $1\ 189 \div (475 - 25) = 2.64\ (h)$。

3. 两航段等时点

一架飞机在表 2.3.2 所示的航路上飞行，一发失效等时点在哪里？

表 2.3.2　航路

航路	距离	航线角	风矢量
A—B	1 000 n mile	210	270°/40 n mile/h
B—C	800 n mile	340	280°/60 n mile/h

　　双发真速　　　　　　　600 n mile/h

　　一发真速　　　　　　　500 n mile/h

（1）确定地速：

　　B—C　　　　　　　　470 n mile/h

　　B—A　　　　　　　　520 n mile/h

（2）确定时间：

　　B—C　　　　　　　　1.70 h

　　B—A　　　　　　　　1.92 h

（3）由于 B—A 的时间比 B—C 的时间长，等时点肯定在 B—A 上。要找到等时点，返回时间必须和前去目的地的时间相等。

在 B—A 上找到一点（称为点 X），该点到 A 与到 C 的时间相等。则有

$$\frac{x}{500 + 20} = \frac{1\ 000 - x}{500 - 20} + 1.7$$

则　　　　　　　　$x = 944.3$

（4）计算 PET 到 A 的时间和 A 到 PET 的时间。

PET 到 A 的时间为 $\dfrac{944.3}{500+20} = 1.82\,(\text{h})$。

A 到 PET 的时间为 $\dfrac{944.3}{600-20} = 1.63\,(\text{h})$。

3.3.2　安全返航点

安全返航点（PSR）是指飞机在其安全续航时间内能飞到并返回基地的离起飞机场最远的那一点，该点也被称为不能返航点（PNR）。应在安全返航点前检查目的地机场状况，如果状况不适于着陆，则可以返回基地。一旦已经飞过了安全返航点，则只能飞往目的地机场。

注意不要混淆术语"安全续航时间"和"总续航时间"。

总续航时间是指一架飞机飞至油箱为空的飞行时间。

安全续航时间是指飞机不使用规定的备份油时能够飞行的时间。

起飞机场到安全返航点的距离等于从安全返航点返回起飞机场的距离。

假设：

E 为安全续航时间；

T 为到安全返航点的时间；

$E - T$ 为返回起飞机场的时间；

v_T 为飞往安全返航点的地速；

v_R 为返回起飞机场的地速。

则有　　　　　　$v_R \times (E-T) = v_T \times T$

所以　　　　　　$T = \dfrac{E \times v_R}{v_R + v_T}$

1.　单航段安全返航点

【例 3-10】　已知下列数据，计算到安全返航点的时间和距离。

真速	220 n mile/h
风分量	+ 45 n mile/h
安全续航时间	6 h

$$T = \frac{360 \times 175}{175 + 265} = 143\,(\text{min})$$

$$143/60 \times (220 + 45) = 632\,(\text{n mile})$$

2.　燃油流量可变时的安全返航点

前面已给出了用时间表示的安全返航点。在下面的公式里，安全返航点基于总油量和海里耗油量来计算。

假设：

D 为到安全返航点的距离；

F 为用于确定安全返航点的可用燃油；

CO 为飞往安全返航点的海里耗油量（kg/n mile）；

CH 为从安全返航点返回的海里耗油量（kg/n mile）。

到安全返航点所消耗的燃油加上从安全返航点返回所消耗的燃油必须等于可用燃油（扣除备份油）。

$$(D \times CO) + (D \times CH) = F$$
$$D = F \div (CO + CH)$$

【例 3-11】 已知下列数据，计算到安全返航点的时间。

真速	310 h
风分量	+ 30 n mile/h
可用燃油	39 500 kg
出航燃油流量	6 250 kg/h
返航燃油流量	5 300 kg/h

（1）计算出航地速和返航地速。

出航地速	340 n mile/h
返航地速	280 n mile/h

（2）计算出航和返航的海里耗油量。

$$CO = 6250 \div 340 = 18.38 \ (\text{kg/n mile})$$
$$CH = 5\ 300 \div 280 = 18.93 \ (\text{kg/n mile})$$

（3）计算到安全返航点的时间。

$$距离 = 39\ 500 \div (18.38 + 18.93) = 1\ 059 \ (\text{n mile})$$
$$时间 = 187 \ \text{min}$$

第二种计算方法：根据出航消耗燃油与返航消耗燃油之和为可用燃油计算。

（1）计算出航地速和返航地速。

出航地速	340 n mile/h
返航地速	280 n mile/h

（2）设出航时间为 T，计算返航时间 TR。

$$TR = T \times 340 / 280$$

（3）计算总燃油。

$$T \times 6\ 250 + TR \times 5\ 300 = 39\ 500$$

则可解得 $T = 3.12 \ \text{h}$

复习思考题

1. 计算全发等时点

（1）A—B　　　　　　　1 200 n mile

真速	300 n mile/h
风分量	＋20 n mile/h　出航方向

（2）A—B　　　　　　　　2 700 n mile

真速	450 n mile/h
风分量	＋50 n mile/h　出航方向

（3）A—B　　　　　　　　1 500 n mile

真速	280 n mile/h
风分量	＋40 n mile/h　出航方向

（4）A—B　　　　　　　　1 000 n mile

真速	200 n mile/h
风分量	－40 n mile/h　出航方向

2. 计算 A 到一发失效等时点的距离和时间。

（1）A—B　　　　　　　　1 200 n mile

风	020°/35 n mile/h
航线角	040 °T
双发真速	400 n mile/h
一发真速	300 n mile/h

（2）A—B　　　　　　　　1 800 n mile

风	240°/45 n mile/h
航线角	030 °T
双发真速	450 n mile/h
一发真速	380 n mile/h

3. 计算 A 到一发失效等时点的距离和时间。

航　　路	距　　离	航线角	风矢量
A—B	1 200 n mile	240°	270°/50 n mile/h
B—C	1 000 n mile	220°	280°/180 n mile/h

双发真速	400 n mile/h
一发真速	300 n mile/h

4. 已知下列数据，计算到安全返航点的时间。

真速	300 h
风分量	＋50 h
可用燃油	38 000 kg
出航燃油流量	3 000 kg/h
返航燃油流量	2 800 kg/h

5. 已知 A320 飞机的零燃油重量为 60 000 kg，航程为 2 000 n mile，巡航速度为 M.78，巡航高度为 FL310，逆风为 50 kt，温度为 ISA，备降距离 200 n mile，备降巡航高度为 FL250，无风，备降机场压力高度为 1 000 ft，温度为 ISA，等待速度为绿点速度，根据附录 2.3.5 ~ 2.3.8 的图表计算起飞总油量（按照国际航线计算，应急燃油取为航程燃油的 5%）。

第4章 详细飞行计划

4.1 详细飞行计划的制订过程

1. 航空器适航限制的分析

（1）飞机状况。

飞机的故障保留情况是否符合 MEL、CDL 条款的规定，若不符合，则不能放行；若符合，则应按照 MEL、CDL 的相关要求实施放行，并且要考虑飞机在当前故障情况下可以飞行但受到的限制条件，如降低高度要考虑燃油计划的调整、防滞刹车不工作要减载等。

（2）机载设备。

对通信、导航以及应急救生设备进行分析。一般对边远山区、国际运行时，通信设备还有特殊要求；对延伸跨水的航班，必须加装救生设备才能实施运行。

（3）飞机的适航性维修放行。

新机型在某个机场初期运行，需由公司授权的机型放行资格人员进行飞机适航性放行签署。

2. 机组的检查

（1）根据航班所使用的飞机类型，了解所有机组必需成员：① 是否持有该机型执照，若不符合，则不能放行；② 是否有新机长，若有，则按照新机长的运行标准执行；③ 是否具备 RVR 550 m 的运行资格，如不具备，则按照机组相应标准执行；④ 对于国际运行，还需掌握机组是否具备 RVSM、RNP、ETOPS、RNAV 等运行资格，若不具备，则按照相关限制条件执行；⑤ 是否有外籍飞行员，若有，则航线、航路、起飞、着陆和备降机场须符合局方的有关限制和规定。

（2）机组实力搭配。

根据拟飞航线，分析该航线是否为公司规定的特殊机场、复杂航线。若是，则机组必须满足公司特殊机场的运行要求。

（3）机组飞行时间及值勤时间限制。

机组资源管理单位负责掌握飞行机组的年、月、周、日飞行时间，签派员只分析飞行机组当日飞行时间、值勤时间是否超出局方的有关规定。若飞行机组安排不满足以上公司规定，则责任签派员有权通知机组调度人员予以调整。

3. 航行资料分析

查航行通告中是否有航路变更的内容。

4. 天气资料分析

根据航线的天气实况及预报、重要天气图和高空风图，查看是否有危险天气现象。危险天气是指严重影响飞行的特殊天气现象，主要包括地面大风、低能见度、低云和低空风切变，以及飞机颠簸、飞机积冰和台风（热带风暴及航路或机场区域大面积雷雨）。前四类现象，是严重影响飞机在机场起落的恶劣天气；后三类现象，则不但强烈影响飞机的航线飞行，也严重妨碍飞机的起飞、着陆。

对于飞机颠簸，飞行签派员应在放行飞机前，详细了解飞行区域内或航线上产生颠簸的可能性，并向机长通报，以免飞机进入强阵性气流地区；在 Jetplanner 中预计颠簸等级达到"6"以上时，必须对机组进行提示，如果判定无法飞越或绕过颠簸区，则禁止放行。

为了预防飞机积冰，飞行前，飞行签派员和机长应详细研究天气，着重了解飞行区域的云、降水和气温分布情况，判明飞行中可能发生积冰的区域，确定绕过积冰区的途径；或者在必须通过积冰区时，选择积冰最弱和通过积冰区时间最短的航线。当航路上外界温度过低时，需考虑油箱中积冰导致机组降低高度、改航、加速等导致额外的燃油消耗。

5．备降场的选择

根据相关要求选择备降场。

6．航行要素的分析

综合分析航路图，进、离场图等，确定最优航路。

7．航路资料查找

查找航路点、航段长度、磁航向、航路代号等。

8．航路资料总结

（1）根据航路资料，计算总航程、平均磁航向；
（2）根据高度层分配表及高空风资料确定最优巡航高度；
（3）根据所选高度层，确定高空风、气温及 ISA 偏差。

9．一般飞行计划的制订

根据已知的商载计算油量和时间。

10．详细飞行计划的制订

根据所需的燃油量，计算上升、巡航和下降各个阶段及各航路点之间的所需燃油和时间。

11．准备签派放行单及 FPL 报

（1）签派放行单应包含下列内容：
① 飞机的国籍标志、登记标志、制造厂家和型号；
② 承运人名称、航班号和计划起飞时间；
③ 起飞机场、中途停留机场、目的地机场和目的地备降机场；
④ 运行类型说明，如仪表飞行规则、目视飞行规则；
⑤ 最低燃油量；
⑥ 航路（仅适用于补充运行）；
⑦ 机组名单（仅适用于补充运行）；

⑧ 机长和签派员的签字。

（2）签派放行单示例。

CLR

HU7861/09MAR 0421Z A319 B6211

CREW：LIZHIQIANG/LILEI/WANGSHAI

DEP：XIY DEP ALTN：INC RTE ALTN：CGO

DEST：HGH ALTN：SHA/HFE

FLIGHT RULE：IFR

TRIP FUEL：3807KGS/8393LBS

TOTAL FUEL：8400KGS/18519LBS

DISPATCHER：HUAFEN TEL：0898-65756521

CAPTAIN SIGNATURE：

SI：CFP

4.2 飞行计划案例

下面通过一个案例说明制订一般飞行计划的具体过程。

案例：航班 3U32，成都（ZUUU）—杭州（ZSHC），预计起飞时间 7 月 2 号 5 点 25 分，巡航速度 M.78，机型 A320，DOW = 43 100 kg，MTOW = 73 500 kg，MLW = 64 500 kg，MZFW = 61 000 kg，旅客人数为 102 人（每位旅客按 75 kg 计算），货物为 6 300 kg，飞机状况无故障，无重要航行通告，天气信息见附录 2.4.1（计算中只给出了起飞机场到目的地机场的详细信息，备降信息采取类似的方法，为了减少重复内容，本书只给一个备降信息结果）。

根据上述条件制订飞行计划的步骤如下：

（1）分析飞机状况，适航。

（2）分析航行通告。

（3）天气状况分析：起飞机场有小雷阵雨，需提醒机组注意，目的地机场天气状况良好，根据附近机场天气条件分析选择南京（ZSNJ）和合肥（ZSOF）为目的地备降场。

（4）航行资料分析：通过查找航图和 NOTAM，确定航路信息，如附录 2.4.2 所示。

（5）航路资料小结：通过附录 2.4.2 计算航路总距离、平均磁航向，并根据航路走向、最低航路高度、气象资料确定所飞高度层，同时计算航路风的平均磁航向、风速和气温，从而确定风的分量和气温偏差。

① 航路总距离。

成都—杭州：1 006 n mile。

杭州—合肥：250 n mile（备降距离按最远备降场计算）。

② 平均磁航迹。

成都—杭州：

$(55+56+104+140+75+141+105+126+98+84+72+50+49+100+72+65+67)/17 = 86°$

杭州—合肥：299°

③ 高度层（查高度层分配表附录 2.4.3）。

成都—杭州：FL311（向东）

杭州—合肥：FL138（向西）

④ 根据选取的航路点的地理位置查高空风图，各点在 FL311 上的风向风速气温如表 2.4.1 所示，通过计算可得

成都—杭州：平均真风向为 208°，平均风速为 12 kt，平均气温为 – 29.8 ℃。

杭州—合肥：平均真风向为 290°，平均风速为 10 kt，平均气温为 3 ℃。

表 2.4.1　各航路点的风向风速和气温值

航路点	气温/℃	风向/(°)	风速/kt
FLG	– 29	250	15
SAKPU	– 29	230	10
P127	– 29	220	10
DYG	– 29	100	15
LLC	– 29	060	15
ZK	– 30	040	10
KHN	– 31	340	10
P263	– 31	320	10
TXN	– 31	310	15

⑤ 查看航图得成都—杭州的平均磁差为 $(2+3+4)/3 = 3\,°\mathrm{W}$，杭州—合肥平均磁差为 4 °W。

⑥ 航路风的平均磁风向为

成都—杭州：211°

杭州—合肥：294°

⑦ 查找风的分量图（附录 2.4.4）确定出风的分量值。

成都—杭州：7 kt

杭州—合肥：– 9.5 kt

⑧ 计算 ISA 偏差。

成都—杭州：ISA + 17

杭州—合肥：ISA + 15

（6）制订燃油计划。

① 计算零燃油重量 ZFW = 43 100 + 102 × 75 + 6 300 = 57 050 (kg)，小于 MZFW。

② 根据附录 2.3.7 将备降距离的地面距离转换为空中距离为 253 nm。

③ 根据附录 2.3.5 确定备降时间为 48 min，备降燃油为 1 938 + 12 × (57 – 55) = 1 962 (kg)。

根据温度修正公式 0.015(kg/℃/n mile) × ΔISA(℃) × 空中距离（n mile）得温度修正量为 0.015 × 15 × 245 = 55 (kg)。

所以备降燃油为 1 962 + 55 = 2 017 (kg)。

④ 计算 45 min 备份油。

根据巡航结束的重量 57 050 + 2 017 = 59 067 (kg)，FL311，查附录 2.4.5 得平均燃油流量为 1 253 kg/h/ENG。

45 min 备份油为 $1\,253 \times 2 \times 45/60 = 1\,880$ (kg)。

⑤ 根据附录2.3.7将航程的地面距离转换为空中距离为 $1\,006 - 100 \times 7/50 = 992$ (n mile)。

⑥ 根据附录 2.4.6 确定航程时间和航程燃油。

飞机在目的地机场的着陆重量为 $57\,050 + 2\,017 + 1\,880 = 60\,947$ (kg)，小于最大着陆重量。

查附录 2.4.6 得航程时间为 2 h 34 min，航程燃油为 $5\,805 + 58 \times (60.947 - 55) = 6\,150$ (kg)。

根据温度修正公式 $0.015(\text{kg/}^{\circ}\text{C/n mile}) \times \Delta\text{ISA}(^{\circ}\text{C}) \times$ 空中距离（n mile）得温度修正量为 $0.015 \times 17 \times 991 = 253$ (kg)。

所以航程燃油为 $6\,150 + 253 = 6\,403$ (kg)。

⑦ 滑行燃油为 $11.5 \times 12 = 140$ (kg)（按 12 min 计算）。

APU 耗油为 $130 \times 1 = 130$ (kg)（按 1 h 计算）。

⑧ 停机坪总油量为 $2\,017 + 1\,880 + 6\,403 + 140 + 130 = 10\,570$ (kg)。

停机坪重量为 $57\,050 + 10\,570 = 67\,620$ (kg)。

起飞重量为 67 350 kg。

⑨ 爬升、下降修正。

查附录2.4.7可得爬升燃油修正量为 900 kg，时间修正量为 4 min。

查附录2.4.8可得下降燃油修正量为 275 kg，时间修正量为 10 min。

⑩ 最终停机坪总油量为 $2\,017 + 1\,880 + 6\,403 + 900 + 275 + 140 + 130 = 11\,745$ (kg)。

起飞重量为 $57\,050 + 2\,017 + 1\,880 + 6\,403 + 900 + 275 = 68\,525$ (kg)，小于最大起飞重量。

⑪ 查爬升性能图表附录 2.4.9，可得爬升所需时间为 18 min，燃油消耗 1 614 kg，空中距离为 111.4 nm。

则飞机到达爬升顶点 TOC 的重量为 $68\,525 - 1\,614 = 66\,911$ (kg)。

⑫ 根据附录 2.4.5 查巡航时的燃油流量为 1 320 kg/h/ENG。

⑬ 根据目的地机场着陆重量查附录 2.4.10 确定下降所需时间为 15 min，燃油消耗为 158 kg，下降距离为 88.6 n mile。

根据温度偏差修正后得下降所需时间为 16 min，燃油消耗 169 kg，下降距离为 95 n mile。

（7）详细飞行计划的制订：根据每个航段的航行资料计算相应的航程时间、燃油，最后得出总时间和燃油，见附录 2.4.11。

ZUUU—TOC，即爬升段，由第 6 步可知其航程为 111.4 nm，时间 18 min，燃油消耗 1 614 kg。

TOC—TOD：按照下述方法计算每段所需时间和燃油。

① 根据马赫数、气温计算真空速。

计算可采用下列公式：

$$TAS = M \times 20.1 \times (t + 273)^{0.5} \times 3.6/1.852$$

② 根据真空速、风分量计算地速。

③ 根据航段距离和地速可得到时间。

④ 根据时间、燃油流量可得到耗油量。

TOD—ZSHC：即下降段。由第 6 步可知下降所需时间为 16 min，燃油消耗 169 kg，下降距离为 95 nm。

　　计算总时间为 136 + 12 = 148 (min)，即 2 h 28 min。

　　总燃油为 6 325 + 2 017 + 1 880 + 140 + 130 = 10 492 (kg)。

复习思考题

1. 简述详细飞行计划的制订过程。
2. 在航路资料查找阶段需要记录哪些数据？
3. 如何计算平均风速？
4. 如果所选航路上有严重颠簸，应如何考虑加油量？
5. 由马赫数怎么计算真空速？

第 5 章　特殊飞行计划的制订

为了保证飞行的安全和效益，在某些特殊条件下，需要制订更加复杂而精确的飞行计划。从飞行运行的特殊性和飞行计划制订的差异性角度考虑，本书主要介绍目的地机场不能加油、利用燃油差价、含有 MEL 项目、复杂气象条件、二次放行、ETOPS 飞行和极地运行几种特殊飞行计划的制订方法及注意事项。

5.1　目的地机场不能加油的飞行计划

在国内，有个别机场不能为飞机加油，飞到这种机场去的飞机必须携带回程所需燃油。下面简要介绍一下当目的地机场不能加油时的飞行计划的基本规定和方法。

设飞机由起飞机场 DEPART 出发飞往不能加油的目的地机场 DEST1，其备降场为 ALT1。正常情况下，飞机在目的地机场 DEST1 着陆并滑入停机坪上，下旅客和货物，然后再上旅客和货物，然后再滑到跑道上起飞飞往第二个目的地机场 DEST2（也可以是起飞机场 DEPART），其备降场为 ALT2，如图 2.5.1 所示。

图 2.5.1　示意图

在 DEST1 停机坪上剩余的燃油量应等于 DEST1 起飞到 DEST2 备降 ALT2 的燃油量。具体计算方法是先从 ALT2 往回计算到 DEST1 的停机坪，实际上就得到了从 DEST1 起飞到 DEST2 备降 ALT2 的飞行计划，把计算出的这部分油量作为由 DEPART 到 DEST1 的备份油量。再由 DEST1 的停机坪往回计算到 DEPART 的停机坪。这样就得到了由 DEPART 起飞的飞行计划总油量。它一般大于由 DEPART 起飞到 DEST1 备降 ALT1 的总油量。如果不能判断，则应做出由 DEPART 起飞到 DEST1 备降 ALT1 的飞行计划，以两个飞行计划中总燃油量较大的一个作为从 DEPART 起飞应加的燃油量。

5.2　利用燃油差价的飞行计划

受地域和机场环境影响，世界各地的机场燃油价格都不一样。当从油价低的机场飞往油价高的机场时，如果能够多带油，使得在目的地机场不加油或少加油，则有可能节省燃油费用，当两地燃油价格相差较大时，则能节省燃油成本，给公司带来一定的经济效益。

能否利用燃油差价需要考虑以下 4 个问题：

（1）对一个航班来说能不能多带油；

（2）如果能，能多带多少油；

（3）多带油是否能节省燃油成本；

（4）如果能，能产生多大的经济效益。

此外，还可以进一步研究多带多少油最划算、节省的燃油费用最多，为满足下一航班的需要应该多带多少油等问题。

5.2.1　利用飞机手册上的图表计算利用燃油差价的效益

在 Boeing 飞机的手册上给出了几张图，用来解决利用燃油差价的问题。图 2.5.2 是根据航程的空中距离、巡航高度、不多带油时的着陆重量，来确定多带油在到达目的地机场时所消耗的百分比。图 2.5.3 是根据多带的油在到达目的地机场所消耗的百分比和起飞机场的油价来确定目的地机场的保本油价。图 2.5.3 与机型无关，是按下面公式计算出来的。

$$P_{df} = P_{tf} / (1 - X\%) \tag{2.5.1}$$

式中　P_{df}——目的地机场的保本油价；

　　　P_{tf}——起飞机场的油价；

　　　$X\%$——多带的燃油消耗的百分比。

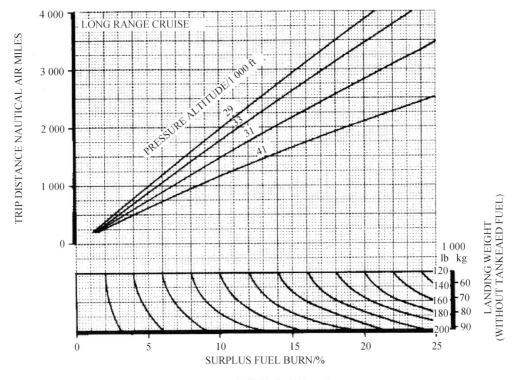

图 2.5.2　多带燃油消耗百分比

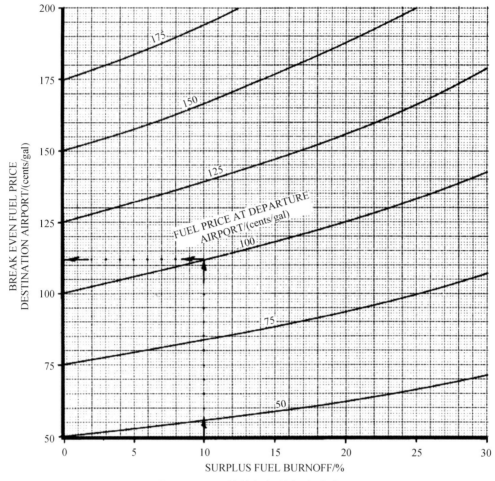

图 2.5.3　目的地机场的保本油价

利用这几张图可粗略地计算出利用燃油差价产生的经济效益，方法如下：

（1）先做出不多带油的飞行计划，若满足：

$$\text{TOW} < \text{MTOW}，且$$

$$\text{LDW} < \text{MLDW}，且$$

$$\text{ALW} < \text{MALW}，且$$

$$\text{RF} < \text{FTC}$$

才能多带油，否则不能多带油。上式中 ALW、MALW、RF 和 FTC 分别为备降场着陆重量、备降场最大着陆重量、停机坪油量和油箱容纳的最大油量。

（2）在能多带油时，根据巡航高度、该高度上的风、巡航速度、航程、飞机重量估算所飞的空中距离，然后根据图 2.5.2 确定多带的燃油消耗百分比 $X\%$，根据图 2.5.3 确定目的地机场的保本油价 P_{df}。当目的地机场的油价 P_d 大于 P_{df} 时，多带燃油才会产生经济效益；否则由于路途遥远消耗的燃油过多，并不划算。

（3）确定可多带的燃油量。

首先计算　$\Delta F_T = \text{MTOW} - \text{TOW}$

$$\Delta F_D = \text{MTLW} - \text{ALW}$$

$$\Delta F_{\mathrm{A}} = \mathrm{MTLW} - \mathrm{ALW}$$

$$\Delta F_{\mathrm{R}} = \mathrm{FTC} - \mathrm{RF}$$

然后分 3 种情况讨论：

① 若 ΔF_{T} 或 ΔF_{R} 最小，令 $\Delta F' = \min(\Delta F_{\mathrm{T}}, \Delta F_{\mathrm{R}})$，即为起飞多带的油量。

由公式（2.5.2）计算多带的油在目的地机场所剩余的数量 $\Delta F''$，$\Delta F''$ 必小于 ΔF_{D}。

$$\Delta F'' = \Delta F' \times (1 - X\%) \tag{2.5.2}$$

② 若 ΔF_{D} 最小，由式（2.5.3）计算起飞时应多带的油量 $\Delta F'$。

$$\Delta F' = \Delta F_{\mathrm{D}} \div (1 - X\%) \tag{2.5.3}$$

如果 $\Delta F' \leqslant \Delta F_{\mathrm{T}}$ 和 ΔF_{R}，ΔF_{D} 即起飞多带的油 $\Delta F'$ 在目的地机场所剩余部分 $\Delta F''$。

如果 $\Delta F' > \Delta F_{\mathrm{T}}$ 或 ΔF_{R}，则 ΔF_{T} 或 ΔF_{R} 中的较小者即为起飞多带的油 $\Delta F'$，然后根据公式（2.5.2）计算 $\Delta F'$ 在目的地机场所剩余部分 $\Delta F''$。

③ 若 ΔF_{A} 最小，可以利用图 2.5.2 确定在目的地机场飞往备降场时多带的油的消耗百分比 $Y\%$，由 $\Delta F' = \Delta F_{\mathrm{A}} / (1 - X\%) / (1 - Y\%)$ 计算起飞应多带的燃油 $\Delta F'$，由 $\Delta F'' = \Delta F_{\mathrm{A}} / (1 - Y\%)$ 计算多带的油在目的地机场剩余的量 $\Delta F''$，$\Delta F''$ 应小于 ΔF_{D}，$\Delta F'$ 应小于 ΔF_{T} 和 ΔF_{R}，否则按式（2.5.2）和（2.5.3）确定起飞时多带的油及在目的地机场的剩余油量。但一般备降机场的最大允许着陆重量 MALW 与 MLDW 相同或稍小些，因此一般不会受此限制。

设 P_{tf} 为起飞机场油价，P_{def} 为目的地机场油价，则所能产生的经济效益为

$$SS = \Delta F'' \times P_{\mathrm{def}} - \Delta F' \times P_{\mathrm{tf}} \tag{2.5.4}$$

5.2.2　计算实例

【例 5-1】　假设 B757-200 执行国内某航班，航程为 1 000 nm，LRC 巡航，FL300，逆风 50 kt，ISA；备降距离为 200 n mile，LRC 巡航，FL250，静风，ISA。已知 OEW = 128 000 lb，MZFW = 184 000 lb，商载 PL = 52 000 lb，最大油箱容量为 73 300 lb，MTOW = 240 klb，MLDW = 198 klb，MALW = 198 klb，$P_{\mathrm{tf}} = 2\ 000$ 元/t，$P_{\mathrm{df}} = 3\ 000$ 元/t，用简化图表确定利用燃油差价的效益。

首先利用简化图表计算不利用燃油差价的飞行计划：

（1）计算飞机在备降场的着陆重量　ZFW = 128 000 + 52 000 = 180 000 (lb)。

查图（附录 2.5.1）得备降时间为 0.62 h，备降燃油为 4.9 klb。

（2）计算 45 min 备份油。

根据重量 180 000 + 4 900 = 184.9 (klb)，FL300，查表（附录 2.5.2）得燃油流量：

$$FF = 6\ 090 + (6\ 430 - 6\ 090)/10 \times 4.9 = 6\ 257\ (\mathrm{lb/h})$$

$$45\mathrm{Res} = 6\ 257 \times 45/60 = 4\ 693\ (\mathrm{lb})$$

（3）根据重量 184 900 + 4 693 = 189 593 (lb)，FL300，逆风 50 kt，航程 1 000 n mile，查图（附录 2.5.3）得航程燃油为 21.2 klb，航程时间为 2.8 h。

（4）计算总油量为 4 900 + 4 693 + 21 200 = 30 793 (lb)。

$$\mathrm{TOW} = 189\ 593 + 21\ 200 = 210\ 793\ (\mathrm{lb})$$

因为 TOW < MTOW，LDW < MLDW，ALW < MALW，起飞油量 < 油箱最大油量，故可多带油。

计算 ΔF_T = MTOW – TOW = 29207 (lb)

ΔF_D = MLDW – LDW = 8 407 (lb)

ΔF_A = MALW – ALW = 13 307 (lb)

ΔF_R = FTC – RPF = 42 507 (lb)

（5）计算巡航平均重量约为 200 klb，查表（附录 2.5.4）得平均真空速为 442 kt，则空中距离 NAM = 1 000×442/(442–50) = 1 128 (n mile)，由图 2.5.2 查得多带油消耗的百分比为 8.5%。

P_{df} = 2 000/(1–0.085) = 2 186 (元/t)，由于 $P_{def} > P_{df}$，故多带油能产生经济效益。

（6）由于 ΔF_D 最小，取 $\Delta F'' = \Delta F_D$，计算 $\Delta F'$ = 8 407/(1–0.085) = 9 188 < ΔF_T 和 ΔF_R，即起飞多带油量为 9 188 lb，着陆时剩余油量为 8 407 lb，可节省燃油费：

$$SS = (8\ 407 \times 3\ 000 - 9\ 188 \times 2\ 000)/2\ 204.6 = 3\ 105\ (元)$$

注意，手册上指出对于多带油而降低了巡航高度的情况图 2.5.2 是不适用的。

虽然多带油可以节省燃油成本，但也会增加维护成本。因为起飞重量增大，减推力起飞时减推力程度减小，发动机磨损增大；同时，多带油使巡航重量、着陆重量增加，所需推力增加，发动机磨损增大，着陆后反推、刹车使用得多，使这些部件损耗增加，维修成本提高。这种影响难以量化。另外，空中距离的估算也会使实际经济效益产生偏差。

5.3　含有 MEL/CDL 项目的飞行计划

在实际制订飞行计划的过程中，航行通告及飞机的故障保留项目（MEL 项目）是影响飞行计划的重要因素。它们不仅可能影响到航路、备降场的选择，而且还影响关系到飞机的载量限制，有时甚至决定一个航班能否正常执行。因此，在制订计划时，必须严格检查通告及 MEL 项目对适航的限制，下面首先对 MEL/CDL 做一个简单介绍。

5.3.1　MEL/CDL 介绍

最低放行设备清单（Minimum Equipment List，MEL）是由 FAA 于 1953 年首次提出的，它突破了传统适航理论中关于"禁止航空器带故障放行"的观念，使航空公司在组织运营上具有了更大的灵活性，因而得到了广泛的应用。其重要性可以概括为以下几点：

（1）通过规范航空器的带故障放行，制订严格的限制条件和工作程序，从而保证了飞行安全；

（2）由于允许航空器在一定的条件下带故障放行，从而提高了飞机的利用率和航班正点率，为航空公司降低运营成本，提高服务水平创造了条件；

（3）使飞机的维护换件工作可以在更有计划的条件下进行，减少了航材储备，降低了维护成本。

5.3.1.1　术　语

（1）主最低设备清单建议书（PMMEL）：是由制造厂家或运营人起草的主最低设备清单

的草稿，提交给飞行运行评审委员会作为制定主最低设备清单的基础。

（2）主最低设备清单（MMEL）：民航总局批准的在特定运行条件下可以不工作仍能保持可接受的安全水平的设备项目清单。MMEL 这些设备项目部工作时航空器运行的条件、限制和程序，是运营人制定各自最低设备清单的依据。

（3）最低设备清单（MEL）：运营人依据 MMEL 并考虑到航空器的构型、运行程序和条件，为其运行所编制的设备项目清单。MEL 经局方批准后，允许航空器在规定条件下，所列设备项目不工作时继续运行。MEL 应当遵守相应航空器型号 MMEL 的限制，或者比其更为严格。

（4）航空器评估组（AEG）：是以组织评审委员会的方式，对航空器有关的持续适航文件、运行配置、机组和执照训练要求、MMEL 等文件进行评审的机构。

（5）飞行运行评审委员会（FOEB）：由具体负责航空器型号审定的当局有关人员组成的委员会，由运行、电子、维修监察员和航空器型号审定专家组成，负责制定或修订 MMEL。

（6）日历日：基于世界时或当地时间（由运营人选择其一），从午夜到次日午夜的 24 h 时间段。

（7）不工作：某一系统或者其部件因发生故障已不能完成预定的任务或者不能按照它原来经批准的工作极限或容差范围持续正常地工作。

（8）运行规范：依照《中国民用航空规章》对运营人运行合格审定后颁发的运行批准、标准和限制

5.3.1.2　使　用

1.　故障的探测

飞机的故障可以通过以下 4 种途径获得：

（1）通过发动机、警告显示器上的 ECAM 信息探测到故障。

（2）其他的驾驶舱影响（FDE）探测到的故障。

一次驾驶舱影响（FDE）是指飞行机组可以在驾驶舱中确定的事件。一次驾驶舱影响（FDE）包括以下几个方面：

① 触觉：抖杆器表示即将出现的失速状态。

② 语音：通过扩音器传到驾驶舱的声音。

③ 目视：局部警告，如显示器灯光、磁显示仪、旗标等。

（3）通过观察探测到故障。

飞行机组、客舱机组或维护人员都可以报告观察情况。例如，飞行机组在外部检查期间，发现主轮上遗失了一个连接螺栓。

（4）通过集中故障显示系统（CFDS）、中央维护系统（CMS）、系统机内自测探测到故障。

2.　故障的报告

故障的报告也有 4 种形式。

（1）飞机驾驶舱、客舱记录本。

飞行驾驶舱、客舱机组在飞机记录本上记录在飞行期间所有影响驾驶舱、客舱的故障以及非正常事件。

（2）维护报告。

维护人员在计划检查期间发布一个维护报告。此报告包括了所有的报告故障和在检查期间执行的所有措施。

（3）航后报告。

每次航班结束后，都会打印一份航后报告（PFR），记录集中故障数据系统（CFDS）、中央维护系统（CMS）探测到的，并且发生在启动第 1 台发动机 + 3 min 和 80 n mile/h 的着陆速度 + 30 s 之间的所有故障。

3. 确　认

只有在确认了一个故障后，才可以在地面使用最低设备清单。飞行机组或航线维护工作组可以通过下列方式确认故障：

① 查阅记录本的录入。

② 分析航后报告（PFR），这包括联系驾驶舱效应和航后报告（PFR）的代码。

③ 一个系统测试。

4. 查找 MEL

MEL/CDL 中对飞行计划有重要影响的内容主要是空调等的故障。

5.3.1.3　MEL/CDL 政策

（1）使用最低设备清单/构型缺损清单（MEL/CDL）使飞行机组在设备项目失效时可利用其余的系统和设备。在确保安全的前提下，最大限度地提高飞机的利用率，为公司创造效益。该飞机按照《最低设备清单》和《运行规范》中的所有适用条件与限制实施运行。

（2）MEL 手册是飞机在遇到有不工作设备和系统的放行指南；CDL 手册是飞机在遇到有缺少飞机次要部件时的放行指南。

（3）MEL、CDL 手册只是用于决定放行的条件，而不是维护标准。MEL 内的条文并不是作为在不正常或紧急情况下解决飞行中的问题而设计的。MEL、CDL 内的资料可能对飞行有帮助，但不是让机组人员在飞行中按照其内容取消或改变其他飞行程序。

（4）如出现飞机上的 MEL、CDL 内容与维修部门和飞行签派员所持手册内容不同时，应以最新版本为准。遵守 MEL 的同时，必须遵守《飞机飞行手册》和"适航指令"的限制要求。

（5）飞行前使用 MEL、CDL，由以下两个方面决定：

① 飞机放行的条件；

② 部件失效时飞机的操作程序和限制。

（6）MEL、CDL 适用于经营性飞行。对非经营性飞行（如调机、训练、试飞等）可参考MEL、CDL 或由机组人员、维护人员和签派员商讨决定。

5.3.1.4　MEL、CDL 的结构

1. MEL 结构

MEL 结构如表 2.5.1 所示。

表 2.5.1　MEL 结构表

某航空公司最低设备清单		
机型 BOEING737	修改版次：9 出版日期：01/10/2015	页码： 22-1

0 系统号 项目 次序号	1. 修复期限				
		2. 安装数量			
			3. 放行数量		
				4. 故障放飞例外规定	
22　　自动飞行 &1　　自动驾驶系统	C B	2 2	1 0	除延程（ER）飞行外，其他情况允许失效，但要求： （1）最低进近标准不要求使用自动驾驶； （2）巡航操作不要求使用自动驾驶； （3）航段数量和持续时间可被机组接受； （4）RVSM 航路操作中必须有一套工作正常。 注：① 应尽力及早将自动驾驶修好，并在放行中应考虑天气、交通密度和其他失效系统的影响等因素。 ② 可以使用任何功能正常的方式	

2．MEL 结构说明

（1）"系统"说明。

各系统的序号都根据美国航空运输协会（ATA）的规范制定，各个项目号也都按顺序编号。

① "系统和序号"（第 1 栏）是指包含在系统内的设备、系统、部件或其有关功能。

② "安装数量"（第 3 栏）是指航空器上通常安装的数量。此数字代表着制订本 MMEL 时作为依据的当时航空器上的实际布局。如果某些设备项目是属于不能固定的可变数（如客舱内设备部件等），可以不将它的数字列出。

③ "签派或者放行所需数量"（第 4 栏）是指航空器签派或者放行所需的最低数量。但这时必须注意要遵守第 5 栏中所规定的一些备注和例外要求。

注：如在 MMEL 上对签派或者放行所需要的是不固定的可变数，这时运营人编写的最低设备清单 MEL 上必须记载为签派或者放行所需要的实际数量，或者反映经局方批准的对结构布局进行控制的可供替用的措施计划。

④ "备注和例外"（第 5 栏）这一栏内应写明对特定数量的失效（不工作）设备项目。如作出禁止使用或允许使用的说明、对飞行的附加条件和限制，以及相应的备注说明内容。

⑤ 在每页的右侧边缘处有时划有一条垂直线（修改指示条）。这表明就在这一页上邻近的左侧正文内已做出有关修改、增加或删除等修改内容。但这一修改指示条在该页进行下一次修改时就自行消去。

（2）"按照规章的要求"是指此设备项目应受《中国民用航空规章》中某些特殊条款（限制或允许）的约束。在《中国民用航空规章》中有明确规定的需要设备项目数量必须正常工作。如列出的设备项目不属于《中国民用航空规章》所必需的，则该部件在限定修复的期限内可以不工作。

（3）在每个列出的设备项目失效（不工作）时，应当挂上标牌以通报或提醒飞行组和维修人员注意其技术状况。

注：标牌应按实际可能，安置在邻近有关失效件操纵或指示器位置旁边。除非另有规定，通常标牌的用词和安装位置可以由运营人自行决定。

（4）在第3栏内和第4栏内的"—"符号表示该设备项目的安装数量不定。

（5）在"备注和例外"栏内某一顺序设备项目之后有"删除"字样时，表明该设备项目以前确实曾列出可做失效签派或者放行，但目前如果该设备项目安装在航空器上则要求其必须能够正常工作。

（6）"'ER'延长航程运行"是指一架双发动机航空器做延长航程飞行，但必须具有做延长航程（ER）运行的型号设计批准，并能符合有关规章条款的规定。

（7）"飞行日"是指基于世界时或当地时间（由运营人选择其一），从午夜到次日午夜的24 h时间段，并且在此期间应对有关航空器至少安排一次飞行。

（8）"结冰条件"是指有可能导致在航空器或发动机上结冰的大气环境。

（9）在第5栏内的字母符号是指在飞行中有关列出设备项目失效时，必须遵守的条件或限制内容。

（10）"不工作"是指某一系统或者其部件因发生故障已不能完成预定的任务或者不能按照它原来经批准的工作极限或容差范围持续正常地工作（有些系统已经考虑了容错设计，由数字计算机监控，并且将故障信息传输到中央计算机，以提供维修信息。这类信息的出现不意味着系统"不工作"）。

（11）第5栏的"备注和例外"中的备注内容可以为飞行机组或维修人员提供额外信息作为参考。这些备注是用来识别可协助执行有关规定的相应资料，但不能将其用来减轻或解除使用部门应该遵守有关规定的责任。备注不是限制性条件的一部分。

（12）"不工作系统中的一些不工作部件"是指某一跟该系统直接相关的部件，除了支持此系统外别无其他功用的不工作部件（除非按照MMEL特别规定辅助替用措施，否则要求失效系统的有关警告、警戒功能必须能正常工作）。

（13）"（M）"符号表示对设备项目清单中相应设备项目失效时，在飞行前应当完成的某项特定维修程序规定的内容。通常情况下，这些程序是由维修人员来完成；但其他合格人员经授权也可以完成某些工作。对于有些需要具有专业技术知识或需要使用工具或测试设备的维修工作，则应当由维修人员来完成。无论由谁来执行此程序，运营人都应该负责监督完成所有的工作。要求将相应程序印发出来作为运营人编写的手册或MEL的一部分来使用。

（14）"（O）"符号是表示对设备项目清单中相应设备项目失效时，在做飞行计划或飞行操作中应当完成的特定工作程序。通常条件下，这些程序应由飞行机组来完成；但其他合格人员经授权也可以完成某些工作。无论由谁来执行此程序，运营人都应该负责监督完成所有的工作。要求将相应程序印发出来作为运营人编写的手册或MEL的一部分来使用。

注：运营人编制的MEL中应当有（M）和（O）的符号设备项目，除非经局方批准才能例外。

（15）"使失效"和"固定"是指为了安全飞行起见，应将指定的零部件进行合适的安置。运营人可以自己制定为固定或使部件失效的具体方法。

（16）"目视飞行规则"（VFR）见《中国民用航空规章》第91部所规定的内容。这将导致有关飞行机组不必制订仪表飞行规则（IFR）的飞行计划。

（17）"目视气象条件"（VMC）是指大气条件良好，该次飞行可允许使用适合目视飞行的飞行规则。但这样做并不妨碍在仪表飞行规则的指导下飞行。

（18）"可见湿度"是指可以通过自然或人工光源可见到大气环境中含有任何方式的水分，例如，有云层、雾、雨、冰雹、雨夹雪或雪花等。

（19）"乘客便利项目"是指有些可以为乘客提供方便、舒适或娱乐的设备项目部件，例如，厨房设备、电影设备、烟灰缸、立体声播音设备、旅客头顶照明阅读灯等。

（20）对失效部件限定修复期限：所有经 CCAR-121 部、CCAR-135 部批准运营人的 MEL 使用部门，对按照 MEL 保留的故障尚未修复的设备项目，都应该遵照如下字母规定修理期限类别，并应在限定日期到达之前完成修复工作。

"A" 类：该类项目应在运营人经批准的 MEL 的备注和例外栏内所限定的期限以前完成修复工作。

"B" 类：该类项目应在 3 个连续的日历日（72 h）内完成修复工作，但这不包括在航空器维修记录、飞行记录本上进行故障记载的那一天。例如，如果故障是在 1 月 26 日上午 10 点做的记录，则所谓三天期限从 26 日的午夜开始起算，到 29 日的午夜结束。

"C" 类：该类项目应在 10 个连续的日历日（240 h）内完成修复工作，但这不包括在航空器维修记录、飞行记录本上进行故障记载的那一天。例如，如果故障是在 1 月 26 日上午 10 点做的记录，则 10 天期限应从 26 日的午夜开始起算，到 2 月 5 日的午夜结束。

"D" 类：该类项目应在 120 个连续的日历日（2 880 h）内完成修复工作，但这不包括在航空器维修记录、飞行记录本上进行故障记载的那一天。

（21）第 1 栏中的 "＊＊＊" 符号是指某一设备项目按照《中国民用航空规章》并不属于必需装用设备项目，但已安装到由本 MMEL 所涉及某些机型以内（该设备项目已装到使用单位的一架或多架航空器上以后，即可将此项列入运营人的 MEL 中，但此时就不必再将此符号列入运营人的 MEL 中。此外，应注意本项说明或使用此符号均不能构成向运营人授权可任意由航空器上拆卸或安装某一设备项目）。

（22）"冗余项目"是指已经装用的某些设备项目属于超出《中国民用航空规章》规定以外的多余项目。

（23）"故障发现日期"是指在航空器维修记录或者其他记录上记载设备项目发生故障的日期。该日期（一天）应从 MMEL 的故障失效修复期限中扣除。

5.3.1.5　MEL 使用的基本原则

（1）MEL 是为特定条件下签派或者放行带有不工作设备项目或功能的航空器运行的一份偏离性文件，对于未包含在 MEL 内，但与航空器适航性有关的所有设备项目都应当处于工作状态。

（2）对于签派或者放行已经完成，但航空器以自身的动力开始移动前发生的故障或者缺陷，机长应当按照 MEL 进行处理，并且获得新的或者修正的签派或者放行和必要的适航放行，新的或者修正的签派或者放行应当包括有关设备项目不工作的必要限制。

（3）MEL 不适用于处置飞行过程中发生或者发现的故障或者缺陷，一旦航空器以自身的动力开始移动，飞行机组应当按照经批准的飞行手册来处置，并且机长有权力决断是否继续飞行。

（4）注意各部件之间的关联。

当 MEL 允许某一系统不工作时，该系统的单独部件也同样允许不工作；但当 MEL 允许某一系统内的单独部件不工作时，不代表该系统也同样允许不工作。

对于与 MEL 允许不工作的系统相关的警告和提示系统，除非 MEL 明确允许其解除工作，否则必须正常工作。

尽管 MEL 分别允许某些设备项目不工作，运营人应当考虑这些不工作设备项目之间的相互影响、机组工作负荷和飞行限制。

5.3.1.6 CDL 结构和说明

CDL 的结构如表 2.5.2 所示。

表 2.5.2 CDL 结构表

项　　目	适用性	安装数量	故障放飞例外规定
23-60-1 静电放电刷	全部 （不带小翼）	18	最多可缺少 6 个静电放电刷而不计性能损失。在每个机翼和水平安定面上至少需要两个放电刷，垂直安定面上至少需要 1 个。对某个仅有两个放电刷的翼面，其中一个必须在翼尖位置或最后缘位置
	-600/700/800/ 900 带小翼	14	最多可缺少 6 个静电放电刷而不计性能损失。在每个机翼上至少需要一个放电刷，对于仅有一个放电刷的翼面，其必须在最后缘位置。在每个水平安定面至少需要两个放电刷，对某个仅有两个放电刷的水平安定面，其中一个必须在翼尖位置或最后缘位置。垂直安定面上至少需要一个放电刷

1. 限　制

有关的限制条件必须写在一标牌上，并将标牌固定在驾驶舱内机长和其他有关机组成员一目了然之处。飞机因丢失某个部件而需要减少最大使用速度或最大使用马赫数（VMO、MMO）飞行时，在飞行前，必须有适当的备用 VMO 设置。缺失的部件，放行前必须详细列入飞机放行文件，并通知机长，机长应当知道关于缺失部件所采取的每项操作。

操作者应将每次飞行中缺失的部件都记入飞机飞行记录本内。

如果在飞行中又有一部件丢失，在飞机未恢复至 CDL 限制范围之前不能飞离事故发生后降落的机场，但这并不排除签发调机许可证，允许飞机飞到可修理或可换件的地方。除专门指定的组合外，CDL 中任何一个子系统都不得丢失多于一个部件，若无它注，不同子系统的部件不允许丢失。本 CDL 没有提供缺失紧固件时的放行信息。参考结构修理手册（SRM）51-10-05，关于紧固件缺失时允许操作的条件和限制。

2. 减　载

除非已事先明确规定，多部件组合缺失时的性能减载均累加计算。对注明"性能损失可忽略"的项目（Where performance penalties are listed as negligible），如缺失项目在 3 项以内，可不再计算性能减载。若缺失项目超过 3 个，每缺失一项应减少起飞、着陆和航路爬高限制重量 100 lb（46 kg）。对注明"不计性能损失"的项目（Where performance penalties are listed as no penalty ），此项目不管丢失多少，都不再计算减载。

3．改航速度效应

CDL 中列出的航路爬高减载量是基于飞机以最大升、阻比飞行时的速度计算的。要计算出在其他不同速度时改平高度时的减载量，应将 CDL 中列出的航路爬高减载量乘以相应的系数（见表 2.5.3）。

表 2.5.3　CDL 改航速度系数

改航速度	系　　数
LRC（远程巡航）	1.50
280 KIAS	3.90
290 KIAS	4.50
310 KIAS	5.40
320 KIAS	6.40

4．航路燃油里程效应

B737 许多 CDL 项目的阻力效应很小，因此航路燃油里程变化可忽略不计。对于需减少航路爬高重量的项目，可按航路爬高重量每减少 100 lb（不乘系数）燃油里程减 0.25%，来估算增加的阻力。

5.3.2　含有 MEL、CDL 项目的飞行计划案例

下面通过练习说明 MEL、CDL 对飞行计划的影响。

【例 5-2】　CZ3233 航班起飞机场青岛（TAO），目的地长沙（HHA），预计起飞时间 0200Z，机型 B737-300，机号 B2557，DOI = 40，BOW = 72400LBS，有关信息如下：

（1）终端区 METAR。

ZSJN 220100Z 03004MPS 3600 FG 18/06 Q1026 =

ZSQD 220100Z 01003MPS 1000 R17/0800 BR SCT230 Q1025 =

ZGHA 220100Z 33002MPS 0600 R36/0600N R18/0500N FG Q1019 =

ZHHH 220100Z 14002MPS 0600 RN R22/0600N R04/0400V0500N FG SKC Q1018 =

ZGGG 220120Z 03004MPS 5000 SCT120 17/14 Q1021 =

ZSCN 220120Z 04006MPS 0800 FEW010 OVC100 11/09 Q1023 =

（2）终端区 TAF。

ZSJN 212106 04004MPS 2700 FG SKC BECMG 0203 3000 BR BECMG 0304 1200 BR BECMG 4000 BR =

ZSQD 220009 36004MPS 0700 FG SCT016 BECMG 0102 1500 BR BECMG 0203 36006MPS 2200 BR =

ZGHA 220112 VRB02MPS 0700 FG OVC050 BECMG 0203 1000 BR BECMG 0506 1500 BR =

ZHHH 220009 14003MPS 0600 RN BECMG 0102 1200 BR BECMG 0203 2100 TS BECMG 0405 3000 BR TEMPO 0003 0500 FG =

ZGGG 220009 02005MPS 6000 SKC BECMG 0506 02004MPS =

ZSCN 220009 27003MPS 0600 FG FEW006 SCTOLO SCT025 BECMG 0102 1200 BR BECMG 0203 1000 BR BECMG 0304 08004MPS 0800 BR TEMPO 0204 0500 FG =

（3）航路预报。

见高空风图、重要天气预报图。

（4）NOTAM

广州 R21 跑道 GP 不工作；

烟台 R04 跑道 LLZ 因故障关闭到 199912221000Z；

长沙黄花机场 R36 跑道道面维修入口内移 300 m 到 200003120000Z；

武汉天河机场 R04 跑道 GP 因维护关闭到 199912220130Z。

（5）MEL。

自动刹车故障，刹车防滞系统故障。

（6）PAYLOAD。

PAX：120Y；CARGO：4T

航线要素分析：

1. 选定航线

通过分析航路图及重要天气预报图可知，青岛飞长沙可选用 H28、R343，即 J104 航路，航路总距离 709 n mile，以 B733 型飞机巡航真空速 430 kt 估算，航路大致需飞行 2 h。

2. 确定备降场

首先考虑是否需要起飞备降场。由气象资料可以知道青岛的能见度为 1 000 m，高于在本场最低着陆天气标准，而且从天气预报看有好转趋势，起飞时间是 10 点，而后几小时的预报都高于其最低着陆天气标准，因此可不指定起飞备降场。

然后来考虑选择目的地备降场。目的地机场长沙黄花机场的可用备降场为武汉天河机场、南昌向塘机场和广州白云机场。

首先分析武汉天河机场。天河机场位于青岛飞长沙的航路上，距目的地机场 200 n mile，跑道长度 3 400 m，虽然根据航行通告 04 号跑道的下滑道不工作，但是由于该机场装备双向盲降系统，因此作为目的地备降场的最低天气标准为能见度 2 400 m。根据天气预报，武汉的天气符合备降标准，另外查着陆性能图表可知，场地限重超过 B737-300 型飞机的着陆结构限重 115 000 lb。因此，在一般情况下，武汉天河机场应是青岛飞长沙的最理想备降场，但是，在本案例中，飞机的刹车防滞系统故障，且根据天气预报武汉有降雨活动，因此，如果飞机一旦在天河机场备降，一方面着陆时着陆距离会显著增大，另一方面根据 B737-300 机型手册的要求，刹车防滞系统失效情况下禁止在湿道面起飞，这就意味着飞机在天河机场备降后必须等到道面变干后才能起飞，显然这是不可接受的。因此，可以排除选择武汉作为备降场。

其次，考虑南昌向塘机场，向塘机场距目的地机场长沙 172 n mile，预达向塘机场时刻约为 0430Z。该机场安装有双向盲降系统，跑道长 2 800 m，因此作为目的地备降场的天气标准为 1 600 m。根据天气预报，0330Z 至 0530Z 间能见度为 800 m，且有短时下降到 500 m。显然不能达到作为备降场的要求，因此可以排除作为备降场。

最后分析广州白云机场。在 3 个可用备降场中，广州白云距目的地最远，达到 343 n mile，跑道长 4 300 m，查明 B737-300 型飞机的着陆性能图表可知，跑道长度对着陆重量不构成重量限制，即最大着陆限重为 115 klb，白云机场安装双向盲降系统，由于 21 号跑道 GP 不工作,所以白云机场作为备降场的标准为能见度 2 400 m,飞机预达白云机场的时刻约为 0450Z,根据天气预报在此时间段内的能见度为 6 000 m,符合备降天气标准。

综合上述因素,最终确定备降场为广州白云机场。

3. 航线要素综述

确定了航线和备降场,接下来就是要查航线图,对航路上的航行要素做一个具体的分析,详细内容如图 2.5.4 所示。

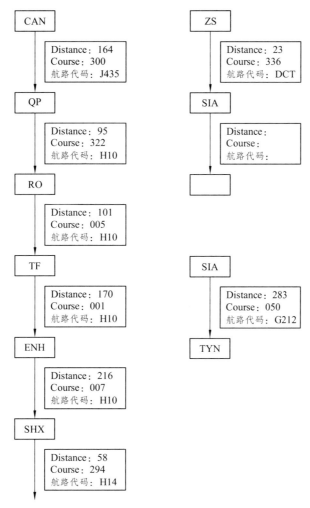

图 2.5.4 广州—西安（备降太原,中线）航路信息图

4. 巡航高度

根据 B737-300 的性能手册分析,较高的巡航高度对飞机飞行是比较经济的。因此,确定它的巡航高度为 9 600 m,备降高度为 6 000 m。

5. 机场着陆限重分析

由于飞机的刹车防滞系统故障,根据 MEL 的要求,应对着陆机场的最大着陆限重进行检查。首先分析长沙黄花机场。黄花机场跑道 2 600 m,由于受天气条件的限制,飞机只能使用 36 号跑道向北落地。根据航行通告,36 号跑道入口内移 300 m,因此可用着陆距离仅为 2 300 m，查 B737-300 型飞机着陆限重表得出着陆限重 102 000 lb，低于最大结构限重 115 000 lb，因此该航班在黄花机场的最大着陆重量为 102 000 lb，从前面分析可知，备降场白云机场着陆限重仍为 115 klb。

6. 制订航班的简易飞行计划

在上述分析计算的基础上，进一步制订该航班的简易飞行计划。计算中注意 B737-300 型飞机的重量限制数据：

MTOW：136 000 lb   MZFW：107 000 lb

MLW（白云）：115 000 lb   MLW（黄花）：102 000 lb

（1）估算在备降机场的着陆重量（单位为磅）：

基本营运重量 BOW = 72 400。

+ 旅客重量 165 × 120 = 19 800（大约为 20 000）。

+ 货物重量 4 000 × 22 = 8 800。

= 无油重量 101 200 < 107 000（MZFW）。

+ 45 分钟的备用油 4 500。

= 备降场的着陆重量 105 700 < 11 500（MLDW）。

（2）查长沙到广州的备降段飞行时间及耗油量（单位为磅）：

查 B737 简易飞行计划表可得出，预计飞行时间为 1 h，备降油量为 5 300 lb。

（3）计算在目的地机场的着陆重量。

备降场的着陆重量 105 700。

+ 从目的地机场至备降机场的航程耗油 5 300。

+ 等待耗油 2 000。

+ 复飞耗油 600。

= 预计在目的地机场的着陆重量 113 400 > 102 000。

由于在目的地机场的预计着陆重量超过了跑道长度限制的最大着陆重量，所以需要进行减载，减载的基本原则是"先减货，再减旅客"，为此需要先计算出 4T 行李货物重量中的货物部分重量。

根据国内航班每个旅客限制免费托运行李 20 kg 的原则，首先计算出 120 个旅客的托运行李重量为 120 × 20 × 2.2 = 5 400 (lb)。

从而得出货物重量为 8 800 – 5 400 = 3 300 (lb)。

总共需减载的重量为 113 400 – 102 000 = 11 400 (lb)。

因此还需减旅客：(11 400 – 3 300)/[(70 + 20) × 2.2] = 41 (人)。

其中每个旅客及手提行李的重量按国内航班的规定为 70 kg 计算，另有 20 kg 为免费托运行李。

这样经过减载后的飞机在目的地机场的预计着陆重量为 102 000 lb。

（4）查青岛到长沙的航路段飞行时间及耗油量（单位为磅）：

查简易飞行计划表得出由青岛至长沙的航路油耗为 13 000 lb，航路预计飞行时间为 2 h 36 min。

（5）计算起飞重量 BRW（单位为磅）：

目的地机场的着陆重量 102 000。

+ 从起飞机场至目的地机场的航程耗油 13 000。

= 起飞重量 115 000 < 136 000。

（6）查爬升所需时间和燃油、距离：

由于相对气温为 ISA + 7，所以使用附录 2.5.5 的爬升性能图表得到：

所需时间 16 min，所需燃油 2 900 lb，空中距离 92 n mile。

（7）计算到达爬升顶点（TOC）时的重量：115 000 – 2 900 = 112 100 (lb)。

（8）使用附录 2.5.6 的 B737-300 巡航性能表得到巡航飞行的燃油流量：2 460 lb/h/ENG。

（9）查下降所需时间、燃油、空中距离：

使用附录 2.5.7 的 B737-300 下降性能表得到：

所需时间 21 min，所需燃油 630 lb，空中距离 103 n mile。

7. 填写领航计划表

通过填写领航计划表，得出精确的航路飞行时间为 2 h 9 min；航路油耗为 10 910 lb，详细内容如图 2.5.5 所示。

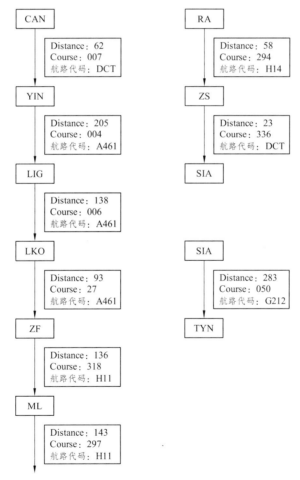

图 2.5.5　广州—西安（备降太原，东线）航路信息图

8. 计算最低起飞油量

青岛飞长沙航路油耗 10 910 lb。

+ 航线等待用油 2 000 lb。

+ 复飞油耗 600 lb。

+ 备降油耗 5 300 lb。

+ 45 分钟备份油 4 500 lb。

= 最低起飞油量 23 310 lb。

9. FPL 报（略）

10. 签派放行单（略）

【例 5-3】 假设某日某公司 A330 飞机执行成都至深圳航班，起飞油量 23 100 kg，实际商载为 21 500 kg，小时耗油 6 000 kg/h，起飞半小时后，出现液压系统绿 + 黄故障，机组决定返场落地，请依照手册相关内容，协助机组处置，并写出处置过程。

解析过程：

（1）在收到飞机故障信息后，确认飞机的位置及相关信息，了解初步情况及机组意图，联系机务，做好记录。

（2）同时翻阅 A330 飞行机组操作手册第三册，要求飞机尽快落地，联系现场协调便于机务排故的机位，向空管申请优先落地。

（3）由于飞机才起飞半小时，故要求评估落地重量。

查手册得

TOW：125 510 + 23 100 + 21 500 = 170 110（kg）

半小时后飞机落地重量最大值为

170 110 - 6 000 × 0.5 = 167 110 < MLW（182 000）

因此返场落地不会超重。

（4）由 FCOM3.02.29 得不工作的系统有：飞控保护，黄、绿液压，起落架收放、自驾 1 + 2，襟翼等飞控，前轮转弯，自动刹车，货舱门，反推……，且放出冲压涡轮。

因飞机只是起飞半小时要求尽快落地，尽管冲压涡轮放出、副翼可能卡死等会增加燃油的消耗，但影响不大。自驾 1 + 2 不工作会影响 RVSM 运行，但由于特情原因，向管制单位协调。

如果机组报告襟翼卡阻在 0 位，实际着陆距离将为 1.75 倍。

查表得该飞机着陆距离在静风情况下为 1 000 m，修正为

$$1 000 × 1.75 = 1 750（m）$$

所需着陆距离为 1 750/0.6 = 2 916（m）。

成都跑道可用距离为 3 600 m。

故可以安全着陆。

由于前轮转弯故障，要求机务做好拖飞机的准备。

（5）把上述情况数据通报机组，告知成都天气情况，时刻监控飞机直到落地。

（6）总结，上报领导。

5.4　复杂气象条件下的飞行计划

【例 5-4】 CZ3201 航班起飞机场广州（CAN），目的地西安（XIY），基本运行信息如下：
预计起飞时间（ETD）0720Z，机型 B737-300，机号 B2595，DOI = 40，BOW = 724 00LBS；

NOTAM：无重要航行通告限制；MEL：NIL；航班业载：旅客 100 人，无头等舱旅客；货物及行李 8 800 lb；气象信息如下：

（1）终端区 METAR。

ZGGG 220550Z 03004MPS 5000 SCT120 17/14 Q1021 =

ZLXY 220600Z 15001MPS 0500 R05/0700 R23/0700N FU BKN110 15/09 Q1024 =

ZBYN 220600Z 17001MPS 5000 FU SCT200 06/M07 Q1021 =

ZHHH 220520Z 02004MPS 0400 R02/0200D OVC020 CB HVY TSRA 18/07 Q1023 =

ZUCK 220600Z 16001MPS 3600 R02/3000 FEW060 18/04 Q1024 =

ZHLY 220600Z 00000MPS 1300 BR SKC 10/01 Q1020 =

（2）终端区 TAF。

ZGGG 220513 02005MPS 6000 SKC BECMG 0910 02004MPS =

ZLXY 220615 03003MPS 0700 FG NSC TEMP 1015 FU =

ZBYN 220312 32004MPS 3000 BR BKN200 BECMG 0506 5000 BR =

ZHHH 220312 34004MPS 1400 TS OVC050 TEMPO 0709 0400 HVY TSRA =

ZUCK 220615 06001MPS 4000 BR NOSIG =

ZHLY 220312 VRB02MPS 0800 FG SCT150 BECMG 0506 1000 BR =

（3）航路预报。

航路天气见高空风图，重要天气预报图。

航行要素分析：

1. 选定航线

从航路图分析，广州到西安有东、西、中 3 条航线可供选择。西线沿 B330 航路到成都双流，转 G212 航路到西安；中线沿 H10 航路可直达西安；东线沿 A461 航路到武汉，转 H11 航路到西安，西线因为航程较远一般不考虑，中线和东线航程相当，分别为 827 n mile 和 858 n mile，详见表 2.5.1 和 2.5.2。进一步考虑中线和东线的航路天气情况可知，东线经过的武汉地区有雷雨天气，加之东线走京广线，比较繁忙，容易遭遇流量控制而导致航班延误，因此决定选择走中线，航路要素分析如表 2.5.4 和表 2.5.5 所示。

表 2.5.4　广州—西安（备降太原，中线）航线要素分析

DEPARTURE TO DESTINATION CAN TO SIA	MACH = 0.74	DESTINATION TO ALTERNATE SIA TO TYN
827 n mile	Total Distance	283 n mile
340	Average Course（degrees）	050
FL320	Altitude（Flight Level）	FL250
240/80	Average True Forcasted Winds &Temperature Aloft	290/40
2°W	Average Magnetic Varation	3°W
242/80	Average Magnetic Forcasted Winds	293/40
− 42	Average Temperature Aloft	− 32
10	Headwind/Tailwind Component	20
− 49	ISA Temperature	− 35
ISA + 7	ISA Deviation	ISA + 3

表 2.5.5　广州—西安（备降太原）

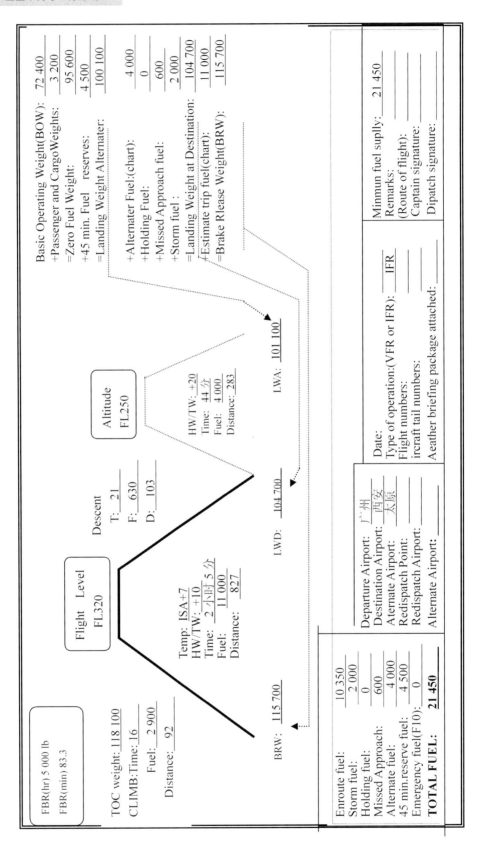

FBR(hr) 5 000 lb
FBR(min) 83.3

TOC weight: 118 100
CLIMB: Time: 16
Fuel: 2 900
Distance: 92

Flight Level
FL320

Temp: ISA+7
HW/TW: +10
Time: 2 小时 5 分
Fuel: 11 000
Distance: 827

Descent
T: 21
F: 630
D: 103

Altitude
FL250

HW/TW: +20
Time: 44 分
Fuel: 4 000
Distance: 283

BRW: 115 700

LWD: 104 700

LWA: 101 100

Basic Operating Weight(BOW): 72 400
+Passenger and CargoWeights: 3 200
=Zero Fuel Weight: 95 600
+45 min. Fuel reserves: 4 500
=Landing Weight Alternater: 100 100

+Alternater Fuel:(chart): 4 000
+Holding Fuel: 0
+Missed Approach fuel: 600
+Storm fuel : 2 000
+Landing Weight at Destination: 104 700
+Estimate trip fuel(chart): 11 000
=Brake Release Weight(BRW): 115 700

Enroute fuel: 10 350
Storm fuel: 2 000
Holding fuel: 0
Missed Approach: 600
Alternate fuel: 4 000
45 min.reserve fuel: 4 500
Emergency fuel(F10): 0
TOTAL FUEL: **21 450**

Departure Airport: 广州
Destination Airport: 西安
Aternate Airport: 太原
Redispatch Point:
Redispatch Airport:
Alternate Airport:

Date:
Type of operation:(VFR or IFR): IFR
Flight numbers:
ircraft tail numbers:
Aeather briefing package attached:

Minmun fuel suplly: 21 450
Remarks:
(Route of flight):
Captain signature:
Dipatch signature:

2. 确定备降场

选择备降场时，一般是根据就近原则，并结合各机场的天气预报、航行通告以及机场条件等因素综合做出确定。离西安最近的机场就是太原，再看其天气情况，有轻雾，能见度为4 000 m，从 TAF 报上可以看出太原武宿机场能见度有转好趋势，下午 1 点到 2 点，从 3 000 m增加至 5 000 m，无重要天气，天气符合标准。太原武宿机场跑道长度 3 200 m，有 ILS 盲降系统，完全符合备降要求。另外，由于起飞机场天气高于本场最低着陆标准，因此无须指定起飞备降场。

3. 航线要素综述

（1）查 FL340 高空图得到广州至西安航路的气象要素，如表 2.5.6 所示。

表 2.5.6　广州到西安航路的气象要素表

航路点	地理位置	风向风速	气温
CAN	N23E113	240/040	− 40 ℃
QP	N24E110	240/060	− 40 ℃
ENH	N30E109	240/090	− 41 ℃
RA	N33E109	250/090	− 44 ℃
CIA	N34E108	250/080	− 51 ℃

（2）查 FL240 高空图得到西安备降太原航路的气象要素，如表 2.5.7 所示。

表 2.5.7　西安备降太原航路的气象要素表

航路点	地理位置	风向风速	气温
CIA	N34E108	290/040	− 30 ℃
TYN	N37E112	300/050	− 34 ℃

4. 巡航高度

根据 B737-300 的性能手册分析，较高的巡航高度对飞机飞行是比较经济的。因此，确定它的巡航高度为 9 600 m，备降高度为 6 600 m。

5. 机场着陆限重分析

有了以上资料，在做运行飞行计划运营表之前，还应完成对目的机场、备降机场的着陆限重分析，看其是否低于飞机的着陆结构限重。查附录 2.5.8，得出西安着陆限重为 127 500 lb，太原为 123 000 lb，皆大于 B737 飞机的着陆结构限重 115 000 lb。

6. 制作运行飞行计划运营表

根据所得资料，结合有关图表，就可以填写表 2.5.5 和 2.5.8 的有关内容了。得出备份航线用油 2.5 t，目的航线耗油 4.5 t，起飞时所带油量 10.5 t，目的机场着陆剩余油量 6 吨。

7. 签派放行单

计划基本已经完成，还要有一个签派放行单，只有签派员和机长同时在签派放行单上签字，才能真正有效地按计划执行本次航班，详见表 2.5.5。

表 2.5.8 广州—西安（备降太原）

Depart. Fix	Dest. Fix	Route	Mag. Course	FL	True Wind /(°)	Wind Speed /kt	Mag. var	Mag. Wind /(°)	Mach Number	Temp /°C	TAS	GS	Leg Distance /n mile	Cum Distance /n mile	Leg Time /h	Cum Time /h	Leg Fuel /kg	Cum fuel /kg
CAN	TOC			Climb									92	92	16	16	2 900	2 900
TOC	QP	H10	300	320	240	40	2°W	242	0.74	−40	440	419	72	164	10	26	830	3 730
QP	RO	H10	322	320	240	60	2°W	242	0.74	−40	440	430	95	259	13	39	1 080	4 810
RO	TF	H10	002	320	240	90	2°W	242	0.74	−41	440	485	101	360	13	52	1 080	5 890
TF	ENH	H10	007	320	250	90	2°W	252	0.74	−41	440	478	170	530	21	73	1 750	7 640
ENH	TOD	H10	007	320	280	60	2°W	252	0.74	−44	440	465	194	724	25	98	2 080	9 720
TOD	SIA			Desc									103	827	21	119	630	10 350

8. 准备 FPL 报（略）

【例 5-4】 浦东（ZSPD）到大邱（RKTN）的航班，备降场选择仁川机场（RKSI）和浦东机场，预计起飞时间为 8 月 23 日 08：50，机型为 A320，干使用重量为 43 558 kg，商载为 7 200 kg，无 MEL、CDL 项目，无重要航行通告，除了目的地机场，其他机场无重要气象信息。分析目的地机场天气对飞行计划的影响。

目的地机场气象信息如下：

SAKO31 RKSI 222200

METAR RKTN 222200Z 11011KT 3200 TS -RA BR BKN005 FEW020CB OVC030 21/20 Q1013 NOSIG =

SAKO31 RKSI 222300

METAR RKTN 222300Z 16005KT 4800 + RA BR FEW005 BKN012 OVC030 21/21 Q1014 NOSIG =

FTKO31 RKSI 222300

TAF RKTN 222300Z 230006 12006KT 4800 -RA BR BKN015 OVC025 BECMG 2400/2401 9000 NSW SCT015 BKN030 BECMG 2403/2404 15006KT 9999 SCT030 =

SAKO31 RKSI 230000

METAR RKTN 230000Z 19006KT 2400 + RA BR FEW000 SCT005 BKN012 OVC030 21/21 Q1015 NOSIG =

FTKO31 RKSI 230000

TAF AMD RKTN 230000Z 230006 15010G20KT 0800 -TSRA FG BKN003 SCT015CB OVC020 BECMG 2301/2302 15010KT 3200 RA BR SCT005 BKN015 OVC025 FM231500 4800 -RA BKN015 OVC030 BECMG 2400/2401 9999 NSW BKN030 =

SAKO31 RKSI 230100

METAR RKTN 230100Z 17005KT 3200 + RA BR FEW000 BKN005 OVC010 22/21 Q1015 NOSIG =

SAKO31 RKSI 230200

METAR RKTN 230200Z 16004KT 4800 + RA BR FEW000 SCT006 OVC010 22/21 Q1016 NOSIG =

SAKO31 RKSI 230600

METAR RKTN 230600Z 15005KT 4800 RA BR SCT006 BKN015 OVC030 22/21 Q1015 NOSIG =

SAKO31 RKSI 230800

METAR RKTN 230800Z 12004KT 4000 RA BR SCT006 BKN010 OVC020 22/22 Q1015 NOSIG =

从目的地机场的气象报文看，影响飞机着陆的气象因素主要是大雨。在飞机起飞前，签派员联系大邱的塔台，得知机场的雨比较大，能见度较低，其他公司的航班已经选择备降了。因此，签派员告知机长目的地机场的实况并请机长等候。之后，签派员一直关注目的地机场的天气预报，并与目的地机场塔台保持联系，在 11 点得知目的地机场的雨量转小，能见度也已好转，签派员放行航班，但在飞行计划中多加了 40 min 的额外油。

【例 5-5】 假设 2 月 20 日 B6518 飞机执行三亚至成都航班，机长为新机长，起飞油量为 25 900 kg，商载为 21 570 kg，小时耗油 6 000 kg/h，从三亚正点起飞 2 h 后，成都机场突然出现大雾天气，机组决定继续飞往成都上空，请依照以上条件和目前有效的航行通告，为机组选择合适的备降机场，并说明原因。

天气条件如下：

METAR ZUUU 191900Z 17002MPS 0050 FG SCT050 05/02 Q1021 NOSIG =

METAR ZUGY 191900Z 35001MPS 6000 SCT043 02/M02 Q1018 NOSIG =

METAR ZLXY 191900Z 36001MPS 3000 BR SKC M05/M07 Q1015 NOSIG =

METAR ZPPP 192300Z 09002MPS 070V130 5000 BR SKC 04/03 Q1017 NOSIG =

解析过程：

（1）油量评估。

耗油：$6\,000 \times 2 = 12\,000$ (kg)。

飞机剩油：$25\,900 - 12\,000 = 13\,900$ (kg)。

可飞行时间：$13\,900/6\,000 = 2$ h 20 min 左右。

除去飞往备降场等待＋备份油量，飞机大概可飞行 1 个半小时左右。

由此，ZUGY、ZLXY、ZPPP 均可选作航班备降场。

（2）通告。

ZPPP　　2.11-12.31　　00：01—07：00 不备降

ZUGY　　航后备降可提前 30 min 联系

ZLXY　　可接受航班备降

所以，可选作备降场的机场为 ZUGY、ZLXY。

（2）天气标准。

按新机长标准：

ZUGY 备降标准为　　95/1 600

ZLXY 备降标准为　　97/1 600

天气均符合标准。

（4）机场能力。

ZUGY 的 A330 飞机停机位有 1 个。

ZLXY 的 A330 飞机停机位有 10 个以上。

综合机场保障能力，ZLXY 的保障能力较强，故选 ZLXY 为 A330 航班的备降场较为合适。

（5）协调。

电话联系并协调 ZLXY 机场为 A330 航班的备降场，联系好后用 ACARS 通知或者通过空管，告之机组，并向机组通报 ZLXY 的天气趋势。

所以，此次案例，选 ZLXY 为 A330 航班的备降场较为合适。

5.5　二次放行飞行计划

二次放行是制订国际航班飞行计划普遍采用的方法，其目的是节省燃油并增加业载，以提高航空公司的经济效益。

5.5.1　二次放行的基本思想

对于国际航线，按照 CCAR121R4 的规定，起飞最低油量应包括以下部分：

（1）航程油量：从起飞机场起飞到目的地机场着陆所需的燃油。

（2）应急燃油：按正常的燃油流量飞行 10% 航程时间所耗的燃油。

（3）备降燃油：从目的地机场飞往备降场的燃油。

（4）等待燃油：在备降场上空 1 500 ft 等待 30 min 需要的油量。

从以上规定可以看出，国际航线航班的载油量由四部分构成，其中第一项油量是航班飞行的理论消耗油量；第二项油量是考虑到领航及航路气象预报误差、空中交通管制等诸多不确定性因素而加的油量；第三项、第四项则是基于目的地机场的特定情况而必须备份的油量。随着导航、气象服务、飞行员技能等各项技术的不断改进，航线应急油量一般情况下都不被消耗。在实际运行过程中，经常出现航班在目的地机场落地后，机上剩余油量较多的情况，导致了"油载油、油耗油"的成本虚耗现象。此外，在一些客货需求较多的国际长航线上，因飞机加油较多而使业载受限的情况时有发生，对航空公司客货销售、效益效率提升造成了一定的影响。如何一方面遵守有关飞行放行的规定，另一方面又能设法利用未被使用的应急燃油，以减少目的地机场过多的剩余燃油，从而提高经济性呢？解决的方法就是二次放行。

下面对二次放行的基本思想做一简单介绍。

设某条国际航线的正常航路为起飞机场 A，最终目的地机场为 B，备降机场为 E。运用二次放行运行手段后，航空公司可在 B 之前选择一个可用机场 C 作为该航班的初始目的地机场，并为其选择备降场 D，如图 2.5.6 所示。在起飞前准备过程中，即可按目标机场为 C、备降场为 D 的条件来计算航班的加油量。此油量应符合民航局国际航线油量规定，即上述 4 项油量规定。

在飞机飞行过程中，飞行与地面签派人员通过机载设备对航班进行全程监控，在 A 至 C 航路上选择一个报告点作为二次放行点 R，一般在 A 至 C 的下降点或稍前一点。在该点检查油量，如所剩油量足以保证按照飞机的实际重量、飞机剩余油量、航行通告和气象资料等信息计算出的由 R 飞至 B，备降 E 并在 E 上空 1 500 ft 等待 30 min，再加上 R 至 B 航程时间 10% 的油量，则飞行员及签派员共同决定应该再次签派放行飞机至最终目的地机场 B，否则应要求航班备降初始目的地机场 C 加油。

由于 A 到 C 的距离小于 A 到 B 的距离（设两个备降场距离相差不大），所以采用二次放行的方法其起飞油量可以减小，这就可以增加商载或减小起飞重量，至于增加多少商载和经济效益，则取决于 C 及 R 的位置，也与两个备降场的远近有关，稍后再详细讨论。

由上所述，二次放行的主要思想就是如何合理地利用国际航线燃油规定中的 10% 飞行时间的应急燃油作为二次放行点到最终目的地机场的所需燃油。可见，二次放行方法只适用于国际航线，而不能用于国内航线。

下面以一个例如进一步说明二次放行的思想。

以波音 747-200 飞机为例，飞行剖面如图 2.5.6 所示，设起飞重量为 760 000 lb，B 为最终目的地机场，E 为备降机场，C 为初始目的地机场，D 为其备降场。如下降点到目的地机场距离为 100 n mile，最初目的地机场和最终目的地机场到各自备降场的距离相同，则计算结果如表 2.5.9 所示。

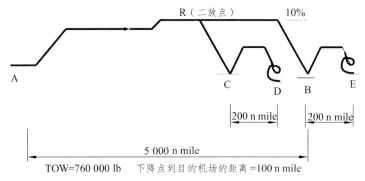

图 2.5.6　二次放行示意图

表 2.5.9　使用二次放行与不使用二次放行的各项油量

项　目	不使用二次放行 A→B 备降 E	使用二次放行的结果	
		A→C 备降 D	由二放点→B 备降 E
起飞重量/lb	760 000	760 000	
在二放点总重			509 000
航程燃油	274 000	254 900	23 000
改航燃油	15 000	15 300	15 300
等待燃油	9 900	10 200	10 200
应急燃油	23 700	21 800	2 700
起飞油重	322 600	302 200	
干使用重量	356 000	356 000	
业　载	81 400	101 800	

　　在由 A 初次放行到 C 的飞行中，如航线应急油未被消耗，则在二放点所剩油量中包含有该航线应急油 21 800 lb，由二放点到 C 的燃油 3 900 lb，由 C 至 D 的油量 15 300 lb，在 D 等待 30 min 的油量 10 200 lb，总计 51 200 lb。它恰好等于由二次放行点至 B 的油量 23 000 lb ＋ B 到 E 的油量 15 300 lb ＋ 在 E 等待 30 min 的油量 10 200 lb ＋ 由二放点 R 至 B 的时间的 10% 的巡航油量 2 700 lb，因此在二放点可以直飞最终目的地 B，若在二放点所剩燃油少于 51 200 lb，则应降落在 C 机场或 D 机场。

　　从本例中可看出，由于使用二次放行，使得 A 至 B 备降 E 的航班的航线应急油大大减少，使业载增加了 101 800 – 81 400 = 20 400 (lb)，是不使用二次放行时的航线应急油的 86%，如无业载可增加，那么飞机重量可减少，这将使消耗的油量减少，也有经济效益（不如增加业载的效益大）。

　　使用二次放行所能增加的业载或能节省的燃油与初始目的地机场位置及二放点的选择有关，与备降场距离也有关。

5.5.2　影响二次放行效益的因素

　　二次放行飞行计划，充分利用了应急燃油，增加了商载，从而提高了航空公司的效益。

以 777-300 飞机为例，由北京飞温哥华，航程时间为 11 h 左右，10% 航程时间的应急油约为 8 t。如果能将这部分燃油尽量少加，则可以大大增加业载，即使载量不变，由于飞机重量的减轻，也可减少一定量的空中耗油，这对航空公司都有着很大的经济效益。又如以 A300 飞机沈阳—莫斯科的 8 h 航程计算，制作二次放行计划比只制作一次放行计划还要少带 3 t 起飞油量，可省去额外耗油 600 kg。

二次放行所能增加的商载和能节省的燃油与二次放行点的选择以及初始目的地机场和备降场的位置有关。下面分以下几种情况讨论：

（1）初始目的地机场在到最终目的地的航线上且它们到备降场距离相同。

用 TOF1 表示由 A 起飞到 C 备降 D 的总油量，即初次放行所应加的油量，为 A 到 C 的航程燃油 + A 到 C 航程时间 10% 的应急油 + C 到 D 的备降油量 + 在 D 等待 30 min 的油量；用 TOF2 表示采用二次放行方法由 A 飞到最终目的地所应加的总油量，即 A 到 B 的油量 + R 到 B 航程时间 10% 的应急油 + B 到 E 的备降油量 + 在 E 等待 30 min 的油量。

当初始目的地机场 C 和最终目的地机场 B 到它们的备降场 D、E 的距离相同时，近似假设它们的备降油量和等待油量相同，即 TOF1 和 TOF2 中第 3、4 项分别相等。

如以到初始目的地机场 C 的下降点做二次放行点 R，则 C 一旦确定，R 也被确定。若 C 选择得适当，使得在 R 点剩下的油量（设 A→R 的 10% 时间的应急油量未被消耗）等于 R 到 B 的油量、R 到 B 航程时间 10% 的应急油量、B 到 E 的备降油量、在 E 等待油量之和，则可以放行到 B。此时，巡航 A 到 R 的时间的 10% 的应急油 + R 到 C 的油量 + R 到 C 的时间的 10% 的应急油 = R 到 B 的油量 + R→B 的时间的 10% 的应急油量。

显然两边都加上 A 到 R 的油量，就可推知 TOF1 与 TOF2 中前两项油量之和应相等，从而此时必有 TOF1 = TOF2，这就是说，C 的位置应该按 TOF1 = TOF2 来选择。

对于给定的 A、B、E 3 个机场，TOF2 仅取决于二放点 R 的位置。当二放点 R 在 A 到 C 中间某点时，TOF1 仅取决于 C 的位置，若 R 在飞过 C 之后的 CB 段中间，则 TOF1 取决于 C 和 R 的位置。

现在暂且只考虑 R 在 A 到 C 之间且取为到 C 的下降点的情况。

设 L 为 A 到 B 的航程，L_C 为 A 到 C 的航程，L_R 为 A 到 R 的距离，下降段为 2%～2.5%L。设不使用二次放行时，由 A 到 B 备降 E 的起飞总油量为 TOF，其中航线应急油为 F_c。$L_R = 0$，即不使用二次放行时，TOF2 = TOF，随着 L_R 的增加，TOF2 减少。当 $L_R \approx L$，即完全不加航线应急油时，TOF2 = TOF $- F_c$。随着 L_R 的增加，L_C 也增加，使 TOF1 增加，当 $L_C = L$ 时，TOF1 = TOF。它们的变化趋势如图 2.5.7 所示。

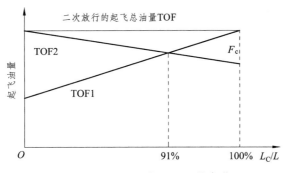

图 2.5.7 TOF1 和 TOF2 的变化

当初始目的机场 C 的位置选得合适，使 TOF1 = TOF2 时，所需的起飞总油量最小，能增加的业载 ΔP_L 最多，$\Delta P_L / F_c = 86\%$ 左右，如图 2.5.8 所示。当 C 选得太靠近 A 时，TOF1 < TOF2，为在 R 点能放行到 B，需按 TOF2 加油；当 C 选得太靠近 B 时，TOF1 > TOF2，按 TOF1 加油。可见，C 选得太靠近 A 或太靠近 B 都不好。在备降距离、备降航段航路风、气温相同时，初始目的地机场 C 选在距起飞机场约 91.5%L 处最好，此时二次放行点则在距起飞机场约 89%L 处。这点可粗略地证明如下：

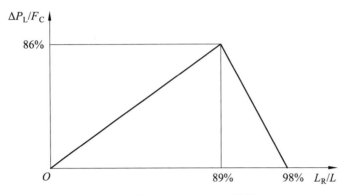

图 2.5.8　利用二次放行的业载增量

设飞行时间、耗油量与飞行距离成正比，令 F_{AC}、F_{CB} 表示由 A 到 C 和 C 到 B 的油量，为使 TOF1 = TOF2，只需：

$F_{AC} \times 10\% = F_{CB} + F_{CB} \times 10\%$，即

$L_{AC} \times 10\% = L_{CB} \times 110\%$

$L_{AC} \times 10\% = (L - L_{AC}) \times 110\%$

$L_{AC} = L \times 110/120 = 91.6\%L$

对于远程航线，下降点距目的地机场约 2.5%L。上式表明，初始目的地机场距 A 为 91.6% 总航程处或者说下降点（二放点）在距 A 约 89% 总航程处，使 TOF1 = TOF2，起飞油量最少，业载增加最多。

从图 2.5.7 看出，可以少加 89% 的航线应急油，但若全部改为业载，则在备降段及等待中都要多耗油，多耗的油 = $\Delta P_L \times 4\%$ 或更多（取决于备降距离的远近），因此可多加的业载 ΔP_L 应使 $\Delta P_L \times 104\% = 89\% \times F_c$，即 $\Delta P_L = 85.6\% \times F_c$。当二放点位置大于或小于 89%L 处时，$\Delta P_L$ 都要减少，其变化如图 2.5.8 所示。

注意：图 2.5.8 仅对业载受 MTOW 限制时才是正确的。

上述结论是由国际航线加油量规定决定的，与机型无关。但它只对于业载受 MTOW 限制的情况是正确的，对于受 MLW 限制以及不利用二次放行时业载受油箱容量限制的情况是不对的。

实际运行中可能没有一个机场恰好在距 A 为 91% 的总航程左右，往往有几个初始目的地机场可供选择，那么这就产生两个问题：一是对每个机场来说，二放点应选在何处；二是哪个机场作为初始目的地机场最好。

（2）初始目的地机场 C 在 A 到 B 的航路上，但距 A 太近（设备降距离相同），这时如仍用到 C 的下降点 R′ 来作二放点，这时就要按 TOF2 来加油。TOF2 = A 到 B 的油量 + R 到 B

航程时间 10% 的应急油 + B 到 E 的备降油量 + 在 E 等待油量。

　　TOF2 比 TOF1 大得多，这样一来，在 C 的着陆重量可能超过最大允许着陆重量（见图 2.5.9），同时能增加的业载也少得多（见图 2.5.10）。对这种情况应按 A→C→R→C[见图 5.11（a）] 来做初次放行计划，算出起飞油量 TOF1，二放点选在使 $L_{AC} + L_{CR} + L_{RC} = 91\%L$ 处，这样算出的油量与按 A→C→R→C'算出的油量是一样的[见图 5.11（b）]，这时由于 $L_R < 89\%L$，故 TOF1 < TOF2。

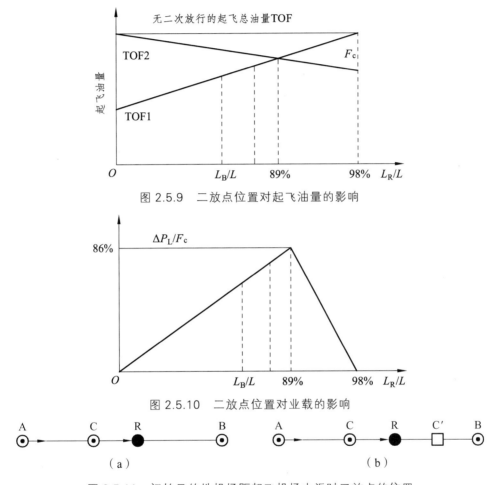

图 2.5.9　二放点位置对起飞油量的影响

图 2.5.10　二放点位置对业载的影响

图 2.5.11　初始目的地机场距起飞机场太近时二放点的位置

　　TOF2 = A 到 B 的油量 + R 到 B 航程时间 10% 的应急油 + B 到 E 的备降油量 + 在 E 等待 30 min 的油量。初始放行要按 TOF2 加油，这时能增加的业载按 L_R / L 确定。

　　（3）初始目的地机场太接近最终目的地机场（备降距离相同）。

　　对这种情况可把初始目的地机场的下降点作为二放点 R，按 L_R / L 由图 2.5.8 查业载增量，这时初次放行的起飞油量 TOF1 > TOF2，在二放点剩余油量大于二次放行所需时，把二放点 R 向 A 移动，虽可能使在 R 点的剩余油量等于二次放行所需，但不能更多地增加业载。把二放点取在 89%L 处也无用。

　　（4）最初目的地机场 C 不在 A 到 B 的航路上（备降距离相同）。

同（2）类似按 A→R→C 做初次放行计划，计算 TOF1，R 应选择得使 AR + RC = 91%AB，按 AR/AB 查图 2.5.8 确定可增加的业载。

5.5.3 二次放行的飞行计划实例

对于实际航线，由于各航段的风向、温度等不同，也可能找不到合适的初始目的地机场，所选的二放点也不一定是"最佳"的，所以一般情况下算出的 TOF1 和 TOF2 不等，即在二放点的剩油一般不等于所需的油量。如 TOF1 > TOF2，即剩油大于所需，则起飞油量 = TOF1。如 TOF1 < TOF2，即在二放点剩油少于所需油量，这时要通过加额外油量的方法，使起飞油量 TOF1 增加到 TOF2，从而避免在初始目的地机场着陆。

【例 5-6】 下面是某公司用 Jetplan 软件计算的温哥华—沈阳（CYVR—ZYTX）的飞行计划，备降场时 ZSQD，二放点是 JUM，初始放行机场是 ZYHB，备降场是 ZYCC。从下面的例如可以看出 CYVR – ZYTX = 4 542 n mile，ZYTX – ZSQD = 478 n mile，CYVR – ZYHB = 4 220 n mile，ZYHB – ZYCC = 180 n mile，JUM – ZYTX = 512 n mile。即初始目的地机场到起飞机场的距离是总航程的 4 220/4 542 = 92.9%，起飞机场到二次放行点的距离是总航程的 (4 542 – 512)/4 542 = 88.7%。由于最终目的地机场的备降距离比初始目的地机场的备降距离大得多，所以初始目的地机场到起飞机场的距离才选在距总航程大于 91% 的位置。

```
PLAN 0947                    CYVR TO ZYTX A33C    40/FIFR   20/06/12

NONSTOP COMPUTED 0223Z   FOR ETD 1700Z   PROGS   1918NWS   B6518E   KGS

XXXX   AIRLINES                          CALLSIGN：XXXX

------------------------------ ------------------------------

I CERTIFY THAT THIS FLIGHT IS RELEASED/DISPATCHED IN ACCORDANCE

WITH ALL APPLICABLE ICAO REGULATIONS

     DISPATCHER                    SIGN . . . . . . . . . . .

     PILOT IN COMMAND              SIGN . . . . . . . . . . .

------------------------------ ------------------------------

BLOCK IN . . . .       ON  . . .       T/O . . .   T/O FUEL . . .

BLOCK OUT  . . .       OFF . . .       LDG . . .   LDG FUEL . . .

TOTAL        . . . .   TOTAL  . . .     TOTAL . . .  FUEL USED . . .

REASON FOR DELAY . . . . . . . . . . . . . . . . . . . . . . .

------------------------------ ------------------------------

MTOW    233000         MLW   182000        MZFW   170000         OPCG

------------------------------ ------------------------------

PLAN         0947               0948               0949

PD/RCLR    CYVR/ZYTX         JMU    /ZYTX        CYVR/ZYHB

           FUEL TIME DIST    FUEL TIME DIST       FUEL TIME DIST

PA ZYTX  056677 0949 4542   004635 0112 0190   ZYHB 051990 0908 4220

AL ZSQD  007564 0122 0478   007457 0123 0478   ZYCC 003392 0036 0180

HLD      002311 0030        002263 0030              002342 0030
```

RES	004952 0059	000601 0007	004559 0055
B/RC		050873 0838	
ETOP	000000 0000	000000 0000	000000 0000
XTR	002100 0027	002100 0028	005647 0112
TXI	001100	001100	001100
TOT	074704 1308	069029 1218	069030 1221
TOW	223439		223440
LDW	167931		171450
ZFW	155510		155510
PAY	030000		030000

FUEL BURN ADJUSTMENT FOR 1000KGS INCR/DECR IN TOW ： 0197KGS/0190KGS

ROUTE AVG WIND P009　　MXSH 05/LUNAD

ROUTE AVG TEMP M53　　FLIGHT LEVEL　360/MAGIT 361

ACT. FLT LEVEL . . . .

ALT.LEVEL	ETE	WIND	FUEL
341	0955	P010	056226
321	1000	P010	057327

REASONS FOR EXTRA FUEL . . . .

------------------------------- -------------------------------

		MSA	TTK	DIST	FL	W/C	TIME	FUEL
ALTERNATE	- 1	ZSQD	058 204	0478	217	M003	01.23	7457
ALTERNATE	- 2	ZYTL	058 209	0309	217	M002	00.55	5145

-N0374F217 DCT KY/K0693S0660 W512 BIDIB A588 CHI/N0374F217 DCT

　VILOM DCT MAKNO H114 HCH H27 TAO DCT

ENRT ALTN

PAFA SUITABLE　1851/0028

UHPP SUITABLE　2228/0504

ETP PAFA/UHPP 04/35 2139NM　P011/P006　BURN 0298 N64456E176366

ETOPS ENTRY N6425.0W16439.3　　　　ETOPS EXIT　N5932.8E15258.0

------------------------------- -------------------------------

* MOST CRITICAL MSA　13800 FEET AT FFITZ *

------------------------------- -------------------------------

DEPARTURE ATIS：

. . . .

. . . .

ATC CLEARANCE：

. . . .

. . . .

ROUTE DESCRIPTION：COMPANY ROUTE CYVR-ZYTX

------------------------------ -----------------------------------

CYVR..TREEL V317 YZT J523 YZP TR19 FRIED J804R TED J111 OME..VALDA
G212 NIMOR G73 LUSAK R213 JMU G212 HRB A588 NUBKI W513 KY..ZYTX

CYVR ELEV   00014FT

CPT	FLT	T	WIND	TAS	MSA	MCS	DST	DSTR	ETE	CUM	FU	FR	FF/E
FREQ	AWY	S	GRS										
TREEL ..	.. ....	..		113	272.7	058	4484	./..	./.. ..	.. .	. . .		..	..
MACAR ..	.. ..	..		113	283.0	014	4470	./..	./.. ..	..	. . .			
	V317	..											
JAINE ..	.. ....	..		088	282.7	005	4465	./..	./.. ..	..	. . .			
	V317	..											
QQ	.. ....	..		088	280.1	030	4435	./..	./.. ..	.. .	. . .			
400.0	V317	..											
COHOE ..	.. ....	..		098	284.0	021	4414	./..	./.. ..	..	. . .			
	V317	..											
TOC	360	..		113	283.2	028	4386	0/24	0/24	053	0627	...	
	V317	..											
ATUNA	360 55	25040	467	113	283.2	022	4364	0/03	0/27	003	0623	3100	
	V317	01	440										
FENEL	360 55	25039	467	096	282.7	010	4354	0/02	0/29	001	0622	3094	
	V317	01	442										
CORMO	360 55	25037	467	096	282.5	010	4344	0/01	0/30	001	0621	3084	
	V317	01	444										
......	......	......	......	......	......	......	......	......	......	......	......	....	
ENTR1	360 54	14009	466	036	270.1	016	2891	0/02	3/33	002	0439	2851	
115.0	J111	02	473										
OME	360 54	14009	466	036	270.1	016	2875	0/02	3/35	002	0437	2847	
115.0	J111	02	473										
VALDA	360 53	16011	466	036	255.1	152	2723	0/19	3/54	018	0419	2841	
	..	02	470										
ABINA	360 52	16015	467	010	255.0	018	2705	0/03	3/57	002	0417	2839	

G212　　03　　471

BC　　360 51 16015 468 052 262.4 039 2666 0/05 4/02 005 0412 2840

960.0　G212　　03　　474

GIRLO 360 51 15012 468 052 262.4 031 2635 0/04 4/06 004 0408 2834

　　　　G212　　02　　474

BUMUL 360 49 08011 469 047 271.5 148 2487 0/18 4/24 018 0391 2836

　　　　G212　　01　　479

LUNAD 360 52 04032 460 047 269.9 055 2432 0/07 4/31 006 0385 2751

　　　　G212　　05　　480

ETP　　360 55 03030 458 055 268.4 029 2403 0/04 4/35 003 0381 2743

　　　　G212　　03　　474

BETAM 360 55 03030 458 055 268.4 103 2300 0/13 4/48 012 0369 2715

　　　　G212　　03　　474

ARNAP 360 56 01016 457 057 267.3 057 2243 0/07 4/55 007 0363 2697

　　　　G212　　01　　462

GORAS 360 56 32009 457 076 242.6 153 2090 0/20 5/15 018 0345 2683

　　　　G212　　00　　455

BUMAT 360 57 31015 456 076 240.7 164 1926 0/22 5/37 019 0325 2656

　　　　G212　　01　　451

URABI 360 56 30030 457 083 248.1 197 1729 0/27 6/04 024 0302 2642

　　　　G212　　01　　440

EXIT1 360 55 31038 458 083 242.2 065 1664 0/09 6/13 008 0294 2631

　　　　G212　　01　　449

PITUK 360 55 31038 458 083 242.2 044 1620 0/06 6/19 005 0289 2624

　　　　G212　　01　　449

……………………………………………………………………

MAGIT 360 51 08018 458 047 222.8 032 0570 0/04 8/30 003 0177 2515

　　　　R213　　01　　469

JMU　　361 52 09022 460 041 219.9 058 0512 0/08 8/38 006 0171 2537

113.5　R213　　02　　471

IGADO 361 53 09026 458 056 258.2 137 0375 0/17 8/55 014 0156 2494

　　　　G212　　01　　481

HRB　　361 55 10023 456 045 257.6 052 0323 0/06 9/01 005 0151 2469

112.5　G212　　01　　476

PABKI 361 55 09019 457 038 199.0 054 0269 0/07 9/08 006 0145 2466

　　　　A588　　02　　461

ISBOP 361 54 10015 458 038 199.0 016 0253 0/02 9/10 002 0143 2475

　　　　A588　　03　　457

LJB　　361 53 13011 459 040 198.8 043 0210 0/06 9/16 005 0139 2477

115.9   A588   05   454

LEMOT 361 52 34013 459 056 216.9 064 0146 0/08 9/24 007 0132 2477

　　　　A588   04   467

TOD   361 52 29024 460 058 216.4 006 0140 0/01 9/25 001 0131 2483

　　　　A588   03   456

NUBKI .. ..   058 216.4 051 0089 ./.. ./.. .. ..

　　　　A588   ..

EKVOK .. ..   058 255.7 024 0065 ./.. ./.. ..   ..

　　　　W513   ..

KY   .. ..   058 255.4 018 0047 ./.. ./.. ..   ..

365.0   W513   ..

ZYTX   .. ..   055 260.6 047 0000 0/25 9/50 007 0124 ... .

ELEV   00200FT

FIRS   PAZA/0115   UHMA/0354   UHMO/0448   UHMM/0515   UHHH/0653

FIRS   ZYSH/0830

---------------------------- ----------------------------------

RECLEAR FLIGHT PLAN   JMU   / ZYHB

CPT	FLT	T	WIND	TAS	MSA	MCS	DST	DSTR	ETE	CUM	FU	FR	FF/E
FREQ	AWY	S		GRS									
JMU	361	52	09022	460	041	219.9	058	0190	0/08	8/38	006	0171	2537
113.5	R213	02		471									
TOD	361	53	09026	458	056	258.2	042	0148	0/05	8/43	004	0166	2498
	G212	01		481									
IGADO	..	.. ..	..		056	258.2	095	0053	./..	./..	..	.. ..	. .
	G212	..											
ZYHB	..	.. ..	..		045	257.7	053	0000	0/25	9/08	007	0159	... .

ELEV   00456FT

FIRS   PAZA/0115   UHMA/0354   UHMO/0448   UHMM/0515   UHHH/0653

FIRS   ZYSH/0830

DESTINATION ATIS：

. . . .

. . . .

-E/1218 P/TBN R/V）

　　　EQUAL TIME POINT DATA

- - - - - - - -

```
DIVERSION SUMMARY -                    PAFA              UHPP
LAT/LONG      N64456 E176366
TIME          02.02   @    0430KT
F.L.          0100
FOB           038118
G/C DIST      0900           0890
CRUISE DIST   0900           0890
AVG W/C       P011           P006
ENROUTE TEMP M002            M001
ETP TEMP @ FL100    M001              M003               P002
AVG GWT                186185    186589    186167    186566
BURN SUMMARY ...
                       LRC       1LE       LRC       1LE
CRUISE       014909  02.30   014872    014065    014909    014112
DESCENT      000918  00.08   000918    000918    000918    000918
HOLD         001230  00.15   001230    001249    001230    001249
MAP          000500          000500    000500    000500    000500
APU          000577          000577    000611    000577    000611
ICE DRAG     001141          001139    001088    001141    001090
ANTI-ICE     000210          000158    000151    000210    000201
CONSERV.     001756          001752    001673    001756    001678
TOTAL        021240  02.53   021146    020255    021241    020359

END OF JEPPESEN DATAPLAN
REQUEST NO.    950
```

5.5.4 使用二次放行应注意的问题

1. 风和温度对选择二次放行点的影响

如果航路风在整个航程中大小不变，且二放点在初始目的地之前，则风对初始目的地及二放点的选择没什么影响。然而实际上航路风沿航路是变化的，逆风等于使航段变长，顺风等于使航段变短，所以风会对初始目的地机场及二放点的选择产生影响。比如，两个备降航段的距离虽然相等，但风分量相反，假设最终目的地机场到其备降场为逆风，那么初始目的地机场或二放点的位置应再向最终目的地机场靠近一些。对于二放点在初始目的地以前，在二放点前后的航路风分量变化比较大的情况，在选择初始目的地机场和二放点时也应考虑风的影响。比如，在接近最终目的地的航段上，如果顺风分量明显增大，初始目的地和二放点应更靠近起飞机场一些。

由于温度的增减对耗油量的影响不大，所以即使航路各段的温度 ISA 偏差不同，温度的变化对选择二次放行点的影响也是很小的，可以忽略不计。

2. 准确地制订飞行计划

① 及时发现和修正飞机及发动机性能恶化。

飞机及发动机的性能数据是计算机飞行计划制作的重要依据。但随着飞机使用时间的增加，各种数据会有不同的变化，这些变化都将影响飞行过程中的实际耗油量。因此，对每架飞机进行性能监控，及时发现并修正飞机和发动机的各项数据，以确保二次放行计划的准确性。

② 做计划时使用准确的零燃油重量。

③ 准确计算滑行油量。

④ 准确计算 APU 耗油。

⑤ 准确计算航线距离。

⑥ 准确预报高空风。

气象因素是影响飞机正常飞行的最主要因素之一。签派运行人员应注意根据航班的实际起飞时间，尽可能地采用最新的气象资料，以避免由于气象风的误差造成的飞行计划的偏差。

3. 飞行操作注意事项

① 爬升和巡航速度的控制。

应按照飞行计划中给出的速度飞行，以比较大的速度飞行将增加油耗。

② 正确使用空调系统。

③ 飞机配平要准确。

飞机的重心允许在一定的范围内变动，同样重量的飞机对不同的重心位置其配平后的阻力是不同的，重心越靠前阻力越大。安排旅客、货物时，应使飞机重心靠后一些，以减少飞机配平后的阻力，从而减少耗油。

④ 适时地改变飞行高度。

应按照飞行计划适时地改变高度做阶梯巡航，过早爬升或过晚爬升都会使巡航高度偏离最佳高度较多，使燃油消耗量增加。

⑤ 在到达二放点之前，应注意预测二放点的剩余燃油，注意实际风和预报风的差别，检查剩余燃油是否能够直接飞往最终目的地机场。

5.6 ETOPS 飞行计划

5.6.1 ETOPS 简介

1. 历史背景

早在 1936 年，美国联邦航空局（FAA）就要求所有飞机，无论装备多少发动机，在航路上的任何一点到备降机场的距离不大于 100 n mile（相当于当时飞机 1 h 的飞行距离）。1953年，FAA 订立了 60 min 原则。双发飞机的运行必须限制在距备降机场不大于飞机一台发动机失效的情况下飞行 60 min 的距离的范围内。其目的是把一发故障后另一发再发生故障的概率减少到可接受的水平（此概率与一发故障后的飞行时间有关，时间越短概率越小），也就是把由于双发失效造成灾难性事故的可能性降低到可接受的水平。后来，民用飞机使用了喷气发动机，动力装置的可靠性有了很大提高。20 世纪 80 年代初，涡轮喷气发动机的可靠性比活塞式发动机要好 10 倍，而且喷气发动机的尺寸及推力的大小对其故障率没有什么影响。航空管理机构和工业界认识到机体、航空电子、推进系统技术的进展提供了延长一发故障后飞行时间的可能性。

20 世纪 80 年代初，国际民用航空组织（ICAO）建立了一个 ETOPS 研究组来考察双发喷气飞机延程飞行的可能性，该研究组确定了一些应当满足的标准以确保双发延程飞行有很高的安全性。最终的结果是对《国际民用航空公约》附件 6 的修正。它建议，如果能满足专门的 ETOPS 安全性标准，以涡轮为动力的双发飞机在一发故障后的飞行时间允许超过60 min，即可以做延程飞行，否则以 60 min 为限。FAA 也在 20 世纪 80 年代初期对 ETOPS进行了开创性的工作，于 1985 年 6 月 6 日发布了咨询通告 AC120-42，确定了可以做 120 min延程飞行的标准，即在满足该标准时，允许双发飞机在一发故障后可以飞行 120 min，如果再满足专门的附加标准，可以增加 15%，即一发故障后可以飞行 138 min。做 120 min 延程飞行时，北大西洋中还有一小块不能允许的飞行区域，如能做 138 min 延程飞行则北大西洋刚好都是允许飞行区域，不必申请 180 min 延程飞行，延程飞行的时间越长，批准的条件越严格。这就是规定 138 min 标准的原因。同一时期，其他一些民航管理机构也公布了自己的ETOPS 标准，如英国民航局（CAA）、法国民航总局（DGAC）、加拿大运输部（DOT）、澳大利亚运输部（DOT）等，其他许多国家则遵照《国际民用航空公约》附件 6 中的 ETOPS标准。1988 年 12 月 30 日，FAA 公布了咨询通告 AC120-42A，取代了原来的 AC120-42，在AC120-42A 中，对 ETOPS 的有关概念，批准 ETOPS 应考虑的因素及批准 75 min、120 min、180 min 延程飞行的标准做了规定。AC120-42A 基本上成了各国民航局批准 ETOPS 的准则。1993 年，欧洲联合适航性管理机构（JAA）综合欧洲各国的规则及 FAA 标准的优点制定了自己的标准——联合咨询材料 AMJ120-42。所有这些 ETOPS 标准基本上都是相同的，其目的都是要确保双发延程飞行至少像目前的三发、四发飞机一样安全和可靠。

在中国，ETOPS 运行也已列入 CCAR121，并由双发飞机扩展到多发飞机。因此，所谓ETOPS 是指：（1）对双发飞机距合适备降机场超过 60 min 的运行（75 min、120 min、180 min、207 min、240 min 以及超过 240 min）；（2）对安装两台以上发动机的飞机距合适备降机场超过 180 min 的运行。中国国内批准的第一次 ETOPS 飞行是中国东方航空完成的。

2. 意　义

ETOPS 运行可以大大地扩展飞机的可飞区域，使得航线变得更为经济合理。因为 ETOPS运行不仅可以开辟一些新的航线，而且可以选择直飞航线，或者有更多的备降场可供选择，这样就大大提高了航班运输的经济性。同时，对于某个航班来说，也有更多的航线可供选择，以提高航班的经济性和安全性。

5.6.2　ETOPS 相关术语

（1）合适机场是指达到 CCAR121.197 条规定的着陆限制要求且局方批准合格证持有人使用的机场，它可能是下列两种机场之一：

① 合适机场是经审定适合大型飞机公共航空运输承运人所用飞机运行的，或符合其运行所需等效安全要求的机场，但不包括只能为飞机提供救援和消防服务的机场。

② 对民用开放的可用的军用机场。

（2）构型、维修和程序（CMP）是指经局方批准的机体发动机组合为延程运行所要求的型号设计批准的文件。该文件包括最低构型、维修标准、硬件寿命限制、主最低设备清单（MMEL）限制和机组操作程序等运行要求。

（3）延程运行备降机场是指列入合格证持有人运行规范并且在签派或放行时指定的在延程运行改航时可使用的合适机场。这一定义适用于飞行计划，对机长在运行过程中选择备降机场没有约束力。

（4）延程运行区域是指下列区域之一：

① 对以双发涡轮发动机为动力的飞机，延程运行区域是指在标准条件下静止大气中以一台发动机不工作的巡航速度飞行时间超过 60 min 才能抵达一个合适机场的区域。

② 对以两台以上涡轮发动机为动力的载客飞机，延程运行区域是指在标准条件下静止大气中以一台发动机不工作的巡航速度飞行超过 180 min 才能抵达一个合适机场的区域。

（5）延程运行进入点是指延程运行航路的第一个进入点，即飞机在标准条件下静止大气中以一台发动机不工作的巡航速度飞行。

① 对双发飞机，从进入点到合适机场的飞行时间超过 60 min。

② 对两台以上发动机的载客飞机，从进入点到合适机场的飞行时间超过 180 min。

（6）延程运行合格人员是指圆满完成了合格证持有人的延程运行培训要求，为合格证持有人从事维修工作的人员。

（7）延程运行关键系统是指包括动力系统在内的飞机系统，当其失效或发生故障时会危及延程运行安全，或危及飞机在延程运行改航时的持续安全飞行和着陆的飞机系统。延程运行关键系统被分为一类和二类延程运行关键系统。

① 第一类延程运行关键系统。

a. 具有与飞机的发动机数量提供的冗余水平直接关联的失效-安全特征；

b. 是一个在发生故障或失效时，可导致空中停车、丧失推力或其他动力丧失的系统；

c. 能在一台发动机失效导致系统动力损失时，提供额外的冗余，进而显著促进延程改航的安全性；

d. 在一台飞机发动机不工作时，保持长时间运行必不可少的。

② 二类延程运行关键系统是除一类延程运行关键系统之外的延程运行关键系统。二类延程运行关键系统的失效不会导致航空器飞行性能的丧失或客舱环境问题，但可能导致航空器改航或返航。

（8）延程运行是指飞机的运行航路上有一点到合适机场的距离超过 60 min 飞行（以双发涡轮为动力的飞机）或超过 180 min 飞行（以两台以上涡轮发动机为动力的客机）的运行。在确定航程时，假设飞机在标准条件下静止大气中以经批准的一台发动机不工作时的巡航速度飞行。

（9）空中停车（IFSD）是指发动机因其本身原因诱发、飞行机组引起或外部影响导致的失效（飞机在空中）并停车，这一定义仅适用于延程运行。即使发动机在后续的飞行中工作正常，局方仍将认定以下情形为空中停车，如熄火、内部故障、飞行机组导致的停车、外来物吸入、结冰、无法获得或控制所需的推力或动力、重复启动控制等。但该定义不包括下列情形：发动机在空中失效之后立即自动重新点火，以及发动机仅仅是无法实现所需的推力或动力，但并未停车。

（10）最大改航时间：出于延程运行航路计划之用，指批准合格证持有人可使用的延程运行的最长改航时间。在计算最长改航时间时，假设飞机在标准条件下静止大气中以一台发动机不工作的巡航速度飞行。

（11）最大改航距离：在无风和国际标准大气条件下，在最长改航时间内，以经批准的一发停车的转场速度保持程序和相应的巡航高度（包括从开始的巡航高度下降到转场巡航高度）所飞越的距离，它只用于界定运行区域。

（12）ETOPS 操作退出点（EXP）是指航线中的最后一个距一个适用的途中备降机场（如在 ETOPS 操作段之后的第一个适用的途中备降机场）一小时航程的位置，即在国际标准大气条件下静止无风空气中以选定的单发停车转场速度飞行一小时的航路点。退出点标志着 ETOPS 操作航段的结束。

（13）等时点（ETP）是飞机航路上的一个点，从这个点的位置距两个合适机场的飞行时间相同（考虑当日的风力与温度条件）。

（14）单发停车后的巡航速度、转场速度：在 ETOPS 操作中，单发停车后的巡航速度（转场速度）是由营运者选择，并由营运管理机构批准的马赫、指示空速。这种速度可以是在飞行限制内的任意速度。对于指定营运区域的单发停车转场速度，应根据剩余发动机的推力是等于最大连续推力还是小于此推力，从飞机取证使用速度限制内，即在最小机动速度和最大取证使用速度内取值。

（15）ETOPS 操作临界点（又叫关键点 CP）是指 ETOPS 航路的许多等时点（ETP）中的一个点，从该点如果开始实施改航时，必须满足在该点的 ETOPS 运行临界燃油要求。

5.6.3　ETOPS 运行审批

根据 CCAR121 的要求，除 2015 年 2 月 17 日之前制造的安装两台以上发动机的载客飞机和仅用于实施飞行时间少于或等于 75 min 的延程运行的双发飞机之外，合格证持有人只能在下列条件下实施延程运行：飞机获得延程运行型号设计批准且每架用于延程运行的飞机均符合其构型、维修和程序文件的要求。

1．双发延程运行批准的维修要求。

实施双发飞机延程运行的合格证持有人必须满足 CCAR-121.719 条的延程运行维修要求。这些要求如下：

（1）维修方案（Continuous Airworthiness Maintenance Program，CAMP）。

用于建立延程运行维护要求的基础应当是已获批准的非延程运行合格证持有人特定型号和构型的机身发动机组合的维修方案，即基础维修方案。基础维修方案应当包含持续适航文件规定的维修和检查方案，相应的持续适航文件应当基于制造厂家维修方案，或经批准合格证持有人运行规范中所列维护手册中规定的要求。合格证持有人和局方应当对基础维修方案进行全面评估，以确保其作为建立延程运行维修方案基础的全面性和有效性。合格证持有人的延程运行维修方案应当包括延程运行的特殊要求，以及加强的维修和培训要求，以确保实施延程运行的飞机能够达到并保持实施延程运行所必需的性能和可靠性。计划实施延程运行的合格证持有人应当至少将下述（2）款至（4）款中所确定的程序和程序要素作为延程运行特殊要求补充到基础维修方案中。

（2）延程运行维修文件。

合格证持有人必须建立供延程运行相关人员使用的维修文件。此文件可以是单独的，也可以包括在其他维修文件中。该文件无须包括所有延程运行相关的维护要求和内容，但对于合格证持有人维修方案和其他相关文件中涉及延程运行维修方案的相关要求，该文件中应当至少指明这些要求在文件系统中的所在位置。该文件必须明确包括实施计划、程序、任务和职责等所有延程运行要求。延程运行维修文件应当明确合格证持有人、延程运行维修人员必须遵守的政策和程序。该文件在使用前必须获得局方的批准。

（3）延程运行放行前维护检查（ETOPS Pre-Departure Service Check，ETOPS PDSC）。

合格证持有人必须建立延程运行放行前维护检查的程序和标准，以确认飞机和特定的关键项目适航，并具备延程运行能力。每一合格证持有人的延程运行放行前维护检查可能在形式和内容上有所不同。延程运行放行前维护检查的程序和标准应当适合并满足合格证持有人的需求。

所有合格证持有人应当在其延程运行维修方案，包括放行前维护检查的程序和标准中列出延程运行关键系统的适航要求。作为一项维修工作，延程运行放行前维护检查应包括相应的维修记录检查和飞机内外部的检查。延程运行放行前维护检查有时也被称为扩展的过站检查。延程运行放行前维护检查中应当包括目视检查和确定延程运行关键系统适航状态的程序。适航状态的确定应当包括延程运行签派或飞行放行前确定发动机和辅助动力装置（APU）滑油量和滑油消耗率的程序。

部分合格证持有人根据可靠性方案的监控分析结果，选择将一些与延程运行关键系统不相关的任务加入到延程运行放行前维护检查中。如果使用没有获得延程运行资格的维修人员来完成那些非延程运行维护任务，则合格证持有人应当在其延程运行放行前维护检查单中清楚地标识出与延程运行相关的任务。延程运行前维护检查的最终完成及核实应当由经过适当培训，获得延程运行维护资格，并得到合格证持有人正式授权的维修人员完成，并签字确认。经过培训的人员是指那些圆满完成了合格证持有人的延程运行培训大纲的人员。

合格证持有人必须确认延程运行放行前维护检查在每次计划的延程运行飞行即将开始前完成。除局方另行批准外，原则上检查完成与开始飞行的时间间隔不得超过 2 h。

并非所有的延程运行飞行之前都要求完成延程运行放行前维护检查。对于那些非机械原因（如天气、医疗紧急情况）导致改航备降的非常规运行，合格证持有人可以不完成延程运行放行前维护检查。

例如，如果延程运行航班在签派或飞行放行前完成了延程运行放行前维护检查，但起飞后由于非机械原因必须改航备降或者返航，则合格证持有人应当在其延程运行维修文件中说明在这种情况下，为避免重复实施另一次延程运行放行前维护检查，其飞行运行和维修人员应执行的程序。如果是由于机械原因造成的改航备降或者返航，合格证持有人可能需要执行另一次延程运行放行前维护检查。例如，在超重着陆后检查中发现关键系统存在缺陷需要进行维修时，则必须成另一次延程运行放行前维护检查。

（4）双重维修。

对于延程运行的双重维修，合格证持有人应当予以特殊考虑。这样做的目的是为了识别并排除共同因素导致的人为差错。当在关键系统上实施双重维修时，应当在延程运行前完成必要的验证程序或者操作测试。

在"相同的"延程运行关键系统中进行的双重维修，是指在进行同一例行或非例行维修时，对相同但独立的延程运行关键系统中的相同部件所进行的维修操作。例如，在过站期间对空调系统的两个空气循环机（或类似的装置）进行维护；拆卸两台发动机滑油滤或者两个磁堵；更换两个磁堵。

在"相似的"延程运行关键系统上的双重维修，特指的是对在两台发动机上的发动机驱动组件的维修操作。例如，1 号发动机整体驱动发电机（IDG）和 2 号发动机驱动泵（EDP）的更换。

合格证持有人应当制定程序，使得在相同的例行或者非例行维修检查中，尽量避免对延程运行关键系统的多个相似部件计划或实施相同的维修操作。为了满足这项要求，合格证持有人应当建立特定的机队延程运行关键系统清单，并将其包括在延程运行维修文件中。

在延程运行中发生某些无法预见的情况时，有时会不得不实施延程运行双重维修操作。例如，在航线维修中，一架延程运行飞机的两个发动机滑油系统都发生故障；或是在更换一台发动机的发电机同时另一台发动机上的滑油系统存在故障。另外，在定检中交错安排延程运行关键系统的双重维修并不总是可行的。但是，为了将人为导致的风险降到最低，在可能的情况下，合格证持有人应该尽量减少延程运行关键系统的双重维修。

不论在什么情况下，当在延程运行关键系统上实施双重维修时，合格证持有人应当在延程运行维修文件中以书面的形式具体说明针对此种情况的程序。合格证持有人应当至少保证以下 3 点：

① 由不同的具备延程运行维护资格的维修人员执行任务；

② 在延程运行关键系统每一部件上的维修操作由一名维修人员在另一名具有延程运行维修资格的人员的直接监督下进行；

③ 在飞机进入延程运行区域前，应当验证针对延程运行关键系统的纠正措施的有效性。实施该验证操作必须使用地面验证方法，在某些情况可能需要实施本咨询通告下一节中规定的飞行验证。在下述情况下可无须符合上述①和②项规定的要求，即可以由同一名具备合格资质的人员，在具备延程运行维修控制合格资质人员的监督下来实施双重维修和地面检验、测试，但前提是必须完成相应的飞行验证。

（5）验证程序。

合格证持有人应当为飞机延程运行关键系统缺陷的纠正措施建立验证程序。此程序必须包括针对特定缺陷的纠正措施有效性的确认，如发动机停车、重要系统故障、性能恶化趋势，或者类似的可能影响延程运行的事件。验证程序必须保证在飞机进入延程运行区域前，已经采取了纠正措施，并成功地确认了纠正措施的有效性。在实施维修操作后、延程运行飞行之前或在飞越延程运行进入点之前，合格证持有人应当验证纠正措施的有效性。合格证持有人应当依据飞机维修手册（AMM）中的持续适航文件或合格证持有人的维修文件来完成相应的地面验证工作。这些文件应当包含自检（BITE）和功能及操作检查的内容（通常包括地面试车后的渗漏检查）。

通常情况下，地面验证是确认纠正措施有效性的一种可接受方法。在某些情况下，可能要求实施超出持续适航文件中所推荐方法的地面验证或飞行验证。要求进行飞行验证的例如，如可能影响 APU 在延程运行巡航高度彻底冷却后启动性能的某些 APU 组件的更换。如果能在飞机飞越延程运行进入点前完成相应措施，则可以在取酬飞行中实施验证。如果验证飞行自飞机起飞后 60 min 就会飞越延程运行进入点（如从孤立的海岛上起飞），而同时 APU 空中启动验证要求 2 h 冷却的情况下，合格证持有人可以在保持 APU 运转的情况下起飞，并在下降顶点前 2 h 关停 APU，然后在即将到达下降顶点之前开始 APU 的空中启动验证。无论何时要求进行飞行验证，地面维修人员都应当密切配合、协助飞行运行人员。合格证持有人都应当在其延程运行维修文件中明确其延程运行关键系统的地面验证要求和飞行验证要求。

合格证持有人应当建立相应的程序和标准，以确保所有规定的验证工作都已完成。合格证持有人应当在其延程运行维修文件中明确验证操作的实施人员和负责人员。

（6）任务识别。

合格证持有人必须识别，并列出所有必须由具有延程运行维修资格的人员来完成或确认的任务。延程运行特定任务应当满足以下要求：

① 在合格证持有人的工作单和相关文件中予以注明；

② 将延程运行各种相关工作任务整合在一起，组成延程运行工作包。

如果合格证持有人没有在其现行的维修方案中标识出延程运行相关任务，则所有的任务都必须由具备延程运行维修资格的人员完成。

（7）集中维修控制程序。

延程运行合格证持有人，无论其延程运行机队大小，都应当建立一个专门负责对延程运行维修工作进行监督的机构。合格证持有人必须在其延程运行维修文件中建立并且明确定义其集中维修控制人员在延程运行中涉及的特定工作程序、义务和责任。这些程序和集中控制的实施是为了避免飞机在发生空中停车、延程运行关键系统故障，或者在系统性能表现出严重恶化趋势等情况后，却没有采取适当纠正措施的情况下被放行实施延程运行。

（8）延程运行零部件控制。

合格证持有人应当建立零部件控制方案，以确保维持延程运行所必需的合适零部件及其构型。为保持所需的延程运行构型，控制方案中必须包括对借用或者共享零部件，以及维修或翻修零部件的验证程序。

（9）可靠性方案。

合格证持有人必须建立延程运行可靠性方案或者改进现有的可靠性方案，以便纳入延程运行相关的补充要求。此方案应当以实现早期识别和防止延程运行相关问题为主要目的。该方案应当是基于事件的，并包含对延程运行飞行有不利影响的重要事件的报告程序。对于不具备局方批准的可靠性方案的合格证持有人，则应当加强持续的分析和监督，以达到延程运行的可靠性目标。合格证持有人应当按月度向局方提交延程运行可靠性报告。

除了 CCAR-121.707 条的使用困难报告要求以外，合格证持有人还必须在 96 h 内把其被批准用于延程运行的飞机（无论是延程运行还是非延程运行）的以下情况向局方报告：

① 除为飞行训练计划的空中停车以外的空中停车。

② 因任何飞机或者发动机系统的失效、故障或者缺陷导致的改航或者备降。

③ 非指令的功率或者推力的变化，或者喘振。

④ 失去控制发动机的能力，或者无法获得预期的功率或推力。

⑤ 非正常的燃油损失，或者无法使用燃油，或者飞行中无法校正的燃油不平衡。

⑥ 与延程运行关键系统相关的失效、故障或缺陷。

⑦ 任何可能影响延程运行飞机安全飞行的事件。

以上任何一项的报告都必须包含 CCAR-121.707（c）款中规定的信息。

合格证持有人必须对 CCAR-121.707（a）款和 CCAR-121.719（h）（1）项所列出的任一事件发生的原因进行调查，并向局方上报调查结果。

注：局方鼓励合格证持有人在可行的情况下和制造商一起进行调查。如果局方认为额外的纠正措施是必需的，则合格证持有人必须进一步调查，并实施局方认为可接受的整改措施。

（10）发动机监控。

① 合格证持有人应当监控特定机身发动机组合的机队平均空中停车率（IFSD）水平（基于 12 个月滚动平均值）。当发现发动机情况有恶化趋势时，合格证持有人应当明确所采取的措施。按照 12 个月滚动进行平均计算，如果空中停车率超过了表 2.5.10 中规定的数值，那么合格证持有人必须配合局方调查其共性的原因和系统性问题，并在 30 个日历日内向局方提交调查报告。

注：由于发动机型号的共同性，可以将安装相同发动机的机身发动机组合的运行经历整合在一起进行计算，例如，均使用 GE90-110/115B 发动机的 B777-200LR 和 B777-300ER，其发动机构型相同并且运行情况相似。

表 2.5.10　空中停车率标准值

发动机数量	空中停车次数/发动机小时	延程运行批准
2	0.05/1 000	不超过 120 min
2	0.03/1 000	超过 120 min，不超过 180 min（北太平洋区域不超过 207 min）
2	0.02/1 000	超过 180 min（北太平洋区域超过 207 min）

② 监控空中停车率的目的是为局方和合格证持有人提供监控经批准实施延程运行的机队健康状况的工具。发生空中停车或其他发动机和推力系统问题的原因可能与型号设计有关，或者与所采用的维修和运行程序有关。对于合格证持有人来说，确定导致事件的根本原因非常重要，这样才能提出适当可行的纠正措施，例如，原始的设计问题需要有针对硬件（或软件）的最终解决方案。重复检查可以作为过渡解决方案，但在可能的时候应当建立长效的设计解决方案。设计问题可能会影响到整个机队。过高的空中停车率可能导致合格证持有人延程运行批准的改变或撤销。对于确认仅由于设计原因导致的过高的空中停车率，局方不会撤销合格证持有人已经获得的延程运行批准，但是局方可以根据问题的性质采取临时性的限制措施，包括降低批准的最大改航时间或暂停批准的延程运行。如果不可接受的空中停车率是由于运行过程中或者维修方案中的共性原因或者系统问题而导致的，局方可以改变或撤销合格证持有人已经获得的延程运行批准，并要求该合格证持有人立即采取纠正措施。

在开始实施延程运行后，参考表 2.5.10 的空中停车率标准值表，对于成熟机队发生的空中停车率 12 个日历月滚动平均值超出标准的情况，或即使没有超出标准但合格证持有人认为较高的空中停车率的现象，合格证持有人都应当进行调查。局方在评估合格证持有人的调查结论时，应该考虑到在较小或较新机队的情况下，由于在比率计算中作为分母的发动机运行小时数较小，可能因为一起空中停车事件导致空中停车率超过标准值。相反，在某些情况下，即使整体的空中停车率没有超过标准值，局方仍可针对某些特定事件提出调查和整改要求。

30 个日历日的报告时限标准是为了确保合格证持有人及时向局方提供事件调查情况报告。在 30 个日历日的期限结束时，尽管合格证持有人可能还没有找到根本原因和最终纠正措施，但是仍需将阶段性报告上报局方，并与局方进行进一步的协商和讨论。

（11）发动机状况监控。合格证持有人应当对用于延程运行的发动机建立监控方案，方案中应当明确参数监控的要求、数据收集的方法和纠正措施程序。监控方案应当反映制造厂家的要求和工业界的实践，或者合格证持有人应当建立起一套证明具备同等水平的监测和数据分析方案。此监控方案的目的是提前发现性能衰退，并在安全运行受到影响前及时采取纠正措施。为实现这个目标，合格证持有人应当至少每 5 天就进行一次发动机运行数据分析。在长时间发动机不工作的改航备降过程中，剩余保持工作的发动机在所有经批准的功率水平和预期的环境条件下应当能始终保持发动机的限制裕度，不超过经批准的发动机限制（如转子转速和排气温度等）。通过此方案保持的发动机裕度应当考虑到在改航备降过程中的一台发动机不工作飞行阶段额外增加的发动机载荷的影响（如防冰和用电负载）。合格证持有人还应当将制造厂家推荐的或其他有助于发动机状况监控的滑油分析监控方法纳入到自身的方案中。

（12）滑油消耗监控。合格证持有人应当建立发动机滑油消耗监控方案，以确保有足够的滑油完成计划的延程运行。合格证持有人的滑油消耗限制值不能超过制造厂家推荐的标准，并应当监控滑油消耗的变化趋势。合格证持有人的滑油消耗变化趋势监控方案（Oil Consumption Trending Program）应当能够监控到滑油消耗率的突变。对于在延程运行和非延程运行中同时使用延程运行飞机的合格证持有人，可以选择建立一个方案，通过记录在非延程运行航站飞机驾驶舱仪表所指示的滑油量来对其滑油消耗变化趋势监控方案进行补充，以便及时发现滑油消耗率的突变。合格证持有人的滑油消耗变化趋势监控方案可以通过人工或电子的方式来进行。监控方案应当考虑在延程运行放行航站所补充的滑油，同时参考正常运行的平均消耗以及针对滑油消耗突然增长的监控。监控应当始终包括非延程运行飞行和在延程运行放行航站所补充的滑油量，例如，在补充滑油后，维修人员可以把耗油量作为放行前检查的一部分。在延程运行飞行之前，还应当将补充的滑油量向维修控制中心报告以便进行计算。如果延程运行要求使用 APU，则应当在滑油消耗监控方案中包含 APU。任何涉及滑油消耗问题的纠正措施的有效性都必须在延程运行放行前得到验证。

（13）APU 空中启动监控方案。

如果飞机的型号设计批准需要具备辅助动力装置（APU），但不要求其在延程运行时工作，则合格证持有人应当制定一个空中启动和运行可靠性方案，来确保 APU 能够持续满足制造厂家确定的性能和可靠性水平。APU 空中启动监控方案的目的是确定其启动和运行的能力，并不要求在空中启动成功后接通 APU 发电机或引气。此方案应当包括每架飞机 APU 空中启动能力的定期抽查。合格证持有人应当保证定期抽查每架飞机的 APU，而不是重复抽查同一 APU。合格证持有人可以依据系统性能和机队可靠性水平来调节抽查时间间隔。合格证持有人和局方应当定期评估合格证持有人的 APU 空中启动监控方案数据，以确保其 APU 空中启动的可靠性保持在可接受的水平。如果 12 个月滚动平均 APU 空中启动成功率降至 95% 以下，合格证持有人应当启动调查程序，按照程序调查其共性的原因或者系统性问题。

（14）构型、维修和程序（CMP）。

CMP 规范中明确了所有仅适用于延程运行的附加构型、维修和程序的要求。CMP 中所包含的要求通常是在机身发动机组合的延程运行初始型号设计批准时由局方确定的。CMP 文件通常由飞机制造厂家公布并保持其有效性。飞机制造厂家可能在初始制定的延程运行要求基础上持续发布 CMP 的修订版。通常情况下，针对特定的机身发动机组合的 CMP 修订情况会列在 CMP 的前部，或通过发布用户化的 CMP 文件加以控制。合格证持有人应当在实施延程运行前，建立 CMP 中确定的基本构型、维修和程序的标准，确保满足下列各项要求：

① 飞机和发动机具备延程运行构型特性。

② 维修方案中包括相应的维修程序。

③ 飞行运行手册和最低设备清单中应当按要求列明经过验证的与延程运行有关的性能和能力。

④ 按照 CMP 文件的要求，任何关于制造厂家 CMP 要求的偏离，合格证持有人应当得到局方的批准。

⑤ 对于实施延程运行的飞机，合格证持有人应当建立一个系统来确保每架飞机在延程运行期间，所有的 CMP 要求都整合在相关飞机构型、程序和手册中。

⑥ 为确保持续、安全的延程运行，局方将通过适航指令（AD）来强制实施所有必要的后续构型、维修和程序的改变。合格证持有人应该主动考虑、评估，并采纳所有可以提高飞机可靠性和性能的 CMP 标准的修订。

⑦ 合格证持有人应该向局方提供其申请延程运行的机队的 CMP 标准详细列表。此表应该包括每一 CMP 项目号、修订状况、项目说明及用以说明其实施方法和时间记录方法的参考文件。

2. 延程运行的飞行运行要求

（1）飞机性能数据。

合格证持有人应保证飞行机组人员和签派员或合格证持有人授权实施运行控制的人员可以获得其延程运行所有阶段（包括改航备降阶段）所需的飞机性能数据，否则不能签派或飞行放行飞机实施延程运行。飞机性能数据包括以下信息：

① 一台发动机失效性能数据，包括在标准和非标准大气条件下，与空速和推力设定值所对应的燃油流量。该数据包括以下内容：

a. 飘降（包括净性能）；

b. 包括 10 000 ft 的巡航高度范围；

c. 等待；

d. 高度能力（包括净性能）。

② 全发运行性能数据，包括在标准和非标准大气条件下，与空速和推力设定值所对应的燃油流量。该数据包括以下内容：

a. 包括 10 000 ft 的巡航高度范围；

b. 等待。

③ 在延程运行中，其他所有能导致性能严重降低的状况，如飞机未保护表面的积冰，使用冲压涡轮（RAT）和反推的情况。

（2）航路运行中的机场信息。

依照 CCAR-121.713 条，合格证持有人应监视延程运行指定备降机场实时的运行状况。对于超过 180 min 的延程运行，该次运行所指定的每个延程运行指定备降机场改航机场，都应当具备足以保障乘客和机组生存需求的条件。

（3）签派或飞行放行。

合格证持有人应当对其机组成员和签派人员就其在合格证持有人的乘客救援计划中的职责和作用进行培训。

签派人员要制订出合格的延程运行飞行计划。在实施延程运行中使用卫星语音通信有益于保障安全，尤其是对于较长、较偏远的延程运行航路，通过卫星语音通信提供清晰、及时的信息和技术支持服务，可以降低飞行员的工作负荷。除纬度高于 82° 的地区外，卫星语音通信都能够提供较好的通信效果，不受距离的限制。当卫星语音通信在极地区域受到限制时，需要使用其他的通信系统，如 HF 或铱星通信。通常相对于整个航路，飞机在纬度高于 82°地区内的飞行时间仅占总时间的一小部分，在其他时间里使用卫星语音通信，对飞行安全是非常有利的。当飞机在纬度高于 82° 飞行的时候，考虑到太阳耀斑活动对通信的可能影响，合格证持有人应保证具有可用的通信方式。

（4）延程运行程序文件。

① 合格证持有人应当根据本条的飞行运行要求制定专门的延程运行飞行机组运行程序，并将这些程序编入相应的手册和文件。提供给飞行员的这些手册和文件应当同时包括延程运行维修程序中要求飞行机组实施的运行程序，例如，燃油交输活门功能检查（若适用）、特殊延程运行 MEL 要求、APU 空中启动程序（若适用）、发动机状态监控数据记录程序、延程运行关键系统的空中验证程序。

② 合格证持有人运行手册中延程运行部分的内容及其修订须经局方批准后方可实施。

5.6.4　ETOPS 飞行计划的制订

5.6.4.1　备降场

放行飞机进行延程运行前，在驾驶舱资料（计算机飞行计划）中必须列出要求的备降机场，其中包括航路备降场，这些备降场可供飞机在发动机失效或机体故障而需改航时使用。对于延程运行，航路备降场尤为重要，因为一般是在出现发动机故障或者重大的机体系统故障时才使用航路备降场。

备降场需要满足合适机场的条件，具体要求有以下几点：

第 121.197 条　涡轮发动机驱动的飞机的着陆限制——备降机场

在涡轮发动机驱动的飞机的签派或者放行单中列为备降机场的机场，应当能使该飞机在到达该备降机场时以根据本规则第 121.195 条（b）款规定的假定条件预计的重量，由超障面与跑道交点上方 15.2 m（50 ft）处算起，在跑道有效长度的 70%（涡轮螺旋桨动力飞机）或者 60%（涡轮喷气动力飞机）以内完成全停着陆。对于本规则第 121.637 条所规定的起飞备降机场，在确定到达时的预计重量时，除正常的燃油和滑油消耗之外，可以考虑应急放油量。

第 121.643 条　备降机场最低天气标准

（a）对于签派或者飞行放行单上所列的备降机场，应当有相应的天气实况报告、预报，或者两者的组合表明，当飞机到达该机场时，该机场的天气条件等于或者高于合格证持有人运行规范规定的备降机场最低天气标准。

（b）在合格证持有人运行规范中，签派或者放行的标准应当在经批准的该机场的最低运行标准上至少增加下列数值，作为该机场用作备降机场时的最低天气标准：

（1）对于只有一套进近设施与程序的机场，最低下降高（MDH）或者决断高（DH）增加 120 m（400 ft），能见度增加 1 600 m（1 mile）；

（2）对于具有两套（含）以上非精密进近设施与程序并且能提供不同跑道进近的机场，最低下降高（MDH）增加 60 m（200 ft），能见度增加 800 m（1/2 mile），在两条较低标准的跑道中取较高值；

（3）对于具有两套（含）以上精密进近设施与程序并且能提供不同跑道进近的机场，决断高（DH）增加 60 m（200 ft），能见度增加 800 m（1/2 mile），在两条较低标准的跑道中取较高值。

第 121.713 条　备降机场的附加要求

除经局方批准外，在 2010 年 7 月 1 日之后，合格证持有人载客运行的飞机如果实施超过 180 min 的延程运行，或者在北极区域和南极区域运行，应当确保每个机场或其邻近区域的设施足以防止乘客受到外来恶劣环境的侵害，并使他们安全与生活得到保障。

第 121.715 条　延程运行备降机场：救援与消防服务

（a）除本条（b）中的规定之外，在签派或飞行放行单上列明的每一个延程运行备降机场，均需能够提供下列救援和消防服务（RFFS）：

（1）如果延程运行时间在 180 min 内，每个指定的延程运行备降机场应当能够提供等效于或高于国际民航组织规定的第 4 类救援和消防服务（RFFS）的要求；

（2）如果延程运行时间超过 180 min，每个指定的延程运行备降机场应当能够提供等效于或高于国际民航组织规定的第 4 类救援和消防服务（RFFS）的要求。

此外，飞机还应当保持在距能够提供等效于或高于国际民航组织规定的第 7 类救援和消防服务（RFFS）的合适机场的一定距离内，以便能在依据其延程运行批准的改航时间内飞抵该合适机场。

（b）如果无法直接在一个机场利用本条（a）要求的救援和消防设备与人员，只要该机场通过当地获得消防增援与消防服务能力后，能够达到本条（a）的要求，合格证持有人仍然可在签派或飞行放行单上将该机场列为备降机场。在改航的航路运行过程中如果当地资源可以及时被告知，30 min 的增援响应时间应当是充足的。在改航飞机飞抵备降机场时，增援设施与人员应当可用，另外，只要改航飞机需要救援和消防服务，这些增援设施与人员就应当始终处于随时可用状态。

第 121.722 条　延程运行备降机场

（a）除非在签派和放行单上标明飞机能以批准的最长改航时间飞抵的足够数量的备降机场，任何人都不能签派或放行飞机实施延程运行飞行。在选择这些延程运行备降机场时，合格证持有人应当考虑满足本条要求且飞机能以批准的延程改航时间飞抵的所有备降机场。

（b）任何人都不应将某一机场标示在签派或飞行放行单中，以作为延程运行的备降机场，除非只有可能会被使用（关注时间段内）时：

（1）相应的天气报告或预报，或者两者的组合表明，该机场的天气条件等于或者高于合格证持有人运行规范中规定的延程运行备降机场的最低天气标准；

（2）该机场的场面条件报告表明飞机能进行安全着陆。

（c）一旦飞机进入航路运行阶段，每一个延程运行备降机场的天气条件就应当达到本规则第121.724条（a）款的要求。

（d）除非所选择的机场满足本规则第121.713条的公共保护要求，任何人不应将这类机场标示在签派或飞行放行单上，将其列为延程运行备降机场。

第121.723条　备降机场的最低天气标准

除本规则第121.722条中关于延程运行备降机场的规定之外，任何人不得在签派或飞行放行单中将一个机场列为备降机场，除非适当的天气实况报告、预报或者两者的组合能够表明，在飞机抵达时，该机场的天气条件等于或者高于合格证持有人运行规范中规定的该备降机场的最低天气标准。

第121.724条　初始签派或飞行放行，二次签派或重新签派或飞行放行

（a）只有在下列条件下，才能允许飞机继续飞行并越过延程运行进入点：

（1）除本条（b）规定外，对于本规则第121.722条要求的每一个延程运行备降机场，在可能使用这些备降机场之时（从最早到最晚的可能着陆时间），其预报天气条件均等于或高于合格证持有人运行规范中规定的机场最低天气标准；

（2）审视了经批准的最大改航时间内的所有延程运行备降机场，并将自签派时起这些机场的条件变化通知飞行机组。

（b）如果某一机场无法达到本条第（a）（1）项的要求，可对签派或飞行放行单进行更改，增加一个飞机能以批准的最大改航时间飞抵的，天气条件等于或者高于最低运行标准的延程运行备降机场。

（c）在延程运行进入点之前，如果遇有需重新评估飞机系统能力的情况，实施补充运行机长或定期载客运行的签派员应使用公司通信手段更新飞行计划。

第121.725条　在计划延程运行备降机场时考虑时限系统

（a）对于低于或等于180 min的延程运行，如果飞机飞抵备降机场所需时间（在标准条件下静止大气中以经批准的一台发动机不工作的巡航速度）超过了飞机最受限延程运行关键系统（包括按规章要求货舱和行李舱装备了火警抑制系统时限性最严格的飞机关键系统）的限制时间减去15 min，任何人不应将这类机场标示在签派或飞行放行单中作为延程运行备降机场。

（b）对于超过180 min的延程运行，要在签派或飞行放行单中将某个机场列为延程运行备降机场，飞机抵达该机场的延程运行时间应当符合下列要求：

（1）以所有发动机工作的巡航速度，在修正了风和温度的影响之后，延程运行时间不得超过飞机时限性最强的按规章要求应当装备的抑火系统[但本条第（c）款的规定除外]的限制时间减去15 min；

（2）在修正了风和温度的影响之后，以一台发动机不工作的巡航速度飞行，延程运行时间不得超过飞机时限性最强的延程运行关键系统（而不是飞机时限性最强的按规章要求应当配备的抑火系统时间减去15 min）的时间限制。

（c）对于安装两台以上涡轮发动机为动力的飞机，在2014年1月1日之前，合格证持有人不必达到本条（b）（1）的要求。

备降场的机场数据来源常用的有3种：ICAO机场性能数据库（ACDB）、航行资料汇编（AIP）和Jeppesen航路手册。

5.6.4.2　计算等时点和临界点

1.　等时点的确定

（1）无风情况等时点的具体确定方法如下：

第一步：以备降场为圆心，以最大改航距离为半径画圆确定运行区域，如图 2.5.12（a）所示。

第二步：两个圆重叠圆弧部分的弦长与航线的交叉点即为 ETP 点，如图 2.5.12（b）所示。

第三步：重复第二步确定出所有的 ETP 点，如图 2.5.12（c）所示。

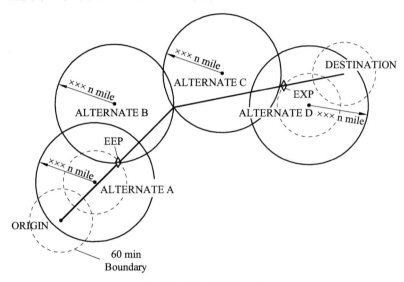

（a）等时点计算第一步

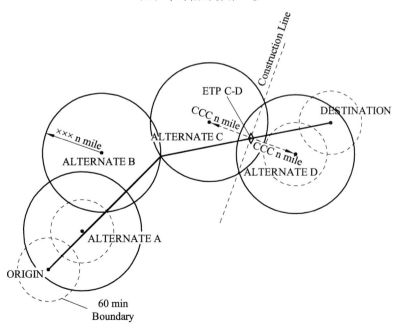

（b）等时点计算第二步

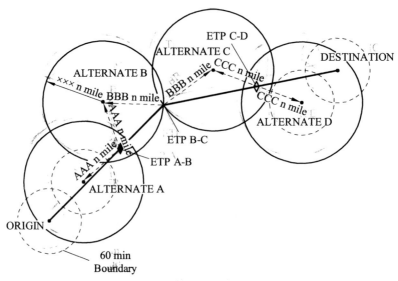

（c）等时点计算第三步

图 2.5.12　等时点计算示意图

（2）有风情况下的 ETP 点的计算。

在有风的情况下，ETP 点的位置必须根据风的影响来修正，修正方法如下：

第一步：根据顺程和回程风分量，利用给定空速下的等时点曲线确定相应的"等时点数"，如图 2.5.13 所示。

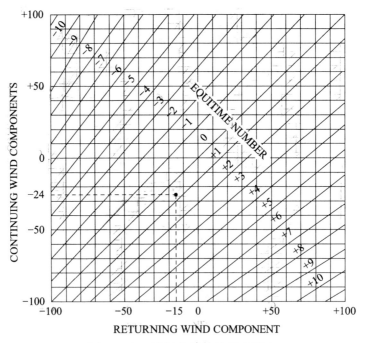

图 2.5.13　等时点数（给定空速）

第二步：取两个合适转场机场之间距离的 1%，并用等时点数乘以这个值，即为修正量 D（可能为正，也可能为负）。

第三步：根据修正量 *D* 的值确定新的 ETP，如图 2.5.14 所示。

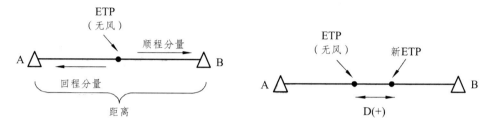

（a）两个航路备降场都在航路上

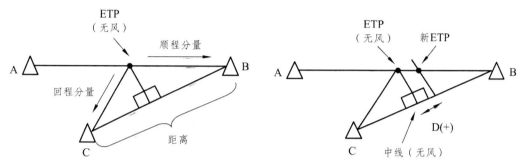

（b）只有一个航路备降场在航路上

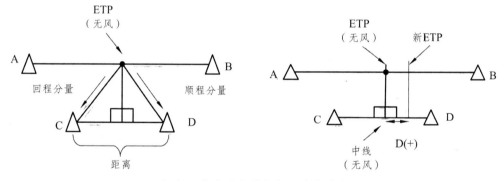

（c）两个航路备降场都不在航路上

图 2.5.14　风对 ETP 点位置的影响

2. 关键点 CP 的确定

ETOPS 临界点（又叫关键点 CP）是指 ETOPS 航路的许多等时点（ETP）中的一个点，从该点如果开始实施改航时必须满足在该点的 ETOPS 运行临界燃油要求。临界点（CP）通常是但不总是 ETOPS 航段内的最后一个等时点（ETP），这取决于 ETOPS 运行区域内合适备降机场的布局和各备降机场的天气状况。值得注意的是，最后的 ETP 点未必是最后的两个备降机场之间的 ETP 点，所以必须通过仔细计算确定 CP 点。

5.6.4.3　临界燃油

1. ETOPS 运行燃油政策

第 121.726 条　航路运行阶段燃油供应

（a）任何人不得签派或放行安装两台以上以涡轮发动机为动力的飞机，在所有发动机工作的巡航速度下，实施距合适机场航程超过距离合适机场 90 min 的运行，除非满足下列燃油供应要求：

（1）飞机带有足够的燃油，能满足本规则第 121.661 条的要求；

（2）飞机带有足够的燃油，能飞抵合适机场：

（i）假设飞机在最关键临界点发生释压；

（ii）假设飞机下降到符合本规则第 121.333 条中的氧气供应要求的安全高度；

（iii）考虑预期风的条件和其他天气条件。

（3）飞机有足够的燃油，能下降到高于机场 1 500 ft（450 m）的高度等待 15 min，然后完成正常的进近和着陆。

（b）任何人不得签派或放行飞机实施延程运行，除非在考虑了风的条件和预期的其他天气条件之后，满足本规章燃油要求外，还要有足够的燃油满足下列每一项要求：

（1）有足够的燃油飞抵一个延程运行备降机场。

（i）为补偿发动机失效和迅速释压引起的油耗，飞机携带的燃油量应当是下列燃油量中的较多者：

（A）在下列条件下飞抵一个延程运行备降机场的充足的燃油：假设在最困难大型飞机的临界点飞机迅速释压，然后下降到符合本章第 121.333 条的氧气供应要求的安全高度；

（B）在下列条件下飞机以在一台发动机不工作的巡航速度飞抵一个延程运行备降机场的充足的燃油：假设飞机在最关键的临界点迅速释压的同时发动机失效，然后下降到符合本规则第 121.333 条的氧气供应要求的安全高度；

（C）在下列条件下飞机以在一台发动机不工作的巡航速度飞抵一个延程运行备降机场的充足的燃油：假设在最关键的临界点发动机失效，然后飞机下降到一台发动机不工作的巡航高度。

（ii）补偿预报风的偏差引起的油耗。在计算本条第（b）（1）（i）项要求的燃油量时，合格证持有人应当将预报风速增加 5%（结果是逆风风速增加或顺风风速降低），以解决预报风的任何可能偏差。如果合格证持有人没使用局方接受的基于风模型的实际预报风，飞机携带的燃油量应当比本条第（b）（1）（i）项规定的燃油多 5%，作为补偿预报风偏差的燃油储备。

（iii）防冰所需燃油。在计算本条第（b）（1）（i）项要求的燃油量时[在完成本条第（b）（1）（ii）项的预报风偏差所需燃油计算之后]，合格证持有人应当确保飞机携带的燃油量是下列规定的燃油量中的较多者，以便为改航过程中预期的防冰提供燃油：

（A）在 10%的预报结冰期，因机身结冰需要消耗的燃油（包括这一期间发动机和机翼防冰所消耗的燃油）；

（B）在整个预报结冰期，发动机防冰和必要时机翼防冰所需燃油。

（iv）因发动机性能恶化需要增加的油耗。在计算本条第（b）（1）（i）项要求的燃油量时[在完成本条第（b）（1）（ii）项的预报风偏差所需燃油计算之后]，飞机还需携带相当于上述燃油量 5% 的额外燃油，用于补偿巡航过程中因发动机燃油燃烧性能恶化增加的油耗，除非合格证持有人制定了一个方案，能够按照巡航燃油燃烧性能标准监控飞机空中运行性能恶化趋势。

（2）等待、进近和着陆所需燃油。除了本条第（b）（1）项所需燃油之外，飞机应当携带足够的燃油，能让飞机在接近一个延程运行备降机场时下降到高于机场 1 500 ft（450 m）的高度等待 15 min，然后完成仪表进近和着陆。

（3）使用辅助动力装置增加的燃油。如果辅助动力装置是必需的动力源，则合格证持有人应当在适当的运行阶段考虑其油耗。

2. 临界燃油计算

在 AC-121-FS-2012-009R1（延程运行和极地运行）中明确规定了 ETOPS 运行临界燃油为以下 3 种情况中的最大值：

（1）座舱失压，全发工作。

（2）座舱失压，一台发动机失效。

（3）一发失效飘降。

以上 3 种情况的飞行剖面如图 2.5.15 ~ 2.5.17 所示。

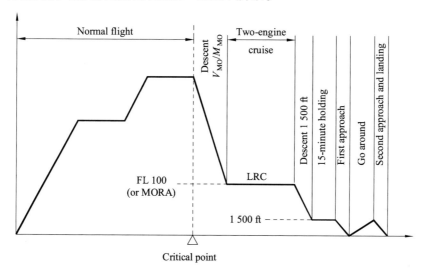

图 2.5.15　座舱失压飞行剖面

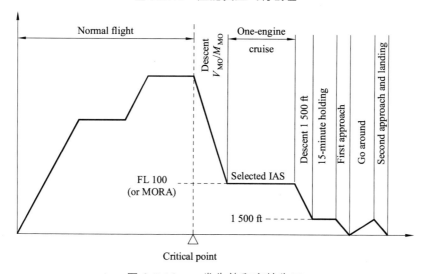

图 2.5.16　一发失效和座舱失压

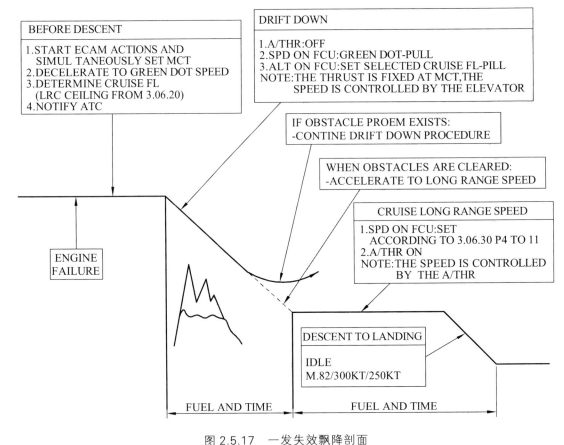

图 2.5.17　一发失效飘降剖面

5.6.4.4　飞行计划

1. 临界燃油的计算过程

临界燃油的计算可分为以下 6 步：

（1）确定参考重量；

（2）选择一发失效速度（有可能要受燃油的限制，同时考虑燃油最省，改航距离最大，越障）；

（3）根据改航时间，确定最佳改航高度和改航距离（FPPM 手册中有表格）；

（4）确定合适备降场；

（5）计算 ETP 和 CP；

（6）计算临界燃油。

2. 燃油计划

ETOPS 放行燃油要求为标准燃油计划和 ETOPS 燃油计划两者中的较高值，如图 2.5.18 和 2.5.19 所示。ETOPS 燃油计划包含两部分：一部分是从起飞机场到关键点 CP 的标准燃油；另一部分是从 CP 到航路备降场的燃油，即临界燃油储备。

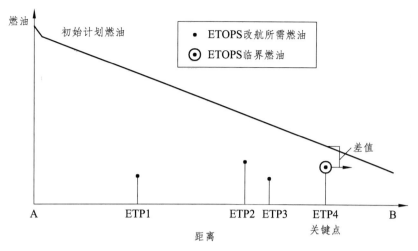

图 2.5.18 ETOPS 航线燃油计划–情况 1

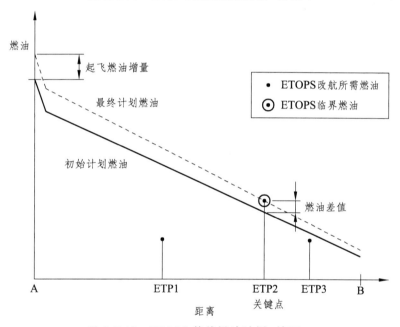

图 2.5.19 ETOPS 航线燃油计划–情况 2

3. 算 例

【例 5-7】 假设波音飞机 757-200 执行某航线，如图 2.5.20 所示，A 为起飞机场，B 为目的地机场，C 为一航路点，A1、A2 为航路备降场，已知 A—C 距离为 1 600 n mile，C—B 距离为 2 400 n mile，（ETP—B 距离为 1 120 n mile，ETP—A1/A2 距离为 440 n mile），计算该航线所需的航程燃油。

第一步，根据 757-200 飞机特性手册中的表格（见表 2.5.11）确定飞机的结构限重为 240 000 lb（108 850 kg）。

第二步，根据 757-200 飞行性能与计划手册（FPPM）中的数据（见表 2.5.12）选择一发失效速度为 0.8 M（330 kt），兼顾到燃油消耗和改航距离，本例选择了一个比最大速度稍小一点的速度。

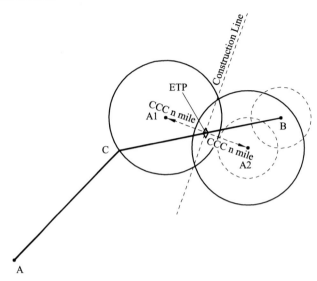

图 2.5.20 波音飞行 757-200 航线图

表 2.5.11 757-200 飞机重量表

CHARACTERISTIC	UNITS	757-200				
MAX DESIGN TAXI WEIGHT	POUNDS	221 000	231 000	241 000	251 000	256 000
	KILOGRAMS	100 250	104 800	109 300	113 850	116 100
MAX DESIGN TAKEOFF WEIGHT	POUNDS	220 000	230 000	240 000	250 000	255 000（1）
	KILOGRAMS	99 800	104 350	108 850	113 400	115 000（1）
MAX DESIGN LANDING WEIGHT	POUNDS	198 000	198 000	198 000	198 000	210 000
	KILOGRAMS	89 800	89 800	89 800	89 800	95 250
MAX DESIGN ZERO FUEL WEIGHT	POUNDS	184 000	184 000	184 000	184 000	188 000
	KILOGRAMS	83 450	83 450	83 450	83 450	85 300
SPEC OPERATING EMPTY WEIGHT	POUNDS	134 090	125 110	132 280	136 940	136 940
	KILOGRAMS	60 800	56 750	60 000	62 100	62 100
MAX STRUCTURAL PAYLOAD	POUNDS	49 910	58 890	51 720	47 060	47 060
	KILOGRAMS	22 650	26 700	23 450	21 350	21 350
SEATING CAPACITY	TWO-CLASS	186 - 16 FIRST + 170 ECONOMY				
	ONE-CLASS	FAA EXIT LIMIT: 224（2）, 239（3）				
MAX CARGO -LOWER DECK（4）	CUBIC FEET	1 790	1 790	1 790	1 790	1 790
	CUBIC METERS	51	51	51	51	51
USABLE FUEL	US GALLONS	11 276	11 276	11 276	11 276	11 276
	LITERS	42 680	42 680	42 680	42 680	42 680
	POUNDS	75 550	75 550	75 550	75 550	75 550
	KILOGRAMS	34 260	34 260	34 260	34 260	34 260

表 2.5.12 757-200 ETOPS 运行区域

757-200/RB211-535E4
FAA

Flight Planning and Performance Manual

FLICHTPLANNING
ETOPS

ENGINE INOP

MAX CONTINUOUS THRUST

Area of Operation
Based on standard day and drift down starting at or near optimum altitude

SPEED /M(或 kt)	WEIGHT AT DIVERSION /1 000 lb	DIVERSION DISTANCE/n mile												
		TIME/min												
		60	70	80	90	100	110	120	130	140	150	160	170	180
.78/290	260	401	497	593	657	721	786	850	901	914	978	1 042	1 106	1 170
	240	408	507	605	671	736	802	867	920	933	999	1 064	1 130	1 196
	220	416	516	617	684	751	818	885	939	952	1 019	1 086	1 153	1 220
	200	423	526	628	697	765	834	902	957	970	1 039	1 107	1 176	1 244
	180	429	534	638	708	778	847	917	973	987	1 056	1 126	1 196	1 265
	160	435	541	647	718	789	860	930	987	1 001	1 072	1 143	1 213	1 284
	140	439	546	654	725	797	868	940	997	1 012	1 083	1 155	1 227	1 298
	120	441	549	658	730	803	875	948	1 006	1 020	1 092	1 165	1 237	1 310
.80/310	260	417	517	616	683	749	816	882	935	948	1 015	1 081	1 147	1 214
	240	422	524	626	693	761	829	897	951	964	1 032	1 100	1 168	1 235
	220	429	533	636	705	774	843	912	967	981	1 050	1 119	1 188	1 257
	200	434	539	644	715	785	855	925	981	995	1 065	1 135	1 205	1 276
	180	439	546	652	723	794	865	937	994	1 008	1 079	1 150	1 221	1 292
	160	444	551	659	731	803	875	947	1 005	1 019	1 091	1 163	1 235	1 307
	140	446	555	664	737	809	882	955	1 013	1 027	1 100	1 173	1 245	1 318
	120	448	558	669	741	814	887	961	1 019	1 034	1 107	1 181	1 254	1 327
.80/330	260	428	529	631	699	766	834	902	956	970	1 037	1 105	1 173	1 241
	240	432	536	639	708	777	846	915	970	984	1 053	1 122	1 191	1 259
	220	437	542	647	718	788	858	928	984	998	1 068	1 138	1 208	1 278
	200	442	548	655	726	797	868	939	996	1 010	1 081	1 152	1 223	1 294
	180	445	553	661	733	805	877	949	1 006	1 031	1 092	1 164	1 236	1 308
	160	449	558	667	740	812	885	958	1 016	1 031	1 103	1 176	1 249	1 321
	140	451	561	671	744	817	890	964	1 022	1 037	1 110	1 184	1 257	1 330
	120	451	562	672	746	820	894	967	1 026	1 041	1 115	1 189	1 262	1 336
.80/340	260	432	534	636	704	772	840	908	962	976	1 044	1 112	1 180	1 248
	240	435	539	643	712	781	850	919	975	988	1 058	1 127	1 196	1 265
	220	440	545	650	721	791	861	931	988	1 002	1 072	1 142	1 212	1 283
	200	444	551	657	729	800	871	942	999	1 013	1 085	1 156	1 227	1 298
	180	447	555	663	735	807	879	951	1 009	1 023	1 095	1 167	1 239	1 311
	160	450	559	668	741	814	886	959	1 017	1 032	1 104	1 177	1 250	1 322
	140	452	562	672	745	818	891	965	1 023	1 038	1 111	1 184	1 258	1 331
	120	452	563	673	747	820	894	968	1 027	1 041	1 115	1 189	1 262	1 336
LRC	260	409	507	605	670	734	799	864	915	928	992	1 056	1 120	1 184
	240	406	504	602	667	731	796	861	912	925	989	1 053	1 117	1 181
	220	405	503	600	665	730	794	859	910	923	987	1 051	1 115	1 178
	200	402	500	597	661	726	790	854	906	918	982	1 046	1 109	1 173
	180	399	496	593	657	721	785	849	900	913	976	1 039	1 102	1 165
	160	398	494	590	654	718	781	844	895	908	971	1 034	1 096	1 159
	140	393	489	584	647	710	773	836	886	899	961	1 024	1 086	1 148
	120	389	484	578	641	704	766	829	879	891	953	1 015	1 077	1 139

重量平衡与飞行计划

第三步，假设 ETOPS 最大改航时间为 120 min，根据表 2.5.12 可确定出最大改航距离为 915 n mile（按结构限重查表）。

第四步，确定航路备降场，假设本例的备降场为 A1 和 A2，如图 2.5.20 所示。

第五步，计算等时点 ETP 坐标及 ETP 到备降场的改航距离。本例直接给出 ETP 到备降场的距离为 440 n mile（没考虑风的影响），起飞机场到 ETP 的距离为 2 880 n mile。实际操作时可以通过作图作业完成或通过计算机编程实现。

第六步，根据附录 2.5.4 估计飞机到 ETP 点的燃油消耗为 51 000 lb，即飞机在 ETP 点的重量为 190 000 lb。

第七步，根据改航距离、飞机重量、风向风速，查附录 2.5.9 ~ 2.5.11 分别得到一发失效 + 座舱失压、座舱失压、一发失效飘降三种情况下的临界燃油分别为 12 500 lb、12 000 lb 和 11 500 lb，最后临界燃油取最大值为 12 500 lb。

第八步，按照一般飞行计划要求，根据图附录 2.5.12 可得所需航程燃油为 675 000 lb，则飞机从 ETP 到目的地机场所需燃油为 67.5 − 51 = 16.5 (klb)，比临界燃油多，故起飞油量不受 ETOPS 影响。

【例 5-8】 空客飞机 A320 执行广州至塞班航线，其 ETOPS 临界燃油的计算方法如下：

第一步，根据 A320-231 飞行机组操作手册中的表格（见表 2.5.13）确定飞机的结构限重为 73 500 kg，以该重量起飞一小时后的重量大概为 70 000 kg。

表 2.5.13　A320 飞机结构重量

Aircraft	MTOW		Distance/n mile
	(kg)	(lb)	
A320-11 CFM56-5A1	66 000	145 504	393
	68 000	149 913	390
A320-211/212 CFM56-5A1/A3	66 000 to 67 000	145 504 to 147 708	391
	68 000 to 70 000	149 913 to 154 322	388
	71 500	157 629	385
	73 500	162 038	382
	75 500	166 447	379
	77 000	169 754	376
A320-214 CFM56-5B4	70 000	154 322	406
	71 500	157 629	406
	73 500 to 77 000	162 038 to 169 754	397
A320-231 IAE V2500-A1	66 000 to 68 000	149 913 to 154 322	414
	70 000 to 71 500	145 322 to 157 629	411
	73 500	162 038	408
	75 500	166 447	405
	77 000	169 754	403
A320-/232/-233 IAE V2527E-A5	70 000	154 322	400
	71 500	157 629	398
	73 500	162 038	405
	75 500 to 78 000	171 959	392

第二步，根据飞行机组操作手册中的数据（见表 2.5.14）选择一发失效速度为 320 kt，兼顾到燃油消耗和改航距离，本例选择了一个比最大速度稍小一点的速度。

表 2.5.14　最大改航距离

MAXIMUM DISTANCE (Still air) TO DIVERSION AIRPSION AIRPORT IN NAUTICAL MILES (cont'd)

SPEED SCHEDULE	A/C WEIGHT AT CRITICAL POINT/kg	FL FOR DIVERSION	DIVERSION TIME/min				
			60	90	120	150	180
MCT/VMO	50 000	160	414	616	818	—	—
	55 000	160	413	614	815	1 017	1 219
	60 000	160	412	612	812	1 012	1 213
	65 000	160	410	608	807	1 007	1 206
	70 000	160	408	605	802	1 000	1 198
	75 000	160	405	600	795	992	1 188
MCT/320 KT	50 000	160	412	613	814	—	—
	55 000	160	412	613	814	1 015	1 215
	60 000	160	412	612	812	1 012	1 213
	65 000	160	410	608	807	1 007	1 206
	70 000	160	408	605	802	1 000	1 198
	75 000	160	405	600	795	992	1 188

第三步，假设 ETOPS 最大改航时间为 120 min，根据表 2.5.14 可确定出最佳改航高度为 FL160、最大改航距离为 802 n mile。

第四步，在航路附近选择备降场，这时需要综合分析航路附近备降场的地面保障能力、开放时间等，这些信息一般由情报人员给出，然后由性能工程师进行分析，确定出航路备降场，本例选择某航空公司常用的备降场 PGUM（关岛机场）和 RCTP（台北桃园机场）。

第五步，计算等时点 ETP 坐标，由于过程较为复杂，本例直接给出 ETP 坐标为 N16246E131480（假设到关岛机场为逆风 13 kt，到桃园机场为逆风 5 kt）。

第六步，计算临界燃油。首先计算等时点到航路备降场的改航距离：ETP—PGUM 为 775 n mile，ETP—RCTP 距离为 788 n mile；然后根据改航距离、飞机重量、风向风速查表（附录 2.5.13 和 2.5.14）分别得到一发失效+座舱失压、座舱失压两种情况下的临界燃油分别为 7 300 kg 和 7 250 kg；最后临界燃油取最大值为 7 300 kg。

注：手册中未提供一发失效飘降的临界燃油计算图表。

5.6.5　ETOPS 计算机飞行计划

计算机飞行计划必须包括公司 ETOPS 运行的所有必要信息，应主要包括如下内容：

（1）燃油计划；

（2）计划的飞行高度、飞行航路；

（3）各高度层的气象资料（风向、风速信息及外界温度）；

（4）航路各数据（航段预计航迹、航路点之间距离、预计航段飞行时间）；

（5）航线距离和预计航线飞行时间；

（6）起飞机场、目的地机场、航路备降机场和目的地备降机场；

（7）商务业载信息；

（8）ETP（等时点）；

（9）从 ETP 到各航路合适备降机场的时间；

（10）ETP 的地理位置数据；

（11）到 ETOPS 合适备降机场的最早到达前一小时，最晚到达后一小时的时间（按预计起飞时刻）；

（12）列出航路 ETOPS 合适备降机场；

（13）MEL 放行信息；

（14）相关区域 PHONE-PATCH 通信频率；

（15）目的地备降机场的航路和燃油计划。

5.7 极地运行飞行计划

5.7.1 极地飞行介绍

1. 极地飞行历史

极地运行是指使用穿越极地区域航路的航班运行，北极区域为北纬 78°00′ 以北的区域。

1926 年 5 月 9 日，美国人伯德和贝内特驾驶福克 F.VIIA-3M 三发单翼机，从挪威斯匹次比尔根群岛出发，穿越北冰洋上空，成功飞越北极点后安全返回。1929 年 11 月 28 日，伯德等四人机组驾驶一架福特 4-AT 三发飞机，从南极洲边缘的小阿美利加基地出发，飞临南极后返回，往返飞行 18 小时 59 分钟。伯德成为世界上第一个飞越过地球两极的人。

1926 年 5 月 11 日，欧洲飞行探险家开始由罗马至阿拉斯加的飞行尝试，因天气原因未达目的地。1937 年，俄罗斯飞行员第一次实现了由莫斯科经北极飞抵安克雷奇。1954 年，北欧航空公司（SAS）使用 DC-6B 型客机开通了哥本哈根经极地飞至美国西海岸城市洛杉矶（CPH-SFJ-LAX）的航线。

欧亚之间的极地飞行历史超过 40 年。1957 年，斯堪的那维亚航空公司（SAS）使用 DC-6B 机型开通了哥本哈根—安克雷奇—东京航线（CPH—ANC—NRT）。1983 年，芬兰航空公司使用 DC-10 机型开通了赫尔辛基—东京航线（HEL—NRT）。

从 1996 年开始，国际航空运输协会协调美国、加拿大、俄罗斯、蒙古、中国等国的空域管理部门，经过多轮磋商，解决政策、法规、财政、技术等问题，共同开辟了 4 条跨越北极地区上空连接北美和亚洲的新航路，即极地航路。现行的北极航路 POLAR 1、2、3、4 是从多年的极地飞行经验基础上发展起来的。20 世纪 90 年代初，俄罗斯开放了部分领空和军用机场，为北极航路的开通创造了有利的条件。1993 年，出现了 POLAR 1、2、3、4。1998 年 7 月，国泰航空公司进行了第一次验证飞行。2001 年 2 月 1 日，北极航路正式对外开放。2001 年 3 月 1 日，完成了首次 B777 的 ETOPS 运行。目前，跨越极地的商业运行已有 40 余年的历史。

2001 年 5 月 29 日，东航使用 A340-300 从芝加哥起飞，经过北极到达上海，成为中国航空史上首次跨越北极的飞行。2001 年 7 月 15 日，中国南方航空公司使用 B777 开通了纽约—北京航线。2002 年 8 月 19 日，中国国际航空公司使用 B747 开通了纽约—北京航线。

2. 极地航路

北极地区的航路形成于 1993 年，验证飞行从 1998 年 7 月开始，共进行了 650 多次。先期推出了 4 条北极航线，从白令海峡向北依次为 POLAR4、3、2、1。

POLAR1：由印度北部穿越诺里尔斯克，直飞北极圈；主要服务于北美西部城市至印巴航线。

POLAR2：由蒙古乌兰巴托经伊尔库茨克及布拉茨克抵北极圈；主要服务于北美东部和中部城市至马来西亚、新加坡、泰国和印度尼西亚。

POLAR3：自北京经蒙古地区绕季克西抵北极圈；主要服务于北美中部、东部城市至中国内地、中国香港、中国台湾和菲律宾。

POLAR4：由北京起穿越雅库茨克，直达北极圈外围地带；主要服务于北美中东部城市至中国内地、中国香港、中国台湾、韩国和许多交叉航路。

极地航路使得航程缩短，如由美国和加拿大的东部飞往中国以及东南亚的空中距离缩短，由美国和加拿大西部飞往我国新疆以及印度、中亚等国的距离极地航路最短。由于极地航路的距离短，所需油量少，故可提高商载，如表 2.5.15 所示。

表 2.5.15 纽约—北京 B777 冬季航班的载量比较

项 目	常规航路	极地航路	指标增减量
旅客数	163 人	253 人	＋90 人
飞行时间	16:45	15:20	－85 min

5.7.2 极地飞行特点

1. 磁不可靠

由于地球磁场收敛于地磁北极和南极，这样地磁场在极区具有两个特点：一是磁倾角很大，磁场水平分量很小，使磁罗盘不能正确测量磁航向；二是磁经线迅速收敛磁差变化很大。同时，由于地磁场本身的不稳定性及地磁风暴、宇宙射线等的影响，地球的磁极实际上不是一个确定的位置，经常会出现少量的漂移，这种现象越靠近北极点表现得越明显，这就造成了罗盘定向的误差，甚至不能正确定向。

磁不可靠区（AMU）所覆盖的范围，如果使用了飞机导航系统中的"延展磁差"选项，其范围包含所有北纬 82° 以北地区和经度位于西经 80° 和 130° 之间，北纬 70° 以北地区（这是个类似钥匙孔形的磁不可靠区）；如果未使用"延展磁差"选项，则其范围包含所有北纬 73° 以北地区。在磁不可靠区域不能使用磁航向导航，飞行计划必须使用真航迹和真航向。

在导航方面，从理论上讲，卫星导航在全球任何地点、任何时间都可以使用。但是由于卫星分布原因，在两极和高纬度地区、高仰角的部分区域可能出现卫星覆盖空洞，这将可能使接收到的卫星几何分布不理想，导航精度有所降低，特别在飞机进近机动飞行时影响更大。在实际使用中，北纬 88° 以北地区 GPS 受接收信号影响短时不工作。而惯性导航 INS 是一种自主式的导航方法，可以在包括极地地区在内的任何地方使用，但它存在积累误差，正常工作时需要采用其他导航方式（VOR、GPS等）校正。在极地区域由于没有其他导航方法校正，长时间飞行将产生较大误差。

因此，极地飞行过程中的导航必须严格按照规定的程序进行，同时必须安装 VHF、GPS、INS 导航设备和飞行管理计算机 FMC。

另外需要注意的是，气压式高度表由于极区极度低温带来的多指误差；某些在近地警告系统 EGPWS 地形数据库中未包括的地区，将在电子地图显示屏上用品红色点显示；气象雷达发射的无线电波束由于极区冰面的镜面反射可能为气象目标判读带来影响等。

2. 低 温

极地区域冬季高空气温通常为 –60 ～ –72 ℃。极端低温区常出现在俄罗斯远东地区。由于地表温度很低，导致同温层底部有时只有 23 000 ft。

在极地航线飞行时，飞机运行环境的特殊性，要求使用特定的燃油，而且要求在处理燃油时进行严格控制。低温燃油管理问题对于极地飞行是非常重要的，不论是在飞行前准备阶段，还是在飞行过程中。

世界范围内，目前广泛使用的航空燃油是煤油，型号有 JET-A、JET-A1 等。我国生产的航空煤油有 RP-1 和 RP-2。

煤油是一种碳氢化合物，通常会含有一些水分和蜡质。含蜡量随燃油的牌号不同而不同。

在常温与正常的燃油管理情况下，水分与蜡是不会出现问题的。但是，在喷气飞机的特殊运行环境下，有可能出现问题。如果低温性能不好，在低温条件下，燃料流动缓慢，煤油中所含的水分或液态杂质会冻结，出现烃结晶与冰结晶堵塞油路的情况，影响正常供油；如果温度继续下降，在接近燃油冰点时，蜡质会呈固体状并将燃油滤堵塞，严重时会造成供油中断，发生飞行事故。航空煤油结晶点一般要求在 –40 ～ –60 ℃ 以下。表 2.5.16 为目前常用燃油标准冰点和最低使用温度数据。

表 2.5.16 燃油标准冰点和最低使用温度

燃油型号	冰点温度	最低使用温度	备注
JET-A	–40 ℃	–37 ℃	
JET-A1	–47 ℃	–44 ℃	
JP-4	–58 ℃	–55 ℃	
JP-5	–46 ℃	–43 ℃	
JET-B	–50 ℃	–47 ℃	
3#	–50 ℃	–47 ℃	

由于上述原因，喷气飞机均有燃油加温装置，以便于飞机在燃油温度低于水的冰点飞行。同时，还需要限定飞机在燃油温度高于其冰点的条件下飞行。

3. 通 信

北极是太阳黑子活跃区域，太阳风粒子不能穿越地球磁场，而只能通过极尖区进入地球磁尾。当太阳活动发生剧烈变化时，常引起地球磁层亚暴。于是这些带点粒子被加速，并沿磁力线运动，从极区向地球注入。所以进入极区的宇宙线通量大大高于其他地区。

北极地区由于人类活动和太阳风暴造成的臭氧层减弱或臭氧空洞对阳光的过滤作用有所削弱，所以太阳的周期性活动对电磁波的干扰作用在这一地区表现得特别明显。

上述原因造成电离层扰动，影响电离层状的稳定，从而引起无线电通信不稳或中断及地球磁场的紊乱。

在极地航班飞行中，当机组使用常规的 HF 设备与管制部门进行地空通信时，往往会出现信号质量下降，自动跳频，以及较严重的噪声和衰减现象。当太阳的周期活动表现得特别强烈的时候，高频通信设备甚至会完全失效。另外，在北纬 82° 以北地区存在卫星信号覆盖盲区，位于赤道上空静止轨道上的通信卫星发出的信号无法顺利地传送到极区范围内的接受设备供其使用，同样极区发射的信号也无法被卫星顺利捕获。

因此，极地飞行过程中的通信必须严格按照航路图中指定的程序进行，必须同时准备 VHF、HF 设备和卫星通信 SATCOM 设备，在与 ATC 交换信息过程中应使用标准 ICAO 航行术语。在北纬 82° 以北地区，HF 是基本的通信手段，卫星通信 SATCOM 设备往往无法正常使用，但可以作为备份设备。

4. 宇宙辐射

宇宙辐射，即电离辐射，是来自银河系的高能粒子在进入地球大气层时和大气中的各种原子碰撞，产生次级辐射，主要由质子、中子、电子和光子组成。周期为 11 年的太阳活动是导致宇宙辐射的主要原因。

辐射效应就是辐射损伤，包括对材料和人员的损伤，总辐射损害指各种辐射长期积累的总效应。通过电离作用和原子位移作用，使材料的分子结构产生缺陷。高能电磁辐射或粒子辐射穿入人体细胞，使细胞的分子电离，损害了细胞的正常功能。对细胞最严重的危害是其 DNA 受到损伤，DNA 是细胞的"心脏"，包含所有产生新细胞的结构。

当人体受到一定剂量的辐射后，会患辐射病，其主要症状包括严重灼伤、不能生育、生成肿瘤和其他组织的损伤。严重损伤可导致快速（几天至几周内）死亡。DNA 的变异可遗传后代。受损细胞能否修复取决于 DNA 受损类型。

不同辐射剂量当量水平对人体的影响分别是：0.02 mSV，相当于 X 光体检，1 000 mSV 会患辐射病，2 500 mSV 将导致女性不育，3 500 mSV 将导致男性不育，4 000 mSV 将有致命损害。中国民用航空医学研究室对国内 19 条航线和国际 2 条航线进行辐射剂量的测定（1992—1995 年），结果表明辐射剂量随飞行高度、飞行时间和地磁纬度的增加而增加。国内航线为 2.85 ~ 3.11 mSV/1 000 h，国际长航线最高剂量达 12.22 mSV/1 000 h。

因此，宇宙辐射的危害主要表现为以下 3 点：

（1）影响人的健康，特别是飞行人员，其恶性肿瘤、染色体损伤和脂质的氧化损伤发生的概率明显高于普通人群；

（2）影响地球的磁场和电离层；

（3）影响通信、电子导航设备、卫星，甚至电力传输。

5.7.3 极地航线飞行计划的制订

首先应确定最优的北极航路。注意如果太阳辐射预报中有任意一项达到或超过极地运行标准（地磁风暴 G4、太阳辐射 S3、无线电失效 R3）时均不能执行极地运行。确定航路的方法一般为以下几步：第一步，获得预计无油重量；第二步，获得并分析天气图（包括两个时段的 SIGMET、高空风温图等）；第三步，根据预计无油重量，制作 POLAR2/3/4 计算机飞行计划；第四步，根据计算机飞行计划和航路天气情况一般按照下列航路优选原则，确定本次航班的最佳极地航路。

如果 3 条北极航路的航路温度均高于 – 65 ℃ 时，选择航段时间最短或耗油最少的航路；

如果 3 条北极航路的航路温度均低于 – 65 ℃ 时，选择航路温度最高的北极航路；

如果 3 条北极航路的航路温度既有高于 – 65 ℃ 也有低于 – 65 ℃ 时，选择高于 – 65 ℃ 的北极航路中航段时间最短或耗油最少的航路。

然后针对所选航路，结合高空温度预报，根据燃油冰点测试程序，判断是否需要测量燃油实际冰点。

最后按照航路相关空中交通管制单位的要求，在规定时间段内进行航路的申请。签派员在起飞前 6 h 接收 GRL（Gateway Reservation List），确认航班计划申请成功，并按照 GRL 的批复制作计算机飞行计划。

制作计算机飞行计划的步骤大致分为以下几步：

（1）获得准确的无油重量；

（2）根据航行通告、气象资料和已确定的最佳北极航路，使用相应软件制作计算机飞行计划；

（3）检查并确保所有航路点在对应飞行高度上的大气预报温度高于燃油冰点相对应的转换大气静温 SAT[换算公式为 $SAT = TA/(1 + 0.2 \times M^2)$，TA 为燃油冰点]。

某公司极地运行签派放行检查单如表 2.5.17 所示。

表 2.5.17　某公司极地运行签派放行检查单

放行进度	工作项目	完成情况	备注
起飞前 1 日至起飞前 6 小时	航前准备：了解航班动态转告出港飞行机组，检查飞行机组单报、配载指数报的拍发情况，收集资料		
起飞前 6 小时至起飞前 4 小时	获取航路批复情况		
	从地面代理获得预计无油重量		
	分析航务代理提供的天气图		
	了解检查宇宙辐射预报，判断是否执行极地航路		
	制作 P2/3/4 计算机飞行计划		
	提取 P2/3/4 的 NOTAM		
	进行航路优选确定执行的航路		
	视航路优选结果，进行航路的申请		
起飞前 4 小时至起飞前 1 小时 30 分	获得公司通信最佳高频频率		
	分析最新宇宙辐射情况		
起飞前 1 小时 30 分至起飞前 1 小时	根据优选航路制作计算机飞行计划（加入收电地址、成本指数、辐射预报、最佳 HF 频率）		

续表

放行进度	工作项目	完成情况	备注
起飞前 4 小时至起飞前 1 小时 30 分 起飞前 1 小时 30 分至起飞前 1 小时	分析航站气象资料		
	制作分析优选航路的 NOTAM		
	获得航务代理当日航班 CID 号，检查 FPL 拍发情况		
	制作 N75 改航 ANC 计划		
	确认最终航路申请情况		
	通过机务确认飞机适航		
	制作签派放行单并通知机务起飞油量，向代理拍发起飞数据		
	尽快获取第一次实测燃油冰点并在签派放行单中标注		
	向飞行机组提供放行资料并讲解		
	飞行签派员和机长共同签字放行		
起飞前 1 小时至起飞后 1 小时	拍发航务动态电报		
	追报最终实测冰点并确认		
	监控航班运行动态		

复习思考题

1. 假设 B757-200 执行国内某航班，航程为 1 200 n mile，LRC 巡航，FL310，顺风 50 kt，ISA；备降距离为 200 n mile，LRC 巡航，FL250，静风，ISA。已知 OEW = 128 000 lb，MZFW = 184 000 lb，商载 PL = 50 000 lb，最大油箱容量为 73 300 lb，MTOW = 240 klb，MLDW = 198 klb，MALW = 198 klb，P_{tf} = 2 500 元/t，P_{df} = 3 600 元/t，用附录 2.5.1 ~ 2.5.4 及书中的相关图表确定利用燃油差价的效益。

2. 分析航路风对二次放行点最佳位置的影响。

3. 解释临界燃油的概念。

4. 简述 ETOPS 运行飞行计划的制订过程。

第6章 计算机飞行计划

由于手工制作飞行计划计算量大、计算时间长、计算误差大，同时飞行计划的制订需要查阅许多资料，如机场数据、机型数据和气象数据等，因此手工制作详细的飞行计划比较困难，而解决这一问题的途径就是采用计算机飞行计划（CFP）。目前，计算机飞行计划制作软件较多，但国内航空公司用得较多的是美国 Jeppesen 公司开发的 JetPlanner、总部位于伦敦的 SITA 公司开发的 SITA 飞行计划软件和美国 Sabre 公司开发的 Sabre 软件。

本章分为三节。第一节以 JetPlanner 为例介绍计算机飞行计划制作的具体步骤和过程。第二节为计算机飞行计划的识读，以各航空公司的飞行计划单作为实例加以说明。第三节简单介绍了飞行监控的作用。

6.1 计算机飞行计划的制作

JetPlan 是全球知名的航空信息及航空服务公司 Jeppesen（杰普逊）的产品，可以为用户提供完整的飞行计划和航空数据支持。通过这个系统，用户可以获得：飞行计划（针对燃油、时间及费用进行优化）、文本气象信息（包括 NOTAM）、气象图形、飞行计划自动发报功能、纯文本信息传送功能和用户数据库支持。JetPlan 有网页版和安装版两种形式。JetPlanner（安装版）在网页版本的基础上提供了图形形式的天气系统等，其主要优点有以下几点：飞行计划的制作更加简单快捷；能在航路图上显示飞行计划路径；能利用卫星和实时雷达显示动态画面，进行动态跟踪；可以上传到 FMS 系统；网络接口很多；与 Jeppesen 航图结合等。航空公司使用的是安装版，所以下面着重介绍 JetPlanner 的组织结构和使用方法。

JetPlanner 主要是通过以下按钮来显示飞行计划信息。如果用户安装了 Jeppesen 航图，Terminal Chart 和 NOTAMS 按钮才会显示并可用。

JetPlanner 的界面如图 2.6.1 所示，主要包含工具条、机场、航图显示、飞行计划管理、天气信息、剖面显示、放行信息等模块。

大部分公司将飞行计划的制作嵌入到 FOC 系统中，下面以川航的 FOC 系统为例，简单介绍一下公司在制作飞行计划和签派放行时的内容与步骤。

要放行一个航班，签派员需要完成机组信息、机场情况、飞机情况、故障保留等的检查，并分析航行通告、天气信息，然后根据载重信息制作飞行计划，最后编辑 FPL 报，准备放行资料，如图 2.6.2 所示。每一项的具体信息如图 2.6.3 ~ 2.6.7 所示。

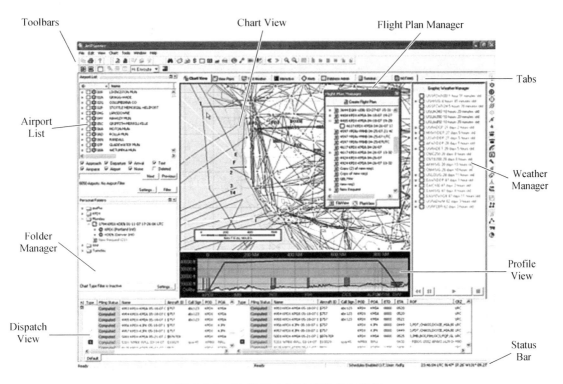

图 2.6.1　计算机飞行计划软件示意图

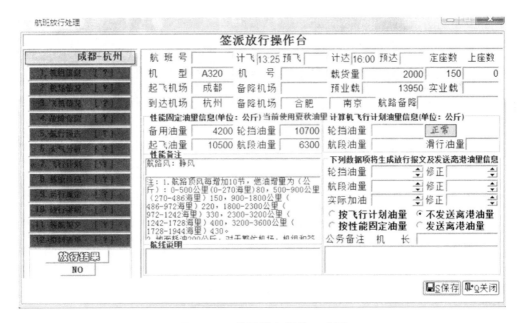

图 2.6.2　签派放行操作示意图

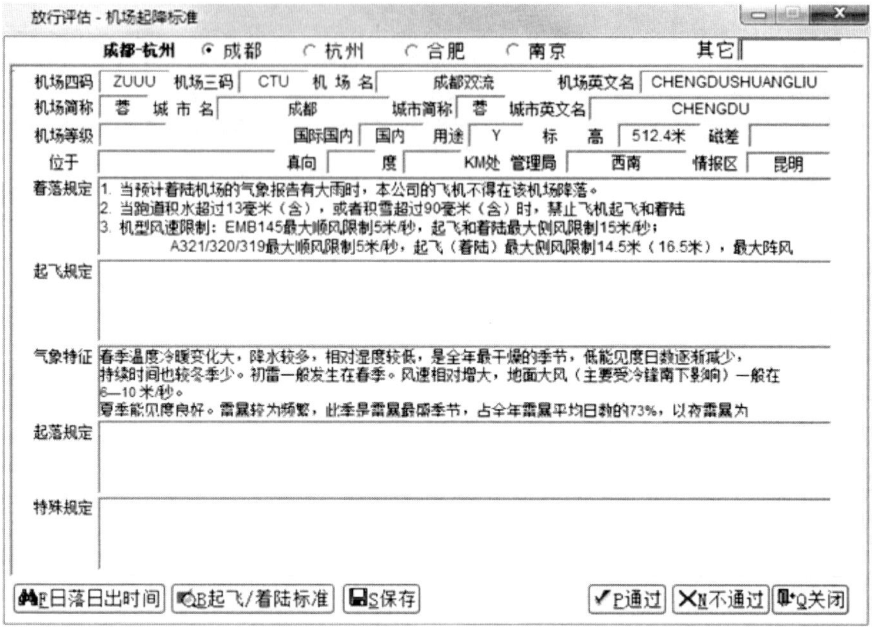

放行评估 - 机场起降标准

| 成都-杭州 | ⊙ 成都 | ○ 杭州 | ○ 合肥 | ○ 南京 | 其它 |

机场四码 ZUUU 机场三码 CTU 机场名 成都双流 机场英文名 CHENGDUSHUANGLIU

机场简称 蓉 城市名 成都 城市简称 蓉 城市英文名 CHENGDU

机场等级 国际国内 国内 用途 Y 标高 512.4米 磁差

位于 真向 度 KM处 管理局 西南 情报区 昆明

着陆规定 1. 当预计着陆机场的气象报告有大雨时,本公司的飞机不得在该机场降落。
2. 当跑道积水超过13毫米(含),或者积雪超过90毫米(含)时,禁止飞机起飞和着陆
3. 机型风速限制:EMB145最大顺风限制5米/秒,起飞和着陆最大侧风限制15米/秒;
   A321/320/319最大顺风限制5米/秒,起飞(着陆)最大侧风限制14.5米(16.5米),最大阵风

起飞规定

气象特征 春季温度冷暖变化大,降水较多,相对湿度较低,是全年最干燥的季节,低能见度日数逐渐减少,
持续时间也较冬季少。初雷一般发生在春季。风速相对增大,地面大风(主要受冷锋南下影响)一般在
6—10米/秒。
夏季能见度良好。雷暴较为频繁,此季是雷暴最盛季节,占全年雷暴平均日数的73%,以夜雷暴为

起落规定

特殊规定

[🔍P日落日出时间] [🕐B起飞/着陆标准] [💾S保存]   [✔P通过] [✗N不通过] [◀Q关闭]

图 2.6.3 机场选项示意图

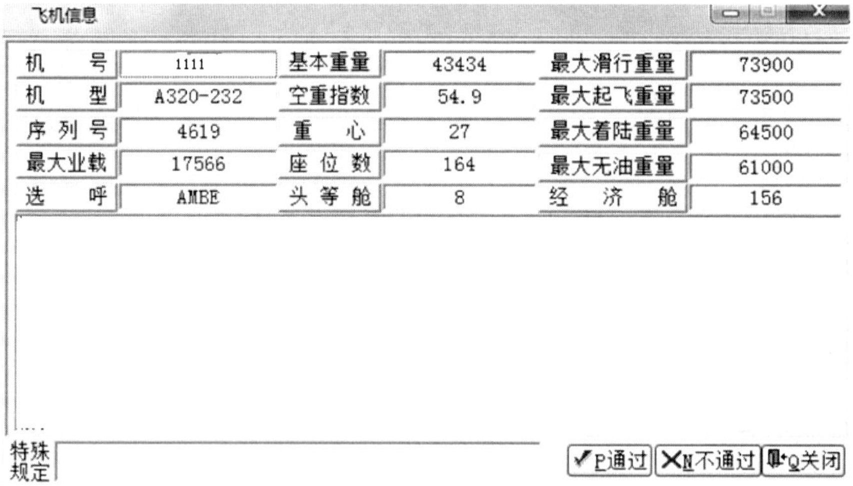

飞机信息

机 号	1111	基本重量	43434	最大滑行重量	73900
机 型	A320-232	空重指数	54.9	最大起飞重量	73500
序 列 号	4619	重 心	27	最大着陆重量	64500
最大业载	17566	座 位 数	164	最大无油重量	61000
选 呼	AMBE	头 等 舱	8	经 济 舱	156

特殊规定   [✔P通过] [✗N不通过] [◀Q关闭]

图 2.6.4 飞机信息示意图

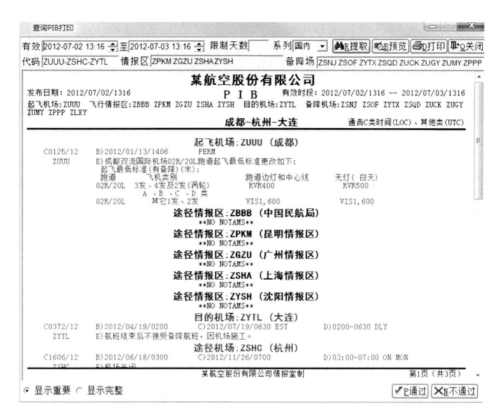

图 2.6.5　PIB 示意图

图 2.6.6　天气分析示意图

图 2.6.7　飞行计划制作示意图

制作飞行计划时，只需要输入航班信息、巡航模式、备油时间、航路信息、剖面、备降场、商载和滑行油量即可计算。一般情况下，需要特别注意的是剖面信息中的高度，需要根据天气、通告、商载等情况进行调整。计算结果如图 2.6.8 所示。

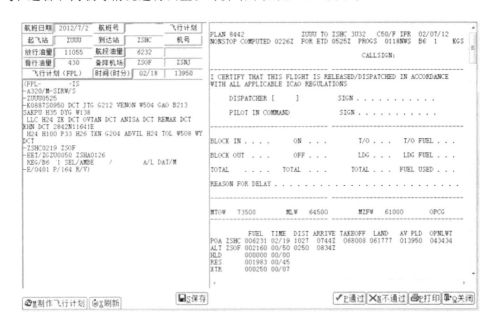

图 2.6.8　飞行计划结果输出示意图

在放行评估时，主要是检查飞机的重量是否超重，如图 2.6.9 所示。最后准备放行资料，包括打印好的飞行计划、飞行前公告、天气预报和高空风温图及签派放行单（见图 2.6.10）。

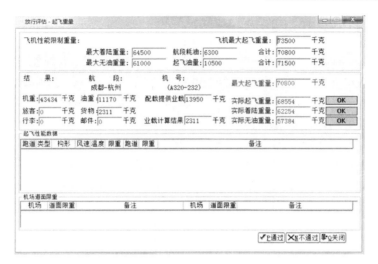

图 2.6.9 放行评估示意图

飞行签派放行资料清单
Dispatching information list

机长您好：这里有您想要了解的信息

Captain：here is some information you need

序号 No	机长 Captain		停机位 Gate	204
1.	航班号 Fight No.		机号 Registration	
2.	航线 Route		机型 Aircraft	A320-232
3.	计划起飞 ETD	13:25	计划到达 ETA	16:00
4.	故障保留 MEL			
5.	操作及运行限制 Operation Limit			
6.	旅客人数 Passenger.	162	VIP 情况 VIP	
7.	总商载量 Total Loading	13 950	货重 Cargo Weight	2 311
8.	轮挡油量 Block Fuel	11 600	航段油量 Trip Fuel	63 00
9.	天气资料 Weather Information	高空风预报图、重要天气预报图 起飞机场、目的地机场、备降机场等实况及预报、CFP		
10.	加机组 Joining the Crew member			
11.	飞行部派遣 联系电话		飞行部干部 值班联系电话	
12.	某航签派频率 Dispatch Frequency	成都签派　131.9 重庆签派　131.8	签派放行电话 The Tel No of Release Dispatch	
13.	目的地机场 The Frequency of FSC		目的地机场 代办电话 The Tel No of Detination	
14.	备注 Other			

图 2.6.10 放行单示意图

6.2 计算机飞行计划的识读

关于计算机飞行计划的输出格式，各航空公司可以自己定义，故即使是使用的相同软件，输出的飞行计划格式也不完全一样，内容上也稍有差别，下面举几个例如加以解释。

【例 6-1】 Jeppesen 飞行计划。

（1）普通计算机飞行计划说明。

PLAN 7100 HU 7281 ZBHH TO ZBAA A330-243 30/F IFR 08/09/09

计划号   航班号 起飞场 目的地 机型 巡航方式 运行类型 日期

NONSTOP COMPUTED 0900Z FOR ETD 1000Z PROGS 0900ADF B6116 KGS

计划制作时刻   预计起飞时刻 计算采用的风图 注册号 单位

FUEL TIME DIST ETA   TOW   LW   ZFW   AV PLD   OPNLWT

油量 时间 距离 到达时刻 起飞重量 着陆重量 零油重量 有效业载 干使用重量

DST ZBAA 004009 00/44 0289 1044Z 163829 159820 145936 024000 121936A

ALT ZBHH 004642 00/47 0286 1131Z 233000 182000 170000 048064 121936M

HLD   000000 00/00

RES   004242 00/45

REQ   012893 02/16

TXI   000250

XTR   005000 01/10

TTL   018143 03/26

FUEL BURN ADJUST FOR + /-1000KGS TOW： + 0015KGS/-0004KGS

FUEL ON BOARD _____ OUT_____IN_____

DEP ATIS_____

起飞机场通波

CLEARANCE_____

TRK BHHBAA-D：ZBHH.SZ A596 KM.ZBAA （航路）

WIND P037 MXSH 4/TZH

风   最大颠簸量

TAS 449 FL 266

TIME

IN ... .. ON ... ..

OUT ... .. OFF ... ..

BLK ... .. FLT ... ..

RAMP COORD_____ COAST OUT COORD_____

停机坪坐标   海岸线坐标

ALTIMETER NO 1_____ ALTIMETER NO 1_____

高度表   1 号   1 号

NO 2_____ NO 2_____

STBY_____ STBY_____

备用

ZBHH ELEV 03556FT

MAIN PLAN：ZBHH-ZBAA

WPT	FLT	T	WIND	S	TAS	AWY	MHDG	DST	ETE	ETR	FU	FR	FF/E
航路点	高度层	温度	风	颠簸等级	真空速	航路	磁航向	距离	预计耗时	预计剩时	预计耗油	剩油	燃油流量/发
FREQ	TRO	TDV	COMP	GRS	MSA	MCRS	DSTR	ETA	ATR	AFU	AFR		
频率	对流层顶高度	温度偏差	风分量	地速	最低安全	磁航迹	剩余距离	实际耗时	实际剩时	实际耗油	实际航迹		

ZBHH 000

0289

SZ 230 .. .. 133 047 0007 0037 0017 0162 . .

282.0 .. .. 098 128 0242

N40312 E112298

TOC 266 .. . . A596 104 012 0002 0035 0004 0158 . .

.. .. 098 100 0230

N40300 E112456

RVSM ALT DIFF LH _____ FT / RH_____FT

TZH 266 23 24048 4 449 A596 104 060 0007 0028 0007 0151 2832

115.6 53 P15 P039 488 098 100 0170

N40246 E114031

TOD 266 23 23046 4 449 A596 100 065 0008 0020 0008 0144 2830

53 P15 P036 485 104 096 0105

N40234 E115288

KM 265 .. . . A596 100 001 0000 0020 0000 0144 . .

360.0 .. .. 104 096 0104

N40234 E115299

ZBAA 001 .. . . 122 104 0020 0000 0005 0139 . .

ZBAA ELEV 00116FT 104 117 0000

N40043 E116358

ARR ATIS_____

START OF WIND AND TEMPERATURE SUMMARY ZBHH TO ZBAA

航路风温概述

LVL DIR/SPD/OAT   LVL DIR/SPD/OAT   LVL DIR/SPD/OAT

SZ   F380 26/064 M45   F340 25/065 M39   F300 25/062 M31

F240 25/041 M19   F180 27/029 M07   F100 29/016 P08

TZH F380 26/061 M46   F340 25/064 M39   F300 24/060 M30

F240 24/039 M18   F180 26/027 M07   F100 29/015 P09

KM   F380 25/058 M46   F340 25/063 M39   F300 24/058 M29

F240 23/037 M17   F180 25/025 M06   F100 29/015 P09

ZBAA F380 26/053 M46 F340 25/056 M39   F300 24/051 M29

F240 24/032 M17 F180 25/021 M05   F100 26/013 P09

（FPL-CHH7281-IS

-A332/H-SHIDGRWY/S

-ZBHH1000

-M080S0810 HET J202 SZ A596 KM

-ZBAA0044 ZBHH ZBTJ

-REG/B6116 SEL/ESBC

RMK/ACAS EQPT）

（2）ETOPS 运行计算机飞行计划格式的区别。

		FUEL	TIME	DIST	ARRIVE	TAKEOFF	LAND	ZFW	AV	PLD	OPNLWT
DST	LHBP	038692	10/15	4178	1015Z	135403	096711	090519	000000	090519A
ALT	LOWW	001789	00/27	0117	1042Z	186880	145150	133810	045018	090519M
HLD		003750	00/45							
RES		000000	00/00							
REQ		044231	11/27							
TXI		001306								
XTR		000000	00/00							
ETOPS		000000	00/00							

多带关键点耗油

TTL 045537 11/27 TRK ZBAALHBP-D

…… ……

ENRT ALTN （航路备降场及气象关注时间）

UNAA SUITABLE 0218/0629

UACC SUITABLE 0428/0800

UWLW SUITABLE 0600/1121

TIME TO

DIST   W/C   CFR   FOB   EXC   ETP /

ALT

ETP UNAA/UACC 0414/0384 P007/M021 08724 025100 16380 04.36/01.16

等时点 N5500.0 E07947.4

ETP UACC/UWLW 0454/0435 P017/M001 08936 019671 10740

06.03/01.21

*** N5526.4 E06115.0

ETOPS ENTRY N5528.2E06318.6 ETOPS EXIT N5524.6E06024.9

进入点 退出点

…… ……

MAIN PLAN：ZBAA-LHBP

CPT FLT T WIND S TAS AWY MHDG DST ETE ETR FU

FR FF/E

FREQ TRO TDV COMP GRS MSA MCRS DSTR ETA ATA AFU

AFR

ZBAA 000

4178

HUR 261 …… …… .. 021 047 0010 1005 0020 0427 . .

113.6 .. … …. … 082 031 4131

N40198 E116449

…… ……

ETP1 381 60 25040 3 444 R480 274 063 0009 0607 0006 0268 1829

等时点 1

35 M03 M034 410 036 278 2577

N54060 E085090

…… ……

ENTR1 381 52 35026 0 451 R480 260 072 0010 0421 0006 0203 1799

进入点 1

***.** 31 P05 M005 446 022 257 1811

N55282 E063186

…… ……

ETP2 430 53 35028 1 450 R481 259 060 0008 0412 0006 0197 2173

等时点 2

32 P04 M003 447 047 255 1741

N55264 E061150

ARGIT 430 53 35028 1 450 R481 259 014 0002 0410 0001 0195 2260

32 P04 M003 447 047 255 1727

N55252 E060514

EXIT1 430 53 36030 1 450 R481 258 015 0002 0408 0001 0194 2065

退出点 1

33 P04 000 450 052 254 1712

N55246 E060249

（3）二次放行计算机飞行计划格式的区别。

LAN 0805 ZBAA TO LHBP B767-300 70/F IFR 05/24/0C

NONSTOP COMPUTED 0828Z FOR ETD 1500Z PROGS 2400ADF B2562 KGS

PLAN　　　　　　0800　　　　　　　　　　0801

PD/RCLR　　　ZBAA/　　　　　　　　ZBAA/KW 系统自动选择的二放点

FUEL TIME DIST　　　　FUEL TIME DIST

PA LHBP 047369 1001 4154　UKBB 041741 0840 3617

航线耗油　　　　　　　　　备降耗油

RES　　000973 0011 KW　　　　003592 0052

备份油量　　　　　　　　　备份油量

AL LOWW 002058 0027 0124　UUEE 004374 0100 0411

备降耗油　　　　　　　　　备降耗油

HLD　　002500 0030　　　　　　002500 0030

等待耗油　　　　　　　　　　等待耗油

REQ　　052900 1109　　　　　052207 1102

所需油量

XTR　　000000 0000　　　　　000692 0008

计算业载 按规章要求，增加的额外油量

TOT　　053553 1109　　　　　053552 1110

总油量　　　　　　　　　总油量

TOW　　163563　　　　　　　163562

实际起飞重量

LDW　　116194　　　　　　　121821

实际着陆重量

PAY　020000　　　　　　　　020000

计算业载

【例 6-2】　SITA 飞行计划。

CFP INPUT MESSAGE DATE TIME REF 110512

START OF CFP REF ： LCFF9　-　CA 161　01 ZBAA RJBB

RELEASE TO AIR CHINA CCA161　/ 11 0512 2009 AUG

PEK/ZBAA - KIX/RJBB　ALTN NGO/RJGG

SCHEDULE PEK/ZBAA 0805Z-KIX/RJBB 1110Z

AIRCRAFT DATA：

REG B5171　/EPBM IFR ENGINE CFM56-7B26

ALL STRUCTURE LIMITED WEIGHTS IN KGS：

MTAXIW 079242　MTOW 079015　MLDW　066360　MZFW 062731　OEW 042870

TAXIWT 068761　BRWT 068351　LDGWT 061320　ZFWT 056870　PLD 014000

FUEL SUMMARY：

BURN　　　/007031

DEST MNVR/000300

BACKUP　　/004150

TAXY/APU /000410

TOTAL　　/011891

TIME SUMMARY：

PEK/ZBAA - KIX/RJBB 0240

ATC FLIGHT PLAN：

（FPL-CCA161-IS

-B738/M-SGHDIPRWZ/S

-ZBAA0805

-K0863S1010 LADIX8A LADIX A326 DONVO G597 AGAVO/N0470F330 Y64

　ARIVA/N0468F350 Y64 ENKAS G597 JEC DCT TRE/N0468F340 Y36

　OKC/N0466F350 DCT ALISA EDDIE DCT AJE AKASI

-RJBB0240 RJGG

-EET/ZYSH0035 ZSHA0052 RKRR0103 RJJJ0149

　REG/B5171 SEL/EPBM

　NAV/RNAV1 RNAV5 RNP10 RMK/ACASII EQPT）

COMPANY NOTES：

IMPORTANT INFORMATION：

THIS FLIGHT PLAN IS PREPARED BY：FU

DISPATCHER：　　　　　　　　CAPTAIN：

-- --

TAXY OUT　　410

CLIMB　　　250/280/.78

CRUISE　　　ECON/CID = 040

DESCENT　　.78/280/250

DEST MNVR   300

TAXY IN   150

-- --

NORMAL FLIGHT LEVEL SELECTION OVERRIDDEN BY DISPATCHER

   BY USE OF   PRF- KEYWORD ON CFP INPUT

FLT RELEASE   CCA 161   ZBAA/RJBB ECON CRZ   AC 5171

	FUEL TIME	CORR	BRWT	LDGWT	ZFWT	REGN
DEST RJBB	7031 0240	....	68351	61320	56870	B5171
RESERVE	700 0015	....	AVG W/C P17	ISA DEV P18		
DEST MNVR	300 0005	....				
ALTERNATE	1058 0023	....	RJGG FL 190	107 M.53 W/C P007		
		...	...	...	...	...
HOLD	1094 0030	....				
TAXY IN	150	....				
OH DIFF	698 0019	....				
REQD	11031 0412	....	NOTE - LDGWT INCLUDES RESERVE FUEL			
EXTRA	450 0012	....				
TAXYOUT	410	....				
TOTAL	11891 0424					

                    ENTRY   EXIT PEKKIXSUM1

POSITION LAT	LONG	T/C M/C TAS	AIRWAY TMP ZND	ZNT	FUEL
FREQY FL WIND	DDALT	T/H	GS MAC SR TRP	DIST	TIME REM
ZBPE	BEIJING FIR		CHINA		
ZBAA	N4004.4 E11635.7	DEPARTURE MANEUVERING	003		000266
			0003	011215	
AA151	N4010.7 E11634.9 354 001 395	LADI8A P15	7 001		000363
CLB 35011	354	384	00 51 0007	0004	011118
AA156	N4014.1 E11635.4 006 013 395	LADI8A P15	3 001		000405
CLB 35013	006	382	00 51 0010	0005	011077

○ ○

TOD	N3409.8 E13426.7 112 119 466	119 P16	14 002		006782
350 30012	112	478	779 00 53 1082	0219	004699
EDDIE	N3404.2 E13443.5 112 119 441	119 P00	15 002		006806
DES 31011	111	452	00 53 1097	0221	004676
AJE	N3416.2 E13442.8 357 004 428	004 P00	12 001		006825
115.60 DES 31013	356	419	00 52 1109	0222	004656

AKASI	N3435.4	E13445.3 006 013 387	AKASI	P00	19	003	006859
	DES 30013	004 381		00 52	1128	0225	004622
MAIKO	N3436.7	E13459.8 084 091 354	AKASI	P00	12	002	006882
	DES 30013	083 364		00 52	1140	0227	004599
MAYAH	N3436.4	E13512.2 092 099 332	AKASI	P00	10	002	006902
	DES 30014	091 344		00 52	1150	0229	004579
RJBB	N3425.6	E13514.7 169 176 229	AKASI	P00	45	011	007031
	DES 30017	172 240		00 52	1195	0240	004450

GREAT CIRCLE DISTANCE　　955 N.M. AIR DISTANCE　　1149 ZBAA TO RJBB

FLT PLAN BASED ON 11/0000Z /// 06Z/12Z/ PROGS

航路风温信息省略。

【例 6-3】　Sabre 飞行计划。

FPRLS. 2N024902　　　REV.NO.　　　　　　　　　　　MUFM-20-92　　　放行单号

CHINA EASTERN DISPATCH RELEASE MESSAGE

COCKPIT CREW　　　　　　　　　　　　　　　　　　　　　　机组名单

POSITION /NAME　　　　　　　　　/ QUAL / HMIN　　职务/姓名/标准 /是否新机长

--------　------------------------------------　----　----

　1-1 类 ILS 标准　　空白或 Y

CA	王三	WANG SAN		R	R-1 类 RVR 标准
FO	冯四	FENG SI		R	2-2 类标准
FO	张五	ZHANG WU		R	T-2 类过渡期标准
FO	孙六	SUN LIU			

DISP　ZHAO YI　　　　　　　　DISPDESK　D1-34419　　　　签派员姓名

　　　　　　　　　　　　　　00-00000000　　　　　　　席位电话

CES 589 /23 ZSPD / PGSN　ALTN PGUM　　　　T/O ALTN

　航班号/日期　起飞机场/目的地机场　备降机场　起飞备降机场

REG B2326　A300-605R　　　　　　PID 2N024902　　　　机号 机型 计划号

ETD 23FEB07/1205Z　FLT TIME 0418　　STD 1205　STA 1725Z

预计起飞时间 预计飞行时间 航班计划时间 计划到达时刻

FILED ATS PLAN　　　　　　　　　　　　　　　　　　FPL

（FPL-CES589-IS

-A306/H-SDIRPW/C

-ZSPD1205

-K0858S0900　LAMEN/N0475F250　A593　ONIKU/N0454F330　A593　FU　DCT　OLE　V40

TAIME/N0456F320 G339 HKC/N0456F330 G339 UNZ

　-PGSN0418 PGUM

　-EET/RKRR0026 RJJJ0042 KZAK0242 REG/B2326 SEL/GSFQ OPR/CHINA EASTERN RMK/TCAS EQUIPPED

　RALT/RJBB PGUM）

PLANNED WEIGHTS　　　　　　　MAX STRUCTURAL LIMITS　　计划重量　　最大限制重量

--------------　　　　　　　　--------------------

PLANNED TAXI FUEL　　750　　　　　　　　　　　　　　　计划滑行油

PLANNED RAMP WT　143822　MAX RAMP WT　171400　计划停机坪重量　最大停机坪重量

PLANNED RAMP FUEL　32346　MAX RAMP FUEL　54179　计划停机坪油量　最大油箱容量

PLANNED ZFWT　111476　MAX ZFWT　130000　计划无油重　最大无油重量

PLANNED T/O FUEL　31596　　　　　　　　　　　　　计划起飞油量

PLANNED T/O WT　143072　MAX T/O WT　170500　计划起飞重　最大起飞重量

PLANNED BURN OFF　25080　　　　　　　　　　　　计划空中耗油

PLANNED LAND WT　117992　MAX LAND WT　140000　计划落地重 最大落地重量

MINIMUM EQUIPMENT LIST ITEMS APPLICABLE FOR THIS AIRCRAFT　　　MEL 保留故障.
如有 MEL。则出现如下限制：FL 高度层限制　NO-ICE 结冰条件限制　T/O 起飞限制 ENRT 巡航限制　LDG 着陆限制 上述简字后跟数字或字母 Y 表示有限制运行等 PDP＝n 性能衰减 n% 或者 NO ETOPS 不可进行 ETOPS

　NIL REPORTED

DISPATCHER NOTES TO CREW　　　　　　　　　　　　签派备注信息
注意收听应急频率 121.5MHZ　　PLS GUARD ON EMERG FREQ 121.5MHZ
请机组注意，TOZAK 和 SABGU 之间可能存在航路颠簸
PROBABLY TURBULENCE FROM G339/TOZAK TO G339/SABGU，PLZ PAY ATTN

I HEREBY ACCEPT THE DISPATCH RELEASE AND ACCESSARY
INCLUDING OPERATIONAL FLIGHT PLAN，WX AND NOTAM INFO.
CAPT.　　　　　　　　　　　（SIGN HERE）
FTPCFP 2N024902　　　　　　　　　　　　　　　飞行计划号
XXXXXXXXXXXXXXXXXXXXXXXXXXXXXXXXXXXXXXXXXXXXXXXXXXXXXXXXXXXX
XXXXXXXXXX
　　　　　　SABRE DISPATCH MANAGER FLIGHT PLAN
XXXXXXXXXXXXXXXXXXXXXXXXXXXXXXXXXXXXXXXXXXXXXXXXXXXXXXXXXXXX
XXXXXXXXXX
　FLT NBR/DATE　　ORG /DST　　ACFT/REG　　PLAN ID　GRIB　AVGWC/TD

MU 589/23FEB07 ZSPD/PGSN   A306/B2326   2N024902 2218 P034/P08   DDHH
                          1205/1623

航班号/日期   城市对   机型/机号   计划编号   大气数据   平均风/温差

计划起飞/预达时刻

FMS ROUTE - PVGSPN/001   航路 城市对/公司航路代号（0-正常航路 5-国内备降航路 6-国际备降航路-二放航路 F-灵活航路 T-台风变更航路 V-火山变更航路）

ZSPD LAM11D LAMEN A593 FU OLE V40 TAIME G339 UNZ DCT PGSN

...................................（实际飞行航路如与计划不符，请记录）

FL PROFILE   飞行剖面

295 LAMEN 250 ONIKU 330 TAIME 320 HKC 330

...................................（实际高度剖面如与计划不符，请记录）

DISTANCE / 2026NM   ESAD/ 1886 NM   WC/P034   地面距离 空中距离 平均风 /P 顺风 M 逆风

PERFORMANCE SCHEDULE -CLB/300.M78 -CRZ/M79 -DSC/M78.300   使用的性能表 爬升 巡航 下降

ACFTTYPE A300-605R   CF6-80C2A5   机型 发动机

PLANNED   FUEL   TIME   WEIGHTS   计划油量   时间   重量

BURN ZSPD-PGSN   25080   04.18   DOW 089096   089096 PERF LIMIT   航程耗油 营运空重

CONT   2306   00.26   PLD 22380   ......   备份油   业载

XHLD DEST 0   00.00   ZFW 111476 . MZFW 130000   目的地额外等待 无油重 最大无油重量

ALTN   PGUM   2089   00.24   RPF 32346   FCAP 054179   首选备降场/地名代码 机坪油量 最大燃油容量

XHLD ALTN   0   00.00   RPW 143822..MRPW 171400   备降场额外等待 机坪重量 最大机坪重量

STD HOLDING   2121   00.30   TOW 143072   MTOW 170500   标准等待 起飞重量 最大起飞重量

ETP/BU   0   00.00   TIF 25080   ETP 关键油量补充 航程耗油

REFILE BU   0   00.00   LDW 117992   MLDW 140000   二放关键油量补充 着陆重量

MIN REQUIRED   31596   05.38   ACTUAL TRIP TIME......   必需油量 实际航程时间

EXTRA   0   00.00   ACTUAL HLDG TIME......   额外燃油 实际等待时间

TKOF FUEL   31596   05.38   起飞油量

TAXI FUEL   750   FUEL ORDERED ....   滑行油量   实际加油

RAMP FUEL   32346   05.38   REASON FOR INC/DEC ..... 机坪燃油 比计划增加/减少加油的原因

FUEL OVER DEST 6516   .... 目的地上空剩油（决断油量）

ALTERNATE SUMMARIES   备降计划摘要

ALT1 FMSDIVRTE FL   WC ETI   TRIP   第一目的地备降机场 航路信息 高度 风量 预计耗时 预计耗油

GUM/PGUM   SPNGUM/601   220   P001   00.24   2089
PGSN DCT WILLE A221 UNZ DCT PGUM
CONTINGENCY PLAN SUMMARIES   备份计划摘要

LOWER LEVEL   TIME 0409   B/O   25473 ZFW 111476 M79   低一高度层 时间 耗油 无油
重量   巡航马赫

295 LAMEN 290 TAIME 300 HKC 310   飞行高度剖面

HIGHER LEVEL   TIME 0412   B/O   24331 ZFW 111476 M79   高一高度层 时间耗油   无油
重量   巡航马赫

335 LAMEN 330 ONIKU 350 TAIME 340 HKC 350   飞行高度剖面

ZFW M2000   TIME 0410   B/O   24829 ZFW 109476 M79   无油重量-2000 耗油 无油重
量 巡航马赫

295 LAMEN 250 ONIKU 330 TAIME 320 HKC 330   飞行高度剖面

ZFW P2000   TIME 0410   B/O   25348 ZFW 113476 M79   无油重量 + 2000 时间 耗油 无
重量 巡航马赫

295 LAMEN 250 ONIKU 330 TAIME 320 HKC 330   飞行高度剖面

ETOPS INFORMATION   ETOPS 信息

ETOPS / ETP   AIRPORT   SUMMARY   ETOPS/ETP 机场信息

          EET   ETA   LAT   LONG
EEP   KIX   01.48   ....   N27 27.2   E133 28.6
ETP | 02.24   ....   N23 16.5   E136 25.0
EXP   GUM   03.04   ....   N18 34.6   E139 36.7
AIRPORT SUITABILITY WINDOW   机场适用时间窗

KIX   1244Z   -   1719Z
GUM   1519Z   -   1739Z

CRITICAL FUEL SUMMARIES   关键油量摘要

ETP2DP   CRITICAL PT KIX -GUM   N23 16.5 E136 25.0/   65NM BEF OMGOX
FROM TO   DIST WC   ALTITUDE   FUEL REQUIREMENTS EET   ETA   REV ETA
ZSPD ETP   1137   2.24 ....Z .....Z
ETP   KIX   0671 P003 FL 10000   DIV FUEL- 15779   2.08 1637Z .....Z
ETP   GUM   0755 P009 FL   9000   FUEL RQD- 29791   2.21 1649Z .....Z
            FUEL IN EXCESS TO REQUIREMENT-   258

ATIS - ZSPD INFO .　　　　　起飞机场通播记录
RWY . . . WIND . . / . . VIS . . . TEMP . . . QNH . . . .
ATC CLRNCE . . . .

XXXXXXXXXXXXXXXXXXXXXXXXXX　　　　　　　　　　NAVIGATION　　　LOG
XXXXXXXXXXXXXXXXXXXXXXXXXX　　　领航数据
/FIR　　　　　　　　　　　　　　　　　　　　　　　　　　/情报区
AWY /POINT/NAVFREQ　　　DIST　TRM　GS　ETO / ATO　　　　FUEL ACCBO
航路/点/导航台频率　　　距离 磁航迹 地速　预计/实际飞越航段　总耗油
FL /LATITUDE LONGITUDE ACCDIST　　MORA　TIME　WINDVEL/<u>SR</u>　ACCTIME
高度层/纬度　经度　累计距离　　MORA 航段时间　风/颠簸指数　总时间

（SR 为颠簸指数：0-2 无颠簸，3-4 可能有轻度颠簸，5-7 轻度颠簸可能有中度颠簸，大于 7 中度颠簸可能有严重颠簸）

　ZSPD　STD/1205　ETD/1205　DLA REASON . . . .　起飞机场 计划起飞/预计起飞/延误原因

　　　N31 08.5　　　　　　　　　　　　　　　　　　　纬度
　　　E121 47.4　　OFF BLOCKS . . . . RAMPFUEL　32346　　　经度　撤轮挡　机坪油量
　　　ELEVATION 00010FT　　AIRBORNE . . . TKOFFUEL　31596　　标高　起飞　起飞油量

　　/SHU YUAN
LAM1/SHY　/113.6　　　12　166　277　　. . . . / . . . . 1467　　1467
CLB /N30 57.1 E121 51.8　12　　　　4000　　　11　　332008/02　00.11

　　--
LAM1/TOC　　　　　　　4　054　484　　. . . . / . . . . 117　　3279
CLB /N31 02.5 E123 04.1　75　　　　3000　　　1　　289061/02　00.19

LAM1/XEREN /　　　　30　054　494　　. . . . / . . . . 368　　3648
295 /N31 20.0 E123 32.7　105　　　3000　　　3　　291062/02　00.22

G339/BUYER /　　　　23　109　485　　. . . . / . . . . 253　　23068
330 /N14 05.0 E143 09.0 1811　　　1100　　　3　　285013/02　03.46

　　DCT /TOD　　　　　5　028　473　　. . . / . . . . 58　　24238
330 /N13 27.3 E144 44.0 1916　　　3000　　　1　　293014/01　03.59

　　/FRANCISCO C.ADA/SAIPAN INTL

```
DCT /PGSN                110   028   341   .... / ....   843   25080        /目的地
DSC /N15 07.1 E145 43.8              3000      19              04.18        /经纬度
    ELEVATION 00215FT                                                       标高
    STA/1725   ETA/1623   ATA/. . .   ON BLOCKS/. . .  计划到达/计划到达/实际到达/上轮档/
------------------------------------------------------------------
ATIS - RKTN INFO . . . . .                                    目的地机场通播记录
RWY . . . WIND . . / . . VIS . . . TEMP . . . QNH . . . . TL . . . .
------------------------------------------------------------------
FIRST ALTERNATE                                              第一目的地备降航段
XXXXXXXXXXXXXXXXXXXXXXXX                              NAVIGATION        LOG
XXXXXXXXXXXXXXXXXXXXXXXX      航段导航数据
/FIR
AWY /POINT/NAVFREQ        DIST   MT    GS    ETO  /  ATO   FUEL ACCBO
FL  /LATITUDE LONGITUDE ACCDIST    MORA    TIME   WINDVEL/SR   ACCTIME
------------------------------------------------------------------
   XXXXXXXXXXXXX       ENROUTE   WIND   AND   TEMPERATURE   SUMMARY
XXXXXXXXXXXXXXX   航路风温摘要
   ROFOR ZSPD/PGSN/001                          航路预报  起飞/目的地/公司航路
WX PROG DAY/HOUR 2218
POINT  FL100      FL 2XLOWER    FL 1XLOWER    FL PLANNED    FL 1XHIGHER
航路点  FL100 计划高度低两个高度层  计划高度低一个高度层 计划高度层  计划高度高一
个高度层
------------------------------------------------------------------
SHY    295017M04 25 281051M33 27 282055M38 30 284061M46 34 285077M52
D087G  296018M04 25 282051M33 27 283055M38 30 284062M46 34 285077M52
. . . . . . . . . . . . . . . . . . . . . . . . . . . . . . . . . . . . . . . . . . . . . . . . . ..
BUYER  021010P09 29 259015M28 31 274013M32 33 286013M37 35 282011M43
UNZ    028014P08 29 266010M27 31 289010M32 33 292008M38 35 295007M43

DESCENT WIND       FL   070    130    210    290          下降风   高度层
                        03004   30010   26019   26022

XXXXXXXXXXXXXXXXXXXXXXXXXX                 END        OF        PLAN
XXXXXXXXXXXXXXXXXXXXXXXXXXXXX   结束
```

极地航线和二次放行计划的附加内容
极地航班在放行单的签派备注信息中有以下附加内容

DISPATCHER NOTES TO CREW

注意收听应急频率121.5MHZ　　PLS GUARD ON EMERG FREQ 121.5MHZ　　　　　　应急频率

宇宙辐射指数　G　　S　　R　　　　　　　　　　　　　　　　　　宇宙辐射指数

　　　　　　　　NONE　NONE　NONE

燃油冰点　-47.8℃　　对应航路静温　-74.3℃　　　　　　　　　燃油冰点

最佳HF频率　3494/6640KHZ　　　　　　　　　　　　　　　　最佳HF频率

航路备降场　PANC　　　　　　　　　　　　　　　　　　　　　航路备降机场

TIKSI-CONTROL ON 133.3　　　　　　　　　　　　　　　　　TIKSI 管制频率

B6051 LONG-HAUL DOI 105.7　　　DOW IN CFP　　　　　　飞机干操作指数和重量

MAGADAN ATC TEL：007-4132-6067-19　　　　　　　　　MAGADAN 管制联系电话

Possible icing condition at T/O airport，pay attn to anti/de-ice　　起飞机场结冰情况

二次放行在飞行计划中的附加内容

REFILE FUEL CALCULATIONS　　　　　　　　　　　　　　　二放油量计算

RECLR FIX-TGO　　TO ZBAA　　　　　　FROM RECLR POINT　　TGO　　　　　二放点
初始目的地机场

　BURN KJFK-ZBAA　　121486　13.23　　FUEL RQD TO ZSPD　　/ 24312　航程耗油 二放点
至最终目的地机场所需油量

　CONT　　　　　　　　10452　01.21　　　　　　　　　　　　航路备份油量

　ALTN ZYTX　　　　　　5629　00.44　　　　　　　　　　　　备降油量

　STD HOLDING　　　　　3450　00.30　　　　　　　　　　　标准等待油量

　REFILE FUEL RQD　141017　15.58　　　　　　　　　　　　二放初始所需油量

　EXCESS　　　　　　　2483　00.21　　　　　　　　　　　额外补油

　TKOF FUEL KJFK　143500　16.19　　　　　　　　　　　　起飞油量

6.3　飞行监控

　　飞行监控是航空公司运行控制系统中最重要的组成部分，它是通过实时监控飞机位置、速度、油量、气象变化、航行通告等信息，对影响飞行安全相关因素及时发出告警，并提供及时准确的运行辅助服务，将实时安全监控链条覆盖到整个飞行过程中，进一步保证了公司运行的安全和稳定。

6.3.1　飞行监控的内容

　　飞行签派员实施飞行监控时，主要对飞行中的以下情况进行严密监控，以确保飞行的安全、正点实施。

（1）飞机位置监控；

（2）燃油监控；

（3）气象监控；

（4）航空器适航状况监控；

（5）对 ATC 航路情况的监控；

（6）对地面资源的可用性的监控。

1. 飞机位置监控

（1）公司根据飞行运行需要，规定公司位置报告点。在下列情况建立位置报告点：

① 根据运行需要，在航路上设有等时点、临界返航点（PNR）、临界改航点时；

② 根据飞行距离及地空通信状况，认为有必要时。

（2）飞机飞越公司位置报告点时，应通过公司频率向飞行签派室报告下列内容：

① 飞机、航班呼号；

② 飞越公司位置报告点的名称、时间；

③ 飞行高度；

④ 预计到达下一个报告点的时间；

⑤ 风向、风速、外界温度；

⑥ 剩余燃油；

⑦ 其他相关事项。

（3）签派员无法收到机组位置报告时应采取的行动。

在预计飞机飞越报告点 30 min 后，飞行签派员仍无法与机长建立通信，负责飞行监控的飞行签派员应通过空中交通管制部门确定飞机的飞行状况及位置（见图 2.6.11）。如仍不能得到飞机的有关信息，飞行签派员应执行公司的搜寻和救援程序。

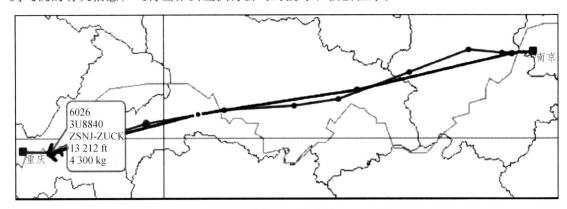

图 2.6.11　监控显示航班信息示意图

2. 燃油监控

每次飞行，飞行签派人员应对飞机的燃油消耗情况和预计的飞机到达着陆机场时的剩余燃油（EFOA）进行监控，并及时做出相应的决策。

（1）预计的飞机到达着陆机场时的剩余燃油（EFOA）。

预计的飞机到达着陆机场时的剩余燃油量（EFOA）等于机上燃油量的总和减去飞机现在位置飞往预定着陆机场时所计划的燃油消耗量。在飞行过程中，飞行员和签派员应对 EFOA 实施监控，并给予经常性的关注。

当遇到一些意外情况，如航班的实际情况与原先的计划不一致时，飞行员和签派员就应对 EFOA 重新进行计算，并确认飞机预计飞抵目的地机场时，EFOA 至少不应小于决断油量。

（2）决断油量。

决断油量是便于飞行员和签派员在飞机飞往目的地的飞行中及时决定是否改航、备降的关键油量，即为了飞行员和签派员更好地决断究竟是继续飞往目的地机场，还是直接飞往备降机场或是其他机场。

最低决断油量是指考虑到规定的燃油油量指示系统误差后的备降油量与飞机在备降机场上空 450 m（1 500 ft）的高度上以绿点速度等待 30 min 的油量之和。

机长和签派员可以在最低决断油量基础上适当增加决断油量的总量，以便在备降过程中提供意外情况用油。如果飞行明显地不能按现行飞行计划完成时，飞行员就应通过公司的通信系统，通知签派员到目的地机场修正的 EFOA。飞行员和签派员就应当共同决定应对措施，做出执行应对措施的决定应不迟于 EFOA 达到决断油量的时刻。如飞行员联系不上签派员时，飞行员可以自行决定应对措施，但事后必须通知签派员。

（3）及时决策与应对策略。

当一个航班明显无法按飞行运行计划完成时，在 EFOA 达到决断油量前，飞行员和签派员应选择其他的措施以保证 EFOA 不小于决断油量。

具体可采取以下策略：

① 改变该航班的飞行航线、飞行高度层或巡航速度，以减少到达预定着陆机场途中燃油的消耗。

② 选择一个比飞往原定备降机场少耗油的备降机场。

③ 如果不需要的话，则取消备降机场。

④ 在决断油量的航程内，如果目的地机场是所提供的合适机场的话，就继续飞往目的地机场。

⑤ 如果飞往原定的目的地机场已成为不可能的话，就应该改变着陆机场。

为了避免在缺少燃料的情况下飞机运行，飞行员和签派员必须履行职责，以便及时做出涉及备用航线选择的决策。

当实施改航备降这一决策时，机长在改航飞往备降机场之前应采用一切通信手段与飞行签派部门联系。改航备降机场正常应当是签派放行单中列出的机场，除非机长或签派员认为另一机场作为备降机场更为合适。这样的联系有利于机组获取最新的补充信息，有利于签派员掌握机组的意图，并有助于与航站和其他有关部门的协调。

（4）紧急油量。

紧急油量是假定此时已没有其他机场或程序可以使用，飞机只能飞向最近的合适机场。任何额外的延误将严重危及飞行安全。

① 紧急油量的条件。

当飞机沿航线（包括正常的仪表进近程序）飞向着陆机场，考虑到允许的飞机燃油系统指示误差，预计的着陆后剩余油量只能维持飞机以等待速度，在着陆机场上空 450 m（1 500 ft）的高度继续飞行不足 30 min，且为减少燃油消耗的所有方法（不包括航路的改变）均被使用，此时飞机处于紧急油量状态。

② 紧急油量的宣布。

当飞机处于紧急油量状态时，机长应立即进行以下工作：

a. 向 ATC 宣布飞机处于紧急油量状态，并以分钟为单位，报告剩余油量可维持的飞行时间。

b. 向 ATC 要求"优先处置"，申请距离最短的航路及着陆优先权。

c. 如时间允许，将紧急油量状态通知签派员。

当飞机出现紧急油量状态时，签派员应进行以下工作：

a. 提供飞行机组要求的帮助。

b. 启动相应的应急程序。

c. 及时将紧急油量状态的情况通告相关空中交通管制部门以及预定着陆机场，并要求必要协助。

③ 机组人员和签派员应尽力避免出现紧急油量的状态。当机载油量降低到只能接受飞行过程中出现短时间的延误甚至是无延误才能支持飞机飞抵目的地时，机组应首先宣布飞机处于"最低油量"状态。最低油量状态并不意味着飞机需要 ATC "优先处置"，但 ATC 将向下个管制部门通告其状态并关注任何可能导致此飞机进一步延误的情况。如果剩余燃油显示需要优先着陆以确保安全，飞行员应当及时宣布飞机进入"紧急油量状态"。

3. 气象监控

签派员应对所负责的飞行监控区内以下气象情况的变化进行监控，并及时将重要变化通报给机组：

（1）航路（飞行高度和相邻高度）的风向和风速（飞行组报告）及修正；

（2）目的地机场、备降机场和航路的天气演变情况及发展趋势；

（3）危险天气警告，包括航路上、机场区域颠簸、风切变、雷暴、结冰和雪情通告等，气象监控示意图如图 2.6.12 所示。

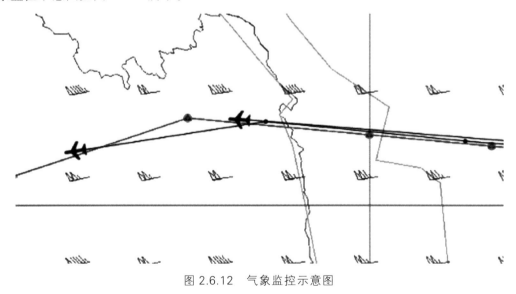

图 2.6.12 气象监控示意图

4. 航空器适航状况监控

签派员应对所负责的飞行监控区内航班的航空器适航状况进行间接监控（接受机组或负责直接监控的机务部门的报告），从运行控制的角度对以下问题进行考虑并妥善解决：

（1）飞机设备故障对飞机性能的影响导致飞机备降以及对后续航班的影响。

（2）飞机设备故障对飞机其他系统的影响。

（3）飞机改航后机务维护的能力。

5. 对 ATC 航路情况的监控

签派员应对所负责的飞行监控区内的航路流量、导航台工作状况等变化进行监控，并从运行控制的角度对必要时更改航路的可能性进行考虑。

6. 对地面资源可用性的监控

签派员应对所负责的飞行监控区内影响飞行运行的地面设备、人员情况等变化进行监控，从运行控制的角度对其进行考虑，并努力消除由此变化所带来的不利影响，如机场宵禁、机组受执勤时间限制、航班延误后带来的旅客转机问题等。

6.3.2 监控手段及通信使用

目前，国内各航空公司的通信手段主要有以下几种：

（1）公司的地空通信系统（高频、甚高频）；

（2）公司的电话系统，包含录音设备（主要用于地面运行保障）；

（3）专业电报网络；

（4）SATCOM；

（5）雷达监控系统；

（6）ACARS 数据链系统。

复习思考题

1. 分析下面计算机飞行计划单。

THIS FLIGHT PLAN IS ETOPS COMPLIANT USING THE FOLLOWING

ETOPS ALTERNATES 120 MINS/ YBBN YPDN RPMD ZSAM

THIS IS A REDISPATCH FLIGHT

	FUEL	TIME	DIST	ARRIVE	TOW	LDW	PLD	DOW	ZFW
DEST ZSAM	044497	09/00	4251	1040Z	203311	158814	029940	119048	148988
RESV	001101	00/15							
ALTN ZGSZ	004579	00/57	0342	1139Z		FLAPS....	.. V1		
HOLD	002146	00/30				TEMP.....	.. VR		
ADD	000000	00/00				DERATE.......	V2		
REQD	052323	10/42							
XTRA	002000	00/27			STRUCTURAL WEIGHTS LIMITS				
TOTL	054323	11/09		ETW 203711 ETOW 203311 ELDW 158814 EZFW 148988					
TAXI	000400	00/10		MTW 228383 MTOW 227930 MLDW 172365 MZFW 161025					
RAMP TOTL	054723	11/19							

REDISPATCH FLT CXA802 REDISPATCH POINT SAN / ETE 07.28 / BURN 038797

FUEL	TIME	DIST		FUEL	TIME	DIST
YSSY TO RPLL 039522	07/56	3765		SAN TO ZSAM 005700	01/32	0640
ALTN RPVM 004356	00/53	0339		ALTN ZGSZ 004579	00/57	0342
HOLD 002178	00/30			HOLD 002146	00/30	
RESV 003465	00/48			RESV 001101	00/15	
ADD 000000	00/00			ADD 000000	00/00	
REQD 049521	10/07			REQD 052323	10/42	
XTRA 004802	01/05			XTRA 002000	00/27	
LDNG FUEL 014801				LDNG FUEL 009826		
LDGW 163789				LDGW 158814		

2. 解释下面计算机飞行计划单。

CSN3105   ZGGG-ZBAA   48234701   UPPER WIND/TEMP BASED ON 08/00 DATA

DISP   ZHANG WEI   RUN AT 0818Z

CSN 3105 /08APR15Z   ZGGG 1200Z —— ZBAA 1431Z   ALTN   ZSJN / TNA

ACFT B6078   H/A330/   /HMJL   CI40   FL331   ROUTE 001   1024NM

ZGGG DCT YIN A461 HG W81 BOBAK DCT ZBAA

ETE 0231   FL 331

ALL WEIGHTS IN KILOS

ETOW	183501	ELDW	168702	EZFW	158940	EPLD 036510
MTOW	233000	MLDW	182000	MZFW	170000	APLD .....

....

. INCREASE IN WEIGHT WILL CAUSE FUEL BURN INCREASE AS FLWS （KGS）.

. 000055/1000TOW   OR   0061/1000ZFW   .

....

TARGET ARRIVAL FUEL   9762KGS

TRIP	ZBAA	014799	0231
RSVR	FUEL	003747	0045
ALTN	ZSJN	004015	0041
HOLD	FUEL	000000	0000
REQD	FUEL	022561	0357
EXTR	FUEL	002000	0024
TKOF	FUEL	024561	0421
TAXI	OUTF	000450	
LOAD	FUEL	025011	0421

附录 2

附录 2.3.1

Long Range Cruise Trip Fuel and Time
500 to 1 000 n mile Trip Distance

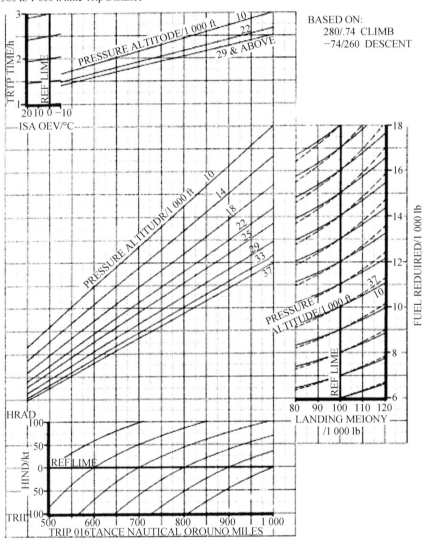

附录 2.3.2

Long Range Cruise Step Climb Trip Fuel and Time
Based on 280/74 climb,Long Range Cruise and .74/250 descent

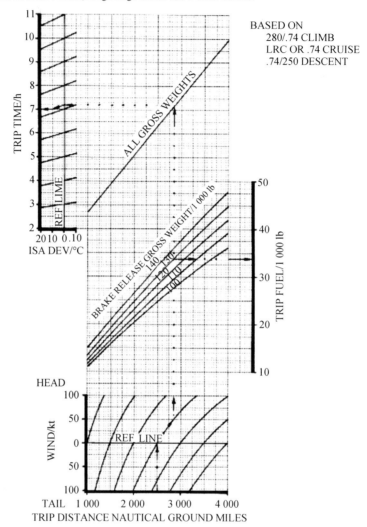

附录 2.3.3 波音 737-300 从目的机场复飞至备降机场的改航时间和改航燃油

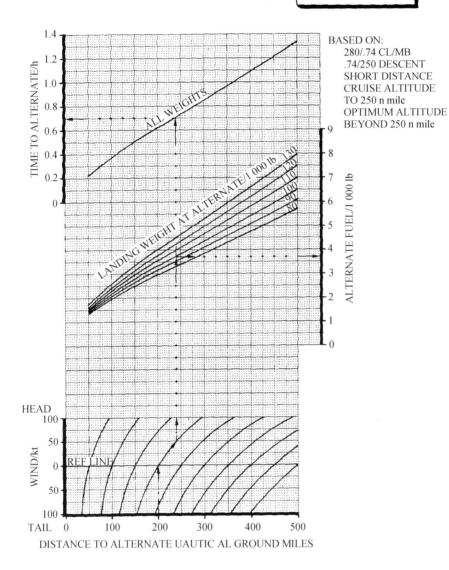

附录 2.3.4

BOEING 737-300
OPERATIONS MANUAL

| HOLDING |
| PLANNING |

FLAPS UP

BASED ON:
V_{MIN} DRAG
(210 kt LOWER LIMIT)

PRESSURE ALTITUDE /ft	GROSS WETGHT/1 000 lb											
	135	130	125	120	115	110	105	100	95	90	85	80
	TOTAL FUEL FLOW lb/HR											
37 000			5 700	5 280	4 980	4 720	4 480	4 240	4 020	3 820	3 660	3 520
35 000	6 020	5 660	5 360	5 120	4 880	4 640	4 420	4 220	4 000	3 800	3 640	3 500
30 000	5 700	5 480	5 260	5 060	4 840	4 620	4 420	4 220	4 000	3 820	3 680	3 540
25 000	5 720	5 520	5 300	5 080	4 880	4 680	4 460	4 260	4 060	3 880	3 760	3 620
20 000	5 720	5 520	5 320	5 100	4 900	4 700	4 520	4 320	4 120	4 000	3 860	3 740
15 000	5 800	5 600	5 400	5 200	5 000	4 720	4 620	4 440	4 260	4 140	4 000	3 900
10 000	5 920	5 720	5 540	5 340	5 160	4 960	4 780	4 600	4 440	4 300	4 180	4 060
5 000	6 100	5 920	5 720	5 540	5 340	5 160	4 980	4 800	4 620	4 480	4 360	4 240
1 000	6 260	6 080	5 900	5 700	5 520	5 320	5 140	4 960	4 780	4 640	4 500	4 380

NOTE：FUEL FLOW IS BASED ON A RACETRACK PATTERN.
FOR HOLDING IN STRAIGHT AND LEVEL FLIGHT
REDUCE FUEL FLOW VALUES BY 5 PERCENT.

附录 2.3.5

ALTERNATE PLANNING FROM DESTINATION TO ALTERNATE AIRPORT GO-AROUND: 100 kg-CLIMB: 250 kt/300 kt/M.78-CRUISE: LONG RANGE DESCENT: M.78/300 kt/250 kt-VMC PROCEDURE: 80 kg (4 min)								
REF. LDG. WT AT ALTERNATE = 55 000 kg NORMAL AIR CONDITIONING ANTI-ICING OFF			ISA CG = 33.0%		FUEL CONSUMED/kg TIME/h 或 min			
AIR DIST. /n mile	FLIGHT LEVEL						CORRECTION ON FUEL CONSUMPTION /(kg/1 000 kg)		
	100	120	140	160	180	200	FL100 FL120	FL140 FL160	FL180 FL200
20									
40	522 0.12						2		
60	676 0.16	659 0.16	660 0.16				3	4	
80	831 0.19	807 0.20	802 0.20	801 0.19	805 0.19		5	5	5
100	986 0.23	955 0.23	943 0.23	937 0.23	934 0.23	937 0.22	6	5	6
120	1 140 0.27	1 103 0.27	1 085 0.27	1 072 0.26	1 064 0.26	1 061 0.26	7	6	7
140	1 296 0.31	1 251 0.31	1 227 0.30	1 208 0.30	1 193 0.30	1 185 0.29	8	7	8
160	1 451 0.34	1 400 0.34	1 369 0.34	1 344 0.33	1 323 0.33	1 309 0.33	9	8	9
180	1 606 0.38	1 548 0.38	1 511 0.37	1 480 0.37	1 452 0.36	1 434 0.36	10	9	10
200	1 762 0.42	1 697 0.42	1 653 0.41	1 616 0.40	1 582 0.40	1 559 0.40	11	10	11
220	1 918 0.46	1 846 0.45	1 796 0.44	1 752 0.44	1 712 0.43	1 684 0.43	12	11	12
240	2 074 0.49	1 995 0.49	1 938 0.48	1 889 0.47	1 842 0.47	1 809 0.46	13	12	12
260	2 231 0.53	2 144 0.53	2 081 0.51	2 025 0.51	1 972 0.50	1 934 0.50	14	13	13
280	2 387 0.57	2 294 0.56	2 224 0.55	2 162 0.54	2 103 0.54	2 059 0.53	15	14	14

续表

ALTERNATE PLANNING FROM DESTINATION TO ALTERNATE AIRPORT GO-AROUND: 100 kg-CLIMB: 250 kt/300 kt/M.78-CRUISE: LONG RANGE DESCENT: M.78/300 kt/250 kt-VMC PROCEDURE: 80 kg (4 min)								
REF. LDG. WT AT ALTERNATE = 55 000 kg NORMAL AIR CONDITIONING ANTI-ICING OFF					ISA CG = 33.0%		FUEL CONSUMED/kg TIME/h 或 min		
AIR DIST. /n mile	FLIGHT LEVEL						CORRECTION ON FUEL CONSUMPTION /(kg/1 000 kg)		
	100	120	140	160	180	200	FL100 FL120	FL140 FL160	FL180 FL200
300	2 544 1.00	2 443 1.00	2 367 0.59	2 299 0.57	2 233 0.57	2 184 0.57	16	15	15
320	2 701 1.04	2 593 1.04	2 510 1.02	2 436 1.01	2 354 1.01	2 310 1.00	17	16	16
340	2 858 1.08	2 743 1.07	2 653 1.06	2 573 1.04	2 494 1.04	2 435 1.04	18	16	17
360	3 014 1.12	2 893 1.11	2 796 1.09	2 710 1.08	2 625 1.08	2 561 1.07	19	17	18
380	3 171 1.15	3 043 1.14	2 940 1.13	2 847 1.11	2 756 1.11	2 687 1.11	20	18	19
400	3 329 1.19	3 193 1.18	3 084 1.16	2 984 1.15	2 886 1.15	2 813 1.14	21	19	20
420	3 486 1.23	3 343 1.22	3 227 1.20	3 122 1.18	3 018 1.18	2 939 1.17	22	20	21
440	3 643 1.26	3 494 1.25	3 371 1.23	3 259 1.22	3 149 1.22	3 065 1.21	23	21	22
460	3 801 1.34	3 644 1.29	3 515 1.27	3 397 1.25	3 280 1.25	3 192 1.24	24	22	23
480	3 959 1.34	3 795 1.32	3 659 1.30	3 534 1.28	3 412 1.29	3 318 1.28	25	23	24
500	4 117 1.37	3 946 1.36	3 803 1.34	3 672 1.32	3 543 1.32	3 445 1.31	27	24	25
LOW AIR CONDITIONING ΔFUEL = 0.5%			ENGINE ANTI ICE ON ΔFUEL = + 3%			TOTAL ANTI ICE ON ΔFUEL = + 6.5%		

附录 2.3.6

RACE TRACK HOLDING PATTERN-GREEN DOT SPEED								
MAX. CRUISE THRUST LIMITS CLEAN CONFIGURATION NORMAL AIR CONDITIONING ANTI-ICING OFF					ISA CG = 33.0%		N1/% FF/(kg/h/ENG)	
WEIGHT /1 000 kg	FL15	FL50	FL100	FL140	FL180	FL200	FL220	FL250
46	45.6 890	47.9 873	51.1 839	54.0 813	57.5 794	58.9 789	60.6 787	63.5 784
48	46.5 926	48.9 908	52.1 871	55.1 844	58.4 828	59.9 823	61.7 821	64.7 818
50	47.4 962	49.8 940	53.0 901	56.2 876	59.4 861	61.0 859	62.8 855	65.8 851
52	48.3 997	50.6 971	53.9 931	57.3 908	60.3 896	62.0 892	63.9 889	66.7 884
54	49.2 1 033	51.4 1 002	54.9 963	58.3 942	61.3 931	63.0 926	65.0 924	67.7 916
56	50.1 1 065	52.5 1 033	55.8 994	59.1 975	62.2 964	64.0 960	66.1 955	68.6 949
58	50.8 1 097	52.9 1 063	56.8 1 026	59.9 1 008	63.2 997	65.1 994	66.9 988	69.5 982
60	51.5 1 128	53.7 1 094	57.7 1 059	60.7 1 043	64.1 1 031	66.1 1 026	67.7 1 021	70.4 1 016
62	52.2 1 158	54.5 1 125	58.7 1 092	61.6 1 078	65.1 1 065	66.9 1 058	68.6 1 054	71.2 1 049
64	52.9 1 189	55.3 1 156	59.4 1 126	62.4 1 110	66.0 1 097	67.7 1 091	69.4 1 087	71.2 1 084
66	53.6 1 219	56.1 1 188	60.1 1 159	63.2 1 143	67.0 1 129	68.5 1 124	70.3 1 120	72.9 1 119
68	54.3 1 250	56.9 1 221	60.9 1 193	64.1 1 176	67.7 1 162	69.3 1 157	71.1 1 154	73.7 1 155
70	55.0 1 282	57.8 1 254	61.6 1 228	64.9 1 210	68.4 1 195	70.1 1 191	71.8 1 188	74.6 1 192
72	55.8 1 314	58.6 1 287	62.3 1 261	65.7 1 243	69.2 1 228	70.8 1 224	72.5 1 223	75.4 1 230
74	56.5 1 347	59.4 1 321	63.1 1 294	66.6 1 275	69.9 1 262	71.6 1 258	73.3 1 258	76.1 1 269
76	57.2 1 380	60.2 1 355	63.8 1 327	67.4 1 307	70.6 1 296	72.3 1 292	74.0 1 295	76.9 1 309
78	58.0 1 413	60.8 1 389	64.5 1 360	68.2 1 339	71.3 1 330	73.0 1 328	74.8 1 332	77.6 1 350
LOW AIR CONDITIONING $\Delta FF = -0.3\%$	ENGINE ANTI ICE ON $\Delta FF = +5\%$		TOTAL ANTI ICE ON $\Delta FF = +9\%$		PER 1° ABOVE ISA $\Delta FF = +0.3\%$		STRAIGHT LINE $\Delta FF = -5\%$	

附录 2.3.7

GROUND DIST. /n mile	AIR DISTANCE/n mile						
	TAIL WIND		WIND COMPONENTS/kt			HEAD WIND	
	+ 150	+ 100	+ 50	0	− 50	− 100	− 150
10	7	8	9	10	11	13	15
20	15	16	18	20	23	26	30
30	22	25	27	30	34	39	45
40	30	33	36	40	45	51	60
50	37	41	45	50	56	64	75
100	75	82	90	100	113	129	150
200	150	164	180	200	225	257	300
300	225	245	270	300	338	386	450
400	300	327	360	400	450	514	600
500	375	409	450	500	563	643	750
1 000	750	818	900	1 000	1 125	1 286	1 501
1 500	1 125	1 227	1 350	1 500	1 688	1 929	2 251
2 000	1 500	1 636	1 800	2 000	2 248	2 572	3 001
2 500	1 875	2 045	2 250	2 500	2 813	3 215	3 752
3 000	2 250	2 454	2 700	3 000	3 375	3 858	4 502
3 500	2 624	2 863	3 150	3 500	3 938	4 501	5 252
4 000	2 999	3 272	3 600	4 000	4 500	5 144	6 003
4 500	3 374	3 681	4 050	4 500	5 063	5 787	6 753
5 000	3 749	4 090	4 500	5 000	5 626	6 430	7 503

FUP23 A320211 M565AIPIP 3410 03301 000011 0250300 .7800 00000 0 0300350 0 0 77 64 45 61 18590
FCOM-O-03-50-002-001

附录 2.3.8

FLIGHT PLANNING FROM BRAKE RELEASE TO LANDING CLIMB: 250 kt/300 kt/M.78-CRUISE: M.78-DESCENT: M.78/300 kt/250 kt IMC PROCEDURE: 120 kg (6 min)									
REF. LANDING WEIGHT = 55 000 kg NORMAL AIR CONDITIONING ANTI-ICING OFF			ISA CG = 33.0%		FUEL CONSUMED/kg TIME/h 或 min				
AIR DIST. /n mile	FLIGHT LEVEL						CORRECTION ON FUEL CONSUMPTION /(kg/1 000 kg)		
	290	310	330	350	370	390	FL290 FL310	FL330 FL350	FL370 FL390
1 450	9 059 3.21	8 630 3.23	8 259 3.24	7 959 3.26	7 758 3.26	7 704 3.26	49	66	103
1 475	9210 3.25	8 773 3.26	8 395 3.27	8 089 3.29	7 885 3.30	7 832 3.30	49	67	105
1 500	9 361 3.28	8 917 3.29	8 531 3.31	8 220 3.32	8 013 3.33	7 944 3.33*	50	68	107
1 525	9 512 3.31	9 060 3.33	8 668 3.34	8 351 3.36	8 141 3.37	8 074 3.37*	51	70	109
1 550	9 664 3.34	9 203 3.36	8 804 3.37	8 481 3.39	8 268 3.40	8 205 3.40*	52	71	111
1 575	9 815 3.38	9 347 3.39	8 940 3.41	8 612 3.42	8 396 3.43	8 336 3.43*	53	72	113
1 600	9 967 3.41	9 490 3.42	9 077 3.44	8 744 3.46	8 525 3.47	8 457 3.47*	53	73	115
1 625	10 119 3.44	9 634 3.46	9 214 3.47	8 875 3.49	8 653 3.50	8 598 3.50*	54	74	117
1 650	10 271 3.47	9 778 3.49	9 351 3.51	9 006 3.52	8 782 3.53	8 730 3.53*	55	76	119
1 675	10 423 3.51	9 922 3.52	9 488 3.54	9 138 3.56	8 910 3.57	8 862 3.57*	56	77	121
1 700	10 575 3.54	10 066 3.59	9 625 3.57	9 270 3.59	9 039 4.00	8 993 4.00*	57	78	123
1 725	10 727 3.57	10 210 3.59	9 762 4.01	9 402 4.02	9 168 4.03	9 125 4.03*	58	79	125
1 750	10 880 4.00	10 354 4.02	9 900 4.04	9 534 4.06	9 298 4.07	9 257 4.07*	59	81	127
1 775	11 032 4.04	10 499 4.05	10 038 4.07	9 667 4.09	9 427 4.10	9 390 4.10*	59	82	129

FLIGHT PLANNING FROM BRAKE RELEASE TO LANDING CLIMB: 250 kt/300 kt/M.78-CRUISE: M.78-DESCENT: M.78/300 kt/250 kt IMC PROCEDURE: 120 kg (6 min)								
REF. LANDING WEIGHT = 55 000 kg NORMAL AIR CONDITIONING ANTI-ICING OFF			ISA CG = 33.0%		FUEL CONSUMED/kg TIME/h 或 min			
AIR DIST. /n mile	FLIGHT LEVEL						CORRECTION ON FUEL CONSUMPTION /(kg/1 000 kg)		
	290	310	330	350	370	390	FL290 FL310	FL330 FL350	FL370 FL390
1 800	11 185 4.07	10 643 4.09	10 176 4.11	9 800 4.12	9 558 4.13	9 522 4.13*	60	83	131
1 825	11 337 4.10	10 788 4.12	10 314 4.14	9 933 4.16	9 689 4.17	9 655 4.17*	61	84	133
1 850	11 490 4.13	10 932 4.15	10 452 4.17	10 066 4.19	9 820 4.20	9 788 4.20*	62	85	135
1 875	11 643 4.17	11 077 4.19	10 590 4.21	10 199 4.22	9 951 4.24	9 921 4.23*	63	87	137
1 900	11 796 4.20	11 222 4.22	10 729 4.24	10 333 4.26	10 082 4.27	10 054 4.27*	64	88	139
1 925	11 949 4.23	11 367 4.25	10 867 4.27	10 466 4.29	10 214 4.30	10 188 4.30*	65	90	141
1 950	12 102 4.26	11 512 4.28	11 006 4.30	10 600 4.33	10 346 4.34	10 321 4.33*	66	91	144
1 975	12 255 4.30	11 658 4.32	11 145 4.34	10 734 4.36	10 478 4.37	10 455 4.37*	66	92	146
2 000	12 408 4.33	11 803 4.35	11 283 4.37	10 868 4.39	10 610 4.40	10 589 4.40*	67	94	148
2 025	12 562 4.36	11 948 4.38	11 423 4.40	11 002 4.43	10 742 4.44	10 723 4.44*	68	95	150
2 050	12 716 4.40	12 094 4.42	11 562 4.44	11 137 4.40	10 875 4.47	10 858 4.47*	69	97	152
2 075	12 869 4.43	12 240 4.45	11 701 4.47	11 271 4.49	11 088 4.50	10 992 4.50*	70	98	155
LOW AIR CONDITIONING ΔFUEL = − 0.5%			ENGINE ANTI ICE ON ΔFUEL = + 2%			TOTAL ANTI ICE ON ΔFUEL = + 4.5%		

附录 2.3.9 MA60 到备降机场的油耗

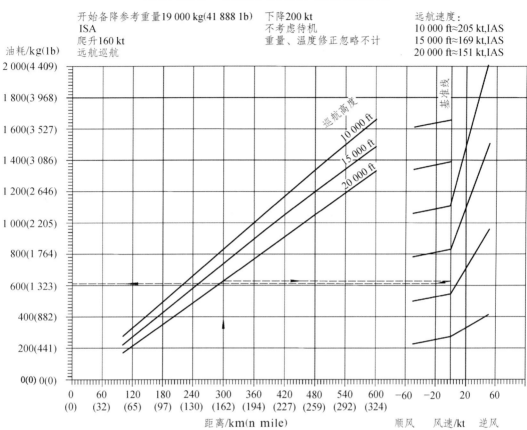

开始备降参考重量19 000 kg(41 888 1b)   下降200 kt   远航速度：
ISA   不考虑待机   10 000 ft≈205 kt,IAS
爬升160 kt   重量、温度修正忽略不计   15 000 ft≈169 kt,IAS
远航巡航   20 000 ft≈151 kt,IAS

附录 2.3.10

	双发巡航性能				
空调打开					
21 t (46 297 lb)				发动机最大巡航功率	
平飞高度 /100 ft	大气温度				
	ISA − 10 °C (ISA − 18°F)	ISA	ISA + 10 °C (ISA + 18°F)	ISA + 15 °C (ISA + 27°F)	ISA + 20 °C (ISA + 36°F)
60	925 (2 039) 223 248	902 (1 989) 220 247	898 (1 980) 213 243	859 (1 894) 206 237	815 (1 797) 200 233
80	904 (1 993) 221 251	887 (1 956) 217 251	859 (1 894) 207 244	821 (1 810) 200 237	777 (1 713) 194 232
100	879 (1 938) 218 255	872 (1 922) 213 254	813 (1 792) 201 244	785 (1 731) 195 238	746 (1 645) 189 232
120	871 (1 920) 215 259	836 (1 843) 207 255	775 (1 709) 196 245	752 (1 658) 190 239	727 (1 603) 184 234
140	844 (1 861) 210 260	793 (1 748) 201 254	741 (1 634) 190 245	720 (1 587) 185 239	697 (1 537) 179 234
160	791 (1 744) 201 258	749 (1 651) 193 252	709 (1 563) 184 243	692 (1 526) 178 238	657 (1 448) 172 232
180	736 (1 623) 193 255	700 (1 543) 185 248	670 (1 477) 176 240	649 (1 431) 171 235	623 (1 373) 165 229
200	679 (1 497) 184 250	646 (1 424) 175 241	625 (1 378) 166 234	600 (1 323) 161 229	589 (1 299) 156 224
220	634 (1 398) 175 244	600 (1 323) 164 234	578 (1 274) 155 225	559 (1 232) 151 221	545 (1 202) 146 215
双发小时耗油量　　　kg/h (lb/h) 　　LAS　　km 　　TAS　　km					

附录 2.3.11　MA60 到目的地机场油量

参考起飞重量20 000 kg(44 092 lb)　最大巡航功率巡航
ISA　　　　　　　　　　　　　　下降225 kt
爬升150 kt　　　　　　　　　　重量、温度修正忽略不计

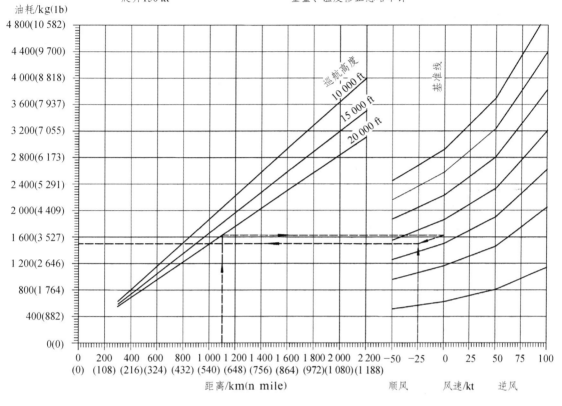

附录 2.4.1 机场天气报文

METAR ZUUU 020400Z 36001MPS 2700 -SHRA BR FEW007 SCT026 25/23 Q1003 BECMG TL0430 3000 =

METAR ZUUU 020330Z 00000MPS 2700 -SHRA BR FEW007 SCT026 25/23 Q1003 NOSIG =

METAR ZUUU 020300Z OOOOOMPS 2500 -SHRA BR FEW007 SCT026 25/23 Q1003 NOSIG =

TAF ZUUU 020311Z 020606 02003MPS 3500 -SHRA BR FEW007 SCT030 =

TAF ZUUU 020138Z 020312 02003MPS 3500 BR SCT030 TEMPO 0812 -SHRA FEW030CB SCT030 = TAF ZUUU 012202Z 020009 02003MPS 3500 BR SCT040 TEMPO 0003 -SHRA FEW030CB SCT030 = SPECI ZUUU 290548Z 02006G13MPS 4000 TS BR FEW020CB SCT020 25/22 Q1003 NOSIG =

METAR ZSHC 020400Z 24007MPS 9999 FEW023 35/22 Q1004 NOSIG =

METAR ZSHC 020330Z 25008MPS 9999 FEW020 34/21 Q1004 NOSIG =

METAR ZSHC 020300Z 25007MPS 9999 FEW020 34/22 Q1004 NOSIG =

TAF ZSHC 020303Z 020606 25006MPS 6000 SCT025BECMG 1213 05003MPS SCT025 FEW030CBBECMG 0001 24005MPSTEMP0 0814 TSRA SCT025 FEW030CB =

TAF ZSHC 020135Z 020312 25005MPS 6000 SCT025TEMP0 0610 TSRA SCT025 FEW030CB =

TAF ZSHC 012214Z 020009 25003MPS 6000 SCT025TEMP0 0509 TSRA SCT025 FEW030CB =

SPECI ZSHC 011109Z 25002MPS 9999 TS SCT021 FEW026CB 32/23 Q1006N0SIG =

METAR ZSOF 020400Z 18003MPS 150V210 CAVOK 32/26 Q1002 NOSIG =

METAR ZSOF 020300Z 21003MPS 140V240 CAVOK 31/26 Q1002 NOSIG =

METAR ZSOF 020200Z 20003MPS 150V250 CAVOK 30/26 Q1003 NOSIG =

TAF ZSOF 020411Z 020615 18004MPS 5000 HZ NSC =

TAF ZSOF 020300Z 020606 18004MPS 5000 BR NSC TEMPO 0612 TSRAFEW030CB =

TAF ZSOF 020133Z 020312 18004MPS 5000 BR NSC =

SPECI ZSOF 010628Z 21002MPS 170V240 2000 R32/1200N -TSRA BR BKN011FEW030CB 0VC040 27/26 Q1006 RESHRA NOSIG =

METAR ZSNJ 020400Z 24008MPS CAVOK 33/19 Q1002 NOSIG =

METAR ZSNJ 020300Z 24008MPS CAVOK 33/21 Q1003 NOSIG =

METAR ZSNJ 020200Z 24006MPS 210V270 CAVOK 32/21 Q1003 NOSIG =

TAF ZSNJ 020420Z 020615 25008MPS 6000 NSC TEMPO 0610 TSRA FEW030CB =

TAF ZSNJ 020317Z 020606 24005MPS 4000 HZ NSC TEMPO 0612 TSRASCT030CB =

TAF ZSNJ 020143Z 020312 24005MPS 4000 HZ NSC TEMPO 0610 TSRASCT030CB =

SPECI ZSNJ 010812Z 32002MPS 290V010 7000 -TSRA SCT010 BKN040CB0VC040 26/22 Q1006 BECMG TL0900 NSW =

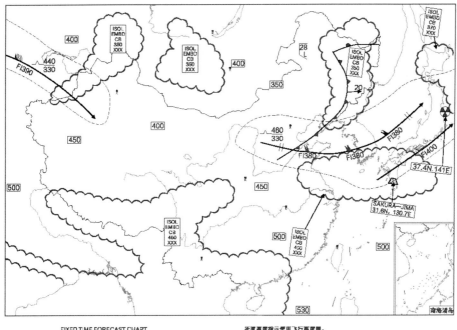

FIXED TIME FORECAST CHART
飞行高度层 200—600
FL200—600
有效时间（世界协调时）06 UTC 2012—07—02
VALID 06 UTC 02 JUL 2012
民航气象中心制作
ISSUED BY AVIATION METEORLOGICAL CENTER

所有高度指示使用飞行高度层。
系统移动速度单位为千米/小时。
CB IMPLIES TS, GR, MOD OR SEV TURB AND ICE
UNITS USED:HEIGHTS IN FLIGHT LEVELS
SYSTEM SPEEDS IN KMH
5海里/小时（KT）
10海里/小时（KT）
50海里/小时（KT）

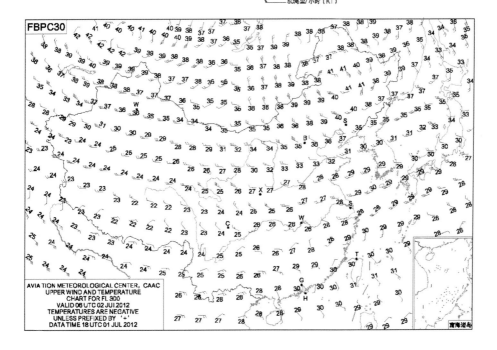

AVIATION METEOROLOGICAL CENTER, CAAC
UPPER WIND AND TEMPERATURE
CHART FOR FL 300
VALID 06 UTC 02 JUI 2012
TEMPERATURES ARE NEGATIVE
UNLESS PREFIXED BY '+'
DATA TIME 18 UTC 01 JUL 2012

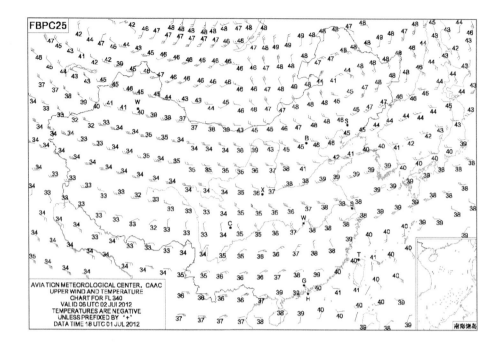

附录 2.4.2　成都—杭州航路信息

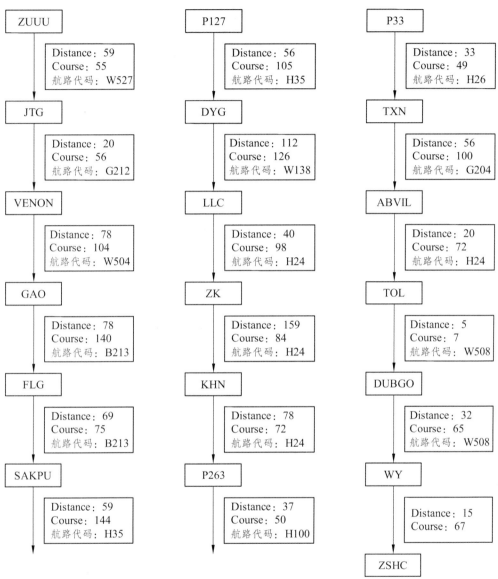

ZUUU
> Distance：59
> Course：55
> 航路代码：W527

JTG
> Distance：20
> Course：56
> 航路代码：G212

VENON
> Distance：78
> Course：104
> 航路代码：W504

GAO
> Distance：78
> Course：140
> 航路代码：B213

FLG
> Distance：69
> Course：75
> 航路代码：B213

SAKPU
> Distance：59
> Course：144
> 航路代码：H35

P127
> Distance：56
> Course：105
> 航路代码：H35

DYG
> Distance：112
> Course：126
> 航路代码：W138

LLC
> Distance：40
> Course：98
> 航路代码：H24

ZK
> Distance：159
> Course：84
> 航路代码：H24

KHN
> Distance：78
> Course：72
> 航路代码：H24

P263
> Distance：37
> Course：50
> 航路代码：H100

P33
> Distance：33
> Course：49
> 航路代码：H26

TXN
> Distance：56
> Course：100
> 航路代码：G204

ABVIL
> Distance：20
> Course：72
> 航路代码：H24

TOL
> Distance：5
> Course：7
> 航路代码：W508

DUBGO
> Distance：32
> Course：65
> 航路代码：W508

WY
> Distance：15
> Course：67

ZSHC

附录 2.4.3

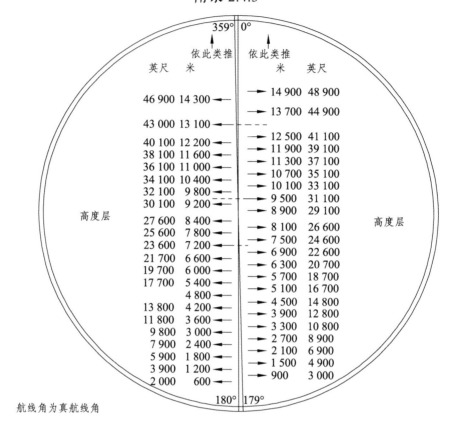

附录 2.4.4　风分量图

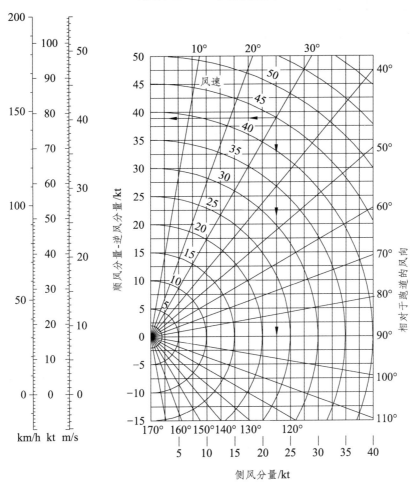

附录 2.4.5

巡航-M.78											
最大巡航推力限制 正常空调 防冰关						ISA + 10 CG = 33.0%		EPR kg/h/ENG n mile/1 000 kg		马赫数 IAS/kt TAS/kt	
重量 /1 000 kg	FL290		FL310		FL330		FL350		FL370		FL390	
50	1.217 1 311 179.9	.700 302 472	1.223 1 206 193.8	.700 289 468	1.232 111 4 208.1	.700 277 464	1.247 1 046 219.7	.780 264 460	1.265 995 229.9	.780 252 458	1.293 955 239.6	.700 241 458
52	1.218 1 315 179.3	.780 302 472	1.226 1 213 192.8	.780 289 468	1.237 1 127 205.7	.780 277 464	1.253 1 063 216.3	.780 264 460	1.274 1 014 225.7	.780 252 458	1.306 975 234.7	.780 241 458
54	1.220 1 321 178.5	.780 302 472	1.228 1 220 191.7	.780 289 468	1.242 1 143 202.9	.780 277 464	1.259 1 081 212.6	.780 264 460	1.284 1 032 221.8	.780 252 458	1.320 1 000 228.8	.780 241 458
56	1.222 1 327 177.6	.780 302 472	1.233 1 230 190.0	.780 289 468	1.247 1 160 200.0	.780 277 464	1.207 1 100 208.9	.780 264 460	1.295 1 051 217.8	.780 252 458	1.338 1 035 221.1	.780 241 458
58	1.225 1 334 176.8	.780 302 472	1.237 1 245 187.8	.780 289 468	1253 1 177 197.0	.780 277 464	1.275 1 119 205.5	.780 264 460	1.370 1 072 213.4	.780 252 458	1.357 1 072 213.5	.780 241 458
60	1.228 1 343 175.6	.780 302 472	1.242 1 261 185.4	.780 289 468	1.260 1 196 193.9	.780 277 464	1.284 1 137 202.2	.780 264 460	1.321 1 099 208.2	.780 252 458	1.378 1 111 206.0	.780 241 458
62	1.232 1 353 174.2	.780 302 472	1.247 1 278 182.9	.780 289 468	1.288 1 215 190.8	.780 277 464	1.294 1 156 198.8	.780 264 460	1.338 1 134 201.7	.780 252 458	1.401 1 153 198.4	.780 241 458
64	1.236 1 369 172.3	.780 302 472	1.252 1 296 180.4	.780 289 468	1.274 1 234 187.9	.780 277 464	1.305 1 178 195.1	.780 264 460	1.355 1 171 195.4	.780 252 458	1.425 1 201 190.6	.780 241 458
66	1.241 1 385 170.2	.780 302 472	1.258 1 315 177.8	.780 289 468	1.282 1 253 185.1	.780 277 464	1.318 1 204 190.9	.780 264 460	1.374 1 211 189.0	.780 252 458	1.451 1 251 182.8	.780 241 458
68	1.245 1 402 168.2	.780 302 472	1.264 1 335 175.2	.780 289 468	1.291 1 272 182.3	.780 277 464	1.333 1 239 185.5	.780 264 460	1.395 1 253 182.6	.780 252 458	1.480 1 309 174.8	.780 241 458
70	1.250 1 420 166.0	.780 302 472	1.270 1 355 172.6	.780 289 468	1.301 1 294 179.2	.780 277 464	1.349 1 276 180.1	.780 264 460	1.417 1 299 176.2	.780 252 458		
72	1.256 1 439 163.8	.780 302 472	1.278 1 373 170.3	.780 289 468	1.312 1 318 176.0	.780 277 464	1.366 1 316 174.7	.780 264 460	1.440 1 348 169.7	.780 252 458		
74	1.261 1 459 161.6	.780 302 472	1.286 1 393 167.9	.780 289 468	1.326 1 351 171.6	.780 277 464	1.384 1 357 169.4	.780 264 460	1.465 1 403 163.1	.780 252 458		
76	1.266 1 479 159.4	.780 302 472	1.295 1 413 165.5	.780 289 468	1.340 1 388 167.1	.780 277 464	1.403 1 401 164.1	.780 264 460	1.492 1 462 156.5	.780 252 458		
空调低流量 Δ燃油 = − 0.6%				发动机防冰开 Δ燃油 = + 3.5%				全部防冰开 Δ燃油 = + 6%				

远程巡航											
最大巡航推力限制 正常空调 防冰关						ISA + 15 CG = 33.0%		EPR kg/h/ENG n mile/1 000 kg		马赫数 IAS/kt TAS/kt	
重量 /1 000 kg	FL290		FL310		FL330		FL350		FL370		FL390	
50	1.121 913 209.1	.625 238 382	1.146 903 216.6	.646 236 391	1.184 920 224.1	.686 241 412	1.215 919 231.2	.713 240 425	1.248 935 235.9	.744 240 441	1.292 963 239.2	.777 240 461
52	1.130 942 205.0	.632 241 386	1.162 953 211.7	.666 244 403	1.195 950 219.5	.694 244 417	1.229 966 225.2	.730 246 435	1.261 978 229.0	.755 244 448	1.311 1 000 232.5	.784 242 464
54	1.140 977 200.6	.642 245 392	1.177 997 207.2	.682 250 413	1.207 987 214.4	.705 248 423	1.239 1 001 219.5	.737 248 439	1.280 1 028 222.4	.771 249 457	1.327 1 031 225.7	.785 243 465
56	1.154 1 025 196.2	.658 252 402	1.190 1 034 203.2	.694 255 420	1.220 1 037 209.1	.722 254 434	1.251 1 045 213.4	.748 253 446	1.298 1 069 216.7	.781 253 463	1.346 1 070 217.9	.786 243 466
58	1.168 1 072 192.4	.675 258 412	1.198 1 059 199.4	.697 256 422	1.232 1 081 204.2	.735 259 441	1.264 1 089 207.6	.759 257 452	1.314 1 103 211.1	.785 254 466	1.365 1 109 210.4	.786 243 466
60	1.181 1 112 188.8	.688 264 420	1.210 1 106 194.9	.712 262 431	1.241 1 118 199.4	.742 262 446	1.282 1 141 202.2	.774 262 461	1.328 1 134 205.4	.785 254 466	1.386 1 145 203.4	.785 243 466
62	1.191 1 147 185.5	.697 267 426	1.222 1 155 190.6	.727 268 440	1.252 1 161 194.4	.751 266 451	1.298 1 180 197.5	.782 265 466	1.346 1 173 198.8	.786 255 466		
64	1.199 1 171 182.4	.699 268 427	1.232 1 197 186.6	.737 272 447	1.264 1 205 189.7	.761 269 457	1.312 1 213 192.9	.785 266 468	1.363 1 211 192.5	.786 255 466		
66	1.210 1 219 178.6	.713 274 436	1.240 1 232 182.7	.743 274 450	1.280 1 258 185.0	.775 275 466	1.326 1 244 188.1	.786 267 468	1.382 1 248 186.6	.785 254 466		
68	1.220 1 268 175.0	.727 280 444	1.250 1 274 178.5	.751 277 455	1.294 1 297 181.1	.782 277 470	1.341 1 282 182.7	.786 267 469	1.393 1 255 182.1	.771 249 457		
70	1.230 1 314 171.6	.738 285 451	1.260 1 318 174.6	.760 281 460	1.308 1 331 177.3	.785 279 427	1.357 1 321 177.4	.786 267 469				
72	1.237 1 345 168.5	.742 286 453	1.274 1 368 170.7	.771 285 467	1.320 1 361 173.5	.786 279 472	1.374 1 359 172.3	.786 267 468				
74	1.246 1 388 164.9	.75 289 458	1.288 1 415 167.1	.781 290 473	1.334 1 397 169.1	.786 279 473	1.382 1 358 168.8	.770 261 459				
76	1.256 1 432 161.6	.757 292 463	1.301 1 450 163.9	.784 291 475	1.348 1 437 164.6	.787 279 473						
空调低流量 Δ燃油 = − 0.4%				发动机防冰开 Δ燃油 = + 3%				全部防冰开 Δ燃油 = + 5.5%				

附录 2.4.6

FLIGHT PLANNING FROM BRAKE RELEASE TO LANDING CLIMB: 250 kt/300 kt/M.78-CRUISE: LONG RANGE-DESCENT: M.78/300 kt/250 kt IMC PROCEDURE: 120 kg (6 min)								
REF. LANDING WEIGHT = 55 000 kg NORMAL AIR CONDITIONING ANTI-ICING OFF			ISA CG = 33.0%			FUEL CONSUMED/kg TIME/h 或 min		
AIR DIST. /n mile	FLIGHT LEVEL						CORRECTION ON FUEL CONSUMPTION /(kg/1 000 kg)		
	290	310	330	350	370	390	FL290 FL310	FL330 FL350	FL370 FL390
825	4 971 2.13	4 870 2.10	4 777 2.07	4 696 2.05	4 630 2.03	4 604 2.02	48	51	60
850	5 108 2.16	5 003 2.13	4 907 2.10	4 821 2.08	4 753 2.06	4 726 2.05	50	53	62
875	5 246 2.20	5 137 2.17	5 036 2.14	4 947 2.11	4 876 2.09	4 649 2.09	51	54	64
900	5 383 2.24	5 270 2.21	5 166 2.17	5 073 2.15	5 000 2.13	4 971 2.12	53	56	66
925	5 521 2.27	5 403 2.24	5 295 2.21	5 200 2.18	5 123 2.16	5 094 2.15	54	57	68
950	5 659 2.31	5 537 2.28	5 425 2.24	5 326 2.22	5 247 2.20	5 218 21.9	55	59	70
975	5 797 2.35	5 671 2.31	5 555 2.28	5 453 2.25	5 371 2.23	5 341 2.22	57	60	72
1 000	5 936 2.38	5 805 2.35	5 686 2.31	5 580 2.28	5 493 2.26	5 465 2.25	58	62	74
1 025	6 074 2.42	5 939 2.38	5 816 2.35	5 707 2.32	5 620 2.30	5 589 2.29	60	63	75
1 050	6 213 2.46	6 073 2.42	5 947 2.38	5 834 2.35	5 744 2.33	5 713 2.32	61	65	77
1 075	6 352 2.49	6 207 2.46	6 077 2.42	5 961 2.39	5 869 2.36	5 837 2.35	62	66	79
1 100	6 491 2.53	6 342 2.49	6 208 2.45	6 089 2.42	5 994 2.40	5 982 2.39	64	67	81
1 125	6 630 2.57	6 477 2.53	6 340 2.49	6 217 2.45	6 119 2.43	6 087 2.42	65	69	83
1 150	6 770 3.00	6 612 2.56	6 471 2.52	6 345 2.49	6 244 2.46	6 212 2.45	67	70	85

FLIGHT PLANNING FROM BRAKE RELEASE TO LANDING
CLIMB: 250 kt/300 kt/M.78-CRUISE: LONG RANGE-DESCENT: M.78/300 kt/250 kt
IMC PROCEDURE: 120 kg (6 min)

REF. LANDING WEIGHT = 55 000 kg NORMAL AIR CONDITIONING ANTI-ICING OFF			ISA CG = 33.0%		FUEL CONSUMED/kg TIME/h 或 min			
AIR DIST. /n mile	FLIGHT LEVEL						CORRECTION ON FUEL CONSUMPTION /(kg/1 000 kg)		
	290	310	330	350	370	390	FL290 FL310	FL330 FL350	FL370 FL390
1 175	6 910 3.04	6 747 3.00	6 603 2.56	6 473 2.52	6 370 2.50	6 337 2.49	68	72	87
1 200	7 049 3.08	6 883 3.30	6 734 2.59	6 601 2.55	6 495 2.53	6 463 2.52	69	73	89
1 225	7 190 3.11	7 018 3.07	6 866 3.02	6 729 2.59	6 621 2.56	6 589 2.55	71	75	91
1 250	7 330 3.15	7 154 3.10	6 999 3.05	6 858 3.02	6 747 3.00	6 715 2.59	72	76	93
1 275	7 470 3.18	7 290 3.14	7 131 3.09	6 987 3.06	6 874 3.03	6 841 3.02	74	78	95
1 300	7 611 3.22	7 426 3.18	7 264 3.13	7 116 3.09	7 000 3.06	6 968 3.05	75	79	97
1 325	7 752 3.26	7 562 3.21	7 396 3.16	7 246 3.12	7 127 3.10	7 095 3.09	77	81	99
1 350	7 893 3.29	7 699 3.25	7 529 3.20	7 375 3.16	7 255 3.13	7 233 3.12	78	83	101
1 375	8 035 3.33	7 836 3.28	7 663 3.23	7 505 3.19	7 381 3.16	7 350 3.15	80	84	103
1 400	8 176 3.37	7 973 3.32	7 796 3.26	7 635 3.22	7 509 3.20	7 478 3.19	81	86	105
1 425	8 318 3.40	8 110 3.35	7 930 3.30	7 765 3.26	7 637 3.23	7 606 3.22	82	87	107
1 450	8 460 3.44	8 247 3.39	8 063 3.33	7 896 3.29	7 764 3.26	7 735 3.25	84	89	109
LOW AIR CONDITIONING ΔFUEL = − 0.5%			ENGINE ANTI ICE ON ΔFUEL = + 2.5%			TOTAL ANTI ICE ON ΔFUEL = + 5%		

附录 2.4.7 爬升修正

从综合巡航表中所查出的燃油和时间数值必须经下表中给出的数值修正。这些表格是按 78 马赫和远程速度，并且考虑了自松开刹车点起以 250 n mile/h 或 300 n mile/h 或 78 马赫爬升。

78 马赫和远程速度

FL	耗油量修正/1 000 kg							时间修正/min
	松开刹车时重量/1 000 kg							
	46	50	54	58	62	66	70	
390	0.8	0.8	0.9	0.9	1.0	—	—	4
370	0.8	0.8	0.8	0.9	0.9	1.0	1.0	4
350	0.7	0.8	0.8	0.9	0.9	1.0	1.0	4
330	0.7	0.7	0.8	0.8	0.9	0.9	1.0	4
310	0.7	0.7	0.8	0.8	0.8	0.9	0.9	4
290	0.6	0.7	0.7	0.8	0.8	0.8	0.9	5
270	0.6	0.6	0.7	0.7	0.8	0.8	0.8	5
250	0.5	0.6	0.6	0.7	0.7	0.7	0.8	5
200	0.4	0.5	0.5	0.6	0.6	0.6	0.7	4
150	0.4	0.4	0.4	0.5	0.5	0.5	0.5	3
100	0.3	0.3	0.3	0.3	0.4	0.4	0.4	3

附录 2.4.8　下降修正

综合巡航表中所确定的燃油和时间数值必须按照下表修正，以考虑到至 1 500 ft 的下降，随后是 6 min 仪表进近和着陆。

FL	耗油量修正/1 000 kg							时间修正/min
	目的地上空重量/1 000 kg							
	46	50	54	58	62	66	70	
390	0.2	0.2	0.2	0.3	0.3	—	—	10
370	0.2	0.2	0.2	0.2	0.3	0.3	0.4	10
350	0.2	0.2	0.2	0.2	0.3	0.3	0.3	10
330	0.2	0.2	0.2	0.2	0.3	0.3	0.3	10
310	0.2	0.2	0.2	0.2	0.3	0.3	0.3	10
290	0.2	0.2	0.2	0.2	0.3	0.3	0.3	11
270	0.2	0.2	0.2	0.2	0.3	0.3	0.3	11
250	0.2	0.2	0.2	0.2	0.3	0.3	0.3	11
200	0.2	0.2	0.2	0.2	0.3	0.3	0.3	10
150	0.1	0.2	0.2	0.2	0.2	0.2	0.2	9
100	0.1	0.1	0.1	0.1	0.1	0.1	0.2	9

附录 2.4.9　爬升图表

爬升 -250 kt/300 kt/M.78						

最大爬升升力 正常空调 防冰关	ISA + 15 CG = 33.0%		自动刹车时 时间/min　　燃油/kg 距离/n mile　真空速/kt			

飞行 高度层	松刹车时的重量/1 000 kg						
	48	52	56	60	64	68	72
390	16　1 270 104　397	18　1 409 116　399	20　1 564 131　401	22　1 738 148　403	25　1 942 169　406		
370	14　1 197 92　390	16　1 323 103　392	17　1 461 115　393	19　1 612 128　395	22　1 781 143　397	24　1 974 161　400	27　2 201 183　403
350	13　1 134 83　384	14　1 250 92　385	16　1 376 102　386	18　1 512 114　388	19　1 662 126　390	21　1 829 140　392	24　2 017 157　394
330	12　1 075 75　377	13　1 183 83　378	15　1 299 92　379	16　1 423 102　381	18　1 559 112　382	19　1 708 124　384	21　1 873 137　386
310	11　1 017 68　369	12　1 117 75　370	13　1 224 83　371	15　1 338 91　372	16　1 462 100　373	18　1 596 110　375	19　1 743 121　376
290	10　954 60　359	11　1 047 67　360	12　1 145 73　361	13　1 249 80　362	15　1 362 88　363	16　1 483 96　364	17　1 614 105　365
270	9　878 52　346	10　963 57　347	11　1 051 63　347	12　1 145 68　348	13　1 245 75　349	14　1 352 82　350	15　1 467 89　351
250	8　810 45　333	9　887 49　334	10　967 54　335	10　1 052 59　336	11　1 142 64　336	12　1 238 70　337	13　1 341 76　338
240	8　778 42　327	8　851 46　328	9　928 50　329	10　1008 54　329	11　1 094 59　339	12　1 186 64　331	13　1 283 70　332
220	7　716 36　315	7　783 39　316	8　853 43　317	9　926 47　317	10　1 004 51　318	10　1 086 55　319	11　1 174 60　319
200	6　658 31　303	7　718 34　304	7　782 37　304	8　848 40　305	9　919 44　306	9　994 47　306	10　1 073 51　307
180	5　601 26　291	6　657 29　292	6　714 32　292	7　774 34　293	8　838 37　293	8　906 40　294	9　978 44　295
160	5　547 22　278	5　597 25　279	6　649 27　279	6　703 29　280	7　761 32　281	7　822 34　281	8　887 37　282
140	4　494 19　264	5　538 21　265	5　585 22　266	5　634 24　266	6　686 26　267	6　741 29　268	7　799 31　268
120	4　442 15　249	4　481 17　250	4　523 18　251	5　566 20　251	5　613 22　252	6　662 24　253	6　714 26　254
100	3　356 11　221	3　388 12　222	3　421 13　223	4　455 14　223	4　492 15　224	4　532 16　225	5　574 18　226
50	2　238 6　185	2　259 6　185	2　280 7　185	2　302 7　186	2　326 8　187	3　351 8　188	3　378 9　190
15	1　155 2　133	1　168 3　132	1　181 3　132	1　195 3　132	1　209 3　134	2　225 4　135	2　242 4　137

经济空调流量 Δ燃油 = − 0.6%	发动机防冰开 Δ燃油 = + 6%	全部防冰开 Δ燃油 = + 12%

附录 2.4.10

下降-M.78/300 kt/250 kt									
慢车推力 正常空调 防冰关			ISA CG = 33.0%		最大客舱下降率 350 ft/min				
重量 /1 000 kg	45				65				IAS /kt
FL	时间 /min	燃油 /kg	距离 /n mile	EPR	时间 /min	燃油 /kg	距离 /n mile	EPR	
390	16.1	188	98	1.047	19.0	192	114	慢车	241
370	14.6	158	87	1.066	18.2	185	108	慢车	252
350	13.5	139	78	慢车	17.5	178	102	慢车	264
330	12.9	134	74	慢车	16.8	171	97	慢车	277
310	12.4	129	71	慢车	16.1	166	93	慢车	289
290	12.0	125	67	慢车	15.5	160	88	慢车	300
270	11.4	120	63	慢车	14.7	153	82	慢车	300
250	10.8	115	58	慢车	13.9	146	76	慢车	300
240	10.5	112	56	慢车	13.5	143	73	慢车	300
220	9.9	107	52	慢车	12.7	136	67	慢车	300
200	9.3	102	48	慢车	11.8	129	62	慢车	300
180	8.7	97	44	慢车	11.0	122	56	慢车	300
160	8.0	91	40	慢车	10.1	114	50	慢车	300
140	7.4	85	36	慢车	9.2	106	45	慢车	300
120	6.7	79	32	慢车	8.3	97	39	慢车	300
100	6.0	72	28	慢车	7.4	88	34	慢车	300
50	2.2	28	10	慢车	2.7	34	12	慢车	250
15	0	0	0	慢车	0	0	0	慢车	250
修正量	低空调流量		发动机防冰开		全部防冰开		高于 ISA 每 1°		
时 间	–		+ 4%		+ 18%		+ 0.3%		
燃 油	− 1%		+ 17%		+ 85%		+ 0.4%		
距 离	–		+ 4%		+ 18%		+ 0.4%		

附录 2.4.11

Depart.Fix	Dest. Fix	Route	Mag. Course	FL	True wind /(°)	Wind speed /kt	Mag. var	Mag wind /(°)	Mach Number	Temp /°C	TAS	GS	Leg Distance /n mile	Cum Distance /n mile	Leg time /h	Cum time /h	Leg fuel /kg	Cum fuel /kg
ZUUU	TOC			Climb									112	112	18	18	1 614	1 614
TOC	GAO	W504	104	311	290	20	2°W	292	0.78	− 28	476	496	45	157	5.4	23.4	238	1 852
GAO	FLG	B213	140	311	250	15	2°W	252	0.78	− 29	476	481	78	235	9.7	33.1	427	2 279
FLG	SAKPU	B213	75	311	240	13	2°W	242	0.78	− 29	476	489	69	304	8.5	41.6	374	2 653
SAKPU	P127	H35	141	311	225	10	3°W	228	0.78	− 29	476	475	59	363	7.5	49.1	330	2 983
P127	DYG	H35	105	311	160	13	3°W	163	0.78	− 29	476	469	56	419	7.5	56.6	330	3 313
DYG	LLC	W138	126	311	80	15	3°W	83	0.78	− 29	476	466	112	531	14.5	71.1	638	3 951
LLC	ZK	H24	98	311	50	13	3°W	53	0.78	− 30	476	468	40	571	5.1	76.2	224	4 225
ZK	KHN	H24	84	311	360	10	3°W	3	0.78	− 30	476	474	159	730	20.1	96.3	884	5 109
KHN	P263	H24	72	311	330	10	4°W	334	0.78	− 31	476	478	78	808	9.8	106.1	431	5 540
P263	P33	H100	50	311	320	10	4°W	324	0.78	− 31	476	477	37	845	4.7	110.8	207	5 747
P33	TXN	H26	49	311	310	13	4°W	314	0.78	− 31	476	478	33	878	4.1	114.9	180	5 927
TXN	TOD	G204	100	311	310	15	4°W	314	0.78	− 31	476	488	42	920	5.2	120.1	229	6 156
TOD	ZSHC			Desc									95	1 015	16	136	169	6 325

附录 2.5.1

Long Range Cruise Short Trip Fuel and Time
Based on 290/.78 climb,short trip cruise altitude and .78/290/250 descent

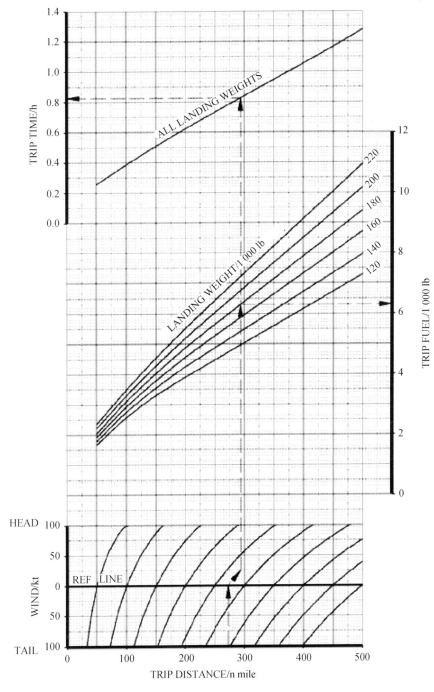

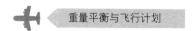

附录 2.5.2

Holding Planning

This table provides total fuel flow information necessary for planning holding and reserve fuel requirements. The chart is based on the higher of the maximum endurance speed and the maneuvering speed. The fuel flow is based upon flight in a racetrack holding pattern. For holding in straight and level flight reduce the table values by 5%.

757-200/RB211-535E4
FAA

BOEING
Flight Planning and Performance Manual

FLICHTALANNING
Simplified Flight Planning

Holding Planning
Flaps Up

PRESSURE ALTTTUDE /ft	TOTAL FUEL FLOW/(lb/HR)												
	WEIGHT/1 000 lb												
	260	250	240	230	220	210	200	190	180	170	160	150	140
40 000											5 730	5 300	4 910
35 000									6 170	5 780	5 420	5 070	4 750
30 000						7 150	6 780	6 430	6 090	5 750	5 420	5 100	4 930
25 000		8 470	8 110	7 760	7 420	7 080	6 840	6 510	6 180	6 040	5 710	5 380	5 050
20 000	8 880	8 530	8 200	7 860	7 750	7 420	7 090	6 850	6 510	6 170	5 840	5 510	5 180
15 000	9 010	8 670	8 330	7 980	7 640	7 300	6 960	6 630	6 380	6 050	5 720	5 390	5 070
10 000	9 150	8 800	8 450	8 110	7 760	7 420	7 080	6 740	6 410	6 160	6 320	5 980	5 640
5 000	9 290	8 940	8 590	8 240	7 900	7 550	7 810	7 460	7 120	6 860	6 510	6 160	5 820
1 500	9 400	9 050	8 700	9 040	8 690	8 330	7 970	7 620	7 270	6 910	6 650	6 300	5 940

This table includes 5% additional fuel for holding in a racetrack pattern.

附录 2.5.3

Long Range Cruise Trip Fuel and Time
0 to 1 800 n mile Distance
Based on 290/.78 climb and .78/290/250 descent

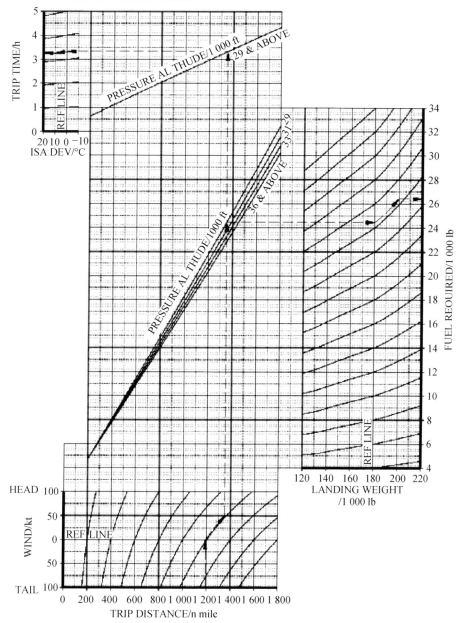

附录 2.5.4

Long Range Cruise Table
30 000 ft to 25 000 ft

PRESS ALT /1 000 ft (STD TAT)		WEIGHT/1 000 lb														
		260	250	240	230	220	210	200	190	180	170	160	150	140	130	120
30 (-20)	ERR	1.55	1.54	1.52	1.50	1.49	1.47	1.45	1.44	1.42	1.40	1.39	1.37	1.35	1.33	1.31
	MAX TAT	15														
	KIAS	303	302	300	297	293	288	283	277	271	265	260	254	245	236	228
	MACH	.799	.796	.792	.784	.774	.763	.750	.735	.719	.706	.693	.677	.656	.632	.613
	FFR/ENG	4 787	4 625	4 461	4 296	4 122	3 948	3 769	3 585	3 447	3 279	3 122	2 961	2 773	2 573	2 474
	KTAS	471	469	466	462	456	449	442	433	424	416	408	399	387	373	361
29 (-19)	ERR	1.53	1.52	1.50	1.48	1.47	1.45	1.44	1.42	1.41	1.39	1.38	1.36	1.34	1.32	1.30
	MAX TAT	18														
	KIAS	309	307	303	299	295	290	284	278	272	267	262	254	245	236	229
	MACH	.796	.791	.783	.773	.763	.751	.737	.722	.709	.696	.683	.664	.642	.621	.604
	FFR/ENG	4 824	4 660	4 494	4 319	4 144	3 965	3 781	3 592	3 473	3 313	3 159	2 976	2 778	2 671	2 501
	KTAS	471	468	464	458	452	444	436	427	419	412	404	393	380	368	357
28 (-17)	ERR	1.51	1.50	1.48	1.47	1.45	1.44	1.42	1.41	1.39	1.38	1.36	1.35	1.33	1.31	1.29
	MAX TAT															
	KIAS	313	310	309	301	296	291	284	279	274	269	262	253	245	237	231
	MACH	.790	.782	.773	.763	.751	.738	.724	.711	.698	.687	.670	.650	.628	.611	.595
	FFR/ENG	4 860	4 692	4 517	4 341	4 161	3 977	3 788	3 616	3 456	3 354	3 177	2 983	2 786	2 695	2 532
	KTAS	470	465	459	453	447	439	430	422	415	408	398	389	373	363	354
27 (-16)	ERR	1.49	1.48	1.46	1.45	1.44	1.42	1.41	1.39	1.38	1.37	1.35	1.33	1.32	1.30	1.28
	MAX TAT															
	KIAS	316	312	307	303	297	291	286	281	276	270	262	253	245	239	232
	MACH	.781	.772	.762	.751	.739	.725	.712	.701	.689	.675	.656	.635	.618	.602	.586
	FFR/ENG	4 892	4 715	4 539	4 359	4 174	3 985	3 810	3 648	3 497	3 378	3 188	2 984	2 893	2 724	2 559
	KTAS	466	461	455	448	441	433	425	418	411	403	392	379	369	359	350
26 (-14)	ERR	1.48	1.46	1.45	1.44	1.42	1.41	1.40	1.38	1.37	1.35	1.34	1.32	1.31	1.29	1.27
	MAX TAT															
	KIAS	318	314	309	303	298	292	287	283	277	269	261	253	247	240	232
	MACH	.771	.761	.751	.739	.726	.713	.702	.691	.678	.661	.642	.623	.608	.593	.574
	FFR/ENG	4 915	4 738	4 557	4 372	4 182	4 006	3 843	3 689	3 530	3 392	3 192	3 094	2 920	2 758	2 576
	KTAS	462	456	450	443	435	428	421	414	407	396	385	374	364	356	344

续表

PRESS ALT /1 000 ft (STD TAT)		WEIGHT/1 000 lb														
		260	250	240	230	220	210	200	190	180	170	160	150	140	130	120
25 (-13)	ERR	1.46	1.45	1.43	1.42	1.41	1.40	1.38	1.37	1.36	1.34	1.32	1.31	1.30	1.28	1.26
	MAX TAT															
	KIAS	320	315	310	304	299	294	289	284	277	269	261	254	248	241	232
	MACH	.760	.750	.738	.726	.714	.703	.693	.681	.665	.647	.628	.613	.599	.584	.563
	FFR/ENG	4 938	4 756	4 570	4 381	4 203	4 039	3 884	3 729	3 546	3 351	3 297	3 120	2 952	2 783	2 591
	KTAS	458	451	444	437	430	423	417	410	400	390	378	369	361	351	339

Max TAT not shown where EPR can be set in ISA + 30 °C conditions.

Increase/decrease fuel flow 3% per 10 °C above/below standard TAT.

Increase/decrease KTAS by 1 kt per 1 °C above/below standard TAT.

Max Cruise EPR

PRESS ALT/1 000 ft	25	26	27	28	29	30
LIMTTEPR	1.63	1.64	1.65	1.66	1.67	1.68
MAX TAT/°c	5	4	1	0	− 2	− 4

Decrease limit EPR by 0.07 per 10 °C TAT hotter than table value.

With engine anti-ice on, decrease limit EPR by 0.01.

With engine and wing anti-ice on, decrease limit EPR by 0.03.

附录 2.5.5　737-300 爬升性能图表

BOEING

Flight Planning and Performance Manual

ENROUTE
All Engine

737-300/CFM56-3_20K
FAA
Category A Brakes

280/.74 Enroute Climb
ISA + 10 °C

PRESSURE ALTITUDE /ft	UNITS MEN/lb NAM/kt	BRAKE RELEASE WEIGHT/lb						NOTE CHANGE IN SCALE				
		140 000	135 000	130 000	125 000	120 000	115 000	110 000	100 000	90 000	80 000	70 000
37 000	TIME/FUEL			31/4 700	26/4 200	24/3 800	21/3 500	20/3 200	17/2 800	14/2 400	12/2 100	11/1 800
	DIST/TAS			195/406	165/402	145/400	130/399	115/397	99/395	84/394	71/393	60/392
36 000	TIME/FUEL	38/5 700	30/4 800	27/4 300	24/3 900	22/3 600	20/3 300	18/3 100	16/2 700	14/2 300	12/2 000	10/1 800
	DIST/TAS	245/409	191/404	164/401	146/399	132/397	120/396	110/395	93/393	79/392	67/391	57/380
35 000	TIME/FUEL	31/ 4 900	27/4 400	24/4 000	22/3 700	20/3 400	19/3 200	17/3 000	15/2 600	13/2 300	11/2 000	10/1 700
	DIST/TAS	192/402	166/399	148/397	133/395	122/394	112/393	103/392	88/391	75/388	64/389	54/388
34 000	TIME/FUEL	27/4 500	25/4 200	22/3 800	21/3 600	19/3 500	18/3 100	17/2 900	14/2 500	13/2 200	11/1 900	9/1 700
	DIST/TAS	167/397	149/395	135/394	123/392	113/391	104/390	96/389	83/388	71/387	81/386	52/388
33 000	TIME/FUEL	25/4 300	23/4 000	21/3 700	20/3 400	18/3 200	17/3 000	16/2 800	14/2 500	12/2 200	10/1 900	9/1 600
	DIST/TAS	150/393	136/392	125/390	115/388	106/388	97/387	91/387	78/388	67/385	58/384	49/383
32 000	TIME/FUEL	23/4 100	21/3 800	20/3 500	18/3 300	17/3 100	16/2 900	15/2 700	13/2 400	12/2 100	10/1 800	9/1 600
	DIST/TAS	137/389	126/388	116/387	107/386	99/385	92/384	85/384	74/383	64/382	55/381	47/381
31 000	TIME/FUEL	22/3 900	20/3 600	19/3 400	18/3 200	16/3 000	15/2 800	14/2 600	13/2 300	11/2 100	10/1 800	8/1 600
	DIST/TAS	127/385	117/384	108/383	100/383	93/382	86/381	80/381	70/380	60/379	52/378	44/378
30 000	TIME/FUEL	20/3 700	19/3 500	18/3 300	17/3 100	16/2 900	15/2 700	14/2 600	12/2 300	11/2 000	9/1 800	8/1 500
	DIST/TAS	117/381	109/380	101/380	94/379	87/378	81/378	76/377	66/377	57/376	49/375	42/375
29 000	TIME/FUEL	19/3 500	18/3 300	17/3 100	16/2 900	15/2 800	14/2 600	13/2 500	11/2 200	10/1 900	9/1 700	8/1 500
	DIST/TAS	107/378	99/375	92/375	86/374	80/374	75/373	70/373	61/372	53/372	46/371	39/371
28 000	TIME/FUEL	18/3 400	17/3 200	16/3 000	15/2 800	14/2 700	13/2 500	12/2 400	11/2 100	10/1 900	8/1 600	7/1 400
	DIST/TAS	97/371	90/370	84/370	79/369	74/369	69/369	65/368	56/368	49/367	43/367	36/367
27 000	TIME/FUEL	17/3 200	16/3 000	15/2 900	14/2 700	13/2 500	12/2 400	12/2 300	10/2 000	9/1 800	8/1 600	7/1 400
	DIST/TAS	89/366	83/366	77/365	72/365	68/365	64/364	60/364	52/363	46/363	40/365	34/362
26 000	TIME/FUEL	15/3 100	15/2 900	14/2 700	13/2 600	12/2 400	12/2 300	11/2 200	10/1 900	9/1 700	8/1 500	7/1 300
	DIST/TAS	81/362	76/361	71/361	67/361	63/360	59/360	55/360	48/359	42/359	37/359	31/359
25 000	TIME/FUEL	14/2 900	14/2 800	13/2 600	12/2 500	12/2 300	11/2 200	10/2 100	9/1 900	8/1 700	7/1 500	6/1 300
	DIST/TAS	74/357	70/357	65/357	61/357	58/356	54/356	51/356	45/355	39/355	34/355	29/355
24 000	TIME/FUEL	14/2 800	13/2 600	12/2 500	11/2 400	11/2 200	10/2 100	10/2 000	9/1 800	8/1 600	7/1 400	6/1 200
	DIST/TAS	68/353	64/353	60/353	57/353	53/352	50/352	47/352	41/352	36/352	32/351	27/351
23 000	TIME/FUEL	13/2 700	12/2 500	11/2 400	11/2 300	10/2 100	10/2 000	9/1 900	8/1 700	7/1 500	6/1 400	6/1 200
	DIST/TAS	63/350	59/349	55/349	52/349	49/349	46/329	43/348	38/348	34/348	29/348	35/348
22 000	TIME/FUEL	12/2 500	11/2 400	11/2 300	10/2 200	10/2 100	9/1 900	9/1 800	8/1 700	7/1 500	6/1 300	5/1 100
	DIST/TAS	58/348	54/346	51/345	48/345	45/345	43/345	40/345	35/345	31/344	27/344	23/344
21 000	TIME/FUEL	11/2 400	11/2 300	10/2 200	10/2 100	9/2 000	9/1 900	8/1 800	7/1 600	7/1 400	6/1 300	5/1 100
	DIST/TAS	53/342	50/342	47/342	44/342	42/342	39/342	37/341	33/341	29/341	25/341	22/341
20 000	TIME/FUEL	11/2 300	10/2 200	10/2 100	9/2 000	9/1 900	8/1 800	8/1 700	7/1 500	6/1 400	6/1 200	5/1 100
	DIST/TAS	48/339	46/339	43/339	41/338	38/338	36/338	34/338	30/338	26/338	23/338	20/338

420

PRESSURE ALTITUDE /ft	UNITS MEN/lb NAM/kt	BRAKE RELEASE WEJGHT/lb						NOTE CHANGE IN SCALE				
		140 000	135 000	130 000	125 000	120 000	115 000	110 000	100 000	90 000	80 000	70 000
19 000	TIME/FUEL	10/2 200	9/2 100	9/2 000	9/1 900	8/1 800	8/1 700	7/1 600	7/1 500	6/1 300	5/1 200	5/1 000
	DIST/TAS	44/336	42/335	39/335	37/335	35/335	33/335	31/335	28/335	22/332	20/332	18/335
18 000	TIME/FUEL	9/2 100	9/2 000	8/1 900	8/1 800	8/1 700	7/1 600	7/1 500	6/1 400	6/1 200	5/1 100	4/1 000
	DIST/TAS	40/332	38/332	36/332	34/332	32/332	30/332	29/332	25/332	22/332	20/332	17/332
17 000	TIME/FUEL	9/2 000	8/1 900	8/1 800	8/1 700	7/1 600	7/1 600	6/1 500	6/1 300	5/1 200	5/1 100	4/900
	DIST/TAS	37/329	35/329	33/329	31/329	29/329	28/329	26/328	23/329	20/329	18/329	15/329
16 000	TIME/FUEL	8/1 900	8/1 800	7/1 700	7/1 600	7/1 600	6/1 500	6/1 400	5/1 300	5/1 100	4/1 000	4/900
	DIST/TAS	33/326	32/326	30/328	28/326	27/326	25/326	24/326	21/326	19/326	16/326	14/326
15 000	TIME/FUEL	8/1 800	7/1 700	7/1 600	7/1 500	6/1 500	6/1 400	6/1 300	5/1 200	5/1 00	4/1 000	4/800
	DIST/TAS	30/323	29/323	27/323	28/323	24/323	23/323	22/323	19/325	17/323	15/323	13/323
14 000	TIME/FUEL	7/1 700	7/1 600	6/1 500	6/1 500	6/1 400	6/1 300	5/1 300	5/1 100	4/1 000	4/900	3/800
	DIST/TAS	27/321	26/321	24/320	23/320	22/320	21/320	20/320	17/320	15/320	13/320	12/320
13 000	TIME/FUEL	7/1 600	6/1 500	6/1 500	6/1 400	6/1 300	5/1 300	5/1 200	5/1 100	4/1 000	4/900	3/800
	DIST/TAS	24/318	23/318	22/318	21/318	20/318	19/318	18/318	16/318	14/318	12/318	10/318
12 000	TIME/FUEL	6/1 500	6/1 400	6/1 400	5/1 300	5/1 200	5/1 200	5/1 100	4/1 000	4/900	3/800	3/700
	DIST/TAS	22/315	21/315	20/315	19/315	18/315	17/315	16/315	14/315	12/315	11/315	9/315
11 000	TIME/FUEL	6/1 400	5/1 300	5/1 300	5/1 200	5/1 200	5/1 100	4/1 100	4/1 000	4/900	3/800	3/700
	DIST/TAS	19/313	18/313	17/313	16/313	16/312	15/312	14/312	12/312	11/312	10/312	8/312
10 000	TIME/FUEL	5/1 300	5/1 300	5/1 200	5/1 100	4/1 100	4/1 000	4/1 000	4/900	3/800	3/700	3/700
	DIST/TAS	17/310	16/310	15/310	14/310	14/310	13/310	12/310	11/310	10/310	8/310	7/310
8 000	TIME/FUEL	4/1 100	4/1 100	4/1 000	4/1 000	4/1 000	4/900	3/900	3/800	3/700	3/600	2/600
	DIST/TAS	12/305	12/305	11/305	10/305	10/305	9/305	9/305	8/305	7/305	6/305	5/305
6 000	TIME/FUEL	4/900	3/900	3/900	3/800	3/800	3/800	3/700	3/700	2/600	2/600	2/500
	DIST/TAS	8/301	8/301	7/301	7/301	7/301	6/301	6/301	5/301	5/301	4/301	4/301
1 500	TIME/FUEL	2/600	2/500	2/500	2/500	2/500	2/500	2/500	2/400	2/400	1/400	1/300

FUEL ADJUSTMENT FOR HIGH ELEVATION AIRPORTS EFFECT ON TIME AND DISTANCE IS NEGLIGIGLE	AIRPORT ELEVATION	2 000	4 000	6 000	8 000	10 000	12 000
	FUEL ADJUSTMENT	− 100	− 200	− 400	− 500	− 600	− 700

ENROUTE
All Engine

BOEING
Flight Planning and Performance Manual

737-300/CFM56-3_20K
FAA
Category A Br4akes

.74M Cruise Table
37 000 ft to 29 000 ft
%N1
MAX TAX
FF/ENG

PRESS ALT /1 000 ft	IAS STD TAT TAS	GROSS WEIGHT/1 000 lb													
		140	135	130	125	120	115	110	105	100	95	90	85	80	75
37	238 −33 424				90.8 −20 2 723	89.0 −12 2 566	87.4 −5 2 436	86.1 2 326	85.0 2 230	83.9 2 147	83.0 2 073	82.1 2 005	81.3 1 942	80.5 1 885	79.8 1 833
36	244 −33 425			90.3 −18 2 806	88.6 −10 2 656	87.2 −4 2 528	86.0 2 420	84.9 2 325	83.9 2 242	83.0 2 167	82.2 2 099	81.4 2 035	80.6 1 977	79.9 1 923	79.3 1 876
35	250 −30 426		90.2 −15 2 902	88.6 −8 2 758	87.3 −2 2 634	86.2 2 528	85.1 2 433	84.2 2 349	83.4 2 274	82.5 2 274	81.8 2 141	81.0 2 081	80.3 2 027	79.7 1 977	79.1 1 933
34	255 −28 428	90.0 −13 3 000	88.6 −6 2 860	87.4 −1 2 740	86.3 2 636	85.4 2 542	84.5 2 459	83.7 2 384	82.9 2 315	82.1 2 249	81.4 2 188	80.8 2 133	80.2 2 082	79.6 2 036	79.1 1 995
33	261 −26 430	88.6 −4 2 964	87.5 1 2 848	86.5 6 2 745	85.5 2 653	84.7 2 570	83.9 2 495	83.2 2 426	82.5 2 360	81.8 2 298	81.1 2 242	80.6 2 190	80.0 2 143	79.5 2 100	79.0 2 061
32	267 −24 432	87.5 2 2 957	86.6 7 2 856	85.7 2 765	84.9 2 684	84.2 2 609	83.5 2 539	82.8 2 473	82.1 2 411	81.5 2 354	80.9 2 301	80.4 2 253	79.9 2 208	79.4 2 168	79.0 2 132
31	273 −22 434	86.7 8 2 969	85.9 2 880	85.1 2 800	84.4 2 725	83.7 2 655	83.0 2 588	82.4 2 526	81.8 2 468	81.3 2 415	80.8 2 366	80.3 2 320	79.7 2 279	79.4 2 242	79.0 2 208
30	279 −19 436	86.0 2 997	85.3 2 918	84.6 2 844	83.9 2 773	83.3 2 706	82.7 2 644	82.1 2 568	81.6 2 531	81.1 2 482	80.6 2 436	80.2 2 393	79.8 2 355	79.4 2 320	79.1 2 289
29	285 −17 438	85.4 3 038	84.8 2 964	84.1 2 894	83.0 2 764	83.0 2 764	82.4 2 706	81.9 2 651	81.4 2 601	81.0 2 554	80.5 2 511	80.1 2 472	79.4 2 403	79.4 2 403	79.1 2 374

MAX TAT NOT SHOWN FOR HOTTER THAN ISA + 30 °C CONDITIONS
INCREASE/DECREASE TARGER %N1 BY 1% PER 5 °C ABOVE/BELOW STD TAT
INCREASE/DECREASE FUEL FLOW 1% PER 5 °C ABOVE/BELOW STD TAT
INCREASE/DECREASE TAS BY 1 KT PER 1 °C ABOVE/BELOW STD TAT

TURBULENT AIR PENETRATION

TARGET SPEED IAS/MACH	PRESS ALT /1 000 ft	GROSS WETGHT/1 000 lb						
		70	80	90	100	110	120	130
		APPROXIMATE POWER SETTING IN %N1 RPM						
	37	78	79	81	83	86	89	
	35	77	78	80	82	83	86	88
	30	77	78	79	80	81	82	84
280/.70	25	75	76	77	77	78	80	81
	20	72	72	73	74	75	76	77
	15	68	69	69	70	71	72	73
	10	64	65	66	66	67	68	69

N_1 BLEED ADJUSTMENTS

BLEED CONF IGURATION	N1 ADJUSTMENT/%
A/C OFF	+ 1.0
A/C HIGH	− 0.5
ENG TAI	− 1.0
WING TAI	
NORMAL	− 2.0
HIGH	− 2.0

MAX CRUISE PERCENT N1

PRESS ALT /1 000 ft	TAT DEG/°C											
	− 55	− 50	− 45	− 40	− 35	− 30	− 25	− 20	− 15	− 10	− 5	0
37	87.2	88.2	89.2	90.2	91.1	92.0	92.9	93.3	93.0	92.8	92.5	92.2
36	87.1	88.1	89.1	90.1	91.0	91.9	92.9	93.4	93.1	92.9	92.6	92.3
35	86.7	87.7	88.7	89.6	90.6	91.5	92.4	93.3	93.2	92.9	92.7	92.4
34	86.2	87.2	88.2	89.1	90.0	91.0	91.9	92.8	93.2	92.9	92.7	92.4
33	85.8	86.7	87.7	88.7	89.6	90.5	91.4	92.3	93.2	92.9	92.7	92.4
32	85.3	86.3	87.3	88.2	89.2	90.1	91.0	91.9	92.7	93.0	92.7	92.4
31	84.9	85.9	86.8	87.8	88.7	89.6	90.5	91.4	92.3	93.0	92.7	92.4
30	84.4	85.4	86.4	87.3	88.2	89.1	90.0	90.9	91.8	92.6	92.7	92.4
29	84.0	85.0	85.9	86.8	87.8	88.7	89.6	90.5	91.3	92.2	92.7	92.4

附录 2.5.7

737-300/CFM56-3_20K
FAA
Category A Brakes

Flight Planning and Performance Manual

ENROCTE
All Engine

Descent

.74M/250 KIAS

PRESS ALT /ft	TIME /min	FUEL /lb	DISTANGE NAM		
			LANDING WEIGHT/lb		
			80 000	100 000	120 000
37 000	23	650	101	111	116
35 000	22	640	97	106	111
33 000	21	630	92	100	105
31 000	20	620	86	94	98
29 000	20	610	81	88	92
27 000	19	590	75	82	86
25 000	18	580	70	76	79
23 000	17	560	65	70	73
21 000	15	540	59	64	67
19 000	14	520	54	59	61
17 000	13	500	49	53	55
15 000	12	470	44	47	49
10 000	9	400	31	33	34
5 000	6	310	18	18	18
3 700	5	290	14	14	14

.70M/280/250 KIAS

PRESS ALT /ft	TIME /min	FUEL /lb	DISTANGE NAM		
			LANDING WEIGHT/lb		
			80 000	100 000	120 000
37 000	21	620	92	102	109
35 000	20	610	87	97	104
33 000	19	600	83	93	99
31 000	19	590	79	88	94
29 000	18	580	75	84	89
27 000	17	570	71	79	85
25 000	17	560	66	74	79
23 000	16	540	62	68	73
21 000	15	530	57	63	67
19 000	14	510	52	58	61
17 000	13	490	48	52	55
15 000	12	470	43	47	49
10 000	9	400	31	33	34
5 000	6	310	18	18	18
3 700	5	290	14	14	14

BASED ON FLIGHT IDLE THRUST.
ALLOWANCES FOR A STRAIGHT-IN APPROACH ARE INCLUDED.

附录 2.5.8

| TAKEOFF AND LANDING
Landing | **BOEING**
Flight Planning and Performance Manual | 737-300/CFM56-3_20K
FAA
Category A Brakes |

Landing Field Length Limit
Flaps 30
Based on anti-skid operative and automatic speed brakes

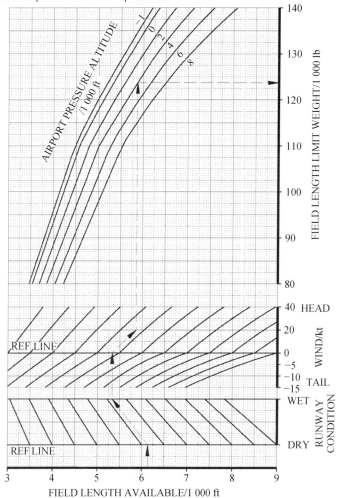

with manual speed brakes,decrease field limit weight by 20 100 lb

附录 2.5.9

ENGINE INOP

330 KIAS Cruise Critical Fuel Reserves

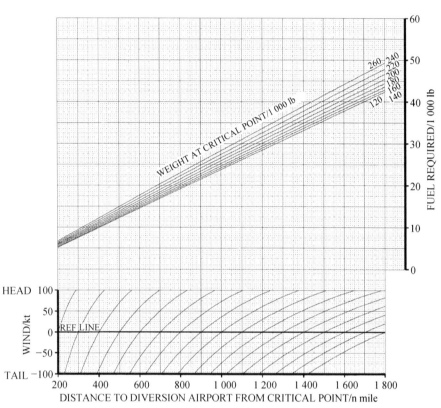

Based on: Emergency descent to 10000 ft, level cruise at 10000 ft, 250 KIAS descent to 1500 ft, 15 minutes hold at 1500 ft, approach and land. Allowance for performance deterioration not included. Includes APU fuel burn.

Adjustments:
- Increase forecast headwind or decrease forecast tailwind by 5% if an acceptable wind forecasting model is used; otherwise, increase diversion fuel by 5% to account for wind errors.
- Increase fuel required by 0.9% per 10°C above ISA.
- When icing conditions are forecast, use the greater of engine and wing anti-ice on (4%) for the total forecast time or engine and wing anti-ice on and ice drag (13%) for 10% of the forecast time.

Compare the critical fuel reserves required for all engines cruise, engine inoperative cruise, and engine inoperative driftdown and use the higher of the three.

附录 2.5.10

ALL ENGINES

LRC Cruise Critical Fuel Reserves

Based on: Emergency descent to 10000 ft, level cruise at 10000 ft, 250 KIAS descent to 1500 ft, 15 minutes hold at 1500 ft, approach and land. Allowance for performance deterioration not included.

Adjustments:
- Increase forecast headwind or decrease forecast tailwind by 5% if an acceptable wind forecasting model is used; otherwise, increase diversion fuel by 5% to account for wind errors.
- Increase fuel required by 0.9% per 10°C above ISA.
- When icing conditions are forecast, use the greater of engine and wing anti-ice on (5%) for the total forecast time or engine and wing anti-ice on and ice drag (10%) for 10% of the forecast time.

Compare the critical fuel reserves required for all engines cruise, engine inoperative cruise, and engine inoperative driftdown and use the higher of the three.

附录 2.5.11

757-200/RB211-535E4
FAA

Flight Planning and Performance Manual

ENGINE INOP

60

330 KIAS Driftdown Critical Fuel Reserves

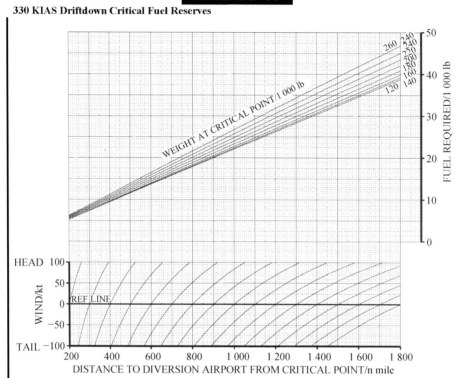

Based on: Driftdown to and cruise at level off altitude, 250 KIAS descent to 1500 ft, 15 minutes hold at 1500 ft, approach and land. Allowance for performance deterioration not included. Includes APU fuel burn.

Adjustments:
- Increase forecast headwind or decrease forecast tailwind by 5% if an acceptable wind forecasting model is used; otherwise, increase diversion fuel by 5% to account for wind errors.
- Increase fuel required by 0.9% per 10°C above ISA.
- When icing conditions are forecast, use the greater of engine and wing anti-ice on (4%) for the total forecast time or engine and wing anti-ice on and ice drag (13%) for 10% of the forecast time.

Compare the critical fuel reserves required for all engines cruise, engine inoperative cruise, and engine inoperative driftdown and use the higher of the three.

附录 2.5.12

757-200/RB211-535E4
FAA

Flight Planning and Performance Manual

FLIGHT PLANNING
Simplified Flight Planning

Long Range Cruise Step Climb Trip Fuel and Time
Based on 290/.78 climb, LRC or .80M cruise and .78/290/250 descent

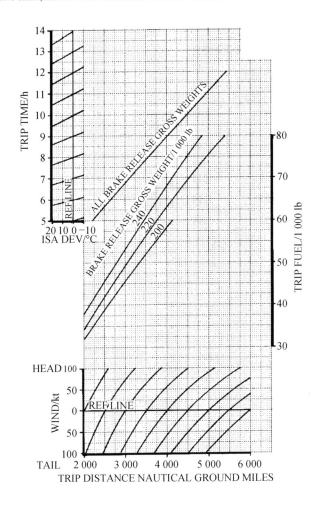

October 12, 2005

D632N002-NZ041

2.2.5

附录 2.5.13

ETOPS FUEL REQUIREMENT FROM CRITICAL POINT TO LANDING
ALL ENGINES-LONG RANGE CRUISE
Including:energency descent-long range cruise at FL100
final descent 250 kt-holding 15 min at FL15
IFR procedure-Go Arcund-2nd VFR procedure
5% allowance for wind errors
(NAI + WAI + effect of ice accrelion + performance
factor not included)

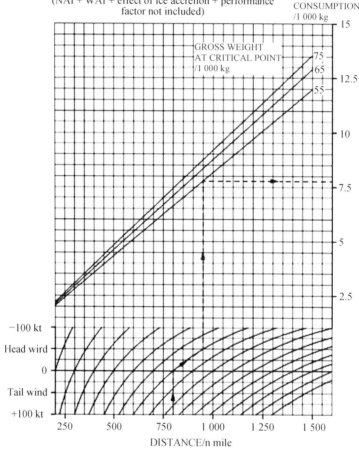

附录 2.5.14

ETOPS FUEL REQUIREMENT FROM CRITICAL POINT TO LANDING
ONE ENGINE OUT-CRUISE AT 350 kt
Including:energency descent-cruise 350 kt at FL100
final descent 250 kt-holding 15 min at FL15
IFR procedure-Go Arcund-2nd VFR procedure
5% allowance for wind errors
(NAI + WAI + effect of ice accrelion + performance factor not included)

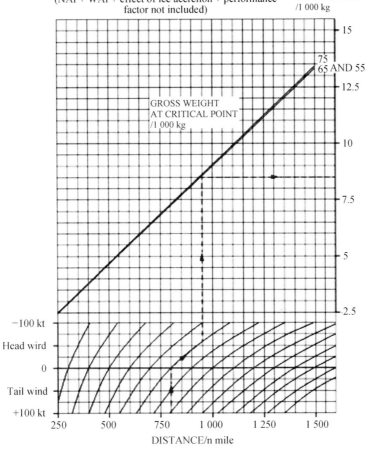

参考文献

[1]　杨俊，杨军利，叶露. 飞行原理[M]. 成都：西南交通大学出版社，2006.

[2]　万青. 飞机载重平衡[M]. 北京：中国民航出版社，2004.

[3]　载重平衡手册. 中国国际航空公司，2009.

[4]　载重平衡手册. 中国南方航空公司，2009.

[5]　载重平衡手册. 中国东方航空公司，2009.

[6]　载重平衡手册. 上海航空公司，2005.

[7]　载重平衡手册. 深圳航空公司，2008.

[8]　大型飞机公共航空运输承运人运行合格审定规则，CCAR-121-R4.

[9]　航空器的重量与平衡控制咨询通告，CAAC AC-121-FS-2009-27.

[10]　Aircraft Weight and Balance Handbook, FAA-H-8083-1A, 2007.

[11]　Aircraft Mass and Balance, JAA, 2001.

[12]　Aircraft Weight and Balance Control, FAA AC120-27E, 2005.

[13]　Mass and Balance, JAR-OPS1 Subpart J, 2001.

[14]　Weight and Balance Course Notes, Boeing China Inc., 2006.

[15]　Getting to Grips with Weight and Balance, Airbus, 2004.

[16]　Mass and Balance (JAR Ref 031), JAA ATPL Series, Jeppesen Sanderson Inc., 2004.

[17]　Mass and Balance Manual (CAP 696), JAA, 2006.

[18]　Private Pilot Manual, Jeppesen Sanderson Inc. ,1994.

[19]　Weight and Balance, Civil Aviation Authority of New Zealand, 2006.

[20]　CJ1 525 Pilot Training Manual, Flight Safety International Inc., 2000.

[21]　Cessna 172R Aircraft Information Booklet.

[22]　中国民用航空局. 大型飞机公共运输承运人运行合格审定规则（CCAR-121-R4）[Z]. 中国民用航空局，2010.

[23]　中国民用航空局. 一般运行和飞行规则（CCAR-91-R2）[Z]. 中国民用航空局，2007.

[24]　波音公司. 双发延伸航程运行指南[M]. 中国民航总局飞标司，译. 1998.

[25]　孙宏，罗凤娥，文军. 运营飞行计划[M]. 成都：电子科技大学出版社，2004.

[26]　刘晓明，苏彬，孙宏. 飞行性能与计划[M]. 成都：西南交通大学出版社，2003.

[27] 傅职忠，谢春生，王玉. 飞行计划[M]. 北京：中国民航出版社，2013.

[28] 黄仪方. 航空气象[M]. 成都：西南交通大学出版社，2011.

[29] 中国民用航空局. 民用航空情报工作规则（CCAR175TM-R1），2016.

[30] 中国民用航空局. 民用航空航行通告编发规范（MH/T4030），2011.

[31] 中国民用航空局. 民用航空航行通告代码选择规范（MH/T4031），2011.

[32] 民航局空管办和空管局. 航行通告国际系列划分规定（AC-175-TM-2015-01R1），2010.

[33] 民航局空管办和空管局. 民用航空飞行动态固定格式电报管理规定（AP-93-TM-2012-01），2012.

[34] 民航局飞标司. 延程运行和极地运行（AC-121-FS-2012-009R1），2012.